晋在砚中

一县一砚话山西

李云峰 蔺涛 主编

山西出版传媒集团
山西人民出版社

《晋在砚中·一县一砚话山西》编委会

总顾问 张崇和　陈士能　裴怀亮　郭海棠

顾　问
桑福金　李春明　石跃峰　王大高　陈建国　许思豪　米　军
李宏斌　赵志坚　黄　琦　程勤学　裴海涛　梁三捷　蔺永茂

总 策 划 宋志江
策　划 王会民　贺　伟　赵丽萍
名誉主任 郭海棠
主　任 王会民　赵丽萍
副 主 任 兰秀艳　王俊霞　贾体锦　徐文耀
主　编 李云峰　蔺　涛
副 主 编 杨灵巧　蔺霄麟　孙永年

编　委
刘照华　任　勇　王文海　梁生智　杨丕梁　贾彩青　荆升文
韩思中　李心丽　任慧文　张行健　杨遒峰　王振川　李福云
李迎新　朱青龙　蔺彦民　景兴隆　梁华昌　赵延寿　范怀保
柴玉香　聂俊辉　解玉霞　范友良　蔺疆燕　张迎利　蔺麦玲
李金玲　王笑笑　马　霞　马　哲　杨舒仪

封面题词 赵一唐

砚台配联 新绛县诗词楹联学会

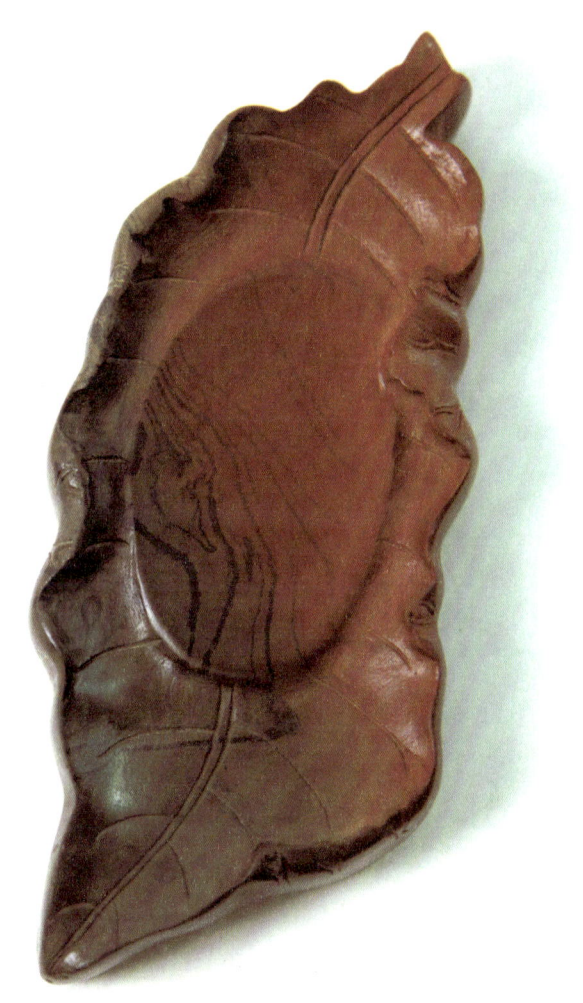

山西地图砚·晋枝玉叶砚

张崇和

中央机构编制委员会办公室原副主任（副部级），第十二届全国人大内务司法委员会委员，现任中国轻工业联合会党委书记、会长。

陈士能

第十届全国人大常委会委员，中共贵州省委原副书记、省长，国家轻工业部原部长，中国轻工业联合会首任党委书记、会长（正部级）。

精工至善汲古創新

贺《晋在砚中》出版

甲辰新春　陈士能书

桑福金

少将，中国医药卫生文化协会原副会长、中国文房四宝协会前会长。

澄泥话三晋

砚史写传奇

祝贺晋在砚中晋书出版

甲辰夏月福金书

许思豪

上海周虎臣曹素功笔墨有限公司董事长，上海笔墨博物馆理事会会长，上海国家非遗示范基地"笔墨宫坊"创始人，中国文房四宝协会第七届、第八届名誉会长。

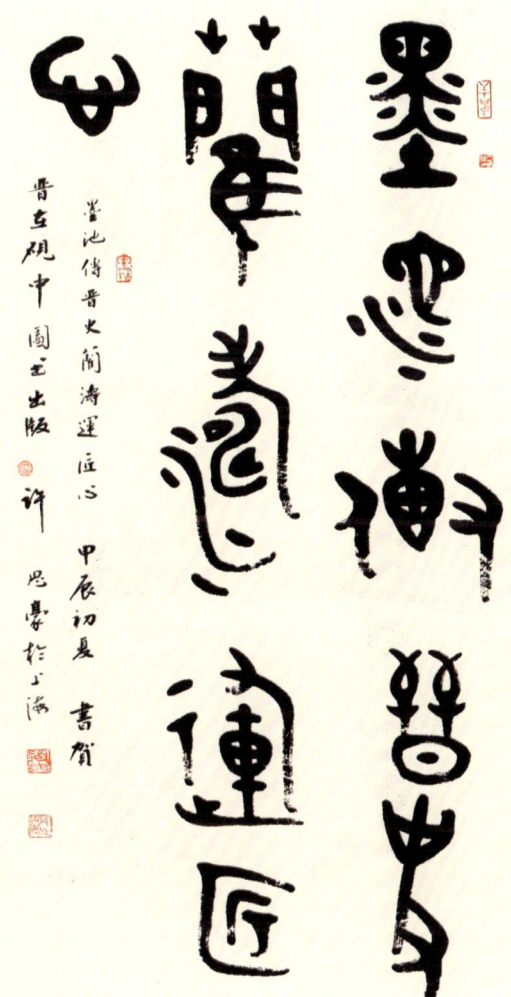

陈建国

中国文房四宝协会第七届、第八届会长。

祝贺《善圆砚》画册出版

恒心致远

普善晋美

甲辰年夏 陈建国书

米军

中国文房四宝协会第七届副会长兼秘书长,第八届秘书长。

祝贺 晋在砚中正版发行

传承创新
光耀中华

甲辰年夏月米军书于京城一粟斋

序

晋在砚中·一县一砚话山西

◎ 郭海棠

中国文房四宝协会
终身名誉会长

山西的由来

黄河以东,太行以西,有一片大好山河形成的黄土地,古称河东,因位于太行山以西,自明代始至今称山西。山西是春秋时期五霸之一晋国的所在地,战国时期三家分晋称雄,形成了赵、魏、韩三国,所以山西简称"晋",又称"三晋"。

山西的历史

三千年文化看陕西,五千年文明看山西。山西历史悠久,文化底蕴深厚,地面文物多达53875处,是华夏始祖炎黄二帝的主要活动中心,是尧舜禹三位古代贤君传说中的故乡,是中华民族的发祥地之一;山西矿产资源丰富,是中国能源资源大省;山西有太原晋祠、云冈石窟、悬空寺、平遥古城、五台山、壶口瀑布等众多名胜古迹,是全国文化旅游大省;山西洪洞县大槐树是华人寻根祭祖的文化圣地;山西还是红色革命老区,长治市武乡有八路军总部,平型关战役、百团大战、吕梁英雄传等革命故事均发生在这里;绛州澄泥砚、平遥推光漆、高平珐华器均起源于山西,因其历史悠久、选料考究、技艺精湛,均具有独特的地方特色、文化内涵和重要的艺术价值,从而被誉为"山西三宝"。山西的文物多,传说多,典故多,文人墨客多,帝王将相多,革命的故事更多。

讲好中国故事

习近平总书记提出：提升国家软实力，讲好中国故事，传播好中国声音。为了贯彻落实这一指示，并响应中共山西省委、省政府下发的"讲好山西故事"的相关要求，由全国文房四宝行业国家级荣誉大满贯获得者，山西省运城市新绛县绛州澄泥砚研制所所长兼总经理蔺涛大师（蔺涛系中国文房四宝协会副会长、第八届中国工艺美术大师、首届中国文房四宝制砚艺术大师、首届轻工大国工匠、国家级非物质文化遗产澄泥砚制作技艺代表性传承人、2014年全国五一劳动奖章获得者、2015年荣获全国劳动模范称号、2023年享受国务院特殊津贴者）提出并创意，与山西省知名作家、山西省作家协会主席团委员、运城市作家协会原主席李云峰先生联合主编了《晋在砚中·一县一砚话山西》巨著。

2024年10月26日，中共山西省委领导调研国家级非物质文化遗产绛州澄泥砚制作技艺并做出重要指示，强调要探索非遗与旅游深度融合发展等新模式，推动文旅产业高质量发展。

该书的编辑出版得到了全国轻工行业最高领导中国轻工业联合会张崇和会长，第十届全国人大常务委员会委员、国家轻工业部原部长陈士能的高度重视与支持，同时也得到了作为中国文房四宝协会原会长的我、现任会长陈建国等领导的关怀与支持，并为该书写序题词。

1994年，在北京召开的中国文房四宝博览会上，我与蔺永茂、蔺涛父子相识，并为绛州澄泥砚首次荣获金奖表示祝贺，至2024年我们已经相识相知整整30年了。蔺永茂是版画艺术家，是首届中国文房四宝制砚艺术大师，是国家级非物质文化遗产（澄泥砚制作技艺）代表性传承人。蔺涛出身于书香门第，对绛州澄泥砚情有独钟。之后，蔺涛年年组织绛州澄泥砚参加由中国文房四宝协会组织举办的全国文房四宝艺术博览会，积极参加协会组织的各项活动。时任中国文房四宝协会会长兼秘书长及时任国家级期刊《中国文房四宝》杂志社首任社长兼主编的我，见证了绛州澄泥砚的恢复与发展，见证了蔺涛从一位普通制砚艺人到荣获"中国工艺美术大师"称号等等国家级荣誉大满贯者成长的全部历程。协会给予绛州澄泥砚极大的关怀与支持。蔺涛大师德艺双馨、知恩感恩、淳朴善良。由于熟悉彼此，蔺涛特聘请我为他和李云峰主席联合主编的《晋在砚中·一县一砚话山西》著作编写序文。

蔺涛大师及其团队通过对山西省11个地级市共117个区县市进行考察调研，选出各地具有代表性的人文历史故事题材，并创意设计，以绛州澄泥砚为载体，撷取新绛县汾河湾沉淀之细泥为原材料，采用传统手工制作技艺，历时数年，雕刻并烧制了117方绛州澄泥砚主题作品。

负责组织编辑工作的李云峰主席，通过联络11个地级市作协主席及117个区县市各级作协主席与当地知名作家，根据蔺涛大师为各区县市制作的主题绛州澄泥砚雕刻图案，用文学艺术之笔，创作出与之相关联的典故、传说、名胜古迹、特色地区、特色产品、千年古县及红色革命老区等具有历史与现实意义的作品，讲述了山西省117个区县市关于人文历史和红色革命方面的精彩故事。

山西省新绛县诗词楹联学会受蔺涛大师的委托，举行专题研讨会，集全体会员之力，专为本书中的117方砚及多制的10方砚共127方绛州澄泥砚各配一副对联。该学会朱青龙会长认真组织会员研读每一篇文章内容，深挖每方砚台背后的丰富文化内涵，再结合各区县市实际，精心配好每一副对联；强调要打造精品联，让砚台、对联有机融合，彰显河东楹联的独特魅力，助力本书讲好山西故事。

晋在砚中

澄泥砚是中国古代四大名砚之一，绛州澄泥砚更是久负盛名。澄泥砚是特殊的文化载体，是集历史、文化、艺术、雕刻为一体的文房重器。蔺涛大师在继承传统的基础上不断创新，《晋在砚中·一县一砚话山西》就是他创新的佳作。蔺涛大师制作的绛州澄泥砚，选料考究，创意新颖，构思独特，技艺精湛。

为"一县一砚"烧制的绛州澄泥砚大小适中，规格均约为：长24厘米、宽15厘米、厚4厘米；色泽以蟹壳青、虾头红、鳝鱼黄为主，均为上乘砚品；质地细腻、温润，硬度适中，约在摩氏4度左右，发墨而不损毫；设计的图案，有传统的，创新的，也有时代特征的；每方澄泥砚均承载了山西省117个不同区县市各地厚重的历史与深厚的文化内涵。这批绛州澄泥砚将成为山西历史的见证，也将成为山西传世之瑰宝。《晋在砚中·一县一砚话山西》这部著作图文并茂、印刷精美，将山西五千年的历史文明贯穿古今，也将成为三晋大地又一部传世之作。

一县一砚话山西

山西省共有 11 个地级市：太原市、大同市、朔州市、忻州市、阳泉市、吕梁市、晋中市、长治市、晋城市、临汾市、运城市，辖 26 个区、80 个县、11 个县级市，共 117 个区县市。

蔺涛大师讲述了山西省 117 个故事，制作了 117 方绛州澄泥砚。

太原市：辖 6 区 3 县 1 市（县级）共 10 方

尖草坪区：崛崡红叶太原八景砚、土堂怪柏太原八景砚、烈石寒泉太原八景砚。

迎泽区：巽水烟波太原八景砚、汾河晚渡太原八景砚、双塔凌霄太原八景砚。

晋源区：蒙山晓月太原八景砚。

阳曲县：天门积雪太原八景砚。

小店区：狄仁杰故里砚。

杏花岭区：杏花岭砚。

万柏林区：万柏林区砚。

清徐县：清徐醋都砚。

娄烦县：娄烦云顶山砚。

古交市：古交新貌砚。

大同市：辖 4 区 6 县 共 10 方

平城区：大同古城砚。

云冈区：云冈石窟砚。

新荣区：晋华宫国家矿山公园砚。

云州区：北魏道武帝砚。

左云县：摩天岭长城砚。

阳高县：许家窑遗址砚。

天镇县：慈云寺神头山砚。

浑源县：悬空寺砚。

灵丘县：赵武灵王砚。

广灵县：新能源基地砚。

朔州市：辖2区3县1市（县级）共6方
朔城区：塞外西湖砚。
平鲁区：门神故里砚。
山阴县：广武长城砚。
右玉县：西口古道砚。
应县：应县木塔砚。
怀仁市：金沙滩古战场砚。

忻州市：辖1区12县1市（县级）共14方
忻府区：貂蝉拜月砚。
定襄县：定襄宝鼎砚。
五台县：五台山砚。
代县：雁门关砚。
繁峙县：平型关砚。
宁武县：宁武县砚。
静乐县：静山乐水砚。
神池县：神池砚。
五寨县：五寨古风砚。
岢岚县：岢岚古城砚。
河曲县：二人台民歌砚。
保德县：保德兴保塔砚。
偏关县：黄河入晋砚。
原平市：天涯山奇石砚。

阳泉市：辖3区2县 共5方
矿区：阳泉矿区砚。
郊区：小河古村砚。
城区：中共第一城砚。
平定县：娘子关砚。
盂县：赵氏孤儿砚。

吕梁市：辖1区10县2市（县级）共13方

离石区：离石白马仙洞砚。

文水县：武则天砚。

交城县：交城玄中寺砚。

兴县：晋绥边区砚。

临县：碛口古镇砚。

柳林县：天下黄河第一门砚。

石楼县：黄河奇湾砚。

岚县：白龙山砚。

方山县：北武当山砚。

中阳县：中阳剪纸砚。

交口县：云梦山仙洞砚。

汾阳市：杏花村砚。

孝义市：孝义砚。

晋中市：辖2区8县1市（县级）共11方

榆次区：榆次老城砚。

太谷区：孟母砚。

祁县：晋商砚。

平遥县：平遥古城砚。

灵石县：灵石古亭砚。

寿阳县：寿阳福山寿水砚。

昔阳县：长岭叠翠砚。

和顺县：牛郎织女砚。

左权县：左权砚。

榆社县：榆社文峰塔砚。

介休市：介休绵山砚。

长治市：辖4区8县 共12方
潞州区：上党门砚。
上党区：神农尝百草砚。
屯留区：后羿射日砚。
潞城区：竹筏漂流砚。
襄垣县：千年古县砚。
长子县：精卫填海砚。
平顺县：青羊望月砚。
黎城县：黄崖洞砚。
壶关县：太行大峡谷砚。
武乡县：八路军总部砖壁雄风砚。
沁县：北方水城砚。
沁源县：沁源自然保护区砚。

晋城市：辖1区4县1市（县级）共6方
城区：晋城砚。
泽州县：珏山吐玉砚。
阳城县：皇城相府砚。
沁水县：舜耕历山砚。
陵川县：王莽岭砚。
高平市：炎帝故里砚。

临汾市：辖1区14县2市（县级）共17方
尧都区：尧帝砚。
曲沃县：晋文公砚。
翼城县：桐叶封弟砚。
襄汾县：陶寺龙盘砚。
洪洞县：洪洞大槐树砚。
古县：天下第一牡丹砚。
安泽县：生态安泽砚。

浮山县：老子出关砚。
吉县：壶口瀑布砚。
乡宁县：云丘山砚。
大宁县：黄河仙子砚。
隰县：小西天砚。
永和县：红军东渡砚。
蒲县：尧师蒲伊子砚。
汾西县：汾西师家沟砚。
侯马市：晋都砚。
霍州市：霍州署衙砚。

运城市：辖1区10县2市（县级）共13方
盐湖区：舜吟南风砚、关帝夜读春秋砚、关公千里走单骑砚。
临猗县：猗顿砚。
万荣县：女娲补天砚。
闻喜县：桐乡凤舞砚。
稷山县：后稷稼穑砚。
新绛县：绛州名城砚、龙兴塔砚。
绛县：尧王故里砚。
垣曲县：一缕曙光砚。
夏县：大禹治水砚、嫘祖养蚕砚、司马光砸缸砚、卫夫人砚。
平陆县：伯乐相马砚。
芮城县：八仙过海砚。
永济市：鹳雀楼砚。
河津市：鲤鱼跳龙门砚。

注：山西有11个地级市共辖117个区县市，按一县一砚应制澄泥砚117方，但实际制作了127方，其中多制10方为太原市4方、运城市6方。原因有二：1.太原是山西省省会城市，有8个风景区十分著名，其中6个景区分别集中在迎泽区和尖草坪区，为了太原8景的完整性，故多制4方；2.运城是我国最早叫"中国"的地

方，是华夏文明的发祥地，是华夏始祖炎黄二帝、尧舜禹三贤君活动的中心。运城市辖 13 个区县市，每个地方的传说、典故很多。这多制的 6 方砚和 6 个典故均具有深远的历史意义，无法割舍，故予以保留。

绛州澄泥砚的恢复与发展

澄泥砚孕于汉、始于唐、兴于宋、盛于明，与端砚、歙砚、洮砚齐名，并称中国古代四大名砚，自唐代起，历代皆为贡品。绛州澄泥砚制作技艺于明末清初失传近 300 年。

自 20 世纪 80 年代初，山西、河南、山东等地皆有文房四宝爱好者在探索、挖掘、研究、试制、恢复澄泥砚。最成功者是山西省新绛县绛州澄泥砚研制所蔺永茂与蔺涛父子。1986 年蔺永茂、蔺涛父子，历经艰辛，刻苦钻研，翻阅了大量的历史资料，经多年自主研发，终于在 1991 年试制成功"绛州澄泥砚"，使绛州澄泥砚正式恢复生产，并快速发展，成绩显著，第一批绛州澄泥砚在 1994 年北京举办的中国文房四宝博览会上荣获金奖；2008 年澄泥砚制作技艺入选国家级非物质文化遗产代表性项目保护名录，同年蔺永茂被认定为第二批澄泥砚制作技艺国家级非遗代表性传承人；2010 年山西省运城市新绛县被中国轻工业联合会、中国文房四宝协会联合授予"中国澄泥砚之都"特色区域称号；2011 年春在北京、台湾海峡两岸清华大学百年校庆之际，绛州澄泥砚"荷塘月色砚"系列在海峡两岸清华大学举行展览及捐赠仪式，以绛州澄泥砚为媒介进行两岸文化艺术交流，取得显著效果；绛州澄泥砚 6 次被中国文房四宝协会认定为"国之宝"中国名牌称号；7 次获得联合国教科文组织"世界杰出手工艺品"徽章认证；2006 年绛州澄泥砚被国家有关部门认定为"中国驰名商标"；绛州澄泥砚曾多次以国礼赠送国际友人；蔺涛大师也被国家认定为第六批澄泥砚制作技艺国家级非遗传承人。

绛州澄泥砚在党和国家政策的扶持下，在中国轻工业联合会、中国文房四宝协会、中共山西省委、省政府，运城市、新绛县等各级政府的关心支持下得到快速发展，于 2020 年建成了绛州澄泥砚文化产业园，占地面积 42 亩，年产绛州澄泥砚 2000 余方，规模、产值、产量逐年提高。2021 年山西省新绛县绛州澄泥砚研制所被中国文房四宝协会认定为"中国文房四宝技艺研学基地"，将绛州澄泥砚制作技艺代代相传。2019 年中国文房四宝协会分别授予蔺永茂"卓越贡献奖"、蔺涛"杰出贡献奖"、解玉霞"突出贡献奖"荣誉证书，同年山西省新绛县绛州澄泥砚研制所作为行业骨干企业，因振兴中国文房四宝事业成绩卓著，被中国文房四宝协会授予"先进单位"荣誉称号。绛州澄泥砚的恢复与发展，离不开蔺涛的贤内助妻子解玉霞，她不但文笔好，曾任《中国文房四宝》杂志的副主编，还是制作澄泥砚的高手，解玉霞2014年荣获"第二届中国文房四宝制砚艺术大师"称号。蔺涛与解玉霞育有一儿一女，都十分优秀，女儿蔺子涵现在是中国社会科学院大学的研究生；儿子蔺霄麟（别名：蔺子麟）赴韩国留学，深造8年，回国后继承父业，利用所学陶艺专业知识，潜心研究，将所学陶瓷、艺术专业知识与绛州澄泥砚制作技艺实践相结合，烧制出一方方造型精美便于收藏把玩且具有实用功能的绛州澄泥砚，在行业内小有名气。2024年，蔺霄麟设计的"日月同辉砚"荣获联合国教科文组织世界杰出手工艺品徽章，为祖国争得了荣誉，已成长为绛州澄泥砚制作技艺的第三代传承人，2024年12月当选为中国文房四宝协会第八届理事会副会长。

绛州澄泥砚的发展更离不开一支由40多位优秀员工组成的团队。该团队在蔺涛大师的带领下，他们虚心拜师学艺，勤学苦练，对澄泥砚制作技艺精益求精，并积极参加各种全国性技能比赛，努力提高自己的专业技能与水平，努力使自己成为绛州澄泥砚制作技艺合格的传承人，为绛州澄泥砚的发展作出自己应有的贡献。

澄泥砚需要明确的几个问题

1. 绛州澄泥砚久负盛名

山西是名副其实的表里山河，外有黄河，内有大山。四面环山，吕梁、太行两座大山中间是平川。汾河是山西的母亲河，养育着近3500万山西优秀儿女。山西地势东北高，西南低，地理位置独特险要，形成天然屏障，是历代兵家必争之地。汾河源于忻州地区宁武县管涔山，流经吕梁、太行之间的山谷、平川及盆地，是黄河的第二大支流，流程700余千米。由于汾河水长年冲刷，泥沙中携带了大量的矿物成分，从而增加了山西绛州澄泥砚的发墨功能。汾河由北向南，流经新绛县时，向西拐弯处形成一大片冲积扇（即汾河湾），由于河水的冲刷力，使汾河湾的泥沙更加细腻。采用汾河湾沉淀之细泥制作的绛州澄泥砚比采用黄河等其他流域沉淀之细泥制作的澄泥砚易于发墨，更加细腻不损毫。绛州澄泥砚因此闻名遐迩，久负盛名。汾河从新绛县向西流去，最终在万荣县汇入黄河。

2. 澄泥砚的定义

澄泥砚是指撷取黄河及汾河流域沉淀之细泥，采用传统手工制作技艺烧制而成的一种用于书画、研墨泚笔的陶制文具。

其特点是质坚、细腻、温润，贮墨而不涸，发墨而不损毫。硬度适中，摩氏4度左右。

3. 澄泥砚的产地

据史记载：澄泥砚的产地基本分布在黄河及汾河的中下游地区（因上游水质较为清澈，基本无淤泥沉淀）便于取土取水之地。如：绛州（山西新绛）、滹阳（山西五台和定襄）、泽州（山西晋城）、陕州（河南陕县人马寨村）、虢州（河南灵宝）、洛阳（河南新安）、相州（河南安阳）、怀庆府（河南焦作）、邺城（河北临漳）、柘沟（山东泗水）等黄河及汾河流域。

4. 规范统一澄泥砚的读音

据史料记载，宋·苏东坡《书吕道人砚》：泽州吕道人沉泥砚，多作投壶样。大文豪苏东坡将吕道人制作的澄泥砚的"澄"写成"沉"字，是根据民间读音而写，并非错字。足以证明自古澄泥砚就读作澄（chéng）泥砚；又经全国砚界调查，澄泥砚作为砚名，民间均习惯读作澄（chéng）泥砚。为了尊重历史，尊重传统民俗与习惯，规范统一砚名用词与读音，根据《中国工业史·轻工业卷·中国文房四宝工业史》关于澄泥砚读音的有关规定，澄泥砚的用词及读音予以统一规范，澄泥砚的"澄"字正确读音应为："chéng"，而非"dèng"。

5. 澄泥砚与秦砖汉瓦砚的区别

澄泥砚是采用黄河及汾河流域沉淀之细泥，经仔细淘洗、过滤、雕刻、烧制而成。特点是：质坚、细腻温润，贮墨而不涸，发墨而不损毫；

秦砖汉瓦砚，俗称砚瓦。是由秦砖及汉末未央宫、铜雀台、羽阳宫等建筑材料砖瓦改制而成。特点是莹润不渗、皆能发墨。由于该建筑材料泥料未经仔细淘洗、过滤，质地较为粗糙，则易损毫。

6. 出自江苏的两种澄泥砚的区别

一种是采用天然砚石雕刻而成，另一种是采用汾河细泥烧制而成。

江苏苏州蠡村石澄泥砚是采用蠡村灵岩山天然砚石，经雕刻而成的一种石砚，称苏州吴县澄泥石砚，别称藏书砚、灵岩山石砚等。

清宫澄泥砚是乾隆四十一年，将山西绛州汾河湾的沉淀之细泥，打包回京后，送苏州宫廷造办处烧制而成的一种陶砚，称宫廷澄泥砚。

以上是澄泥砚需要明确的六个问题。

守正创新、文旅结合

中共中央办公厅、国务院办公厅 2021 年 8 月联合颁布并印发的《关于进一步加强非物质文化遗产保护工作的意见》文件指出：非物质文化遗产是中华优秀传统文化的重要组成部分，是中华文明绵延传承的生动见证，是连结民族情感，维系国家统一的重要基础。保护好、传承好、利用好非物质文化遗产，对于延续历史文脉、坚定文化自信、推动文明交流互鉴、建设社会主义文化强国具有重要意义。

在二十大报告中，习近平总书记首次将"守正创新"作为大会主题提出，并将"守正创新"作为世界观、方法论，提高到战略地位，予以高度重视。

守正创新是植根于中华优秀传统文化的宝贵智慧；

守正创新是成功推进中国革命、建设、改革的重要经验；

守正创新是全面建设社会主义现代化国家的必然要求。

守正是指恪守正道、胸怀正气、行事正当，追求心正、法正、行正；创新是指勇于开拓、善于创新，懂得变通，不断推陈出新。守正与创新共生互补，辩证统一；守正是创新的根基，发挥主导；创新是守正的补充，相辅相成。

绛州澄泥砚是国家级非物质文化遗产。《中华人民共和国非物质遗产法》第九条规定：国家鼓励和支持公民、法人和其他组织参与非物质文化遗产的保护工作。保护好、传承好、利用好国家级非物质文化遗产，是我们每位公民、法人及组织应当承担的义务和责任。

蔺涛大师勇于开拓、大胆创新，他提出创意，以绛州澄泥砚为载体，撷取新绛县汾河湾沉淀之细泥，采用绛州澄泥砚传统的手工制作技艺，以山西省 117 个区县市的精彩故事为题材设计图案，创意新颖、构思独特、精雕细琢，掌控火候烧制出的 117 方既有实用价值，又有创新内容的澄泥砚艺术珍品，成为贯彻落实"讲好中国故事""守正创新"的楷模与带头人。

蔺涛大师讲过在这样一个伟大的时代，绛州澄泥砚的恢复与生产，应当把握民族复兴的主题，更好地以文弘业、以文培元、以文立心、以文铸魂，不断守正创新，提高作品的文化内涵和艺术价值，使作品止于至善，臻于至美；常怀爱民之心，常思兴国之道，常念复兴之志。这就是蔺涛大师家国情怀的生动写照。

山西是文化旅游大省，名胜古迹遍布全省各地，是抗日战争的主战场，是红色革命老区及历史文化圣地，山西的美食多，特色产品更多。绛州澄泥砚是山西三宝之一，也是山西十大特色产品之一。山西省新绛县绛州澄泥砚文化产业园是传承绛州澄泥砚传统手工制作技艺的研学基地，是国家级非物质文化遗产，应当受到国家的保护。

把非遗传承与旅游、研学、文创、文博、科技相结合，形成非物质文化遗产创造性转化与创新性发展的新业态，是新时代赋予我们当代人的光荣使命。

文化是旅游的灵魂，旅游是文化的载体。文旅结合为文化产业发展带来机遇。利用好非物质文化遗产，宣传好非物质文化遗产，让非物质文化遗产与旅游相结合，推动非遗传承与发展。《晋在砚中·一县一砚话山西》就是讲好中国故事、传承非遗、守正创新、文旅结合的重要成果。

2025 年 3 月 8 日于北京

郭海棠，1946 年 7 月出生在山西省交城县，中共党员，高级工程师。1969 年大学本科毕业分配工作至 2019 年在轻工行业工作 50 年之久。1986 年调入北京国家轻工业部工作，1987 年分配中国文房四宝协会工作，从协会筹备、成立、发展、壮大，在协会工作 32 年，其间担任中国文房四宝协会会长 15 年，任协会法人代表并主持工作 20 年。兼国家级期刊《中国文房四宝》杂志社首任社长兼主编 20 年，编辑出版《中国文房四宝》杂志 135 期。现任中国文房四宝协会终身名誉会长及《中国文房四宝》杂志社编委会名誉主任。

2004 年为《中国大百科全书》撰写《文房四宝》《宣纸》《书画纸》《毛笔》《徽墨》《宣纸与书画纸的定义与区别》等文章，被中宣部与国家新闻出版总署授予颁发"重要贡献奖"。2011 年撰写的《文房四宝科学解读》列入中共中央党校领导干部大讲堂国学教材。撰写的《端砚考察记》《洮砚考察记》在《中国文房四宝》杂志刊登。在任期间参与起草了六部促行业发展的政策、法律、法规：《中华人民共和国民族民间非遗保护法》《传统工艺美术保护条例》《书法进课堂，提出行业意见》《文化产业保护法》《国家工业遗产管理办法》《工信部关于促进文房四宝产业发展的指导意见》的 [2016] 433 号文，经九部委同意，由国务院二位副总理签发批准，并将中国文房四宝协会作为主送单位予以发布。

2018 年由国务院立项，历时六年，作为主要撰稿人，参与起草编写了《中国工业史·轻工业卷·中国文房四宝工业史》；在任期间组织举办全国文房四宝艺术博览会 44 届，该博览会曾于 2010 年 4 月、2012 年 6 月先后两次被国家有关部门评选为"中国轻工业（十佳）特色优秀展会"奖；评授特色区域产业集群35个；评授中国文房四宝艺术大师103位，其中评授中国文房四宝制砚艺术大师55位；担任评委，为文房四宝行业评出4位"首届全国轻工大国工匠"；为行业推荐评出"中国工艺美术大师"18位；向社会推荐"国之宝"金奖中国文房四宝名牌产品91个；2006年与国家邮政总局联合编辑出版《文房四宝》邮票一套4枚，该套邮票获得国家最佳设计与最佳创意两项大奖；2009年7月由郭海棠会长创意并提出，与三位"中国文房四宝艺术大师"章群、李铁民、刘硕石共同设计创作了《中国文房四宝协会会徽》；2018年2月由郭海棠会长担任协会会歌监制，与肇庆市文联陈锦润、音乐家协会王启超两位主席共同创作了《中国文房四宝协会会歌》；组织起草制定国家标准六项，即：《宣纸》《书画纸》《毛笔》《墨汁》《墨锭》《石砚》；起草制定轻工行业标准两项，即：《书画印泥》《中国画颜料》。郭海棠同志廉洁奉公，尽职敬业，全心全意为行业服务的精神，受到行业一致好评，曾被中国轻工业联合会授予"优秀共产党员"称号。

目 录

01　序　言
01　郭海棠　　晋在砚中·一县一砚话山西

001　综　述
002　蔺　涛　　复苏与创新——绛州澄泥砚发展综述

035　太原市
036　张　珉　　太原八景，你的风采是否浪漫依然
050　孙爱晶　　狄仁杰文化公园
053　刘　英　　杏花岭区赋
057　王　钦　　际山枕水万柏林
062　王　钦　　清风徐来话清徐
066　李　琼　　娄烦：山色水媚，一见倾心
069　王灵仙　　古交话古今

075　大同市
076　李文亮　　千古沧桑大同城
080　宋彩文　　云冈石窟砚
084　李中美　　向天而歌
088　刘富宏　　拓跋珪的"神授"使命

092	李日宏	摩天岭上是长城
095	景彦斌	那湖·那人·那沟——许家窑遐想
099	张卫春	边城天镇的慈云寺和神头山
103	张 富	悬空寺的"砚趣"
107	房 光	胡服骑射
111	杨树林	廉吏朱休度

115　阳泉市

116	陋 岩	在流浪地球启航的城市打开一方砚台——阳泉矿区砚
120	郭彦清	一方砚台里的一滴墨染红了一个传奇
124	文德芳	绛州澄泥砚与"中共创建第一城"
127	葛海林	万顷平湖倒映九关风月　一汪砚池泼墨北国江南
131	李彦青	忠义藏山话盂县

135　长治市

136	谭文峰	长治上党门砚
139	刘纪昌	神农尝百草
143	李云峰	彰显一种解民倒悬的大无畏精神——后羿射日砚释义
147	袁省梅	去潞城漂流
151	薛 城	长治襄垣县：千年古县砚
155	孙芸苓	浓缩在澄泥砚上的精卫填海精神
159	曹向荣	青羊里的神话
163	王振川	长治黎城黄崖洞砚
165	高菊蕊	一壶山水润笔墨
169	李立欣	武乡砖壁雄风砚
172	姚灵芝	一方山水绘名城
176	李 需	沁源自然保护区砚

179　晋城市

- 180　杨秀清　方寸之间显大美
- 183　卫刘芳　珏山：山有月兮倚阑危
- 187　郭彩霞　好砚有名曰皇城
- 190　阿　登　耕迹
- 194　王爱国　打卡王莽岭
- 198　邢秀琴　文明摇篮，始祖炎帝

203　朔州市

- 204　刘　菲　镌刻永恒的传说——朔城区塞外西湖砚
- 207　侯青山　从人到神的涅槃——朔州市平鲁区门神故里砚
- 211　樊海霞　一方月亮门的砚——山阴县广武长城砚
- 214　郭　虎　砚里壶天——右玉县西口古道砚
- 218　杜丽君　释迦塔，天地之间一方砚——应县木塔砚
- 222　武国文　古战场上的新怀仁——怀仁市金沙滩古战场砚

225　忻州市

- 226　李　霖　貂蝉拜月
- 229　张尚瑶　汉韵悠悠话古城
- 234　安建华　我心中的圣砚
- 237　李九龙　那一方雁门关砚
- 241　高世忠　平型关："三关"之外一雄关——为平型关砚而作
- 244　杜　鹃　砚中山河，美了芦芽胜境
- 248　张天柱　至尊砚王
- 252　李晓玲　神池之神

256	李晋成	古砚新城
259	田沁梅	不一样的岢岚
263	岳占东	河曲民歌二人台
267	高定存	且喜文笔落砚田
271	李俊平	九曲黄河入晋来
275	张　琳	天涯晓雪

279　吕梁市

280	单菁瑞	自然之砚——白马仙洞印象记
284	梁大智	武皇则天
287	常捍江	玄中寺
291	张明提	晋绥边区革命纪念馆史话
295	刘月秀	碛口：古镇一梦，心驰千年
299	陈黎云	天下黄河第一门
303	郑石萍	石楼黄河奇湾
306	程建军	白龙山游记
310	武有平	三晋名山北武当
314	雒小平	中阳剪纸
317	解德辉	云梦山仙洞砚
321	张立新	杏花村中别有天
325	马明高	孝义砚铭

329　晋中市

330	劲　草	榆次老城
334	杨玉梁	孟母故事润泽乡里
338	周旺斌	祁县晋商砚
342	张国柱	漫谈平遥古建筑中的文化

346	王建川	因石置县 传奇"灵石"
350	白　天	砚台故事
354	孔瑞平	我所知道的长岭
358	赵建华	七夕断想
361	汤云霞	左权赋
365	张年玲	榆社文化图腾的象征——文峰塔
368	陈　全	介介如斯绵山砚

373　临汾市

374	杨遥峰	帝尧访贤
377	赵化鲁	诗情画意里的曲沃
382	李克聪	叔虞封唐在翼城
387	杜　萍	龙盘,你的名字叫寂寞
390	贾小建	天下第一树——山西洪洞大槐树
395	刘晓明	砚墨记：名相国花古今情
400	万宝泉	生态安泽　绿色小城
403	张奇志	遥祭庆唐观
406	郑福琴	大河神韵
409	裴彩芳	云丘中和砚寄语
413	野　夫	"泥土"的生命
416	王　军	小西天砚
420	白晓琴	军民鱼水情
424	荀　莉	砚里千秋写蒲风
427	孟黎明	山水迷茫中远去的大清师家驮队
430	潘文军	一首歌里唱响的城
434	周川钰	州署随想
437	张行健	一副名联与一方古砚

441　运城市

- 442　吕廷杰　澄泥砚背后的陶范与德符
- 446　何敬民　夜读春秋明诚信
- 451　李云峰　话说绛州澄泥砚品中的关公系列
- 459　杨进元　布衣商圣猗顿
- 463　陈永安　河下的土地
- 467　杨　澍　桐乡凤舞兮，喜从天降
- 471　杨继红　神来"耕读"砚
- 475　李福云　绛州澄泥砚上的绛州文化名城风韵
- 481　王伟栋　帝尧与澄泥砚的契缘
- 485　王士敏　世纪曙猿——召唤太阳的"一缕曙光"
- 489　李恩虎　创新的魅力
- 495　李敬泽　虞坂上的视角穿透
- 499　郭昊英 / 姚文菊　八仙过"河"
- 503　谢旭国　蘸墨登楼
- 507　吴晓征　砚里龙门逐浪高

510　后　记

- 510　李云峰　《晋在砚中》成书始末与诚挚答谢

综述

Zongshu

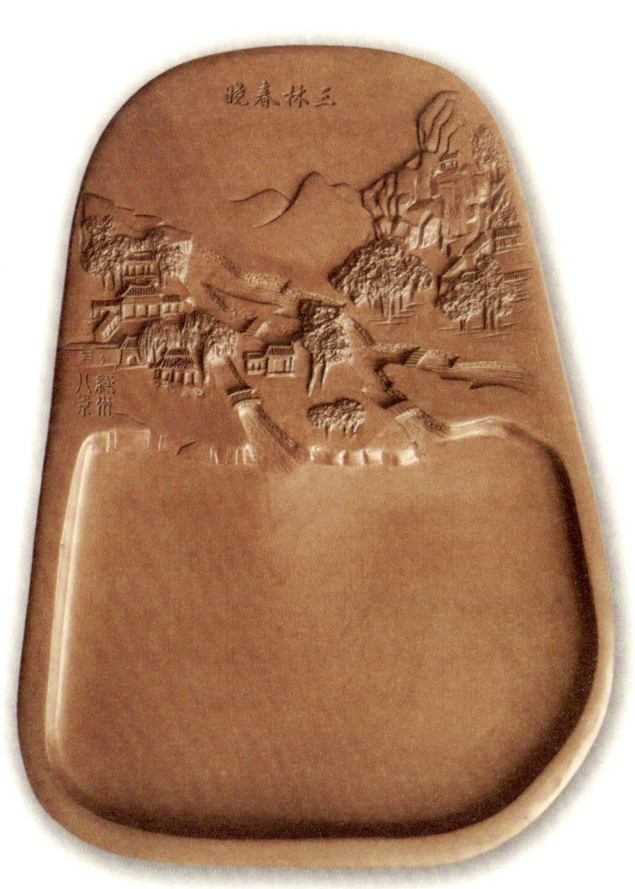

复苏与创新
——绛州澄泥砚发展综述

蔺　涛

　　砚台，作为中国古代非常重要的书写工具的发明创造，是中华优秀传统文化代表的符号，与笔、墨、纸一起，以"文房四宝"的文雅组合，成为中华民族文化体系当中一个非常独特的标志，我们华夏几千年悠久文明的辉煌发展史，它是赖以传颂不辍的凭借与功臣。自古以来能给予"宝"字头衔的文品，只有这世称的"文房四宝"。一个"宝"字，就道出了它们的价值。

　　其实，砚台的身价之所以如此珍贵，不只是因为它的寿命比笔、墨、纸长久，更因为它产生和发展的年代尤为久远，又是集历史、艺术、文学、使用、欣赏、研究、收藏价值于一身，具有独特民族风格的传统艺术，尤其是每一方传世的砚台在历代收藏者手中，都会或多或少留下各自的印记，从而包含丰富的历史信息、文化底蕴与艺术价值。有人可能会问：砚台既然那么重要，"文房四宝"中为什么"砚"排在"笔、墨、纸"之后？这个问题，用一句古谚语就可以解答："笔之寿以日计，墨之寿以月计，纸之寿以年计，砚之寿以世计。"故有"纸寿千年，砚传百世"之说，也就不难理解古人这种"倒头条"排序的妙用了。难怪宋代学士苏易简曾封砚台为"即墨侯"。

　　只是，说起笔，你可以单举出一支"湖笔"；说起墨，你可单举出一柄"徽墨"；说起纸，你也可单举出一张"宣纸"；但是说到砚台，懂的人，尤其是当今的砚品藏家，却不能单单了，至少须并列出各有名头的"四大名砚"——端砚、歙砚、洮砚、澄泥砚。而以问世生产的时间排序，最早的当属陶质砚品——澄泥砚。如果再以其最早的成名产地论，那就是今天的山西省新绛县，因此地古称绛州，故称其绛州澄泥砚。

只是这一方孕于秦汉、兴于唐、盛于宋、炉火纯青于明代、历代皆为贡品的泥砚之宝，带着其抚如童肌、呵气生津、发墨不损毫等独有的特点，竟于清代初叶销声匿迹，失传于砚界了，且转眼就是三百多年。而今，适逢盛世，绛州澄泥砚又有幸在父亲蔺永茂与我的手中得以恢复，重现荣光，并且得到长足发展，并被评为"中华民族艺术珍品""国之宝"，列为"山西三宝"之一，新绛县也因此荣获"绛州澄泥砚之都"称号，"绛州澄泥砚"也以"中国驰名商标"的知名品牌享誉全国，并成为与世界各国进行文化交流的文化名片。

那么，作为四大名砚当中唯一的一方泥质砚台，在古往今来的历史长河中，它经历了怎样一条孕育、生成、辉煌、消亡与重生的历史变迁之路的呢？

一

要介绍澄泥砚，就得回溯砚台的历史由来。《太平御览》卷六百五文部二十一所载东汉文史学家李尤《研墨铭》有言："书契既造，研墨乃陈；烟石相附，笔疏以申。"明代王三聘于《古今事物考》中亦云："自有书契，即有研砚，盖始于黄帝时也。"以上引文，传达出了两层意思：一是自从有了文字书写的需要，砚台就应运而生了；二是砚台产生的时间，应该始于黄帝时代。何以见得，可有凭证？这个还真有。

1975年开始发掘的山西省临汾市陶寺遗址，在考古工作者揭开它惊世骇俗的神秘面纱、为世人呈现出公元前2300年至前1900年之间尧帝时代都城建筑与生活信息的同时，华夏先民还在一片扁壶残片上，给我们留下了最直接的文明信息——两个朱书的文字"文"和"尧"（或"易""命"等多种解释），说明比殷墟早七八百年的陶寺时期，古人已经开始使用文字，让我们今人有幸领略到祖先们文字初创时期的书写形态。

而于1972年至1979年间发掘的陕西临潼姜寨二期遗址，断代为公元前4600年至前4400年的母系氏族公社原始聚落的半坡类型。其中出土的包括带盖板石研、石磨棒、黑色天然颜料、陶质水杯等一套完整的彩绘工具，被视作最早的文具实物凭据，专家称其中的石研为"原始石砚"，既被视为砚的滥觞，也直逼黄帝时代仓颉造字的伟大时刻。故苏易简《砚谱·叙事》有载："昔黄帝得玉一纽，治为墨海。其上篆文曰'帝鸿氏之研'。"这就是中国上古时代制砚的开始。

如此说来，仓颉造字，或许不只是虚无缥缈的传说了吧。再者，以他为代表的文字书写者,恐怕也不只是用树枝在地上划拉一下吧。至少二者之间,形成了相互印证的关系,坐实了李尤、王三聘的论见:砚台与文字书写相辅而生。

随着越来越多的考古发掘文物面世,其中丰富多样的砚台制品,让我们清晰地梳理出最早的用于绘画与书写的"研",是如何从自然取材的石质研磨器,到逐渐刻意成形,并在探究不同石质的研墨效果当中,与研磨粮食、颜料的研磨器分道扬镳,并随着东汉末年墨锭、墨块的产生,淘汰掉研磨棒,最终实现了由"研"到"砚"的华丽转身。1976年,河南安阳殷墟妇好墓出土的商代玉质调色盘,除了实用性,还突显出一定的审美装饰意义的艺术价值,明显向现代意义上的砚台靠近了一步。

而这一转身过程的发生,与陶砚的出现、推动密切相关。因为在适合研墨的特色石质砚出现之前,虽然也出现了铁、漆、铜、银、木等材质的砚台,但最适合担当研墨、书写、绘画重任的,还是陶砚。从《中华古砚》《中国名砚鉴赏》等图集资料当中可以看出,早在汉、魏、晋时代,已经有了专门供研墨书写的陶砚,比如汉《十二峰陶砚》《鼓形三足陶暖砚》《三足陶砚》、晋《黄釉圆形陶砚》、北魏《箕形陶砚》、南北朝《青黄釉五足陶砚》等,而真正让陶砚升华为扬名后世的澄泥砚,则要归功于秦汉时期以特殊澄泥添加工艺制作的皇宫建筑物上的砖瓦。正是这些"秦砖汉瓦",被文人墨客视作最适合研墨的陶质砚材,制成"砚瓦"(或"瓦砚"),一直延续到隋唐之际,也让我们找到了四大名砚之一的澄泥砚最早的前身。

二

考察澄泥砚的悠久历史,可以追溯到一万年前已经出现的制陶工艺。正是华夏先民对烧陶工艺的掌握,进而在追求陶器精密度的过程当中,采取过滤澄泥的技术,成为后世澄泥工艺的先导。探究历代澄泥砚藏品实物资料的内在关联,由就地取材的陶质研磨器到有意选材造型烧制的砚台,应该有一个漫长的演变过程。

澄泥砚的前身就是陶砚,而从陶砚到澄泥砚,则得益于古代工匠运用澄泥工艺制作的皇宫殿堂才能使用的砖瓦启发。因为皇帝们都想千秋万代享用,所以就要求砖瓦必须结实耐用。没想到这样的要求,催生出了专为烧制皇家砖瓦、更为精细的澄泥工艺技术的发明,由此也为后人用来制作砚台埋下了伏笔。据北宋苏易简著述的《文房四谱·砚谱》记录,汉末曹魏时期,工匠们为曹操建造铜雀台,就运用到这样的澄泥制瓦工艺:

> 世传云昔人制此台，其瓦俾陶人澄泥以缔滤过，碎胡桃油方埏埴之故，与众瓦有异焉。

正是这种在当时已经成熟运用的特殊工艺，为后世澄泥砚的出现奠定了重要的技术基础，或可视作澄泥砚的制作雏形。同时也可以想见，这种在当时已经成熟运用的特殊工艺，显然可以上推到汉代、秦代，甚至更早朝代的宫廷砖瓦制作。在这些曾经万人景仰的皇家宫殿废弃、坍塌、埋没的过程当中，有心的文人墨客试着把汉代未央宫和铜雀台的瓦当去其身，改作研墨告笔的砚台，发现这种人工烧制材料的研墨、发墨、护毫效果，远胜过古朴粗粝的石质研磨器，非常喜爱，俗称"瓦头砚"。"瓦头砚"毕竟为数不多，因而更多的瓦身也同样被改造成研墨的工具，其中又以未央宫的石渠阁瓦质占优称冠——这种瓦当制作极为精细，又受自然风霜雨露、日光曝晒而形成自身的特质，无意中成为理想的研具，赢得"砚瓦"之名。诚如宋代政治家、文学家王安石的《相州古瓦砚》诗所记述的那样：

> 吹尽西陵歌舞尘，当年屋瓦始称珍。
> 甄陶往往成今手，尚托声名动世人。

但瓦当、筒瓦的总体制作工艺毕竟还显粗糙，空洞、渗水、裂纹和残缺者，显然都不适合做砚，符合条件者自然少之又少。汉代的澄泥工匠就尝试着烧制出专门磨墨告笔的陶砚，而且还出现了装饰造型的陶砚。故宫博物院藏有一座汉《十二峰陶砚》，高足，砚面呈箕形，砚的左、右、后三面塑有山峰，由三位大力士扛着，非常奇异的艺术造型，集实用性和观赏性为一体，置于案头，既可研墨告笔，又可作假山欣赏。甘肃境内曾出土过汉《绿釉陶砚》，证明我国最晚在汉代已经有了最原始的澄泥砚制品，也可以视作绛州澄泥砚的前身。只是这种制作皇宫砖瓦技艺的空洞、渗水、发糠等问题仍然存在，使用者转而追捧砖砚、瓦砚。只是秦砖汉瓦用一块就少一块，直到一片难求、凤毛麟角，身价抬升到称之为"宝"的稀有珍贵程度。

需求就是探索革新的动力。澄泥砚制作技艺在随后的魏、晋、南北朝，走上了重要的探索、革新阶段。聪慧的工匠们，在烧造实践当中，继续摸索、弥补、克服烧制陶砚存在的欠缺，努力总结积累属于砚台制作的专门技艺。《中国文房四宝工业史》与《简明古玩辞典》都明确记载道："澄泥砚最早产于山西绛州。"那么真正意义上的澄泥砚为什么会肇始于我们古老的绛州呢？从汇总的资料当中，我们找到了个中缘由：

绛州澄泥砚之所以能够先声夺人，首先应当得益于它所拥有的汾河湾。作为山西一条全流域不出省的母亲河，汾河发源于宁武县管涔山，在吕梁、太行山脉夹持当中，一路汇聚管涔山、恒山、吕梁山、太岳山、中条山无数支流，浩荡南下，以坡度大、下切强、水流急湍的气势，以地堑型河流特有的串珠状姿态，贯穿山西大部分地区，于古绛州宽阔平缓起来的地面上掉头西去，汇入黄河，却将丰沛水流当中裹挟着的泥沙沉淀在这里。而汾河所经山脉已经探明的各种矿物质就多达近百种，耐火黏土、石膏和石灰岩尤为居多。正是这些富含多种矿物质、泥质干、强度偏高、手感滑腻、无砂、可塑性高、韧性强的泥沙特性，让绛州人拥有了得天独厚的制作澄泥砚的宝贵资源，成就了绛州澄泥砚的出产、扬名。

其次，还应该与绛州自身所处的特殊地位有关。春秋时期就号称"晋国三城"之一的古绛州，它位于山西省西南部汾河下游临汾盆地西南边缘，北靠吕梁山，南依峨眉岭，汾、浍二河穿境而过，因北周时改北魏太武帝所置东雍州而得名，这里一直是山西南部的政治、经济、文化中心，交通枢纽，水旱码头，商业都会。那时从冀、鲁、晋往来都城长安，绛州是必经之路，在山西素有"南绛（绛州）北代（代州），七十二行之城"的说法。这样的枢纽之地，必定会令能工巧匠云集，而手工业的兴盛，又必然带来工商业的繁荣发达。战国思想家荀况、唐代大诗人王之涣、宋代著名宫廷画家高克明、元代杂剧作家李行甫、蒙学经典《弟子规》的作者——清代学者李毓秀等历史名家皆为绛州人。他们，还有在绛州落脚的官员商贾、文人墨客，像山西籍的唐初书法四大家之一的薛稷，书画理论家张彦远，著名诗人王维、白居易，杰出政治家狄仁杰等人的身边，自然少不了相伴随的书写工具，其中定不乏秦砖、汉瓦之类的古董宝贝。聪明的绛州陶砚烧造工匠，显然是在接触到这些澄泥烧制的"砚瓦"后，受到启发，自会就地取材，以汾河湾沉积数千上万年的澄泥为原料，开了创制绛州澄泥砚的先河。

据清代《西清砚谱》记载，唐代最名贵的砚台是"汉未央宫瓦和魏铜雀台瓦制成的瓦砚，以及用绛州汾河泥烧制的澄泥砚"。

那么这些自然资源自古以来就存在，人文资源也是历史悠久，而且汉末以来人们已经知道了澄泥的工艺效果，砚瓦风行已久，为什么偏偏到了唐代才得以在绛州出产？这应该与始自隋代的两大历史事件有关联：一是隋炀帝大业三年开科取士。

这一破天荒的崭新用人制度，打破了历史悠久的门阀举士制度，给中国底层读书人开辟了一条通向仕途的门径，兴起学习科考之风尚。二是雕版印刷术的发明，致使刻书业与著书业大兴。天下读书人或为了科考入仕，或为了著述出书，"文房四宝"成为必备的书写工具，需求量迅猛增长自是必然。尤其到了唐代，皇帝唐太宗特别痴迷书法，也就非常看重写字的功夫，字都写不好，怎么做官？由此兴起以书写水平取仕之风。这就更进一步促使读书习字成为一种社会风尚，文房用具必然大行其道。而当时可供选择的砚台品种并不是很多，除了少量的石砚和并不适合研墨的陶瓷砚，也就只有陶质砚瓦了。砚台材质的稀缺性，就给澄泥砚提供了一个脱颖而出的难得机遇。这样空前巨大的商机，最先被聪明智慧的绛州人捕捉到了。

由陶砚发展而来、在脱胎于秦砖汉瓦的"砚瓦"基础上进一步得到技艺改造、日臻成熟的澄泥砚，便以生产原料获取便捷、加工制作熟练、造型可塑性强的优势，自然得到了文人学士、达官贵胄乃至平民阶层的普遍欢迎。靠笔墨吃饭的人一辈子不用十块八块砚台，是下不来的，这就是隋唐以来澄泥砚特别吃香的一个主要原因。再从砚台的造型上，就可以看出其实用性：好多老砚台，比如门字砚，就是一个坑，或者长方形，或者圆形，一个环渠，重点在中间有一个磨墨的地方。但是审美的诉求也是一种客观存在，这样一来，澄泥砚质地之优劣，造型之雅俗，慢慢就成了不同身份求取功名的读书人身份的标榜。

三

如果从绛州澄泥砚得名的层面细究，当与它独特的澄泥获取工艺技术有关。通过现有文献当中最早记录绛州生产澄泥砚的南唐张洎《贾氏谭录》所辑录的内容，可窥一斑。张洎为五代南唐官员，有一次出使宋朝，与馆伴、宋左补阙贾黄中交谈诸事，其中谈到绛州烧制的澄泥砚，遂为后世记录下令砚台不干涸的取泥选料密法，这样的澄泥砚制法，也成为迄今为止能够见到的最早记载。宋人苏易简在其《文房四谱》中，较张洎的《贾氏谭录》更为详细地记录下了澄泥砚具体的滤泥、添加、雕塑与烧制全过程：

> 作澄泥砚法，以墐泥令入于水中揉之，贮于瓮器内，然后别以一瓮贮清水，以夹布囊盛其泥而摆之，俟其至细，去清水令其干。入黄丹，团和溲如面。作二模如造茶者，以物击之令至坚。以竹刀刻做砚之状，大小随意。微荫干，

> 然后以利刀手刻削。如法曝过，间空垛于地，厚以稻糠并黄牛粪搅之而烧一伏时。然后入墨蜡，贮米醋而蒸之五、七度，含津益墨，亦足亚于石者。

可能各种文献的记录文字有所出入，但文意没有大的冲突。也就是说，绛州人如此这般劳心费神精研细磨、奇塑巧雕、焙烧而成的澄泥砚，虽然仍被世人视为陶质范畴，却比陶更为精细，质地实居于陶与瓷之间，属于"炻"质器物，故而具有与众不同的新特点——积水不涸、历寒不冰、击若钟磬、抚如童肤、坚可试金，更因为其发墨而不损毫的柔腻性，堪与石砚相匹敌。所谓发墨，不是单指研磨率高，而是指砚与墨磨擦的互相作用——研好的墨液中墨粉与水分互相溶解、协调、浓重而灵便，这样就不会损伤笔的毫毛。

鉴于这一特殊泥质在烧炼时与所掌握的火候不同，砚胎还会呈现出优于天然石质砚品的不同色泽，且变化多端，其中被古代藏家推崇为上品的"鳝鱼黄""蟹壳青""豆砂绿""玫瑰紫""虾头红""朱砂红"等砚品，就可知其色彩之奇妙迷幻，不一而足。清人朱栋《砚小史四卷》中就有关于澄泥砚珍品排序：

> 澄泥之最上者为鳝鱼黄，其次为绿豆砂，又次为玫瑰紫。黄中斑点大者为豆瓣，小者为绿豆。有此砂者皆发墨，然不若朱砂澄泥之尤妙。

这类澄泥砚当中的上乘珍品，就不再只是一方研墨吿笔的普通文具，更成为达官贵人、文豪巨擘眼中寄托文化情趣与审美精神的工艺珍宝。其实，据《文房四谱》记载可知，这些名头大都来自对江苏嶰村的石质"类澄泥砚"不同色泽的形容：宋代以后，开采天然石琢砚，类澄泥砚，亦名"澄泥砚"，其品类有"鳝鱼黄""蟹壳青""绿头砂""玫瑰紫""豆瓣砂"等。梳理至此，又想起《旧唐书》卷一百六十五、列传第一百一十五《柳公权传》中书法家柳公权提及并有所置评的"绛州黑砚"：

> （柳公权）所宝唯笔砚图画，自扃鐍之。常评砚，以青州石末为第一，言墨易冷，绛州黑砚次之。

宋人唐询在所著《砚录》当中,对柳公权提及的青州石末砚,也有相关记载:

> 潍州北海县石末砚,土人取烂石研澄其末,烧之为砚,即柳公权为第一者。潍乃唐青州北海县也。

欧阳修在其《砚谱》中,也曾就青州石末砚有所评议:

> 青州、潍州石末研,皆瓦砚也。其善发墨非石砚之比,然稍粗者损笔锋。

以上三段资料,透露出两个重要信息。其一,当时的砚台,除了澄泥烧造而成的砚品之外,还有青州用青石末澄滤烧造的砚台;其二,当时的绛州澄泥砚,并不叫澄泥砚,而是叫黑砚。或者有人要问:凭什么就能断定柳公权所言黑砚就是指澄泥砚呢?

首先,作为距今七千年前新石器文化早期的代表,浙江河姆渡遗址当中,就出土了黑色陶器残存;其次,在新石器文化晚期的山东地区一些龙山文化遗址里面,更是出土了烧制得非常漂亮的黑陶。这证明,我们的祖先,早就掌握了这门渗碳工艺,就是在陶器的烧成过程当中,通过独特的还原焰烟控手段,将碳颗粒渗入陶器体内,实现乌黑透亮的黑陶烧制。

如此推测,柳公权所言黑砚,会不会就是早期的绛州澄泥砚,侧重使用渗碳工艺所烧成的最朴素的色彩效果呢?后来得知,河北廊坊当代高级传统工艺师石民先生,历经三载,恢复了符合文献所载唐代石末砚特征的石末砚制作技艺,作品《石末琴样砚》被中国工艺美术学会评为银奖作品。他在其"右文堂砚艺工坊"网页上,仍以"黑砚"指称绛州澄泥砚,或许就给我们揭示出《柳公权传》里面这段文字当中隐伏着一个合乎情理的答案:被柳公权作为性能对比的"青州石末"和"绛州黑砚",显然都属于"澄泥"工艺制作烧造的砚品,而非石质砚台。区别在于前者是将潍州河滩青石粉碎后澄其粉末塑型烧造而成,而后者则是澄汾河沉泥塑型烧造而成。

如果柳公权提及的"绛州黑砚"指的就是绛州澄泥砚,他可能就是现有史料文献当中最早提及绛州澄泥砚的人,也让我们了解到唐中期绛州澄泥砚的主体颜色。而唐代未以"澄泥"称呼澄泥砚者,又见早柳公权出生十年的韩愈《瘗砚铭》:

陇西李观元宾,始从进士贡在京师,或贻之砚。既四年,悲欢穷泰,未尝废其用。凡与之试艺春官,实二年登上第。行于褒谷,役者刘允坠之地,毁焉。乃匣归埋于京师里中。昌黎韩愈,其友人也。赞且识云:"土乎成质,陶乎成器。复其质,非生死类。全斯用,毁不忍弃,埋而识之,之仁之义。砚乎砚乎,与瓦砾异!"

韩愈还将澄泥砚称作"陶泓"。由此可知,人们虽知澄泥已非一般瓦、砖砚材,由它烧制而成的品质优于陶砚的绛州澄泥砚品,却不知如何准确地去界定和称呼,所以与已经出现且受到追捧的红丝石砚与端砚、歙砚等石质砚台相对应,仍然习惯性地以瓦砚或陶砚名之。正是这样的原因,导致相当长的历史时期,人们总把澄泥砚和陶砚混为一谈。

这就带来又一个问题,唐代的"绛州黑砚",又是什么时候得名"澄泥砚"的呢?就现在可以查阅到的史料文献当中最早出现"澄泥砚"一名的,应为前文引述的被收入《永乐大典》的《贾氏谭录》中南唐张洎文中明确记录的。

因为年代久远,缺乏文献记载,唐代绛州成熟的澄泥砚制作工艺到底达到怎样的程度,今人已经不得而知。我们是不是可以通过唐代澄泥砚藏品真颜,以管窥豹,感知绛州澄泥砚精美的质地,想到其技压群芳的美名?

据传,唐武德年间,屯兵绛州柏壁关讨伐刘武周、宋金刚的李世民,曾经考察关注过绛州澄泥砚的生产。待李世民即位后,非常偏爱绛州知府特别进献的《贞观御砚》,藏之内府。现藏于北京故宫博物院的"唐天策府制"铭三足《风字澄泥砚》,或可给这个传说做个旁证:长33.5厘米、宽26.3厘米、高3.9厘米,体积硕大,紫中泛黄,古朴大气,素净典雅。砚背面,刻行书"唐天策府制"。"天策府"是李世民登基称帝前的府署,也与李世民屯兵绛州的时间相吻合,现在仍然在新绛县流传甚广的绛州鼓乐《秦王点兵》《秦王破阵乐》,就取材于这一历史故事。

至少,这方砚品也进一步证明,绛州在唐代以前,已经拥有了澄泥砚制作的成熟工艺。由此可知,优质的汾河湾沉泥,成熟的澄泥焙烧工艺,给绛州澄泥砚的诞生创造了独一无二的必要条件;而绛州澄泥砚的出现、传播,又极大地促进了大唐盛世文化艺术的繁荣,为中华民族的文化传播立下了不朽功勋。

俗话说:上有所好,下必趋焉。当朝皇帝的喜好,顿使绛州澄泥砚身价陡涨,不但列为宫廷贡品,也成了民间争相求购的砚品。当时文人墨客,无不以拥有这款名砚而欣慰自豪。

四

有身份的官宦墨客争相竞购,馈赠挚友,求砚评砚,视若拱璧,让声誉日隆的绛州澄泥砚,在具有高大上的社交品位的同时,也自然成为市场供求的宠儿。

然而以一地之产供应皇家官场和社会大众的需求,自会供不应求。绛州汾河沿岸作坊并起,仿效制作,扩大生产规模便是必然的发展趋势。而源于河流、湖泊的澄泥原料的便捷性,虽说有质量上的优劣差别,但是市场的需求总归是多层次的,于是澄泥砚制作产地的扩展,也是一种必然趋势。

人常说近水楼台先得月,相邻的河南虢州有心的工匠,通过拜师学徒,在学得绛州澄泥砚焙烧秘法之后,以沉淀千年的黄河沉泥过滤制坯,焙烧成功。故有宋代学人李之彦在其《砚谱》中记载:"虢州澄泥,唐人品砚以为第一,今人罕用。"这里插一句,宋代就出现"罕用"的原因,应该与唐代陆续发现性能甚佳的广东端砚、安徽歙砚导致后世端、歙砚风大起有关。不过在当时,澄泥砚却是挟贡砚的声威,成为砚中翘楚。清同治六年刻本、周仁寿编的《增直隶陕州志·物类》载:"澄泥砚,唐宋皆为贡品,澄泥砚,唐人品之为第一。"因而后人也有称澄泥砚为"唐砚"者。绛州澄泥砚与虢州澄泥砚,犹如唐代焙烧澄泥砚的双子星座,仍然熠熠生辉于史书当中。还有学者研究指出,由于绛州与虢州两地相距不远,文献当中指称的"绛州砚",有可能就是包含两地的一种泛指。

唐代常有以出产所在州府命名物品的习惯,比如端砚、歙砚的由来,其中便包含着初创之地的界定。柳公权所称"绛州黑砚",应该就是这样的习惯使然,换句话说,也是绛州最早产出澄泥砚的有力佐证。

宋代前后,这一技术就沿着黄河流域逐渐传播开去。除了山西的泽州外,柘沟(今山东泗水县)、潍州(今山东潍坊市)、相州(今河南安阳市)、滹阳(今河北滹沱河沿岸)等地也都生产澄泥砚,并进一步扩展到长江流域的南通(今江苏南通市)和宝山(今上海市附近)等地。据苏轼《次韵和子由欲得骊山澄泥砚》诗作研判,当时的陕西骊山一带,就一直有澄泥砚产出。当然,其中尤以绛州和虢州(今河南灵宝、陕州一带)所产最佳,为其他地域澄泥砚品所望尘莫及。尤其是绛州澄泥砚的制作工艺进一步完善,已经形成了一套系统、完整的制作工序,无论从密度、硬度,还是发墨、吸水率方面都处于领先水平。后世"镜必秦汉,砚必宋唐"的说法,既充分证明了砚台在唐代的重要作用,也证明了绛州澄泥砚在其中所处的举足轻重的地位。

与澄泥砚发展并行的是自唐贞观之治至开元盛世带来的文化艺术的长足发展,社会各阶层对砚台的需求量剧增,促使各地开发制作适合研墨的石质砚台。据史料记载可知,自初唐武德(618—626)、盛唐开元(713—741)到中晚唐时期,先后出现了广东出产的端砚、安徽与江西交界地域的歙砚和山东青州的红丝石砚等知名砚石。据唐宗室陇西李石(784—845)《续博物志》卷九载:"天下之砚四十余品,以青州红丝石砚为第一,端州斧柯山石为第二,歙州龙尾山石为第三。"这应该是现在能查阅到的有关这几款石质砚台排名的最早文献资料。宋人李之彦《砚谱》载:"苏易简作《文房四谱》……谱中载四十余品,以青州红丝石为第一,斧柯山为第二,龙尾石第三,余皆在中下。"其排序应源自李石的《续博物志》。

在当时,以绛州澄泥砚的显赫声誉,与李石心目当中的三大石砚等量齐观,并不为过。这或许就是后世传称"四大名砚"最初始的出处所宗吧。及至宋代,甘肃出产的洮砚取代了因石材匮乏而昙花一现的红丝石砚,组成了新的"四大名砚"。当然,也有研究资料提出,是先由红丝石砚、端砚、歙砚和后起的洮河砚组成最早的四大名砚,后来红丝石砚砚材枯竭退出,才把澄泥砚补入组成新的四大名砚。这样的排列变化,应该反映了石质砚与澄泥砚由分列到融合的演进过程。另外,据有关研究资料分析,端、歙、红丝石等石质砚起初出现的时候,由于石材质地莹润,稀有少见,故被当时的人们视若宝石一般珍贵,这可能也是砚台被冠以"宝"字的又一个因素吧。

而宋代澄泥砚的质地品相,也因为制作工艺的进一步精密,显得更加珠光宝气。其中在探索改进唐砚的坚硬度上,尤以泽州吕道人砚最有建树。米芾在其《砚史》中,特将其单列为"吕砚"注以说明:

> 泽州有吕道人陶砚,以别色泥于其首,纯作吕字,内外透。后人效之,有缝不透也,其理坚重与凡石等。以历青火油之,坚响渗入三分许,磨墨不乏,其理与方城石等。

与米芾同时期的学人何薳(1077—1145)在《春渚纪闻·记研·吕老锻研》中,也有这样的记载:

> 高平吕老造墨常山，遇异人传烧金诀，锻出视之，瓦砾也。有教之为研者，研成，坚润宜墨，光溢如漆，每研首必有一白书"吕"字为志。吕老既死，法不授子，而汤阴人盗其名而为之甚众。持至京师，每研不满百钱之直。至吕老所遗，好奇之士，有以十万钱购一研不可得者。研出于陶，而以金铁物划之不入为真。

只可惜，吕道人作为出家人，居然没有把澄泥砚的制作工艺秘方传授给后人，既让他的烧制秘法成为绝技，令后来者望砚兴叹，更促成当时的仿造吕道人砚骗取钱财的不良现象。所以台湾学者魏美月先生在《澄泥砚——中国古代的科技产物》一文中这样分析到："澄泥砚则另有制法，其地道的方法因系秘方，到了宋代就已失传大半。"这大概就和现在的"山寨版"假冒伪劣产品会挤掉正版产品一样，当时遍地开花的表面兴盛，和混杂其间的假冒伪劣产品败坏着澄泥砚的名声，这似乎已经潜伏下正宗秘法烧造的绛州澄泥砚消亡的危机。

而在澄泥砚品上刻留印款铭记，就现存唐砚而言，除了前文提及的"唐天策府制"铭刻的三足《风字澄泥砚》，再有1960年广东省韶关市郊罗源洞唐张九龄墓出土的《箕形陶砚》，刻有一个"拯"字，据考证是其子张拯的名字外，就很少看到了。但是到了宋朝则已蔚然成风，也被视作宋代澄泥砚的一个突出特色。比如现在存世的一方宋代《马蹄形鳝鱼黄澄泥砚》，砚体就刻有"嘉祐七年十二月十三日北窑务作头王直造砚砥人王"字样。清乾隆十六年，高宗皇帝弘历曾为《宋宣和澄泥砚》题诗，首两句"澄泥贡砚识宣和，小篆分明泐未磨"，说明他是依据刻字内容判定这方砚台年代的。相对于普遍没有落款的唐代澄泥砚，这可是一大突破，应该是产地增多、产品丰富带来的市场品牌竞争所致。面对层出不穷、质量差异很大的各色澄泥砚产品，名气大的澄泥砚烧造者很快就意识到，要想维护自身产品的名声，就要通过这样的形式，与其他质量参差不齐的澄泥砚品区别开来；而这样的新变化，既是对设计制作的工匠创造性劳动的尊重，同时也为后人研究澄泥砚的演进变迁提供了可靠的凭证。从这个角度看，这是一个划时代的进步，因为一个优秀的砚雕艺人，他们本身就是具备相当水平的书画艺术家。

即便如此，就依宋人唐积在《歙州砚谱》里面记录下来的二十余名砚工为例，大部分砚工还是没有记下他们的姓名，可见他们地位低微、寂寂无闻的真实境况。

当然，刻印题铭的产生，最初始的诱因，恐怕与宋代文人士大夫开始参与砚的制作不无关系。由于商业发达，艺术品市场、书画市场都形成一定规模，故制砚者甚众，其中就包括好砚的文人士大夫们。他们参与设计砚式、题写铭文及选择砚台石料，在使他们的审美情趣在砚中得到充分体现的同时，自然而然地也就让这一时尚蔚然成风了。故而其形制总体而言，呈简约大气、蕴含儒雅、柔美但不失刚劲之状貌，故有"宋形"之称。特别要提及的那方传为苏轼遗物、现藏于故宫博物院的《澄泥东坡鹅戏图砚》，生动的卧鹅转颈回眸的侧身敦厚造型，与苏轼的书体相得益彰；砚背隶书铭"鹅戏"并署"东坡居士轼"楷书款，由此赢得后世倍加珍视。

还有一个澄泥砚当中"澄"字的读音问题，是应该读作"dèng"，还是应该读作"chéng"？或者古人到底怎么读？当代颇有争议，各执一词。其实，人们只要稍加留意，就会发现，答案或许已经隐藏在宋代大文学家苏轼那篇《书吕道人砚》中：

> 泽州吕道人沉泥砚，多作投壶样。其首有吕字，非刻非画，坚致可以试金。道人已死，砚渐难得。元丰五年三月七日，偶至沙湖黄氏家，见一枚，黄氏初不知贵，乃取而有之。

文中，苏轼称吕道人砚为"沉"泥砚，显然应该是地域方言发音的差异所致，"沉"显然最接近的应该是"chéng"的读音。文化学人王振川在《苏东坡的〈书吕道人砚〉》一文当中，还从字意层面予以解读："澄泥砚的制作用泥，可以说是干净的澄泥，也可以说是细腻的沉泥。写成'澄'或'沉'，都有其道理。"也就是说，澄泥砚是取黄河及汾河沿岸沉淀之细泥，经烧制而成的陶砚。"澄"是多音字，读"chéng"更雅致，所以现在均将"沉泥砚"写成了"澄泥砚"。

另外，据上海博物馆馆藏北宋张思净造《抄手澄泥砚》砚底三行行书印款"己巳元祐四祀姑洗月中旬一日，雕造是者，箩土澄泥，打模割刻，张思净题"，还有徐世章先生所藏砚品砚底有印款"泽州路家丹粉罗土澄泥砚印记"，再有内蒙古伊克联盟巴林右旗出土的澄泥砚，砚背印有"西京仁和坊李让罗土澄泥砚瓦记"，可知当时还有一种"罗土""箩土"制法，也就是用箍着细纱网的箩子过滤澄泥的工序。

进入元代，虽尚未见到记载绛州澄泥砚焙烧的史料，但根据存世实物如《卧虎澄泥砚》以及蝉形、花卉、人物澄泥砚品，说明当时各地的澄泥砚还在继续焙烧。只是受蒙古族草原文化影响，砚品一改宋形之雅，外形体积硕大，造型浑圆、古拙、厚重，展现出游牧民族粗犷、遒劲、精炼的艺术风格。可见的实物，比如前文提到的李让罗土澄泥砚等。

到了明代，澄泥砚的泥质、添加、烧制工艺进一步提升至炉火纯青的高度，造型雕刻风格突显出雄健、雅致、肃穆的格调。如明《龙首澄泥砚》，其造型写意夸张，龙头威猛方正，目光炯炯，须发四面披散，足见其"雄健"的内韵。据另一篇题文：澄泥砚最早出现在唐代，工艺可推至三国，历代都有发展。在澄泥砚的颜色上，除了前朝就有的黄、紫、绿等色外，还创烧出朱砂红。而最具代表性的，一方是由收藏家徐世章捐献给天津市艺术博物馆的《荷鱼朱砂澄泥砚》：砚台做鱼形砚身，砚堂呈朱红色，砚背衬以荷叶，荷叶及鱼周围于烧制前均着黑色，黑红相映，荷鱼交辉，浓艳与沉着相得益彰；其泥质细腻，色泽鲜艳，真可谓造型生动活泼、雕刻精细传神、线条流畅自然、色彩鲜丽华美，技法高超，巧夺天工，是极为稀见的古代文房艺术精品。另一方则是现藏于故宫博物院的《牧牛澄泥砚》：砚台做卧牛状，双眼圆睁，目视前方，牛角向后弯曲，四足相对，牛尾向前甩动；牛体做圆月砚身，中间为椭圆绛黄带褐斑砚池，周边为墨色；一牧童横俯于牛背上，身体做向前探望状；此砚造型独特，线条圆滑，泥质细润，周身外表漆黑发亮，坚硬有如石制，是明代进贡朝廷的一个砚种，也是明代澄泥砚中不可多得的珍品。

正是因为明代在砚的造型、色彩、质地等各方面都有极大的突破，加上文学艺术空前繁盛，文人们开始收藏名砚。但是随着石砚的大量开采，以及铜、铁、瓷、木、漆、紫砂等不同材质砚品的涌现等原因，致使澄泥砚到明代晚期已经渐渐丧失了生机。

及至清初，澄泥砚的泥质虽不及明代瓷密，然修泥雕刻工艺则更趋精细。如清《云凤纹澄泥砚》，刀工细腻写实，层云之间恰有一凤凰探出，身姿妩媚，翎毛毕现。由于朝代更迭、时局动荡，对澄泥砚的烧造延续，产生了巨大的影响。各地澄泥砚虽仍有生产，但是因为被工匠们视若生命一样重要、秘不外传的工艺秘方的失传，已经烧制不出像样的佳作了。而另一种说法以为，因为澄泥砚自身工艺繁杂、烧造工艺难控、成品率不及石砚的高额成本回报，故而在石砚冲击等诸多因素影响下，到清代前期就已经濒临停产或中断烧造了。

其实，梳理绛州澄泥砚由唐代的贡品，历宋、元到明末清初与其他澄泥砚产品渐趋消亡的历史脉络，不难看出其中的一个重要因素，那就是随着代表政治、文化、军事、科技中心的宋代皇都东移南退，再到元代都城北立，明代都城先南后北，直到清代都城继续定都北京，汉唐时期形成的东西走向经济文化带，自然被南北走向的经济文化带所取代。这样的发展变化，让身处东西文化带上的古绛州走向式微，就是一种必然了。作为其中的绛州澄泥砚,即使没有石砚的出现,它也无法摆脱没落的宿命。

五

绛州澄泥砚古法失传停产,反倒激发出一个重要人物全力尝试恢复其旧有风貌的努力,他就是清代高宗皇帝爱新觉罗·弘历。据清宫廷史料记载,对诗书画印多有涉猎的清高宗,更是嗜砚成癖。而于诸多砚品当中,又非常偏爱澄泥砚,竭力搜罗世间遗存的旧物,御笔题款,编入清宫内府编著的庋藏名砚之大成的《西清砚谱》。该图谱所录250方砚台佳品中,澄泥砚就占51方,其中清高宗御题诗铭文关涉绛州汾水字意者,就有11方之多,包括现在仍然保存在北京故宫博物院、由绛州进贡的宋《澄泥虎符砚》。以他为唐《八棱澄泥砚》御题的铭诗为例:

> 汾水澄泥绛县制,贾氏谭录详纪事。
> 建武庚子分明识,海马飞鱼出波际。
> 佐我文房之五艺,挥毫只欲书亥字。

他又在《砚说》中,称其砚"土质细润,坚如玉石,其为汾绛旧物无疑"。再如御题宋《澄泥石函砚》铭:

> 绛州泥,谁为澄?端溪石,谁为形?泥而石,非所料;石而泥,非所较。一而二,二而一;水为入,墨为出。背画井,思复古也;面磨凹,不可补也。经世修身,宜思何以自处也。

乾隆四十年,清高宗为另一方《旧澄泥玉堂砚》御题的《澄泥砚铭》,道出了他与绛州澄泥砚结缘的时间:

> 欲善其事,先利其器。卌年始用澄泥习字,曰:实踈乎!斯亦有义,初缘弗知。兹知乃试,偶命求之,不胫而至。汾水之泥,墨池之制;色古质润,体轻理致;比玉受墨,较石宜笔。临池虽助,书法实愧,更予戒哉,玩物丧志。

可知他是在这一年初次使用澄泥砚当中,发现绛州澄泥砚比石砚玉砚还要发墨的优点,引起兴趣。可是所藏绛州澄泥砚砚品太少了,于是就有了在他指派下长达十年之久试制绛州澄泥砚的故事。五月,清高宗读到《四库全书》馆进呈的《贾氏谭录》中所记绛州澄泥砚取泥制作之法,遂谕令山西巡抚巴延三在山西绛州寻找旧制澄泥砚,并且欲让当地制砚之家根据《贾氏谭录》所记载的方法仿造:

> 朕阅《四库全书》馆所进书内,《贾氏谭录》载云,绛县人善制澄泥砚,缝绢囊置汾水中,踰年而后取沙泥之细者已实囊矣,陶为砚,水不涸焉等语。澄泥制法昔人既笔之于书,其说自不妄。绛县系山西所属,其法至今是否流传土人,尚能得其遗制否?著传谕巴延三留心寻访,如尚有旧制之砚,则随便陪取数方呈进;若已无世业之家,即觅妥人依《谭录》录所载做法试仿为之,一年之后能否成材再行据寔覆奏。将此遇奏事之便传谕知之,钦此。

时隔一年,清高宗在四十一年八月二十六的一道谕旨当中,又提及上年着令巴延三所办之事,进而要求呈送澄泥:

> 上年夏间朕批阅《四库全书》……现在于各处寻访一得其人,能否如法仿制未据奏及。如果试有成效,即将制就之澄泥呈进数块以备砚材之用。将此遇便传谕巴延三知之,钦此。

同一年,既有清高宗在进献新制菱镜砚上御笔亲题,记录他命巴延三留意寻访绛州如有制作澄泥砚的世业之家,令宫廷内务府造办处"砚作"用所呈绛州澄泥,依法仿制旧藏菱镜砚式之事:

> 四十年因谕山西巡抚巴延三,试仿为之,一年后,巴延三以所造砚材进,视其中有可作菱镜砚者,乃出旧藏砚式,命匠制此砚。

到了乾隆四十二年七月初八,清高宗又有一则谕旨是让巴延三"陆续仿造""并可每年造送也"的内容。这些谕旨,似乎说明,巴延三已经在绛州访得仍然掌握澄泥砚制作工艺的"世业之家"或者"妥人",烧制出了澄泥砚品。而根据乾隆四十六年《宫中进单》所载:"山西按察使,臣袁守诚跪进,御制铭澄泥砚十八方三匣(应为三套六方式仿古澄泥砚)。"可知当时山西方面的确是遵守谕旨,每年都给内廷呈进绛州工匠制作的澄泥砚。这一年,还有山西巡抚雅德奏呈的折子:

> 进澄泥砚材事:窃照晋省历年尊奉谕旨仿照《贾氏谭录》于汾河试取澄泥砚材,每年九月间预令绛州及稷山、河津二县各制绢囊安放河流淳缓之处收取澄泥。兹自上年九月至今已届一年期满,奴才饬令该州县将绢囊内浸取澄泥解省,悉心选验,试得净细砚材一十八块,敬谨装匣进呈。

又有台湾故宫博物院珍藏的乾隆四十八年《农起奏折》,也是进呈澄泥砚材的:"……得净细砚材二十七块,敬谨装匣进呈。仍令该州县等多备绢囊照旧安放汾河如法浸取……"由此可知,绛州方面呈送澄泥的工作,每年都在继续当中。据《乾隆朝宫中档》文献记载,山西自巴延三及以后历届巡抚,每年进贡澄泥砚材长达十年之久。这项工作,直到乾隆五十一年九月,清高宗下谕鉴于"此项砚材存贮备用已多……嗣后无庸再行备办呈进",才告一段落。

这些取自绛州汾河的"瑾泥"砚材,清高宗在命山西绛州方面和宫廷造办处"砚作"仿制的同时,又下旨在全国范围内察访制作澄泥砚的世家。后于乾隆四十六年,江苏织造全德上奏江苏有制作澄泥砚者,清高宗遂把绛州澄泥砚材进一步试制澄泥砚的任务交给了他。这又是为什么呢?或许我们可以从清高宗为一方由宫廷造办处"砚作"仿制品《仿汉石渠阁瓦砚》的题铭当中品出缘由:

> 炎刘瓦砚称石渠,汾沙抟埴其式俱,以昔视今旧新殊,由今视昔讵异乎?

后两句模棱两可的语意——与汉代的澄泥砚瓦相比较,当下烧制的澄泥砚除了有新旧的不同外,它们在质量上是不是仍有很大的区别?似乎透露出这位皇帝内心那种"寤寐思服"而终未如愿的失落与惆怅。根据后来全德进呈试制的两方澄泥砚的奏折,可知江苏那里的澄泥砚也试制成功了。他所进呈御览的两方砚台,一方是《砆砚》,一方是《墨砚》,皆做方形,墨池皆做偃月形,砚堂略呈圆形,墨池与砚周缘,皆有一周棱线,其造型、装饰、做工都堪称一流。但细究全德呈奏的具体制作方法,实属一般的烧制砖瓦陶艺之法,绝非唐代绛州澄泥砚古法。可见清高宗并不满意,

这从他为其中的《墨砚》御题的铭诗中,或可得到别样的体味:

> 绛县得材偶仿古,余制二砚砚匣贮。临池五合之一助,逮忆苏言意则忾。

如果说前一首题铭诗作流露出来的情绪还比较隐晦,那么这首诗作的后两句,怅然若失的情绪就表露得更为直白了。莫非是与苏轼《书吕道人砚》中所言"坚致可以试金"的吕砚质地相比较,无法满意当下烧制的澄泥砚质地,进而感慨"道人已死,砚渐难得"乎?

清高宗兴师动众长达十年寻访古法恢复试制绛州澄泥砚之举,虽因唐法不可得,致使质量总不如从前,却使文士墨客对绛州澄泥砚的推崇达到一个新高度。同时期的民间作坊虽然仍有零星制作,但质量则每况愈下。比如江南海门州也曾以"海中澄沙久而结者"烧制,终以"亦不甚好"而停业。

古法既不可得,只求牟利的商贾小贩们更是开始了制假售假,进一步加速了澄泥砚日渐衰落的趋势。虽然在故宫库房内,至今还保存着二百多块完整的汾河澄泥泥料,绛州澄泥砚,还是不可逆转地逐渐淡出了人们的视线。

弹指一挥间,就是三百多年风流云散。

但是曾经作为贡品的绛州澄泥砚,凭借历代好砚者的品评推波助澜,溢美度本来就很高:

宋代文豪苏轼曾这样客观比较澄泥砚之优缺点:"端石之弊,过细而不发墨;歙石之弊,发墨而嫌过粗;澄泥软而发墨,最为适中,而其弊易至于凹。……其发墨时有过于端石者,写大字最宜,未可徒弃此而取彼也。"

宋代书法大家米芾在《砚史》中也有这样的盛赞:"坚实如此,叩之金声,刀之不入。"

宋学人高似孙在《砚笺》中也记录道:"绛人囊泥汾水中,逾年陶为砚,水不涸。"

明代除了高濂在《遵生八笺》中对所著录唐八棱形砚品有"品砚以为第一"的高度评价外,湖南省博物馆珍藏的一方清代名臣曾国藩收藏过的明代《天籁阁澄泥砚》,砚侧左端竖刻的隶书铭文中,亦有"绛州澄泥甲天下,唯五色者,世所推重"句。

明《诸州砚》云:"澄泥唐人品砚为第一。"

清末古玩收藏家赵汝珍在《古玩指南》中记录:"唯山西绛州所制者最为著名。"

清末马丕绪所撰《砚林脞录》亦强调:"绛人善制澄泥砚。"

……

这些赞誉之词,证明绛州澄泥砚的出现,在推动澄泥砚文化发展的同时,也促进了唐宋以来中华文化艺术的进一步繁荣,为中华民族的文化传播立下了不朽功勋。以这样的声誉,再加上因断供导致的稀缺性,必然成为历代书家和砚藏家持续关注、搜求淘宝的对象,几至一砚难求的地步。这样的身价,也让它有机会在古砚收藏者手中偶露峥嵘。

而赏砚、藏砚、研究砚的风尚,应该始于南唐时期。据宋代文豪欧阳修《文忠集》载:"南唐"时期(937—971)国家专设砚务官,查评砚石优劣,规定制砚工艺,审定砚台品位,对高等级砚台要造册严管,以防流失。由此开砚学之先河,也成为后世砚文化的滥觞。

清代梁巘《砚论》中,记载他在扬州的一次淘砚趣事:"……又得大砚一方,长尺余,阔六七寸,非端非歙,余初疑为'澄泥',以两千钱购之。售砚者告余曰:此江西'粉皮青'也。若'澄泥',岂肯以贱价售于君乎?"由此可见,清乾隆年间澄泥砚的身价仍在端、歙两款石砚之上。

到了现当代,虽说随着书写工具的一再变革,砚台与笔墨纸等传统文具,早已不再是寻常必备的记写之物,但却是当下书画家案头不可或缺的"吃饭""亮宝"的物件。那么,一方既使用趁手又具有观赏珍藏价值的古绛州澄泥砚品,更会成为许多书家和藏家高价索求的对象。

六

正是在这样的时代背景下,1984年调任新分立的新绛县博物馆业务馆长的父亲蔺永茂,在研读文物考古知识的过程当中,与绛州澄泥砚相遇了——《新绛县志》记载:

> 澄泥砚即陶砚也,为砚史中著名之产物。《天录识余》云:"绛州澄泥砚,以绢袋置汾水中,逾年而后取,则泥沙之细者已入袋矣。陶以为砚,水不涸。""按:绛州出澄泥砚,《山西通志》及《绛州旧志》均载及之,可知澄泥砚确为绛州所出,唯在今日,无制之者,盖其法早已失传矣。"

父亲记起蔺家祖上曾有绛州澄泥砚一块,传言说是嘉庆年间先祖举人蔺春选课教皇学的时候，皇帝赐赏的遗物，后被清兵抄家抢走了。绛州澄泥砚作为四大名砚，当中所具有的独特价值，和已经中断消亡的遗憾现实，让他的心中油然生出一种强烈的责任心和使命感，进而萌发出一个强烈的意愿：让这方中华瑰宝在自己手里重见天日，重放异彩！

目标确定下来后，父亲利用工作闲暇，首先把历史上一些有澄泥砚生产的知名产地河北相州、河南虢州、山东柘沟包括江苏嵊村的泥质页岩灵山石雕琢砚的资料信息归整到一起，加以研究。但都仅限于历史资料，并没有获悉有恢复制作的相关信息。所以他又通过报纸刊物以及刚刚开始普及的电视媒体，更加广泛地搜罗、捕捉着与澄泥砚试制、生产有关的信息。后来他才知道，山东柘沟，河南的虢州、陕州地区，都在与我们父子俩开始研制绛州澄泥砚差不多同一时间段内，也开始了继承开发当地澄泥砚传统工艺的历程。

父亲就近察访得知，本县已经破产的五金厂和工艺美术厂，曾经于20世纪80年代初期前后，在山西省二轻厅和运城地区二轻局有关部门人员的指导帮助下，投入人力物力，尝试过绛州澄泥砚的恢复试制工作。这真是让他有种"踏破铁鞋无觅处，得来全不费功夫"的喜出望外之感！

最早是由在运城地区二轻局工作的运城地区工艺美术学会成员梁恒德，经过挖掘调研，认识到绛州澄泥砚这一失传的国宝级品牌的历史文化价值，如果能把它恢复起来，不仅仅弥补了"四大名砚"三缺一的缺憾，再现其荣光"宝"气，或许还会成为带动家乡县域经济以至整个运城地区经济发展振兴的宝贵契机，于是他与官树人、郭玉昌等人组成澄泥砚研究小组。

1981年5月，运城地区工艺美术学会给运城市二轻局递交《关于绛州澄泥砚工艺研题报告》，随后由运城市二轻局向运城地区行署呈送《关于恢复绛州澄泥砚生产工艺研究工作的报告》。1981年7月，新绛县二轻局在山西省二轻厅、运城地区二轻局有关部门相关人员的指导帮助下，县五金厂分别在1981年9月和10月初次试制出两批样品。试制人员按照有关资料记载的要求鉴别，与收藏的古澄泥砚样品进行比较，再经技术人员目测、化验分析，得出与古砚相比有六种化学成分只差1%左右，有两种化学成分稍高，硬度强，重量轻，更发墨。他们曾经把陆续试制出的澄泥砚样品，送请北京故宫博物院郑珉中教授予以鉴定，得到相当程度的认可："已制成三种陶砚，颜色典雅，质地温润，试以光绪御制墨，觉腻而利的特点较为明显，初研即清水尽墨，再研则更泛油光，的确有步古澄泥砚之后而登文房佳品之林了。"

这期间，县五金厂虽因连年亏损关停，但并入新绛县工艺美术厂的试制人员，仍然在政府方面追加五千元资金的支持下，于原试制基础上又进一步购置一系列先进设备，继续投入财力、物力，不断摸索改进工艺流程，持续试制到1983年。

为了进一步推动绛州澄泥砚的恢复、继承、创新工作，山西省有关部门于1983年12月19日至20日在太原召开了"澄泥砚学术研究会"。为了扩大对绛州澄泥砚的宣传，展示近年来恢复研制的成果，还准备筹办绛州澄泥砚展。

令人惋惜的是，由于研制澄泥砚的成品率极低，成本又过高，市场前景也不被看好，不堪重负的工艺美术厂领导丧失了信心，最终选择了中止试制工作，让这次由政府组织支持的探索、恢复绛州澄泥砚的尝试，半途而废了。如此重要的信息，让父亲按捺不住地萌生出一个乐观的念头：如果能获得工艺美术厂已经摸索、积累出来的研制成果，也就是得到了传授或者转让制作焙烧技艺，哪怕是告诉一些制作、烧制过程当中经见过的失败教训也行，那将会大大降低自己起步的难度，可以少费许多无用功，少走许多弯路。

但是登门走访相关当事人才知道，所有与绛州澄泥砚有关的研制资料，早被一位北京回城知青统统带走了，无法联系。而本厂的研制人员则表示，他们还有继续试制的打算。俗话说：锣鼓听音。言外之意，父亲已经听明白了。深感失望的他，满心惆怅。

而后，父亲通过好朋友、本县书画家梁鸿志先生，得知我省还有人在探索研制澄泥砚，这更加激励了他，也启发洞开了他考察省内外恢复试制澄泥砚的宽阔路径。

在考察本省忻州地区定襄县的河边村之前，父亲已经通过史料，对山西省内澄泥砚生产的地方，都有了一定的了解。如前文所述，除了最早出产的绛州，还有以吕道人砚闻名的泽州，那里还有一种"罗土制法"的澄泥砚传世。此外，相传在辽国时期的大同，也曾经生产过一种灰色澄泥砚。新中国成立前，河边村曾经归属五台县，而五台县历史上就有闻名的文山石砚出产，但是并没有出产澄泥砚的记载。

因为父亲当时工作繁忙脱不开身，就让我前去实地考察。当我乘坐长途客车风尘仆仆赶到河边村，顾不上光顾后来改造成为定襄县河边民俗馆的阎锡山故居，就开始一家家寻访销售澄泥砚的店铺。在一篇题为《秦砖汉瓦的历史由来》的文章当中，记录下对河边村澄泥砚市场的见闻："你去五台山，见得到商铺里卖的，地摊上摆的，当地人住家收藏的，包括那沿街挎竹篮儿的姑娘细声吆喝着兜售的'澄泥砚'，却都产自阎锡山的老家五台县河边村。""改革经济大潮中醒悟了的当地人民，拿了'阎锡山的老家五台县河边村所产'之'澄泥砚'兜售。澄泥砚是'石头',大至十斤二十斤不等,小的如雕刻着大嘴蛙而妙趣十足的'蟾蜍临池'也至少二斤上下。"

七天的考察,基本摸清楚了河边生产澄泥砚的脉络,大致源自两家工厂。其中一家是始建于1973年的定襄县石刻工艺厂,就设在阎锡山故居,是忻州地区生产文山石砚的专业厂家;另一家是始建于20世纪60年代的五台县文石厂,也是生产文山石砚的专业厂家,70年代更名为五台县工艺美术厂。1983年,两家工厂先后开始研制生产澄泥砚,1984年即可批量生产。但是到了1986年前后,两家工厂相继破产倒闭,四散回家的工人当中,就有许多掌握这项技术者纷纷单干起来。又因为有五台山佛教圣地和阎锡山故居等旅游产业的推动,作为富有特色的旅游工艺纪念品,澄泥砚便在河边形成了异军突起的繁荣局面,仅河边村制作澄泥砚的大小厂家作坊就多达五十家。而根据客观考察的结果,我发现他们的澄泥砚制作水平参差不齐,最后选择购买了几家具有一定代表性的澄泥砚产品,带回家来。

我们通过化验解析,知道这些澄泥砚的原料皆采自当地的滹沱河,泥材本身成分的欠缺,直接影响着泥砚的成色。再加上烧制工艺缺乏严格的标准,怎么可能烧出有质量的澄泥砚?

父亲对绛州澄泥砚和外地澄泥砚古往今来的历史与当下的恢复态势进行了一番了解、考察后,得出一个基本事实,即目前全国许多地方所产的澄泥砚,根本达不到文献记载的绛州澄泥砚或其他地方所产澄泥砚的质地水平,可以说都不同程度地仍然处于"陶"甚至是"泥"的低层次,实在是无法作为四大名砚之一的澄泥砚代表产品。于是乎,一种超乎业务工作本身的神圣感油然而生:出于维护绛州澄泥砚历史声誉的考虑,也是为了让绛州澄泥砚重现荣光,他觉得我们已经别无选择,只有顺应时代的召唤,义不容辞地承担起这份责任,迎接这一历史性的挑战。

七

抉择一旦作出,开弓便无回头箭。我们父子俩面对一望无际的汾河湾,觉得这天赐的上好澄泥原料场地,无疑就是通向成功的巨大保障。

没有资金,母亲节衣缩食拿出了他们微薄的工资积蓄;没有场地,就把光村老家的宅院腾出来。1986年春,我们注册成立"绛州澄泥砚研制所",就此拉开了前途未卜、结果难料的恢复绛州澄泥宝砚的序幕!

为了勾勒出一套切实可行的澄泥、塑形、烧制的工艺流程，我们面对古代文献既无详尽的配方又无精确的剂量和语焉不详的记录文字，梳理拉通隐伏其间的制作工艺脉络，然后通过身体力行的实践，一步一步进行验证落实。

提取澄泥，是决定后面制作成败得失的第一步。我们按照南唐张洎辑录于《贾氏谭录》中记载的方法——"绛县人善制澄泥砚，缝绢囊置汾水中，逾年而后取，沙泥之细者已实囊矣。陶为砚，水不涸焉"，亲自下汾河实践。由于唐宋时代的汾河湾，河宽水深、流速湍急、沉泥丰沛，而现在的汾河湾，河道常年逼仄，旱季断流，再加上污染严重，古法取泥已经不现实了，结果自然是无功而返。我们只好改用采集合适的淤泥层土、采取绢袋悬挂沉淀滤泥的办法，按照北宋苏易简在《文房四谱》中记录的步骤，经过不知道多少个夜以继日的钻研摸索与反复操作，终于具体出从化泥、澄泥、脱水、揉泥、练泥、陈腐到设计、制模、翻制、阴干、雕刻、打磨、修整等环环相扣的制作工序。

炼土成宝的窑火，我们则通过查阅文献寻找可资参考的信息，研究史前至唐宋以来烧陶制陶窑炉工艺技术的创造与完善的考古遗存，到景德镇考察陶瓷窑炉的性能，考察明代十三陵地宫"金砖"几百年不渗水、不漏雨、莹润细腻、油光可鉴的奥秘，甚至前去请教砖瓦窑师傅……不知道推倒重来过多少次，终于换来一座数米高、炉膛与烟囱一体的砖砌方形"试烧窑"竖立在老宅当院。燃料问题，也在反复试烧当中得到了解决。

当我们请砚入窑，充满期待地点燃窑火，却不知道，这把火，就一直烧到了第六个年头，才得以修成正果。作家李云峰先生在报告文学作品《似曾相识"砚"归来——绛州澄泥砚复苏创新实录》当中，记写下了我们父子俩曾经经历的难堪情形——

> 父子俩沐浴净手，把一块块凝结着他们的心血、寄托着他们无限期待的澄泥砚坯，小心翼翼地码放进了窑炉当中。
>
> 封好窑门，他们态度凝重地点火了。一天，两天，三天……父子俩守着炉膛里呼呼作响的窑炉，你时而加炭，他时而调温，不分昼夜，不敢有丝毫懈怠。通过观察投料孔，炉膛里的火焰熬红了两双眼，熏黑了两张脸。火光里，做父亲的看着儿子疲倦的模样，突然有些莫名其妙起来：真是想不到，父子俩怎么就干上了这烧窑的活计？学生时代就爱好文学还曾主编过《柯察金周刊》的蔺永茂，眼前竟然浮现出鲁迅小说《铸剑》当中干将莫邪烧炼宝

剑的悲壮画面……

突然间，雷声般的一声闷响，惊呆了父子俩——窑崩了！只见砖土在爆裂声中，扬起充满刺鼻气味的炙热气浪与烟尘，惨烈得犹如硝烟弥漫的战场。两个人默默无语，但心情沉重，几个月的辛苦劳作，顷刻间化为了乌有！

当再一座新建的窑炉重新点火，新的期待让一对痴心不改的父子打起地铺，轮流守候在窑坑口，寸步不离，高度戒备。可是不可预知的危险总是防不胜防。这不，就在蔺涛通过观察孔给窑内的泥坯抛洒添加剂的当口，一股烈火狂焰夺孔而出，一下子就把他额眉前的头发眉毛"舔"了个精光！最要命的是火候到了，破开窑门一看，两人顿时全傻了眼：砚坯全部破碎，惨不忍睹！

没有恼火，也没有埋怨，更没有气馁，一对慢性子的老少爷们，习惯性地清除掉一堆碎砚，擦干脸上的汗水泥灰，认真分析总结失败的"经验"，几十道工序，又一次从头做起。

这样的一次次失败，一次次重来，蔺氏父子坚持了不是一年半载，而是整整六个寒来暑往、阴晴圆缺。终于，他们的执着坚持，像愚公感动了上苍一样，换来了几乎不敢相信的成功——

1991年8月的一天，洞开的窑炉里，在一堆很熟悉的破损不整的砚块当中，他们清理出来三块完好的成品！

捧起热烘烘的砚台，拂去上面的烟灰，一种文字里读过的"抚如童肌"的细密瓷实的手感，他们真真切切地感受到啦！轻叩一声，清越之声悠扬荡开，他们清清楚楚地听见啦！

蔺永茂，蔺涛，这对灰头土脸的父子，手捧着这朝思暮想、"为伊消得人憔悴"的梦幻一般的尤物，四目相对，话未出口，心酸和喜悦的泪水，已经不约而同地涌出了眼眶！

这，就是他们要恢复再现的——绛州澄泥砚！

八

绛州澄泥砚重新问世了，成色如何？有没有达到历史上的绛州澄泥砚的质地水准？国家级期刊《中国文房四宝》给出了科学严谨的权威肯定：

蔺氏父子研制澄泥砚质地细润，刻工古朴刚劲，构图变化多样。身为版画家的蔺永茂在广泛吸取各类艺术营养的基础上，运用其自身的艺术功底，奏刀于泥砚之上，并巧妙地利用从焙烧泥质变化所变成的纹理，与雕刻两相辉映，增加了砚的艺术性、观赏性，既有传统的古色古香，又有浪漫主义的时代色彩，为绛州澄泥砚注入了新的生命力。

1993年第4期《中国文房四宝》杂志以《绛州澄泥砚再现新姿》为题予以专题介绍。消息不胫而走，在各种媒体争相报道宣传中，很快就传遍了制砚行业和砚品收藏界。

同年，国务院决定建立中国印刷博物馆，为了收集完备砚台藏品，专家们在全国范围搜求澄泥砚佳品。经科学鉴定，绛州澄泥砚被列为珍品予以收藏。

1994年，我们带着绛州澄泥砚赴京参加"'94中国首届名砚博览会"。以复苏重现的崭新容颜亮相的绛州澄泥砚，当即赢得众多专家学者的肯定，得到国家领导人、国际友人和国内书画界、收藏界、文坛墨苑诸多耆宿名流以及社会各界人士的高度评价与赞誉，全国政协第六届副秘书长孙轶青、全国书协主席启功等各位领导专家都即兴为之题词留念。绛州澄泥砚被专家一致评选为金奖，并由中国天津艺术博物馆作为珍品予以收藏。《人民日报》《人民画报》《中国文物报》《收藏》《光明日报》《中国政协报》《山西日报》和香港《大公报》等数十家报刊及多家电视台争相进行报道宣传，让初次面世的蔺氏绛州澄泥砚，获得了一个满堂彩，名声大振！随之而来的，是雪片一样的祝贺与求购信函，应接不暇！

但是我们没有被成功的喜悦冲昏头脑，就在这次博览会上，我和父亲有幸目睹到古砚收藏家阎家宪教授多年收集珍藏的历代澄泥砚品，其中尤以唐宋时期的珍品为主，得以进一步认识到唐代古澄泥砚的结构质地。又是两年多的苦心钻研，通过对澄泥进行化学分析，进行多种添加剂配比试验，和难计其数的烧制总结，终于让新烧造的"绛州澄泥砚"达到了又一个新高度，也为大家辨识选购真正的绛州澄泥砚，提供了一个云泥立判的诀窍。

在1997年由中国文房四宝协会主办的"'97中国文房四宝展览订货会"上，绛州澄泥砚以其质优稀缺再次成为各路行家关注的焦点——面对这浴火重生的澄泥之宝，观其形制，古朴端庄，奇正相映，彰显承传精神；观其色相，从《砚小史》推崇的鳝鱼黄，到复色、多色杂糅，尽显窑变艺术的莫测丰采；试其手感，细而不腻，抚如童肌，触摸留痕，足见质地细密；听其声响，轻轻叩敲，声若金石，发有"醇"味；赏其塑型刀功，那融绘画、书法、木刻、浮雕、文学等综合艺术功力于一体的审美意趣与文化情怀，让每一方砚品都氤氲着令人留恋不舍的独特艺术魅力，更凭借其所承传的历史底蕴与文化内涵，进一步提升了其脱俗的气质与高雅的韵致。

　　大家争相观赏品评，题词作诗，意深情笃，褒扬有加。砚品不但被筹委会作为指定礼品砚，馈赠给参加开幕式的中央领导人、社会名流、书画名家及砚台专家，由父亲制作的《海天浴日砚》、我制作的《云龙御砚》，还在名砚评选当中双双荣获"中国文房四宝行业精品砚优秀奖"。专家们一致认为，绛州澄泥砚的质量，不仅恢复到历史上应有的制作水平，而且还有不俗的创新与发展，在全国所有澄泥砚产品中居于领先地位，可谓艺压群芳，独占鳌头！

　　也是在这一年二月，国家商标局依法核准"绛州澄泥砚研制所"注册商标申请，颁发"绛州"牌注册商标证，终于让历代芳名未定的"绛州澄泥砚"得到法定认可，受到法律保护。这是一个巨大的进步，也成为保护"绛州澄泥砚"名誉质量不受侵害的有力保障。

　　将近十年后的2006年，绛州澄泥砚荣获"中国著名品牌"，同年再被认定为"中国驰名商标"，成为中国砚台产业中的唯一，也是当时山西省文化产业中的唯一。

　　2008年蔺氏绛州"澄泥砚制作技艺"入选国家级非物质文化遗产名录。同年12月，我参加了由中国文房四宝协会与清华大学联合举办的"首届清华大学中国文房四宝高级艺术人才研修班"并圆满结业。2009年7月，中国文房四宝协会与中国轻工业联合会联合授予我们父子"首届中国文房四宝制砚艺术大师"称号。

九

　　早在1996年前后，父亲就有意让我锻炼接力。经过几年摸爬滚打的锻炼，看到我已经用行动和成绩证明了自己在绛州澄泥砚的产品制作与市场营销方面的作为，他便果断让我承担起了绛州澄泥砚新一代领军人物的重任。

　　同时，一个很现实的问题也摆在眼前：砚台作为一种文化产品，收藏、把玩虽说尚有一定的需求，但市场份额很低，全国那么多砚台行业，总会有饱和的时候，那么，好不容易重现荣光的民族瑰宝，绛州澄泥砚的出路前景又在哪里？在市场考察的基础上，结合有关领导专家的指导启发，方兴未艾的朝阳产业旅游业，进入了我们的视野，绛州澄泥砚研制所以绛州澄泥砚工艺品牌的独特优势，开始了开发旅游纪念品的新尝试。

独具特色的运城"一景一砚"系列、山西"一县一砚"系列、尧舜禹帝王和"关公"等历史人物系列的相继推出，得到了各阶层受众的普遍好评，赞誉它既丰富了各地旅游景点富有地域特色的文化产品，又形象地提升了不同县域的历史文化知名度。与此同时，我们让绛州澄泥砚走出山西，积极参与国内、国际重大活动：

从 2000 年首次走出国门参加新加坡举办的"春到河畔迎新年"文化活动开始，先后参加了"纪念中日邦交正常化 30 周年——中日砚台交流展"、第十七届"世界手工艺理事大会"等一系列国际政治文化交流活动，以独特的形式弘扬了中华文化。

2010 年 8 月，由时任中国文房四宝协会会长郭海棠女士作为专家组组长，率专家组来到新绛县进行了为期 3 天的实地考察、考评，一致同意授予山西省运城市新绛县"中国澄泥砚之都"这一特色区域称号，并于 2010 年 10 月 10 日由中国文房四宝协会与中国轻工业联合会在北京人民大会堂联合举行了授牌仪式。特色区域称号的授予，推动了新绛县域经济的发展，进一步提升了绛州澄泥砚的知名度。

在 2010 年上海世博会上，《东方之冠砚》作为定制礼品，《和谐砚》作为"联合国千年发展目标公益主题活动"指定礼品，荣获"中国国粹文化金奖"，被参会人员收藏。

2011 年，两套各 100 款不同造型的《荷塘月色砚》作为清华大学"百年校庆特制礼品"，被北京、台湾两岸清华大学分别收藏，对促进两岸文化的互通交流，做出了自己应有的贡献……

正是这一系列有益尝试，让自己进一步清醒地认识到："艺术当歌时代，更好地服务于党、服务于国家、服务于社会。"中国共产党建党 90 周年，我们创意推出令人耳目一新的"红色革命圣地"系列作品；抗日战争 70 周年纪念日，我们制作出以"同护和平"为主题的 22 方"抗战系列砚"；为响应中央反腐倡廉的要求，又设计出 30 余方"廉政教育砚"；2018 年，又特别推出 8 方"纪念改革开放 40 周年"系列砚；2019 年，为向新中国 70 华诞献礼，我们隆重推出"五星出东方利中国砚""瑞金砚""钢铁长城砚""盛世中华砚"；2021 年，共产党百年华诞之际，我带领研制所创作团队又精心设计烧制完成了 10 方"百年大党风华正茂"系列主题砚……

这一系列时代选题、红色主题砚品的密集亮相，以及形式多样的捐赠活动，在引起社会反响的同时，也不断扩大着绛州澄泥砚的知名度，联系预订和求购收藏者源源不断。及至目前，有机融合历史、文化、科技、艺术于一身的绛州澄泥砚，已成为集工艺品、旅游纪念品、文化礼品、收藏品、馈赠品于一身的高品位综合艺术珍宝，并以其独具特色的品牌效应，越来越为国内外不同阶层受众所喜爱。

相伴而至的，是应接不暇的荣誉奖章与奖杯——三度入选"中华民族艺术珍品"，五度蝉联中国文房四宝行业最高荣誉"国之宝"称号，2006到2018年6次被联合国教科文组织授予世界手工艺品至高荣誉"世界杰出手工艺品徽章"；2010年，由中国轻工联合会、中国文房四宝协会依照国务院《轻工业调整和振兴规划》考评认定新绛县为"中国澄泥砚之都"……伴随着这些沉甸甸的荣誉，我们也获得一个又一个各级专业名誉称号的加冕——

父亲相继获得中国传统工艺大师、中国文房四宝制砚艺术大师、山西省工艺美术大师、山西省陶瓷艺术大师、中国陶瓷艺术终身成就奖获得者等荣誉称号。2009年，在绛州澄泥砚生产技艺独家入选"国家级非物质文化遗产"的同时，他还荣获国家级非物质文化遗产项目国家级代表性传承人称号。

我自己也先后获得了中国传统工艺大师、中国文房四宝制砚艺术大师、山西省工艺美术大师、山西省陶瓷艺术大师、国家级非物质文化遗产项目国家级代表性传承人、"全国劳动模范""全国五一劳动奖章"等荣誉称号。

2018年9月，在由工信部、中华全国总工会、中国轻工业联合会联合主办的"首届全国轻工大国工匠"评审中，时任中国文房四宝协会会长郭海棠女士作为评审组专家评委，为文房四宝行业争取了笔、墨、纸、砚四个行业共四位大国工匠称号，其中砚行业只有我一人荣获"首届全国轻工大国工匠"称号。2022年8月，在中国文房四宝协会终身名誉会长郭海棠女士的鼎力支持下，经第八届中国工艺美术大师评审委专家评审，我又荣获"第八届中国工艺美术大师"称号。

我爱人解玉霞2014年10月参加了"第二期清华大学中国文房四宝高级艺术人才研修班"，圆满结业，并于同年12月被中国文房四宝协会与中国轻工业联合会联合授予"第二届中国文房四宝制砚艺术大师"称号，也成了国家级非物质文化遗产项目省级代表性传承人。此前她还相继荣获山西省陶瓷艺术大师、山西省民间文化杰出传承人、山西省运城市工艺美术大师等荣誉称号。

我的儿子蔺子麟，作为绛州澄泥砚的第三代传人，已经创作出"福禄双全""云水""祥云""小心意"等系列作品，并以充满新意的"祝福砚"，获得2019年第四届山西省文化产业博览会金奖，"滴水藏海砚"获第56届全国工艺品交易会金凤凰设计大赛铜奖；本人获评为2018至2022年度山西省工艺美术行业优秀从业人员、山西陶瓷新秀、2022年度文房四宝行业青年之星、山西省陶瓷艺术大师等一系列荣誉称号。他现在已经成为国家级非物质文化遗产代表性项目澄泥砚制作技艺的市级代表性传承人，让我们看到了绛州澄泥砚传承创新的新希望。

还有我们四十多名优秀员工，正在不断通过参加全国各种技能比赛提升专业素养、工艺水准和工匠精神，聚合起来的团队力量，成为绛州澄泥砚不断拼搏进取的实力保障。

十

近一个时期以来，山西省委、省政府深入贯彻落实习近平总书记视察山西重要讲话精神，提出坚定文化自信，突出转型导向，加快把文化产业打造成全省转型发展的支柱产业。这一政策导向，不正是我们绛州澄泥砚和所有文化产业应该突破创新的正确方向吗！

作为山西省为数不多的国家级历史文化名城，新绛县自古就是商贸名埠，传统手工业非常发达，深厚的文化底蕴孕育了众多的非物质文化遗产及民间艺术，时至今日，仅非物质文化遗产就多达70多项，各类文化遗产代表性传承人100多位，资源真可谓非常丰厚。那么如何乘着全省转型发展的东风，让许多曾濒临消失的传统手艺和文化品牌重新焕发生机，把所拥有的文化资源优势转化成为产业优势、发展优势和竞争优势，为绛州澄泥砚和全县的文化产业谋得一个前途光明的未来？

在县党史研究室光俊义主任的启发下，我的脑子里勾画出一个宏大的谋划：规划建设一个文化产业展示园，把分布在全县不同地方的非物质文化遗产代表项目和它们的代表性传承人集中其中，既有成品陈列，同时也展示制作过程，还有可操作的体验场所，让游客能以最短的时间、最少的路程，在一个地方，通过对五花八门、丰富多彩的传统工艺品的欣赏与创作过程的参与，得以全面认知领悟传承大师们的工匠精神和非遗文化的精髓所在。

2012年1月30日，在各级政府的关怀与支持下，由绛州澄泥砚研制所投资建设的"绛州澄泥砚文化园"建设项目正式启动，并被列入运城市十大文化产业园区、新绛县十大重点工程。经过长达七年的建设，投资5000万元、占地面积约27000平方米、建筑面积10000多平方米、园林面积15000平方米的绛州澄泥砚文化园，终于呈现在了世人面前——

整个文化园区由十一大功能区组成：入口景观区、文化展示休闲区、历史文化区、砚台景观区、子母岛景观区、荷塘月色区、自然密林区、山水景观区、院落景观区、停车区与外围商业通行区。

在省、市、县各级领导的关心指导下,绛州澄泥砚文化园确立了吸纳新绛县的传统非遗文化企业入驻到文化园,实行产业集群式发展,由中小企业牵头,多方面予以扶持,打造成一个共赢平台这一战略发展规划蓝图,并付诸实施。

目前,文化园以国家级非物质文化遗产——绛州澄泥砚的传统制作技艺展示为主要特色,涵盖了绛州鼓乐、云雕、木版年画、仿古青铜器、宫灯、玉雕、石雕、烫烙画、拨金漆画、面塑、刺绣、《弟子规》国学大讲堂等三十二种优秀非遗文化企业产品的制作与展示,使这里成为"新绛传统非遗文化中小微企业文化双创基地"和"新绛县传统非遗文化研学基地"、山西省海峡两岸交流基地、运城市妇女脱贫示范基地以及众多院校的研学基地,也是国际友人前来观摩、体验中华优秀传统文化的交流合作平台。大家互相学习借鉴,互相帮助激励,互相抱团搏击市场,勠力同心共建文化产业的品牌形象,重塑新绛历史文化名城的城市文脉。其丰富的制作工艺流程、历史渊源、工艺展示等内容,不但让游客能在一个地方就可以全面体验传承大师们的工匠精神,认知非遗文化的精髓,也让文化园的文化底蕴日益深厚起来,日益突显出"非遗之旅,尽在一园"的独特优势。

与此同时,政府还拿出专项资金,对入驻的中小企业给予专门奖励,在园区组织开展了"非遗+文旅""非遗+会展""非遗+教育""非遗+文创""非遗+电商"等活动,通过文旅融合、抱团发展,推动当地文化产业形成集聚优势,构建起一座"文化+旅游"的非遗体验平台,借以实现由"观光游"向"文化深度游"的转变。

这期间,时任省委书记楼阳生,在第四届山西文化产业博览交易会开展仪式上,郑重提出了"山西三宝"——"我们山西要推出三样宝,哪三样东西可以成为山西的三宝?我说第一绛州澄泥砚,中国四大名砚之一;第二推光漆;第三就是珐华器。""要打造这个三宝的品牌,第一,是要把传统技法打造得炉火纯青;第二,是在此基础上要创新;第三,一定要追求它的艺术价值、美术价值,不能搞地摊货,砸品牌,要搞就要搞精品。"

有幸聆听楼书记的高度褒奖与高标准要求,我当时非常感动,特意向楼书记汇报了初具规模的绛州澄泥砚文化园,已经成为运城市以国家级非遗为龙头、带动其他非遗项目共同面对游客的"传统非遗文化双创基地",最终目标,就是以"山西三宝"这块金字招牌为引领,通过对非遗保护、传承、发展模式的有益探索,将园区打造成有规模、高档次的民族文化产业示范基地和非物质文化遗产保护示范基地,集文化交流、非遗展演、艺术展示、休闲娱乐、旅游观光等于一体的文旅融合发展的文化产业集群园区,彻底实现绛州澄泥砚从单一文化产业到文化旅游产业的转型。

在首届"山西工艺美术产品博览交易会"上,楼书记听取我们展示介绍"游山西、读历史"系列、黄河太行长城系列、云水系列以及荣获联合国教科文组织颁发的世界杰出手工艺品徽章等绛州澄泥砚作品后,大加称赞,尤其是对砚台文创产品的研发非常赞赏。楼书记嘱咐说:"一定要建个博物馆,把你的澄泥砚精品展示出来。"

时任山西省人民政府省长的林武在对绛州澄泥砚文化园进行调研的时候,赞赏绛州澄泥砚文化园建设得不错,砚台的创新发展非常好,鼓励一定要多出精品,擦亮"山西三宝"这张文化名片。

运城市委领导也多次来到绛州澄泥砚文化园调研指导工作,对绛州澄泥砚集群化发展文化产业的做法给予了充分肯定,并指出了以后的发展方向,进一步增添了我们建设好绛州澄泥砚文化园的信心与决心。

承接2020年《山西省政府工作报告》中提到的要"重点提升山西三宝等工美产品的影响力",在2021年《山西省政府工作报告》中,再次提到"叫响山西三宝品牌",并且在关于"山西省十四五规划和2035年远景规划"中,再次将"持续打造山西三宝品牌"纳入其中。

2023年,由山西省政府组织,绛州澄泥砚作为"山西三宝"的品牌代表,先后参加天津达沃斯论坛·山西之夜、广西南宁东盟博览会·山西之夜、中国进出口博览会·山西之夜和上海进博会。2024年,省委省政府又安排绛州澄泥砚参加了4月15日广州举办的广交会·山西之夜推介会。

省委省政府领导对"山西三宝"的重视程度,说明我们的绛州澄泥砚已经不是一家企业一个人的事情了,它事关山西文化产业的创新发展,责任更为重大。我必须提高认识,抬高眼界,百尺竿头更进一步,更上层楼,为我们的"山西三宝"增光添彩!

总之,从20世纪80年代初至今,40多年来,绛州澄泥砚从失传到恢复、发展、创新,取得了显著成绩,我和父亲蔺永茂、妻子解玉霞、儿子蔺子麟,荣获了各种荣誉和奖项。这一切均离不开中国文房四宝协会、山西省委省政府、省市区县各级作家协会、运城市委市政府、新绛县委县政府给予的关怀和支持,这一切也是绛州澄泥砚研制所全体员工共同努力的结果。尤其是中国文房四宝协会老会长郭海棠女士，是我事业成功中遇到的最重要的一位贵人，在老会长的鼓励、支持、鼎力帮助下，我的事业得以顺利开展，并取得丰硕成果。在她的支持下，山西新绛县这方失传近300年的中国古代四大名砚之一的绛州澄泥砚，得到快速发展与创新，享誉全国，并使这方中华瑰宝——绛州澄泥砚再次发出耀眼的光芒。我将不忘初心，感恩所有帮助过我的人。我将绛州澄泥砚传统制作技艺一代一代传下去，为弘扬民族文化做出应有的贡献！

十一

为贯彻习近平总书记提出的实现中华优秀传统文化的创造性转化和创新性发展，让更多文物和文化遗产活起来，讲好中国故事等有关讲话精神，和省委省政府下发的讲好我们山西故事的文件要求，自2013年以来，我们绛州澄泥砚研制所按照"非遗文化+"的思路，选取山西省117个县（市、区）最具名片效应的历史文化主题故事为元素，以绛州澄泥砚为载体，历时10年，创作完成了一县一砚共计117方。

为了让这些文化主题砚台能够更好地诠释全省各县（市、区）文化历史及精神内涵，我们在中国文房四宝协会与山西省文旅厅的指导下，与运城市作家协会合作，诚邀各地市作家协会主席组织本地市各县（市、区）作家协会主席及知名作家积极参与，结合为该县（市、区）创意制作的主题砚台，创作一篇优美的文化散文，以砚台表现的题材内容为切入点，搜寻砚台背后的故事，有机融合本县（市、区）区域内最具代表性的历史文化故事，达到介绍、宣传、弘扬本县（市、区）优秀历史文化精神，助推当地文旅融合发展的积极效果，展现山西省文旅融合发展的崭新风采。

现在，我们就把这部设计精美、图文并茂的《晋在砚中：一县一砚话山西》奉献给广大读者，以"山西三宝"的金字招牌，进一步助推山西文旅融合发展。

蔺涛，男，1968年生，山西省新绛县泽掌镇光村人，山西绛州澄泥砚研制有限公司董事长，中国工艺美术大师，首届全国轻工"大国工匠"，全国劳动模范，全国五一劳动奖章获得者。他是山西省人大代表，中国文房四宝协会第五、六、七届副会长，国家级非物质文化遗产澄泥砚制作技艺代表性传承人，中国文房四宝协会（砚台）特色区域评审专家，全国行业技能竞赛轻工业优秀裁判。他还是"三晋工匠"2020年度人物，山西省委联系的高级专家，享受政府（国务院）特殊津贴。其创立的山西绛州澄泥砚研制有限公司，以"绛州"这一"中国驰名商标"品牌为龙头，文旅融合，锐意进取，发展成为全国澄泥砚行业的领军企业，荣获中国文房四宝协会"功勋企业"称号。多年来，绛州澄泥砚凭借精湛的工艺和优良的品质屡获国内外大奖：如七次八件精品荣获联合国教科文组织"世界杰出手工艺品徽章"；六度斩获中国文房四宝行业最高荣誉"国之宝"称号等等。

太原市
Taiyuan

太原八景，
你的风采是否浪漫依然

张 珉

八景，是中国古代对于某个地区著名景观传统集合的称谓，通常由当地最具代表性和独特性的八处自然风景和人文名胜组成，经过历代文人墨客的题咏描绘和千百年的传承，进而演化为这个地区的文化符号和地域标签。

几乎每一座历史文化名城都拥有自己的八景，例如燕京八景、长安八景、羊城八景等等，太原也不例外。需要格外说明的是，明清之际的太原府城也就是今天的太原市区，属于阳曲县。因此当时的称谓是阳曲八景或晋阳八景，后来因随着行政区划的变化而改称太原八景。

八景的选择和命名也是一种特有的文化现象，古人赏景，不仅仅着眼于景致本身，更加注重意境与时令，比如崛𪨶登山，以深秋红叶满山之时赏景最佳；汾水悠悠，以舟楫往来于暮色苍茫之间意境最美；蒙山礼佛，则专挑拂晓圆月之下；天门雄关，因皑皑白雪而更显萧瑟肃杀……

太原八景，是这座城市历史与人文的重要反映和象征，与太原共同经历了千百年的沧桑与变革，如今，太原八景可曾安好？它们的风采是否浪漫依然？

一、崛𪨶红叶（尖草坪区）

崛𪨶红叶，位列太原八景之首，至今仍是山西省城最受市民喜爱的名胜之一，尤其是霜重色愈浓的晚秋时节，观赏红叶、登山健身的游客络绎不绝。

崛𪨶山位于太原西北的呼延村一带，山势嵯峨高耸，南北两峰隔沟对峙，层峦叠嶂，郁郁葱葱。立于崛𪨶之巅极目远眺，龙城一览无遗，汾水波粼闪烁，心胸亦

尖草坪区·崛崘红叶砚

春诺一山红火景；
秋交万树赤霞云。
——程勤学撰联

随之开阔。

崛崘之名从何而来？按照傅山先生的记述，乃是取其地形"屈而成围"之意。为了增加一些文化韵味，作为山西历史上最伟大的学者之一，傅山先生在"屈围"二字之前均加上了山字旁。不过，因为"围"字加"山"字旁并不是标准汉字，电脑字库里也没有这个字，所以，现在被简化为崛围。让傅山先生意想不到的是，很多晚辈不解其意，将"qū 崘山"读成了"jué 崘山"，他们说，这分明是崛起的崛嘛，字典里的崛字就没有"qū"这个读音。莫非这么多人都犯了汉字读半边的错误？其实，地名的特殊读音与其本身蕴含的传承息息相关，遵循当地传统发音是基本原则之一，崛字用于崛崛山，正确的发音就是"qū"，类似的例子在山西还有很多，比如太原武宿（xù）机场、解（hài）州关帝庙、苏三离了洪洞（tóng）县等等。

崛崛山南坡藏有古刹多福寺，当年，崛起于晋阳的虎父龙子李克用、李存勖常来这里礼佛焚香，明代晋王将它作为宗室的御用寺院，傅山先生曾在霜红龛里面壁苦读。如今，多福寺以宋代七级舍利砖塔和明代宗教建筑群而成为国家重点文物保护单位。

崛崛山以红叶著称，一种名为黄栌的灌木植物遍布山间，太原的龙山红叶、北京的香山红叶也都是以黄栌为主要观赏树种。每到深秋，黄栌的树叶由绿转红，色泽艳丽，层林尽染，营造出霜叶红于二月花的美丽景色，这也正是崛崛山作为太原八景之首而长盛不衰的原因。

二、土堂怪柏（尖草坪区）

崛崛山以北的汾河西岸，坐落着环水背山的古村落土堂村。土堂村里有一座国家重点文物保护单位净因寺，太原八景之一的土堂怪柏就隐匿在净因寺里。需要说明的是，有些版本的太原八景名单中，没有土堂怪柏而是土堂大佛，但不论是怪柏还是大佛，它们都是土堂村净因寺不可或缺的一部分。

净因寺之名，来源于一个古老的传说。相传汉代时此地土山崩裂，"山崩佛现"，一座高达十丈的佛像横空出世，信众因而修建了净因寺，以纪念这"净土之因缘"。

大佛阁是净因寺最主要的建筑，它庇护着身后名为"土堂"的山洞。走入进深25米的山洞，就可以看到著名的土堂大佛。土堂大佛区区10米的高度虽然并不突出。但是，常见的佛像有泥塑、石雕、铁铸，而土堂大佛却是罕见的土雕，并且是同类材质中最大的一尊。

净因寺里的两株古柏虬枝乱舞，长势奇特，因此被称为怪柏，傅山先生在他的画作《土堂怪柏》中，曾留下"土堂怪柏，历历崖巅，殊不怪也"的题词。遗憾的是，历经千年风霜之后，两株古柏先后枯死，为了留存昔日的记忆，园林部门对它们进行了技术固化处理，使之成为一道永恒的风景。

尖草坪区·土堂怪柏砚

不妨怪柏灵根相；
如此土堂慧植林。
　　——程勤学撰联

尖草坪区·烈石寒泉砚

烈石寒泉逸韵；
澄泥绛砚幽怀。
——程勤学撰联

三、烈石寒泉（尖草坪区）

由土堂村沿汾河上溯，在汾河东岸的兰村东岸，即有太原八景之一的烈石寒泉。位于汾河峡谷出山口的烈石山富含岩溶水，大小泉水喷涌而出，汇成一池清潭，因为泉水寒彻骨，因而谓之寒泉。

烈石寒泉早在北宋即是一方名胜，泉亭下的"灵泉"石刻相传为宋徽宗赵佶御笔，古人还为泉边的神庙留下了"山光悦鸟性，潭影空人心"的楹联。

1957年，兰村水厂投产，通过抽取地下岩溶水向太原城区提供生活用水。持续30年的超采最终导致了兰村泉的断流，烈石寒泉，昔日的太原八景之一，最终令人遗憾地成为荒芜的遗迹。近年来，随着地下水源的逐步涵养和汾河公园北延计划的提出，烈石寒泉复流或许能够实现。

烈石寒泉之畔，矗立着窦大夫祠。作为春秋时期晋国大臣，窦犨大夫曾有开渠利民的德政，后人所以修建专祠来纪念他。窦大夫祠的主要建筑修建于元代，部分还保留着宋、金时代的建筑风格，成为太原仅次于晋祠的古建珍品。

四、天门积雪（阳曲县）

太原八景之一的天门积雪，位于太原的最北端。

天门者，太原三关之一的天门关是也，因其两侧高山对峙如门而得名。天门关扼守着凌井沟的东关口。凌井沟古称乾烛谷，谷内山崖如削，谷径幽深，曲折蜿蜒30里，自古就是太原沟通晋西北的战略孔道。因为海拔和地形造就了独特小气候，使得凌井沟内的积雪长久不化，形成了天门积雪这一景观。

隋朝建立之后，晋王杨广被任命为并州总管，他在天门关内修建了直通晋西北的栈道，史称杨广道。杨广登基称帝之后的第三次北巡中，就是由晋阳出发，通过这条栈道北上，率领十万吏卒宫女巡幸宁武天池的汾阳宫。隋代的栈道虽然早已消失，但凌井沟里至今仍然可以看到当年杨广道的遗迹。

如今，连接太原西村和静乐康家会的康西公路也是沿着当年杨广道的路径，从天门关进入凌井沟，而凌井沟，已经成为省级自然保护区，六郎庙、小天山、杨家井、马刨泉等自然、人文名胜正等待着游客的到来。

阳曲县·天门积雪砚

天门披积雪；
阳曲早逢春。
——程勤学撰联

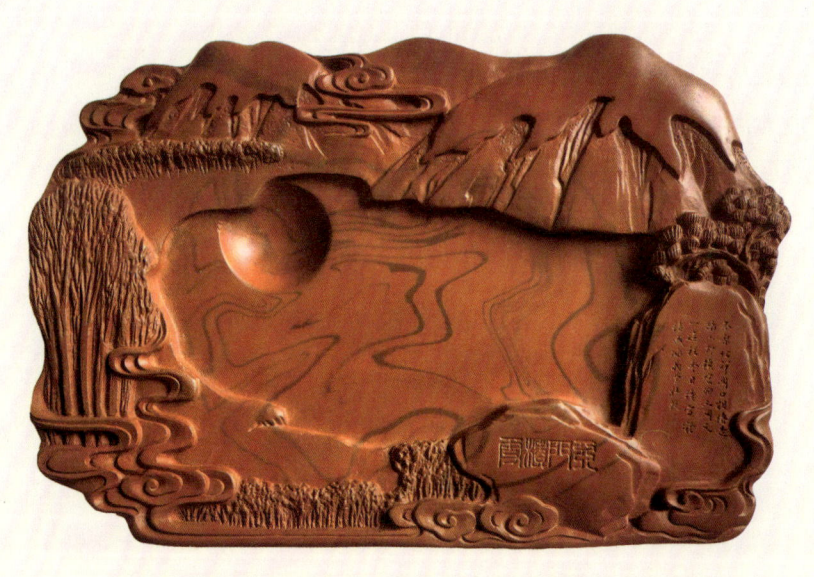

五、巽水烟波（迎泽区）

所谓巽水，也就是文瀛湖。以文瀛湖为核心的文瀛公园是太原历史最悠久、文化气息最浓厚的公园，它不仅汇集了多处省级保护、市级保护文物，而且见证了这座城市的诸多重大历史事件。

文瀛湖所在的位置，原本是一片洼地，明朝初年扩建太原府城时圈入城内，周边雨水汇集于此，形成一片水泊，民间俗称海子堰。明清之际，海子堰南侧就是举办科举考试的贡院，在它周边产生了一批具有科举背景和文化韵味的地名，学子们

迎泽区·巽水烟波砚

巽水好风水；
烟波夺眼波。
——程勤学撰联

在应试备考之余经常游览的海子堰从此被称为文瀛湖,而文瀛湖上的状元桥,则寄寓了腾蛟起凤、金榜题名的愿望。文瀛湖为什么又被称为巽水呢?巽在八卦中代表东南方位,文瀛湖位于太原府城东南,故而又称巽水。

清朝末年,环绕文瀛湖,陆续修建了劝工陈列所等一些公共建筑,这片绿地园林成为太原最早的公园,时称文瀛公园,而劝工陈列所广场,则成为省城公众集会和街头政治的中心,清末的保矿运动和民国时期的五四运动、反房税运动、牺盟会成立等许多重大事件都发生在这里。1912年,孙中山先生访问山西,在劝工陈列所接见集会民众并发表演讲,文瀛公园因此改名为中山公园,劝工陈列所则成为孙中山纪念馆。文瀛公园以后又几度更名,日伪时期称为新民公园,日本投降后称为民众公园,新中国成立后先称人民公园,又改称儿童公园。从这座公园名称的变化上,人们可以看到太原近现代史演变的轨迹。

2009年,经历五百余年沧桑的文瀛湖整治一新,公园重新定位为历史文化名园,恢复了文瀛公园的名称。

六、汾河晚渡 (小店区)

作为山西的母亲河,汾河从太原穿流而过,哺育滋养着这座城市。一条大河波浪宽,汾河两岸是故乡,不仅河东、河西的居民往来频繁,远如吕梁、晋西的商旅也需要前往东岸的省城。尽管早在唐代就已经留下汾河架桥的记载,但历史上的大多数时间里,汾河两岸的交通主要依靠舟楫摆渡。

虽然太原八景最终形成于清代,不过明代诗人张颐曾留下这样一首诗作:

> 山衔落日千林紫,渡口归来簇如蚁。
> 中流轧轧橹声轻,沙际纷纷雁行起。
> 遥忆横流游幸秋,当时意气谁能俦。
> 楼船箫鼓今何在?红蓼年年下白鸥。

这首古诗的名字,叫《汾河晚渡》。一直非常享受乘坐夜班车归家的感觉,昏黄的灯光下,在其他乘客的窃窃私语中,欣赏着城市的夜景,虽然略感疲惫,但想到家的温暖,仍让自己的嘴角泛起一丝微笑。张颐为我们描绘的,正是这样一幅愿景:

迎泽区·汾河晚渡砚

汾河晚渡心头画；
绛砚早澄沙里泥。
　　——程勤学撰联

斜阳西下，平沙落雁，红蓼萋萋，暮归的人群簇拥在渡口，遥看云卷云舒舟楫往来。这一切，都定格为充满温情与诗意的画面。

汾河晚渡具体在哪里呢？单就太原八景而言，应该是在比较靠北的地段，不过，以汾河两岸的地理和水文条件，汾河晚渡的景致在过去应该是随处可见。20世纪40年代，第一座汾河公路桥建成，从此，公路交通逐渐取代了船只摆渡，汾河晚渡一度成为历史。2000年，太原汾河公园开放，汾河晚渡作为一个景点出现在南内环桥北侧，渡口标志性的石坊成为许多摄影师的拍摄对象。汾河公园南延段完工之后，跻汾桥南侧修建了游船码头，三艘画舫往来穿梭，汾河晚渡的美丽景象得以重现。

七、双塔凌霄（迎泽区）

双塔，是太原的标志，在现代建筑出现之前，它们冠绝太原四百年之久，无愧于凌霄之誉，以至于塔下的寺院也被称为双塔寺，而没有多少人知道它本名永祚寺。

与其他地方的双塔大多是孪生兄弟不同，太原双塔年龄相差十余岁，而且，它们的建筑初衷迥然不同：一座是风水塔，另一座是佛塔。

按照堪舆家的解释，太原地势西北高于东南，"奎星"所处的方位地势较低，所以文运难以兴盛，必须在太原城东南建造一座文峰塔，才能弥补地形上的不足，兴盛士风，多出读书人。万历二十七年，也就是公元1599年，太原士绅推举深孚众望的傅霖为首事，集资在太原东南的郝庄兴建了文峰塔，同时依塔修建了一所寺庙。

文峰塔建成九年后，高僧福登受晋王之命扩建寺院，同时在文峰塔西北又新建了一座佛塔。因为万历皇帝的母亲宣文太后出资佐助的缘故，佛塔取名宣文塔。

文峰塔对于太原文化的振兴起了多大作用不得而知，但对于傅家来说，他们的仁德与义举却因此得到回报。傅霖去世五年之后，他的孙子——山西历史上最杰出的学者、思想家傅山先生诞生了。

在太原为数不多的清代老照片中，双塔是出镜率最高的明星，一百年前的法国汉学家沙畹、美国探险家克拉克、德国建筑师恩斯特、美国地质学家张伯林先后为它留下了珍贵影像，这从另一个侧面印证了双塔对于太原的标志作用。

八、蒙山晓月（晋源区）

明清阳曲八景之中其实并没有蒙山晓月，只有西山叠翠，而蒙山晓月，则是太原县八景之一。当年的西山，森林茂密，郁郁葱葱，被称为锦绣岭，为这座城市赢得了锦绣太原城的美誉。

西山作为太原西部山脉的一个泛称，北起汾河峡谷烈石口，南至柳子峪、南峪，绵延百余里，范围实在过于广阔。所以，现在通常把较为抽象的西山叠翠具体化为

迎泽区·双塔凌霄砚

一砚拜双塔；
满城映万祥。
　　——程勤学撰联

晋源区·蒙山晓月砚

净空明晓月；
开化仰蒙山。
——程勤学撰联

蒙山晓月。

  太原西山沟谷纵横，自南而北依次有南峪、黄芦峪、柳子峪、马坊峪、明仙峪、风峪、开化峪、冶峪、西峪，史称"西山九峪"。蒙山，位于风峪与开化峪之间，自古就是晋阳西部的兵争要地，隋文帝杨坚的父亲征战于此，西晋并州刺史刘琨在这里大败匈奴国君刘聪。不过，战火与杀戮之于蒙山，不过短短一瞬，晨钟暮鼓青灯古佛却延续千年。

早在南北朝时期，蒙山就成为净土宗道场，昙鸾、道绰、善导三位高僧登坛传扬佛法。不过，真正让蒙山声名远播的却并非佛门弟子，而是北齐皇帝高洋，他不仅在蒙山扩建了开化寺，还开凿了高达六十多米的摩崖大佛，也就是现在的蒙山大佛。这尊大佛自诞生之日起便备受青睐，唐太宗、武则天、李克用都先后瞻拜大佛。

明清之际，蒙山晓月成为太原县著名景致，拂晓时分，冷月清幽，光华昭昭，呈现出的是一幅充满意境之美的画面；而在元代以后一度湮没于历史云烟之中的蒙山大佛，如今已再现世间，又为蒙山晓月赋予了新意，月夜星空之下，观瞻蒙山大佛，无疑将是一件赏心乐事。

今天的太原八景，它们的风采或浪漫依然，或无复追寻，作为太原人，请不要将它们遗忘，因为它们曾经相伴龙城数百年。

张珉　山西地域文化自媒体太原道创办人，第27届金鸡奖最佳纪录片《决战太原》撰稿人，主要著作有《长城·民族魂》《明朝那道墙——徒步穿越山西外长城》等。

狄仁杰文化公园

孙爱晶

我家在太原市万柏林区西宫附近,唐槐公园在小店区狄村街,一个在西北,一个在东南,距离似乎有点儿远,但在太原市没有打卡过的公园总是惦记着呢。

时逢壬寅年芒种日,兴至举足,乘车前往。手机在握,一路不觉竟已到站——建设南路南十方街口。下得车来,步行几分钟就看见路边古建巍然,朱门飞檐,"狄仁杰文化公园"几个大字甚是醒目,原来唐槐公园不知何时已经更名为狄仁杰文化公园了。园门左右楹联曰:"廉明清正思狄相,叶繁枝茂仰古槐。""廉明清正"对仗"叶繁枝茂"似乎不太工整哦。我之学识浅薄,安敢妄加评论。再品那字体圆润、浑厚,似有很深的书法造诣,笔法沉稳,有"二王"的风格。细看落款,原来此书法出自太原市书法家协会名誉主席曹中厚之手,难怪了哈!

狄仁杰,山西太原人,是唐朝武周时期的杰出政治家。中国历史上第一位女皇帝武则天统治时期,他曾两度担任宰相,一生以刚正不阿、不畏权贵而著称。狄仁杰文化公园就是为了纪念这位名相,在唐槐公园改扩建的基础上建成的一处太原历史文化名人园。

进得园门,迎面就是狄公塑像。阳光下的狄公塑像身形伟岸,气度凛然,宽袍大袖,手捋胡须,翘首远望,观之令人顿生敬仰之情。其身后便是红墙灰瓦的仿唐建筑狄梁公祠。习惯性地细细辨认檐柱上的楹联,乃是:

> 施惠政,分国忧,全心扶社稷;
> 蕴深谋,奋奇节,一柱正乾坤。

好个"一柱正乾坤"！感觉此联真的不错，当是对狄公为相辅国时的精准概括吧。只可惜受疫情影响，此间红灯高挂，朱门落锁，不得入内。

循路游赏，湖光潋滟，倒影摇曳，见一座水榭"枕波"，听几人小憩闲谈，倍觉诗意。清波榭亭柱上有联为："清波照影心如镜；明月窥人品似莲。"很喜欢这副联，比拟恰切，意境、逸趣皆佳。赏罢佳联，继续前行，但见镇园之宝，1300年的唐槐早已静候在那里了。这株镇园之宝不但年代久远，且有故事流传。据说狄仁杰在朝为官，狄母十分想念儿子，为了儿子回乡光宗耀祖时能有个拴马的地方，便在门前栽下了这棵槐树。但儿子公务繁忙，尽忠便难尽孝，年年春来，季季花开，狄母在树下盼了一年又一年，不见儿子归来。日久天长，连这树枝也有了灵气，向西弯曲，为母盼儿而低垂枝头。慨叹之余，我环绕古槐一圈，见树身上有"挂红"，当是人们消灾祈福、祈求平安之举吧。但看这株唐槐郁郁葱葱，枝叶婆娑，枝干横斜，虬盘龙骋，状如凤凰展翅。有许多著名的古树专家和园林专家，都对它做了极高的评价，称它为"古槐之最""活的文物"，遗憾的是这样一株价值极高的古树被无知的人们烧坏了一部分，影响到了古树的正常生长。现今在政府的保护下古木逢春，迎送八方来客。唐槐植于狄公故居门前，这里有唐槐碑，还有碑亭、狄梁公故里碑等修复过的文物。

狄公故居依旧是铁将军把门，不得而入，那就再来欣赏一下故居大门上的楹联吧："雅论花闲论文常留本色；清如水明如镜不忘初心。"此联对仗工整，立意守正，遣词造句清雅。据说这些楹联都是向全国各地朋友专门征集而来，看落款处撰联者是云南的李再龙，而书法则是中国书法家协会理事、山西省书法家协会主席石跃峰之手笔。石跃峰主席的字体，粗犷奔放，长戈大戟，方圆结合，抑扬顿挫，充满韵律感。

闲话少说，悠悠然沿镜池岸边石径而行，可见假山顶上宝塔凌云、古亭望海，左侧"一线天"玉桥飞渡，山中花树娇艳，草屋炊烟袅袅，池边老者垂钓，更一股清泉瀑流飞溅，泉水叮咚，徜徉其中，宛如入极美极妙之境。转角，又看到一处狄公雕塑，狄公身后的背景墙上是则天女皇在《制袍字赐狄仁杰》诗中，亲笔为狄公所题：敷政术，守清勤；升显位，励相臣。女皇小诗短小精悍，寥寥12字就达到了褒奖勋臣、树立典型、驾驭臣下的目的。

狄仁杰文化公园是一个历史名人文化品牌，也是一个主打廉政建设的公园，园内有廉政教育基地，有长长的廉政文化展示栏，品读那些前朝往事，挖掘历史文化廉洁基因，用优秀的历史传承警示人、引领人、鼓舞人，为我们坚定文化自信，营

小店区·狄仁杰故里砚

小店仰贤，清风浩浩彰忠骨；
晋阳焕彩，岁月昭昭守正心。

——朱青龙撰联

造风清气正的环境，发挥着积极的作用。此园占地面积1.7万余平方米，真的不算大，且行且赏，信步骋目，不觉已绕园一周，行至公园出口处了，打道回府。

为不负此行，尝以文字简略记述，今与诸友分享，亦不胜乐哉！

孙爱晶　中华诗词学会、山西省女作家协会会员。现任山西诗词学会副秘书长，太原诗词学会常务副会长，山西杏花诗社副社长，唐渊诗社指导老师，《并州诗汇》副主编，《并州诗词微刊》《并州散曲》主编。著有《爱晶诗集》《爱晶散曲集》等。

杏花岭区赋

刘 英

  并州要塞,太原名区。溯汾水之流远,北倾雪浪;望琼楼之危耸,南凝翠珠。东收烽烟①之剑气,粗写豪迈;西纳府城②之波光,细绘丹书。英雄儿女,城以人展;文物山川,人因城舒。康体养身,看我香醋美酒;工艺体验,不愧中华酿都。且听杏蕊放歌,博得百姓惊叹;更有耕牛奋蹄,赢来万众争趋。

  观夫形胜妖娆,明煦风光。大运客车通贯,京九长龙翱翔。望唱经楼而丽丽,仰牛驼寨而皇皇。云蒸渺渺,龙脉苍苍。国民师范旧址,誉龙城以灵秀;解放太原丰碑,冠并州而独彰。方寸之间,底蕴深厚;温暖细致,尽显芬芳。步东湖醋园,醯醯③竞流;入文殊胜境,磬鸣钟响。

  于是由内崛起,向外发展。富力广场之舞,催人以勇;金林佳苑之曲,无待韦弦④。坐峙优势区位,营商环境便利,公共服务完备,基础设施齐全。"中华老字号",亮相特色小镇;"数字产业化",纵横万达商圈。泰享里,霓虹闪烁;多彩城,温柔缠绵。旅游公路景点多,移步易景春和园。驾扁舟横跨双桥,挥橹森栖谷;乘骏马纵骋千里,嬉戏台骀山。

  至乃雕梁画栋,古韵长存。体验烟火人间,行走旧街巷;感悟风貌建筑,驻足拱极门。暂别仲夏燥热,抚花草而浅唱;摆脱曲折颠簸,倚城墙而低吟。喜居中正之安,地滋其华;乐享和谐之泰,天润其魂。生态为基,定以良筹并举;人文为脉,必以贤达列陈。亭阁错落精巧,千姿脉脉;涉泽龙潭而漾,万顷粼粼。晋梆戏流长而源远,城隍庙香火之氤氲。凯旋锣激越,声声雷震;德胜鼓铿锵,烈烈远闻。可谓长河淌历史,璀璨耀诗文!

杏花岭区·杏花岭砚

杏花岭上杏花艳；
锦绣城中锦绣春。
——程勤学撰联

至其责任为阶，领文明之高地；襟怀为笔，写勤政之德风。太旧路得以通畅，得益于胡富国工地布阵；高架桥解决烦难，仰赖于耿彦波现场办公。历千载而不衰，傅山药膳；安众生以为继，烈士丰功。

晋恭王⑤于府城之外，林苑植杏，与松花坡遥遥相对；赵树理于南华门内，领军晋旅，山药蛋派载誉称雄。

乃知山川相缪，映射幸运之象；上下合力，辅就永祚之城。民风淳朴，融通东西之气；乡情厚重，汇聚南北之灵。旅游公路，宽阔延伸，幽然静谧；汾河两岸，花草葳蕤，树木掩映。森林葱郁以挡尘，梯田棋布以农耕。是以播雨露，渥天庭。疑似瑶池彩落，恍若碧海潮升。街巷以杨槐所濡，颐以志趣；村落以佳卉所沐，滋以雅行。开于"太忻一体"，契领城乡共赢。靓车竞驰于高速；星月争辉于华灯。道桥无言，恒载群黎之慷；温暖有意，常入万户之馨。噫吁！物景何其曜曜，斯地何其荣荣！

是以能追李杜，多有操翰贤才；堪比陶朱⑥，不乏抱玉弄潮。能控五原，千帆竞渡；可安四塞，百舸扶摇。干净整洁，欣矿产而离市；空气清新，喜峰峦于近郊。兴产业之强区，生机虎虎；挟数字⑦之浩荡，发展昭昭。外览山水之胜，远客莅临；内得文脉之悠，独领风骚。于是鸿猷再谱，蓝图新描。造福源于爱民之故，德政处于敬业之劳。呜呼！功过有称也，在于民心民意；是非可衡乎，无论草莽英豪。气象大成，格局既定，聚力而令城盛，积石而使山高。

注释

①烽烟：指牛驼。

②府城：指督军府旧址。史书记载该旧址原为晋文公重耳庙，北宋初年曾为潘美帅府，历代山西巡抚的衙门均设在此。

③醢醯 [xī hǎi]，原意是用鱼肉等制成的酱，这里指老陈醋。东湖醋园由始创于明洪武元年（1368）的"美和居"醯坊发展而来，是山西老陈醋的原创者，600多年传统的酿造技艺被文化和旅游部评定为"国家级非物质文化遗产"。

④韦弦：用以警戒、规劝之意。出自文选·任昉的《王文宪集序》："夷雅之体，无待韦弦。"李善注："韦，皮绳，喻缓也；弦，弓弦，喻急也……言王公平雅之性，

无待此韦弦以成也。"

⑤晋恭王：朱㭎，朱元璋第三子，史称晋恭王。

⑥陶朱：相传范蠡功成身退后，隐市集，聚财富，人称陶朱公。

⑦2020年9月，京东（山西）数字经济产业园与杏花岭区签署了项目合作协议书。着力推动传统产业转型升级，新兴产业创新聚焦，加快电商运营支撑、数据分析、人才培训、整合营销、直播等一站式服务。

刘英　山西省作家协会会员，文章散见报纸杂志及公众新媒体平台，《观音山赋》荣获第七届"观音山杯·美丽中国"海内外游记征文大赛二等奖。

际山枕水万柏林

王 钦

山之右，河之西，这是千百年华夏历史对万柏林这片区域的记忆。万柏林区位于太原西部，东临汾河，西依龙山，控山带河，风景秀丽，素有"龙山叠翠钟灵秀，汾波浩荡涵物华"的美誉。

万柏林区地处太原盆地西沿，地势西高东低，境内最高峰庙前山主峰位于杜儿坪街道，海拔 1553 米；最低点汾河河滩位于长风西街街道南屯村，海拔 776 米，因区内原有名声较大的居民聚落（现为街道）万柏林而得名。

民国年间，有人对阎锡山说：太原汾河西畔的西北隅，属阴阳八卦中的"乾"方。此处，背负吕梁山脉的云中山系，厚土广袤；面临滚滚北来的汾河之水，财源不竭，是一块极好的阴宅宝地。唯感不足的是地表林木稀疏，不过用人工去种植也绝非难事。这一席话说得阎氏神感心受，于是便决定在此地广植柏树，必达万棵，以备将来辟建陵园，并先取其名曰"万柏陵"。太原解放后，居住在这一带地区的父老乡亲们，遂将万柏陵中的"陵"字，以其谐音的"林"字换而代之，更其名为"万柏林"。

新中国成立前，万柏林散落着几十个自然村和设备简陋的几家工厂、几座小煤窑，只有少量耕地，大片荒滩荒坡杂草丛生、坟丘累累、人烟稀少，景象十分荒凉。乡间小路泥泞狭窄，汾河上只有民国 32 年（1943）修建的一座狭窄的水泥桥，无柏油路，交通不方便，文化不发达，人民生活极其贫困。1949 年 4 月 24 日，中国人民解放军攻克太原，河西这块土地才重获新生。新中国成立后，在中国共产党的领导下，人民政府深入发动群众，安定社会秩序；发放生产贷款和生活补助款，恢复传统生产，提高人民生活水平；进行土地改革，废除封建土地制度，积极发展农业生产；有效地提高了社会生产力，使经济出现初步繁荣的局面。

2000多年历史的深厚积淀，一代又一代先人的辛勤开拓，使万柏林这片美丽富饶的龙城福地以其特有魅力而享誉三晋大地。明清时期，分属太原府阳曲、太原两县管辖。民国初，废府归冀宁道。民国34年（1945）4月，太原市行政区划以城墙为界，划为城内8个区和城外8个区。今河西区境域当时属外8区的第3、4、5区。1949年5月太原解放初期，市政府将全市16个行政区合并为8个区。当时的第7区大部分地域在今河西区境。1950年8月，区境为太原市第5区。1954年6月改为万柏林区。1957年3月划归太原市郊区管辖。1958年7月14日，成立太原市河西区。1997年5月8日，国务院批准成立万柏林区。

万柏林区是"大太原"的传统能源重化工基地、新兴商业中心和重要的科技孵化基地。辖区304.8平方千米，是太原市面积最大的中心城区。下辖14个街道，是全山西省第一个也是唯一一个全域街道化的县区，常住人口约100万，流动人口约30万，近十年间增加了近30万人，显示出极强的发展活力。全区路网呈"六纵六横"格局，四通八达、畅通有序，地铁1号线、3号线（待建）贯穿其中。大力实施全域旅游战略，万亩生态园、玉泉山、王封一线天、自行车网红赛道等多个景区景点串珠成链，全域旅游的"清明上河图"渐次铺展。

近几年，万柏林区通过大力"退城入园""腾笼换鸟"，曾经的"老工业区"已转型升级为以产兴城、以城促产、产城融合、生态宜居之地，和装备制造业、轨道交通、重型机械等先进制造业的集聚区。

附

万柏林赋

并州城西，唐风晋韵，薪火相传，毓秀芳馨。人文荟萃钟灵秀；重峦叠嶂连翠峰。东临汾河，西毗古交，南接晋源，北邻草坪。际山枕水，苍翠装点青黛；古今昌隆，汾河润泽邦城。

文明万柏林，千年古传承。浩浩煤乡，历史悠久。领三百里之水土，历五千年之艰辛。祖上先民，勤劳勇敢，昂首阔步脊梁挺，生生不息耕耘勤；黎庶百姓，民风淳朴，凭奋斗而立家园，遵天道而延文明。墨玉幽幽，驱寒烹食赖其燃；乌金滚滚，神州建设有奇功。丁丑区划，称万柏林。松柏苍翠，郁郁葱葱，能源基地，造物钟灵。

万柏林区·万柏林区砚

万柏林中,山色湖光迷望眼;
千楼影里,乡音晋韵总关情。
——朱青龙撰联

曾几何时？回首心痛。煤灰遮天蔽日，道路坎坷泥泞；生态植被破坏，怨声高过车鸣。采空区、沉陷区比比皆是；老旧房、高危房影响民生；植被毁、雾霾浓生态破坏；天不蓝、水不清民怨沸腾。零八新年，戊子初春，区委政府，痛下决心。整合资源，黑窑强行关停；恢复植被，大量植树造林；实现低碳，利用风力光能。告别煤炭经济，三产带动民生。庚寅年初，万象更新。启动城中村全面改造，政府参与、政府指导、政府主导；实施沉陷区居民搬迁，百姓理解、百姓支持、百姓欢欣。历届政府，砥砺前行。改开采地作生态园，天地绿映；圈沉陷区为游乐场，场生霓虹。绿树红花，焕发生机；锦山秀水，妆成美景。一山一群玉，一水一瑶池。天更蓝，水更绿；景更怡，气更清。

开放万柏林，诚邀四海宾。新的起点，百业勃兴；河西大地，清廉德政；联大靠强，思想创新。"深化改革"，结构转型。抓民生，提经济，情系百姓；得民心，顺民意，务实为民。创新求变，人文并肩科技；崇智尚谋，民生比翼金融。建成区总部经济、楼宇经济、商圈经济促高质量发展；城边村腾笼换鸟、科学规划、精准招商助万柏林前行。求四海之人才，纳各界之英贤。怀仁爱洒阳光雨露，以奋进化思想坚冰。

富裕万柏林，政善而民勤。百业腾骧，万象更新。区委政府，不妒不慕，不以己利为利；尽职尽责，而以民心为心。思百姓福祉之长远，以万民安澜为己任。志存高远，铸万柏林之根基；民情所望，焕万柏林之提升。承深厚之人文，锻城区之精气；借地缘之优势，凭畅达之交通。走向深蓝，蛟龙出海，汾西添力；连通神州，高铁驰骋，中车有份。射天狼，神箭飞天，重机参与；固边疆，安享太平，晋西有功。风物富饶，沐时雨而添活力；人文鼎盛，历千载而更兴隆。理工大、科技大人才荟萃，研究所、创客园筑梦飞升。城乡一体，经济总量位前；共沐春光，文明城乡新风。跃腾飞于三晋，凝众志而一心。

美丽万柏林，静谧且温馨。巍巍西山，俯瞰并州沧桑千载；悠悠汾水，浸润城西沃田万顷。开拓湖山园林秘境，深掘旅游发展潜能。桃花谷百花争艳，玉泉山烂漫红樱；狼坡园苍黛绿染，一线天幽奇险惊；偏桥沟中西合璧，狮子崖万丈豪情；启春阁高耸俊秀，邀月阁伫立山顶；夫妻槐缠绵悱恻，情人谷浪漫温馨。万亩生态园，点缀西山；金刚万佛塔，护佑生灵。小游园晶莹蹁跹，神堂沟温泉氤氲。寒暑往交替，四季皆美景。黛岫轻烟，野山杏一坡飞白；青林淡墨，掩桃花几树飘红。云树雨歇，素手才抚青翠；幽谷影落，头上轻落缤纷。仰察峭崖，几成斧劈；俯循碧幽，争作星分。溪水玉虹，鸟鸣犹能畅耳；青山涌翠，风举足以接云。向阡陌，远喧嚣，青阶接踵，则临幻境；携朋侣，莅盛景，琼楼参差，野径寻踪。吟秋月，弄春风，苍山郁郁；

载千帆，润万物，汾水融融。绿树红花，四季莺鸣；群山环峙，孰堪比邻；暗香涌动，气爽神清。

雄哉，万柏林！不忘初心，牢记使命；奋发有为，改革创新。帆樟驰驱，何壮胸襟；方向不偏，有赖贤能。

伟哉，万柏林！上承先人之潜德幽光，下启来者之睿智聪明。谱万事之华章，传千年之盛名。福祉永保，丰饶长存。

王钦　中国散文学会会员，山西省作家协会会员，太原市作家协会理事。近年来有数百篇散文、随笔分别在《山西日报》《学习强国》《人民网》等媒体发表。

清风徐来话清徐

王 钦

清徐,古称梗阳,始于春秋,迄今已有2500多年的历史。1952年7月,清源、徐沟两县合并,取两县县名首字,称为清徐县。1958年划归太原市。全县总面积609平方千米,常住人口35万,是山西省城太原的南大门。

史料记载,约4000多年前,尧率陶、唐部落大规模西迁,经井陉过太行,至晋中吕梁山脚下清徐尧城村,建筑了我国最早的都城"陶唐城"。《明一统志》称"帝尧自涿鹿徙都于此,俗名尧城,"故有"中华第一都"之称。清徐是葡萄之乡、醋之乡、鱼米之乡,也是泉城湖城文化古城。白石河由西向东从清徐县城北穿流而过,悠久的历史散发着陈醋的醇香与葡萄的芬芳,积淀着清徐人深厚的文化。

清徐县是革命老区,曾是晋绥革命根据地的前沿阵地,具有光荣优良的革命传统。从1933年开始,清徐县早期党员李宝森、李延年回乡组织进步社团,传播革命思想。1935年10月,王庆生、董先瑞、王景铸等进步人士在清徐县阎村一带组织读书会,宣传抗日救国思想。1937年11月8日,日军侵占山西省会太原。清、太、徐三县合并,成立了清太徐地区第一个党组织机构——中共清(源)太(原)县工作委员会。1942年4月,清徐、太原两县抗日民主政府合并为清太徐抗日民主政府,驻清源白石沟,归晋西北八专署。1943年,彭德怀、刘伯承一行40余人从太行回延安参加党的"七大"会议,由同蒲支队周其德政委、王立岗副队长率队护送。1944年春节前,同蒲支队队长杨毓贤、中队长雷立德带领小分队护送新四军军长陈毅过境。1948年7月9日,解放清源县。7月11日,收复徐沟县城。在中国人的眼里,红色代表着吉祥、热情、喜庆,红色已成为中华文化的重要内容。民间有"徐沟的背棍爱煞人,清徐的焰火十里明"的说法。清徐的红火，映红了清徐人民的笑脸，也是清徐人民献给祖国大地的一份美好祝福。

"自古酿醋数山西，山西酿醋在清徐。"山西老陈醋是中国四大名醋之一，距今已有3000余年的历史，素有"天下第一醋"的盛誉，以色、香、醇、浓、酸五大特征著称于世。西汉时，清徐出现商业性的酿醋作坊。北魏时期，酿醋技艺由液态发酵改为固态发酵，这一里程碑式的创举，为清徐老陈醋酿造技艺独特风格的形成奠定了基础。后魏贾思勰在《齐民要术》中，详细地阐述了酿醋的过程。

明洪武元年（1368），太原府梗阳县（现清徐县）的美和居醯坊始创熏蒸法，酿出了绵酸香甜的老陈醋。1924年，在巴拿马国际博览会上，一举夺得优质商品一等奖。自此，"自古酿醋在山西，老醋来自梗阳邑"的说法便流传开来。清徐是全国最大的老陈醋生产基地，被中国特产之乡评审委员会命名为中国陈醋之乡。

芳草绿时黄花开。潇河两岸，极目所至，那漫山遍野的连翘花灿若金色云霞，闪耀着生命的灵动，焕发出勃勃生机，给山川涂上了最亮丽的色调。五月时节，田间的油菜花烂漫盛开，金黄色染尽山野，形成金色的海洋。那是"满山尽披黄金甲，一处赏尽天下花"的美丽画面。

丰收之季，一望无际的金黄，与大地为伍，和苍天为伴。农家院子里到处都能看到金灿灿的玉米棒子，堆积在栅栏里的玉米垛，好似一座座黄金塔；悬挂在屋檐下的玉米辫，如同一串串珍珠帘。

在中隐山，一望无际的林区绿浪滔天，高大的松柏遮天蔽日，形同原始森林；在龙林山，连片珍贵林，以原始的姿态，展示着清徐生态无穷的魅力；在乡村原野，成片的红金杏、葡萄、苹果、红枣等特色果林，以"小果园""小花园"的形式，构成一幅幅美丽的乡村田园画……

"青出于蓝而胜于蓝"，青色是清徐的文脉底色。无论是中隐、龙林山墨黛，还是砖雕、制陶的青幽，以及煤焦制品，都载负着各个时代不同的文化传承，也留下了不同的时代烙印。

清徐砖雕历史悠久，穿境而过的汾河与潇河，为清徐这个文明而古老的地方沉积了优质丰厚的砖雕烧制土壤。在清徐境内都沟新石器遗址、马峪谷文化遗址中，相继出土了大量灰陶、黑陶和彩陶。经专家鉴定，这些陶器概属仰韶文化，说明早在夏商之前，清徐先民已经掌握制陶烧砖技艺。隋、唐、宋、元以来，从境内诸多寺庙砖瓦中，均可看到雕刻痕迹。特别在明后期至清前期的两百余年里，随着晋商

清徐县·清徐醋都砚

酿梗阳千载，尧帝肇端彰赤县，陈醋溢香飘古韵；
融玉砚一方，白石穿邑润清徐，文明毓秀醉今时。

——朱青龙撰联

的崛起，砖雕在民居中的大量运用蔚然成风。一抔泥土，在烈火的炙烤下，在铁刀的凿刻中，在砖雕艺人高明的构思、精湛的刀工下化作精美的艺术品。

民国初年，清源县县长续思文曾赋诗赞曰："城外青山城内湖，荷花万朵柳千株，太汾风景少颜色，唯有清源入画图。"

文源楼，又名水阁楼，1997年在旧址上重建。高49.88米，建筑面积4338平方米。楼分9层，是城内最高的建筑物，也是清徐的地标。

　　文源檐飞八角，高开云端；水阁楼叠九层，俯视碧潭。朝迎旭日，拥金光灿烂；暮送落霞，享旖旎安澜。瞻汾东，禾苗茁壮，喜看稻菽千重浪；望西侧，郁郁葱葱，更有紫玉罩青山。春随煦风展情思，秋见飞鸢入眼帘。

　　东湖承载了人们太多的美好回忆。每逢皓月当空，湖面清风徐徐，波光粼粼，细浪跳跃，清源古八景之"东湖夜月"便由此而来。大美东湖，水绿波漾，毓秀而钟灵；云霞共艳，水天一色，柳绿花更明。

　　清徐是中国葡萄之乡，葡萄种植历史悠久，是全国传统四大葡萄名产地之一。每逢金秋季节，放眼云梦山区，铺天盖地的葡萄架，像无数把撑开的翠绸伞，把整个山区遮盖得严严实实。山西诗人王翰有"葡萄美酒夜光杯"的名句，刘禹锡有"自言我晋人，种此如种玉；酿之成美酒，令人饮不足"的之佳作。意大利人马可·波罗写道："太原一带有许多葡萄园，酿造许多酒，从太原贩运到全省各地销售。"

　　赤橙黄绿青蓝紫，谁持彩练当空舞？试看未来太原之发展，必以清徐为翘楚！

娄烦：
山色水媚，一见倾心

李 琼

名字透着孔武有力的娄烦，从来不曾想过有一天与"山色水媚"扯上关系。

娄烦，这是个最早在《史记》里现身的部落，透过历史的帷幕，人们依稀能看到他们纵马飞驰呼啸而过的身影，马匹掠过之处到处都是匍匐纳降的声音。战国时代，国与国的对抗，武力值就是战斗力。作为战场的王者，娄烦骑兵的好战斗狠、如电速度及绝对的征服力，成了赵武灵王举全国之众"胡服骑射"谦虚学习的目标，也是赵武灵王举全国之力第一个兼并的古国。失去了国王的臣民四散如沙，一度沦为战国乃至秦汉相争时刘邦、项羽的兵源、战马供给地，在一波又一波的刀剑拼杀中显示着他们生存的无奈与倔强。

这就是娄烦，曾经最原始最本真的文化基底。

隋唐用骑兵称霸天下，无论是隋朝的并州狼骑还是李世民的玄甲骑兵，都是集东方轻重骑兵于一身，在他们跨时代的碾压和降维打击下，天下唾手而得。唐朝一统天下后，在娄烦设皇家牧马监并派专人监督放牧。千万不可小瞧这个职位，沙陀人李克用，为积攒自己的战斗力，数度为此争得头破血流。

娄烦由国而郡，由郡而县而监，再由县而镇，由镇而县，时光穿梭三千余年。三千年的朝代更迭，三千年的风云变幻，唯一不变的还是那方山，那片水。

从空中鸟瞰，娄烦县状如六边形，巍巍吕梁山如同铺在大地上的一张碧色巨纸，皱褶难平，却款款将娄烦拥抱入怀。那一道道挺起的山梁成了它东与古交，西与方山，南与交城，北与岚县、静乐互相守护的分界。境内群山环绕，西南高，东北低，正好位于宝瓶葫芦状的宁武 - 静乐盆地的下缘。这汾河亦如宝葫芦般，上接发源于管涔山的汾河之源，下接洪河、岚河，一路大河小溪兼收，集聚成势时刚刚好到了娄烦。1958 年，山西人借山为势，打坝聚水，山西省最大的水库——汾河水库在娄烦境内诞生。其库容为 7.21 亿立方米，水面面积 32 平方千米，娄烦人均水资源、人均水域面积占有量仅低于西藏、青海，在山西省拔得头筹。水库狭长蜿蜒，如翡如翠镶嵌在苍茫的大地上，四周杂树交荫，云垂烟接，如塞上江南，碧波涟漪却不旖旎无骨，北方风情与江南烟雨兼具。

云顶山在娄烦县的西南，辽阔平缓的山顶草甸萋萋，牛羊成群，被称为太原的"青藏高原"。万马奔腾在这奇山峻岭，仿若一幅难以想象的大自然油画。无论是文韬武略的天下雄主，还是攻城略地的强兵悍将，强征并州，剑指雁门，娄烦都曾留下他们骁勇的身影。纵是史海如渊，钩沉难寻，娄烦人却用一片赤子之心在偶尔泛起的丝丝涟漪中寻找着一星半点儿的痕迹，并记之念之，如孝文帝游云顶山、周武帝宇文邕游周洪山，还有英名永存的樊哙、尉迟敬德、穆桂英等。

一方水土养一方人。以彪悍勇猛写入《史记》的娄烦人，在波澜壮阔的中国历史上演绎着足以彪炳史册的勇烈壮美。后周名将白重赞，少年从军，屡立大功，直至北宋被封为定国公；明代贤臣王希曾，倾力辅政，官至都察院副都御史，为反对燕王起兵"靖难"不屈而死；清末廉吏姚士林勤政廉洁，为还清前任所欠的钱粮亏空，不惜变卖祖产，当地百姓听说后为他捐银千余两。在近代史上娄烦更是以高君宇而闻名三晋，觉醒时代的中国，一位刚刚 20 多岁的年轻人，以血气方刚的青春活力、以寻求中国出路的急切动力，在黑暗中摸索，以挺拔、瘦弱的身躯，让自己活成了一道闪电，让自己变成了一把火炬，指引着山西人寻找到了中国共产党，而他自己却燃成了灰烬，年方 29 岁就献出了宝贵的生命。14 年抗战，只有 40000 余人的娄烦，牺牲了 2000 多英烈，4000 多名优秀儿女参加了八路军和其他抗日组织，也就是说每100 人中就有 5 人在抗日战争中牺牲，有 10 人战斗在前线。

娄烦县城山水相依，其南依涧河（古称监河，因牧马监而得名），东有汾河水库，因为水资源非常充足而一如上帝的加湿器，让本居黄土高原之上、吕梁山腹地的娄烦县有了几丝江南才有的湿润。北边石峡温泉碧玉绝胜，南边龙和晚照洒金散银，果蔬园林大棚与农家小院杂荫其间，绿意盎然间柔光与荫翳悄然呼应，季节的花草枯枝点缀其间，充盈着野性而又张扬的气质。浓绿、翠绿、深黄、浅红，色彩斑斓的风景犹如一席舒缓有致的原生态诗画长卷。林中昆虫奏乐，河边小鸟唱曲儿，恣意流淌的天籁让人不由得放慢脚步，醉溺在这山色风光之中。

娄烦县·娄烦云顶山砚

云顶山青,碧空缭绕千丝媚;
娄烦水秀,绿野缠绵万缕情。
——朱青龙撰联

娄烦与自然为邻,与市井同在,匿于市郊,却不完全与世隔绝!

在这里望得见山,看得见水,记得住乡愁,吸得上鲜氧!您想要的,娄烦都能呈现给您!

李琼　山西地方文化研究者,山西文旅集团专家顾问,太原市文化产业协会特聘专家,作家,出版人。曾任《品位生活》主编、《走遍世界》副主编。出版作品有《行走沁水》《黄河从山西流过》《黄河——摇篮曲》等。先后主持《黄河之魂在山西》《长城博览在山西》《大美太行在山西》中英文书籍的出版。

古交话古今

王灵仙

  古交这个名字确实透着原始的气息，她是一座古老而厚重的城市，又是一座充满革命故事的红色文化城市，还是一座新兴的现代化能源城市。古交就像一棵苍劲的古树，枝繁叶茂地生长在山西省太原西北的黄土高原上。黄河的一条支流，带着开天辟地的使命，从吕梁山脉的管涔山一路向下，滚滚长流，在这里拐了个弯，由西向东贯穿古交地域后，流向省城太原，这就是纵贯大半个山西的汾河，山西人极尽辞章赞美的母亲河。其实，古交自古山高林密，青松翠柏，河流众多。密林深处，清澈见底的溪水蜿蜒出山，狮子河、原平河、屯兰河、大川河等与无数的潺潺溪流，汇聚到汾河，从而形成一河三川地貌。世世代代的古交人在此建成依山傍水、错落有致的村庄，村庄的周围，树木成林，植被良好，牧场万顷，牛羊成群。

  古交地区在历史上春秋时属晋，战国时属赵，汉魏晋及南北朝均为晋阳之西的边关重镇。无论是隋文帝在晋阳西置交城县（治所在今古交镇），还是唐玄宗李隆基于交城县北境设卢川县（治所在今古交炉峪口村），上迄春秋战国，下延现代当今，追溯她的悠久历史，你会发现这块古老的土地，处处闪耀着神奇的光芒。

一

  现代的古交人就生活在远古文化遗址之上，古交人一出家门口就能看到重点保护文物单位的标识。位于市区西南王家沟旧石器遗址，其旧石器时代的石制品，早于距今约80万年前的北京猿人；古交河口镇河南村旧石器遗址，其年代与旧石器中期的丁村文化相当；著名的凤凰岩遗址、石千峰遗址……在古交市周边随便溜达，你碰到的残砖破瓦会是石家河遗址、长峪沟遗址、嘉乐泉遗址。古交遗址是国务院核定的第七批全国重点文物保护单位。石器遗址遍布古交大地，融入历史的长河里，想必它应该也具有全人类研究的价值。

时光荏苒，岁月如流，有多少文物古迹隐藏在大山深处？一块飞来神石，静静地在深山沟壑里沉睡千载，任由世间的风侵雨蚀，虽有局部的风化、脱落和被盗凿，然而，"明成化十年开凿题刻"的清晰字迹，努力地证明着自己的厚重历史，这就是近年来被驴友们寻寻觅觅的古交南岩石窟。石窟占地面积50余平方米。巨石有一个矩形的大口可供人出入，巨石内东、南、西三面皆有雕塑，有专家称，石窟的唐风遗味之重是少见的。另有古交刘庄姑姑庵石窟，当地百姓也叫千佛洞，这处宋代遗迹，既是石窟艺术，又具佛教艺术。

寺庙文化在古交源远流长，古交境内现存的寺庙有80多座。规模较大的是千佛寺，这座有名的古刹坐落于古交市区南端，两川相夹，背山临水，近有钟楼壮其威，远与水泉寨亭台楼阁相守望，庙貌庄严古朴，在千年的历史中不断得到修缮。寺内存有明、清、民国重修碑7通、真能和尚灵塔一座，是山西佛教文化的重地。寺内有石雕佛像千余尊，故名千佛寺。近年来再次迁建的千佛寺，坐南朝北，背靠杨家坡，面临凤鸣楼文化市场，构成了古交一处亮丽的景点。

此处是"忠"文化的渊源。《左传》中有狐突因"忠"而壮烈殉职的记载：狐突的儿子狐毛和狐偃跟随重耳流亡秦国，怀公拘捕狐突，说："召回你的儿子，立即赦免。"狐突回话：儿子步入仕途，父亲就要把忠的道理教给他，这是古人传下来的规矩，如果再三心二意，那就是罪过。昏君怀公最终把狐突杀掉了。

《交城县志》与民间传说，流传着许多关于狐爷和狐门忠烈的故事。位于古交市与交城县界的狐爷山，因埋葬春秋晋国大夫狐突而得名，更因狐突"教忠不二"而闻名于世，狐突即为忠文化的化身，狐爷山当为中国"忠"文化的发祥地。山顶现存遗址有下雪不湿的王墓碎石、绊船橛、神井、天鼠石等。当地老者讲起故事来一套一套的：狐突的忠勇睿智、狐偃的机智聪慧、雨露不沾朝圣者、雹打贪知县、神罚不敬者、姑姑节的来由、狐爷山的骡马大会盛况等，这些传奇动人的故事，老百姓口口相传、滔滔不绝，使得这里每一片小草、每一块石头、每一棵大树都缠绕着忠文化发祥地的美妙故事和动人传说。

古交的古老与厚重，还在于她的钟灵毓秀、人杰地灵。清顺治年间考中进士的

古交市·古交新貌砚

市井繁荣,烟火古交方入砚;
山川秀丽,画图新卷更宜人。
——朱青龙撰联

武家庄人武攀龙，成为古交有史料记载的第一位进士。武攀龙的后代武来雨，用一腔热血维护清廷尊严，直至殉职，皇帝赐予他半副銮驾，并封为"忠义武来雨"；清代廉吏阎广居赴任乾州直隶州，晋升为知府后在职四年，积劳成疾，逝于任所，终年57岁，乾州百姓痛哭罢市以示哀悼，并请求朝廷将阎广居列入名宦祠。清代诗人、书法家折遇兰是古交文人旗手一样的存在，他曾受到纪晓岚的赏识，成为纪晓岚的三大门徒之一。他先后在甘肃、湖南、广东等地当了八任知县，留下了他的伟大诗篇，著有《霁山文集》《看云山房诗草选》，辑诗200余首选有《古文集宜》，均刊印行世。近年古交诗词学会编辑的《遇兰诗刊》是对折遇兰精神弘扬传承的实际行动。

二

古交的红色基因遍地开花，半个多世纪前，罗贵波、李立功等老一辈革命家就来过这里，建立了抗日革命根据地。这方山水热土拥抱了疲惫的抗日队伍，用她所有的一切养育革命部队，谱写了革命老区可歌可泣的历史篇章。晋绥八分区地委机关驻守在古交市的关头村，这是处于日军四面包围之中的一块敌后抗日根据地。根据地周围驻扎日伪军6000多人。八分区处于晋西北通往延安的交通要道，担负着运送粮食、弹药武器、重要文件和护送伤员与我军领导人等艰巨任务。八分区军民与敌人斗智斗勇，克服困难，排除障碍，粮食、弹药、武器等物资源源不断地运往延安。特别是多少次化险为夷，安全护送刘少奇、彭德怀、刘伯承、陈毅、邓小平、杨尚昆、陆定一、陈赓、薄一波等领导同志到达延安；安全护送我党领导人和党的七大代表以及其他干部3000多人到达革命圣地延安。八分区军民用汗水、鲜血和生命铸成了这条通往延安的交通线，大家叫作"秘密通道"，后被党中央誉为"钢铁走廊"。

如今，古交关头村的"晋绥八分区行署旧址"成为爱国主义教育基地和红色旅游景点。当年，在抗日战争的烽火硝烟中，晋绥八分区军民就是在关头村的"观音堂"会议室、在八分区党政军办公处所"离院寺"，接待了"中外记者西北参观团"。在极度艰苦的条件下，举行热烈的欢迎仪式，领着记者们参观地雷网保护下的分区战地医院和设备简陋的兵工厂，在确保安全的情况下，带着记者到晋中平川作战前线观战。之后，中外记者团以他们的亲身经历和感受，向全世界披露了共产党领导八路军依靠人民群众英勇抗战的事实真相，从而扩大了我党我军在全世界的政治影响。

红军东征路居地、草庄头战斗遗址、彭德怀路居地、陈毅路居地（兆峰兵站）、睦联坡烈士陵园（古交革命斗争纪念馆）等，这些古交市境内的红色地标，就是中国革命红色文化教育基地。如今不断有人从四面八方来红色地标参观打卡，感受先辈的革命精神，接受红色文化教育熏陶，这种革命精神的传承，让我们的旗帜历久弥新，引领未来，永不褪色。

三

新中国成立初期，百废待兴，国家建设急需大量钢铁，古交铁矿资源丰富。山西省政府于1958年设立了古交工矿区，以原平川为主的铁矿资源被热火朝天地开挖出来。古交河口镇以它独特的环境与地理位置接纳了太原市古交钢铁厂的落成。20年后，古交矿区被列入国家重点建设项目。吹着改革开放的春风，古交进入了新的发展时期。国家五座特大型矿井和与之相匹配的五座现代化选煤厂的焦煤基地建成，终于使古交这块埋藏在汾河岸边的明珠发出耀眼的光芒。1988年，古交撤区建市，成为省辖县级市。地层深处的煤炭资源日夜不停地从这块热土流向全国，乃至全球，送走的是光和热，流不走的是古交人勤奋耐劳的精神。

进入21世纪的今天，新型的城市发生了翻天覆地的变化。如今，太原至兴县蔡家崖号列车从古交通过，太古高速公路直通省城太原，全市乡乡村村通公路、通客运，特别是古交至太原开通市区循环公交车。今日的古交城市景色更加迷人，汾河水波光粼粼穿城而过，市区内外迎宾桥、彩虹桥、金牛桥、火山桥、西曲桥等造型新颖别致，四通八达，大道通天。城市高楼鳞次栉比，错落耸立。夜晚的古交汾河公园，月色如水，灯火四射，形态各异的雕塑透着现代化的气息，流光溢彩，鲜艳耀眼。

以煤炭储量丰富、煤质优良而著称的古交，蕴藏深厚的煤焦铁矿产资源，支撑着工矿城市新的发展，正在转型的新能源、新材料、新产业为经济腾飞插上了双翅。历史的古交，是一部闪光的经典，明天的古交，是一幅壮美的画卷。

王灵仙　山西省女作家协会监事，太原市楹联家协会副主席兼秘书长。著有散文集《一路风景》《灵魂的语丝》、纪实文学集《灵魂的联盟》、"美丽乡村纪行"系列丛书《生态田园——关头村》等，主编出版《太原园林楹联赏析》。

大同市
Datong

北岳恒山·悬空寺

千古沧桑大同城

李文亮

"城,以盛民也。从土从成。"按照《说文解字》,"城"的本义就是保护其内居民的墙垣。自从人类离开丛林,走出洞穴,城墙便如母亲的怀抱般,庇护着一代代生民,于城中聚居繁衍,走向文明。因此,茫茫九域,曾有众多的城矗立于皇天后土间,坚挺如华夏族的脊梁。

其中,黄土之巅,紫塞之下,有座历史文化名城叫作大同,绵延千载却又亘古常新。当你站在巍然的大同城墙之上,仿佛有呼啸的风声穿越时空,向你而来——东边是白登山的嘶吼阵阵,汉高祖的士卒们被围困于此,"平城之下亦诚苦,七日不食不能彀弩";南边是恒山的玄风浩浩,张果老的驴蹄声伴着仙乐悠然而来;西边是武周山的凿石叮叮,昙曜指挥着匠人们开凿云冈石窟;北边是方山的烟雨霏霏,那位历史上以改革著称的冯太后长眠于此。

仙耶佛耶?帝耶后耶?前不见古人,但我们始终感念先民们的智慧,他们选择了这片山环水抱的土地建立城邑,汉、魏、唐、辽、金、元……任凭王朝兴替,唯这古城默默不语,承载着大同之梦的千载沧桑。

现今的大同古城,是在明代大同府城基础上全面修复的。明洪武五年(1372)十二月,在大将军徐达的主持下,开筑大同城。士卒们你来我往,口号喧天,一座崭新之城即将在他们手中重生。和阳、永泰、清远、武定,四个城门的名字寄托着时人的梦想。新城墙是在前朝旧土城的基础上增筑的,采用"三合土"夯成,包以青砖。再加上城楼、月楼、箭楼、望楼、角楼、瓮城、月城、护城河等等,真可谓万祀金汤。

史书的记载总是太简略，似乎只关注魏国公徐达、曹国公李文忠、大同卫都指挥使耿忠这些显赫的名字。实际上，这座坚固雄伟的大同城，不知付出了多少民丁与军士的汗水。在距大同城南不足百里的怀仁县王皓疃村，曾发现过一段城砖铭文："大明洪武甲子武节将军大同前卫正千户处州张桂创此城。"那恰是徐达筑城的十二年后，可以想见那个年代边塞士兵的胸襟和气魄。当他站立在自己亲手所创的城墙之上，守护着身前的万户炊烟，心中该有着怎样的壮阔与自豪。这样的情景再现于徐达筑城的六百余年后，当2016年大同古城墙再次合龙时，云中父老热泪盈眶，欢欣鼓舞，因为每座城总是与城中的万千民众荣辱与共。

往前追溯，大同最辉煌的历史时刻是在北魏。398年，道武帝拓跋珪从茫茫草原策马而来，定都平城。公元5世纪，平城是世界级的大都会，人口百万，九衢四达，车马辐辏，万邦来朝。直到494年，孝文帝迁都洛阳，才带走了这座城的荣耀与光芒。

我常常在想，如果有一柄时光的洛阳铲，依着这城的历史罅隙深深插进去，便会翻拣出许多曲折的往事来，悲欢离合，令人感叹。在大同城墙遗址陈列馆有一段古城墙截面，明城墙的夯土覆压于辽金夯土之外，而辽金夯土里边又包裹着北魏的夯土，一层层如同历史的年轮。

那就让我们沿着岁月之河上溯，穿过明清重镇，跨过辽金陪都，越过北魏京华，直抵两汉要塞，去寻找大同古城的起点。秦时月，汉时关，赵武灵王的胡服骑射，飞将军李广的名震匈奴，先民在兵戈的间隙中祈望和平，所以为这里取名"平城"。纯阳宫旁有家名为琵琶老店的客栈，这琵琶声不是浔阳江头的嘈嘈切切，而是汉宫昭君的秋月离思。公元前33年，在刘邦与冒顿单于和亲的一百多年后，和平的希望重新寄托在王昭君身上。昭君途经平城，出塞前特意把琵琶留到东胜店内，一去紫台，环珮空归，后人遂将东胜店改名琵琶老店，以纪念这位和平使者。

北魏百年的建都史，更是给平城留下众多历史遗迹，大道坛庙、明堂、石窟、宫城等洒落在古城四周，天师筑台、木兰辞官、马识善人、太和改制等传奇，云蒸霞蔚，世代流传。

此后，大同做过辽金陪都。西京盛况，从如今古城中的"国保"建筑上仍可一窥往昔繁华。始建于辽代的华严寺，拥有古代寺庙最大的单体建筑——大雄宝殿，也有着合掌露齿菩萨的婉约袅娜，契丹女子的淳朴之态隐约可见；善化寺不仅留存有金代建筑与塑像，还可观瞻"朱弁碑"，这位"宋之苏武"被困金国十七年，留下一通碑文记录岁月沧桑；元代的关帝庙被亲切地称为"大庙"，"忠""义""仁""勇"

平城区·大同古城砚

古邑苍凉,魏武遗踪寻断壁;
新程壮阔,大同胜景入陶泓。
——朱青龙撰联

四个大字镌刻在大庙的墙上,更是刻在亿万炎黄儿女的心中;徐达筑城的20年后,大同城中又开建代王府,规模之大从其照壁上也可感受——那座九龙壁竟比故宫里的还要高大;同样是明代,鼓楼不远处曾有处名为久胜楼的酒家,正德皇帝游龙戏凤的故事于此上演,又为这古城平添了一抹鲜活的色彩。

  千古风流,滔滔而逝。大同城有过辉煌,也有过荒凉。地处游牧民族与农耕民族的交界处,经历过太平盛世,也见证过连天烽火。北魏迁都后,"君不见魏都行乐处,只今空有野风吹";辽末遭兵火,"楼阁飞为埃坋,堂殿聚为瓦砾";至于清初的多尔衮屠城,连城墙都被削掉五尺。然而这座城的可贵之处,不仅在于历史悠久人文荟萃,更在于每次劫难后总能浴火重生,如涅槃的凤凰。

  什么是大同?《礼记》中这样描绘道:"谋闭而不兴,盗窃乱贼而不作,故外户而不闭,是谓大同。"当这座千年古城敞开所有的城门,真诚拥抱五洲宾朋,大同世界的梦想,也一步步向我们走来。

  李文亮 山西省作家协会会员,大同市作家协会副秘书长,平城区作家协会主席,《平城》执行主编。作品散见于各级报刊以及"学习强国""中国作家网"等平台。

云冈石窟砚

宋彩文

之 蒙

天上的水，幽蓝，优雅。在星辰的家乡，牧马长歌。

胡笳歌歇，黄沙骤起，孤独的僧人振衣而起。向东行，在最长雪山的倒影中反复显现坚毅的眼神；四季里，一路上日月的反复是一次次倾心的长拜。

天山，祁连山，阿尔泰山，一直到武周山，一直抵达十里河。

拉纤的，诵经的，引车卖浆的集市里，只有春风吹过佛像面部精致的线条。

山水是一部古兰经的前言。香客，游人，拈花的佛陀预设了今生来世的期许。

雷鸣不止的一个黄昏，经幡猎猎，乌云不约而来。暴雨在信徒般的莲花们簇拥中而来，金色的羽箭冲天而起。锁钥！锁钥！西天雷声隆隆，大地上空是一片响亮的宣判。

来了，长明的灯。在另一世的眼神里照见今生的悲欢离合。灯光鼓香而来，御风江海。

金羽陨落了，大地默默无声。石脉是忠实的农田，或者是石花，或者错愕成绺裂，或者玉化成经文，或者埋身耕作，暗喻成泥沙满面的皮壳。

它们的拥趸刚刚成年，面容黢黑，性情旷达。即使西高山已无棱，即使黄水河滔滔东去，即使马鞭声只听命于一个清脆的领唱。

聚集，聚集，离开它们血肉相亲的家乡，向东方聚集！

有谁能预见它们折戟在河畔的意外？沙狂，雨酷，突如而来的陪葬像是命中注定的仪式。它们坚定地举起不停翻动着的黑色的旌旗，它们是那些乐谱休止或者停顿固有的支撑，它们有别于煤炭，它们细腻，昂扬，它们带着火，带着水，带着佛像八分之一的倒影。

之 肇

千百年以后，昙曜来了。

他满身尘累，发心要着墨大地，刊石佛语。一路敲击岩层而来，一路聆听水歌而来。河岸的上游，道武听黄庭，做仙音于鹿苑。下游只留给文成帝的新造。

而中间的暗流，而中间的废佛，疆场之上，只剩下一夜狐鸣到天亮。

向历史深处看去。

草原那样宽广，青鬃马，黄骠马，赤兔马，不同颜色蹄印的尽头是大鲜卑山鼓荡千年的号角。

拓跋部落的轮廓那样清晰，帐篷海若，水草肥沃，良驹过万。

山脚下，赭色的一顶旧帐篷里，有人沉寂已久，眉眼粗大，眼神坚定，眉头却紧锁。何处去获取最干净的泉水涤荡灵魂，是长白天池，还是渺然星海？都不是，牛羊满圈，青稞堆仓中，轻貂锦衣只不过安放着虚无的躯壳。道衣，经文，信仰，半卷残破的羊皮纸上残留着族人褪色的图腾。

然而寒流骤至，太武用刀。拆佛龛，驱僧道。马蹄踏平十里河上下青青的麦草，何处安居，纲常沦丧，文明的洪流落陷于蒙昧。山门紧闭，青青的松林已被大火全部焚烧。

一片死寂，一篇振聋发聩的檄文拆解了草原的文明，土木宫塔，声教所及，莫不毕毁。

他走了，不得不去往泉流深处。然后就是长久地伫立于星空之下，双眸空空如也……

之 成

大音重起。

那一片面容姣好的河滩北面，是一片砂岩的部队挺立西风之下的雄姿。十里河水青了几回又黄了几次，大德的高僧走出群山，一路风尘。在河畔，他掸去尘垢，结束了一生的放逐与奔跑，他决定停留下来，他要在晨昏之间重新辨识梵文的音调。

云冈区·云冈石窟砚

砚刻云冈,墨香漫卷千秋史;
石凝梵贝,佛影长辉万古情。
——朱青龙撰联

有人在四处传道。兴佛塔,召比丘,印佛文,舞经幡。在长长的铜号声里笔墨还魂,军民景治了,四野沸腾了。

睡佛寺的工匠来了,鲁班窑的画工起早贪黑,先用山溪冲刷了泥垢,后青植马尾松、红松。鸣磬、焚香,把法像从岩层请出来。小小的草籽以斧痕为家,小小的黄菊在崖畔结庐。天国的圣雨从它们的脸颊滑落下来,抛家舍业的雕工们打造了人间悲欢离合的线条。有的率真,有的艰涩,有些纵身一跃化作山水明堂,有些提炼出铁质反复打磨了长弓射雕，还有些用钙质砥砺青春幻化成一曲质朴的合奏。

飞天自由，胁侍的菩萨眉眼生动。先开的昙曜五窟气场宏大，山花顿绽，河水流香。后往的众窟，楼阁黄紫，仙风莅临。众比丘濯清流，摄香花，提素篮，揽明月清风。

武周川在最美的清晨皈依天道，十里河上下车舟泛波，往来熙攘。西域通了，东瀛翠盖。孝文帝幸至山门，金身长大，百姓安居乐业，国运永昌。

山朗润着，四野是地椒花的地毯，牛羊寻径而来，它们在山门以外踱步，使用晨钟暮鼓的封面，祭献肉糜，牺牲望族。

水色不再苍黄，忧伤逝化。佛的须弥山里哪有不堪的沙尘？

之　耀

即将功成。夜里，第二十窟前，有一名老僧夤夜端坐，长思良久。他曾号集千众，志修佛说，救人，凤愿盛世。所得无非持翰墨，蘸道果，发愿祈福，播撒良种。长久的伤痛已然蜕变成佛号的浴火重生。

在武周山之巅，云冈的额头金光闪耀。那些陨落的金羽破土而出盛开为涌地金莲。那些黢黑的拥趸穷其一生，头顶着一方硕大的池沼，一方背景清白，神情激昂的云冈石窟之砚，不眠不休。

有多么不舍，方山陵上一位母亲至今在翘首期盼；有多么眷恋，灵丘笔架山下，觉山寺中藏着儿男的戚戚哀哀。

还是南迁了，卢舍那大佛日夜遥望北面的兄弟，战马驰骋，书简传思。龙门石窟中刀火流动，众贤妙言，结书体以横张，是为龙门二十品。

凝望其间，哪一笔不是平城伸展的翅翼？哪一笔不是魏都固有的繁华？哪一笔不是武周山不息的风骨？哪一笔不是佛砚里笔墨肆意的精彩？

伊河啊，伊河！

十里河啊，十里河！

任你们从此纵情东去百转千回，愿你们归来依然古风苍苍，愿你们从此头顶青天，脚踏山河，愿你们始终额闪光华，始终自称云冈！

宋彩文　山西省作家协会会员，大同诗歌专业委员会副主任，大同市云冈区作家协会主席，《派度诗刊》编委。作品散见《星星诗刊》《散文诗》《山西文学》《黄河》等。

向天而歌

李中美

绕北纬四十度一圈，云冈大佛会让你定焦，被大佛守护着的煤海儿女也会让你情不自禁地将镜头对准他们，一次又一次地曝光。不入晋华宫国家矿山公园，怎知这个纬度上有世界上最高级的黑色和动人心扉的笑容？

初春，北方还在春寒料峭中思考，人与花草以及蛰伏的动物们一样，都在努力寻找一个美好的开端。我用了约摸半个小时的车程，向西北行，经佛字湾，路随山河宛转，入晋华宫矿牌楼，过桥，沿河南岸一路前行，进了晋华宫国家矿山公园。这是我第一次参观矿山公园，却耳闻已久。

之前有无数次路过晋华宫矿，远远地看见矿与矿山的居民都是随河随山而建而居。河对岸就是举世闻名的云冈石窟。一千五百多年前那个从大兴安岭一路厮杀过来的鲜卑族拓跋部，为了将权力稳固，以佛门来协助维持治安管控百姓，在武周山下选址。一个远道而来的僧人开始了一凿一斧日夜塑佛。佛在微笑，虔诚的佛弟子们也在微笑。他们笑这里无尽的宝藏，该是这片土地上的人们后天修炼的富泽，这片宝地绝妙如磐。

几亿年前，这里森林繁茂遮天蔽日。几亿年前，这里的恐龙自由漫步在茫茫林海。几亿年前地壳在运动，森林、恐龙一切的一切都被海水淹没，苍茫茫的海域在岁月里日复一日年复一年地变化着。某一时期海水又大面积消退，亮出了空闲闲的一派土地水流和雄伟的高山。这样的日子又不知过了多少个千万年，古老的人类出现在空阔疏放的大地上、河流边、高山下。一代代渔者猎户的生生死死之后，土地变得丰沃，河流不再怒吼，四野生香。当然这样的日子不知又过了多少个万年，人类变得越来越聪明,钻木取火早被淘汰,他们在地下看到了火种,那黝黑的身姿随地壳的运动而舞。

人类不知曾经的森林也会起舞,她应该是隐藏在地下皈依的佛,是神秘的黑色精灵之门派,一经点燃,她的灵魂与太阳一样的炙热而光明。

仰起头,我的目光瞬间与一堵挂着131个笑脸的墙碰撞,那是铺天盖地袭来的美好,无论是安全帽下的黝黑脸庞,还是更衣之后的憨厚笑容;无论是站立,还是蹲坐,他们的姿态毫不影响他们的笑容。这笑具有佛印的坦诚朴实,这笑就是我要寻找的春天啊!

这笑脸墙着实攥住了每一位走进矿山公园的人心,他就像圣洁的昆仑,巍峨的泰山,奔腾的黄河长江。那一刻我的心在擂鼓轰鸣,我含着泪持久地哽咽。他们的笑容里有着如炬的坚定,是文明复活递进繁衍的盛大影片。他们在默然地、铿锵地、激情地向群山河流大地以及亘古生灵诉说着。

从古到今有多少个他们在与时间博弈,在与大地交换着生存的密码,用双手挖掘出宝藏,他们隆重而有硬度地在地下抗争过,他们活成了人们心头的朱砂。今天的他们,在与不在都是可歌可泣,都是感天动地。

小火车的汽笛声唤醒我,它载着我到了矿工们工作过的井下。井下探秘游,为太多的人解惑并梳理情感。巷道还是旧日的巷道,煤层清晰可见,恰巧不是周末,游客不多,巷道干净幽深,于入井报到处刷脸,以一名正式的煤矿工人进入井下。井口处的两侧墙壁都是用混凝土夯筑的,形同防空洞,往里走便是垂直距离地面156米的岩层,两米高的煤层发出光闪闪黝黑的亮。与陪同的领导和解说姑娘继续往里探秘,越走思绪若步,层层蔓延。恍兮惚兮虚实相生,此兮彼兮古今交融。

不说几亿年前的事情,单单说挖煤。

从西汉说起。头顶拴一油灯,只为在黝黑纯粹的世界取一点点光明,没有任何安全设施,背上一个竹篓,弓着腰身潜入煤层,凿打这给予人类温暖光明的圣物,他们每一次凿打都是生命与生命的对话。

这是东方文明的最早挖煤记忆,就刻在这黝黑的圣洁上。他们衣衫褴褛,在黑暗中用一双双黑色的眼睛寻找光明。

到了辽金时代,煤炭的丰富优质成长了青瓷窑。北方青瓷基本上说的就是大同的青瓷窑,以烧黑釉器物为主,兼有少量的茶叶末釉,这也就开创了辽金时期山西青瓷的风格。

新荣区·晋华宫国家矿山公园砚

今朝胜境，泥凝宝砚铭功绩；
昔日废墟，绿蕴碧园耀史章。
——朱青龙撰联

再往后，当工业文明远没有探到井下，20世纪七八十年代井下支大顶照样还是人工用木头支撑。

说来我还是个矿二代，父亲曾经在井下工作过十多年。父亲说过他用木头支大顶时发生了大顶脱落的事故，眼睁睁看着一位工友瞬间被两块煤夹成了肉饼，触目惊心，之后的父亲接连多日无法上班，生命稍纵即逝，他后怕得不行。

我被父亲说的故事惊悚了很多年，此刻亲临井下，似乎感受到一阵阵的呐喊从这156米深的地下爆发出来，这只属于生命的期盼。这里也许有埋葬千年的声音，或者更久的声音，我只能告知他们谁也逃不出前行的时间，先人都已远去，后人只有暗自伤神的缅怀。

我又想起那些笑脸，他们像戈壁上的胡杨，把根扎到地下，不喊苦，不说痛，活着就是使命，他们挣扎出一个又一个春天，孕育出一代又一代煤海儿女，他们以倔强的笑容呈现出飞翔的姿态。

时代前行，我跨进了如今井下的生产一线。眼前是现代化的机械作业场面，液压支撑柱一根可以撑起75吨重，每根间隔1米，几十根液压柱同时撑起一片工作面，上面顶着厚重的钢板，前面涡轮式掘煤机双向开工，下面输送带依次前行。矿工在如此安全的环境里工作，又有何担忧？工业化进程刷去了工人的焦虑，也涤荡了我的愁肠。

时代走进春天，我们浸润其中。

微笑具有持续性，看着国家公园博物馆中的镇馆之宝"煤精"，通体黝黑，纹理清晰，植物的鳞片脉络可见。这般鲜润的黑，使我有了特别的感动，身上渐渐暖意融融，它是圣洁的黑，是无数人们在冰天雪地里寻找的春天。

又站在笑脸墙下，仰视注目，大同蓝在笑，云冈佛在笑，远处的群山披了淡淡的绿，也在笑。煤海儿女深入地下却向天而歌，这种豁达从何时起，源于何种基因，没有人或神能揣测出来，也没有人能描绘得准。

到晋华宫国家矿山公园，是在细读一部宏大漫长的中国煤业发展史诗，是在感受世界上最高级的黑色，更是在品味激荡在灵魂深处的微笑。

李中美　中国作家协会会员，山西省作家协会会员，大同市作家协会副主席，新荣区作家协会主席。出版散文集《因为懂你》《因为爱你》《因为有你》。

拓跋珪的"神授"使命

刘富宏

拓跋珪何许人也？追寻历史，他是1600多年前北魏王朝的开创者：道武皇帝。

道武皇帝，鲜卑拓跋民族，从嘎仙洞走来。鲜卑拓跋，雄起北方，拓跋珪，帝基立业，开创了中国历史的传世辉煌。

我们来说说拓跋珪。

据《魏书》载，其母在参合陂湖边游玩，劳累之后在湖边行宫歇息，梦见太阳从屋内冉冉升起，金光灿然。惊醒，却见一束光芒越过窗户飞到天上，恰此时，感觉腹内胎儿微微蠕动。公元371年8月4日（农历七月七日）夜，生下一男婴。这婴儿落生，体重比普通新生儿重一倍，宽额大耳，非常人之相，取名拓跋珪。拓跋珪出生时，夜空突然出现光明，恍若白昼。他的爷爷代王拓跋什翼健见天象异常，颇为诧异，获悉孙儿刚刚出生，非常震惊，料定拓跋珪绝非等闲之辈，天意注定，日后必成大业。

这里，我们不能不感叹，历史真的是有惊人的相似。史书上说，汉高祖刘邦，他的母亲怀他时，就有神龙缠身，后来刘邦就成为天子。这样的例子在史书中不胜枚举，天意如此，拓跋珪或者就是君权神授。

然而，孟子曰："天将降大任于斯人也，必先苦其心志，劳其筋骨，饿其体肤，空乏其身，行拂乱其所为，所以动心忍性，曾益其所不能。"

拓跋珪还需要以自己的奋斗和努力，以成就他的不凡功业。

拓跋珪一生都生活在连年的战火中。自幼无父，曾经十年流亡，寄人篱下，屡遭劫难，九死一生。少时，目睹战火，经受战火，及至成年他又高举战火。

公元386年农历正月戊申日，拓跋珪在众多旧部头领的共同推举下，在牛川召开部落联盟大会，"举毡立汗"，正式宣告代国复国，自称代王，年号登国。此时，他才14岁。四月，率部迁都盛乐，改称魏王，改代国为魏国，史称北魏。

魏国刚立，基础十分薄弱，四周强敌环伺，危机重重，可谓在夹缝里求生存。但史载拓跋珪胸怀天下，运筹帷幄，大智大勇。每一胜仗之后，都要大宴群臣，论功行赏；每一国策和战役之前，都要巡视下访，调查研究；每一重大国庆，都要颁布新政，与民同乐；每一战役胜利之后，都要广寻人才，委以重用。他攻打天下，是杰出的军事家；治理天下，是杰出的政治家。在位25年，历经"登国""皇始""天兴""天赐"四个阶段。虽然神授神助，但他也自强神勇，奋斗从未有穷期。他纵横捭阖，开疆拓土，勇往直前，先后平复了北方群雄丧乱，剿灭了势力强大的独孤部和铁弗部，兼并了草原诸多游牧部落，颠覆了后燕，平定了中原，在艰苦卓绝中，一统华夏北方大部分地区，铸就了北魏宏图大业。

他为民族融合做出了卓越贡献。外伐不规，内修政治。重人才，举贤任能；重管理，打造团队；重文化，崇儒融汉。他整顿吏治，振奋朝纲，以农耕安居取代四方游牧，强国固本。重用汉族人士，改造鲜卑社会，政治取向十分明确。他推行民族汉化，以儒学为本，依照汉制，制定颁布法令。为了稳固政权，保证百姓生计和社会安定，他先是"息众课农"，继而改革推行"屯田制"，迁都平城后，再次实行"分土定居，离散诸部"。他发给内迁百姓耕牛田地，史称"计口授田"。与此同时，颁布"躬耕籍田"制度，以天子率大臣亲执耒耜举行籍田仪式奉祀宗庙，激励群臣勤于执政。

回顾当年，他只团结带领了"元从二十一人"的创业团队开始建朝立代，仅仅一年多后的387年正月，就在盛乐举行大典，颁布封赏安抚新归降的各部，安顿新加入的胡汉各路将才、文士达七十三人。迁都平城两年后，所统领的武将、文臣、儒士就列满朝堂。定都平城后，他命令制定官僚制度，设立爵位品级，制定音律，确定代表国家形象的音乐体系；命令制定祭祀天地、祖先、土神谷神、拜谒圣地、宴请贵宾等方面的礼仪制度；命令制定法令条款和各种规章制度；命令制造浑天仪、观察天象；等等。建立了一套较为完备的大魏国建制。他还招纳汉族大地主参加统治集团，加快了鲜卑拓跋的汉化进程。他文韬武略，尽意挥洒，"清身率下，风化大行"，在位时，魏都平城人口达到150多万，一派繁华景象。

但是，历史有时令人欢欣，有时令人悲哀。史上说，他崇尚儒学，痴迷"黄老之术"，本想以法家的思想治国，可是却误入演变了的"邪教"，热衷于其中的长生之道。

云州区·北魏道武帝砚（迁都平城砚）

平城新筑，道武挥鞭开盛纪；
北魏初兴，中原逐鹿拓雄图。

——朱青龙撰联

起炉搭灶炼取"仙丹五石散"服食,导致心智迷乱,神情恍惚,失去了原先的神性和神武。公元409年(天赐六年)冬,因宫廷内乱,太子争权,拓跋珪被他的儿子拓跋绍杀死,年仅39岁。

悲哉,拓跋珪。

斯人逝矣,历史远去。拓跋珪完成了他的"神授"使命。我们追寻他的过往,可以肯定,他一生统一了北方大部地区,奠定了北魏繁荣昌盛的基础,拉开了民族融合的大幕,推动了社会文明发展,功绩不可磨灭。

有史臣评价:太祖拓跋珪几经沉浮,奋力发挥自己的聪明才智,文韬武略,虽然东征西讨,征战在外,连穿靴戴帽都无暇顾及,奔忙不定,然而制作出的典章策略都与世长存。

刘富宏　山西省作家协会会员,大同市云州区作家协会主席。散文和诗歌作品多在各级报刊发表。出版散文集《时光走过》、诗集《太阳总在路上》和旅游丛书《大同火山》。

摩天岭上是长城

李日宏

人们只见过逶迤挺拔的北京八达岭长城，有谁来过山西省左云县与内蒙古凉城县交界处的宁鲁堡身后的摩天岭长城？从大同市新荣区起，一直沿管家堡、威鲁进入三屯乡八台子、宁鲁堡村，只见群山连绵、山峦起伏，长城宛如一条蜿蜒曲折的巨龙，横亘在人们的眼前。以长城为依托的摩天岭景区2010年被省政府批准为省级风景名胜区，景区面积达100余平方千米，横跨三屯、张家场、管家堡、云兴四个乡镇。

这条巨龙跨涧跳峡，辗转腾挪，时而攀上高入云霄的摩天岭，时而跃下平顶山后的黑龙王沟，时而爬上五路山上海拔两千多米的高峰，时而隐身于云阳谷中，一路蜿蜒西去，一直奔向杀虎口、奔向嘉裕、奔向大漠……

故乡左云，实在是一块神奇的土地。她在云之左方，她在云川之上。她地处边塞，却并不荒凉。她虽然苍茫，一旦有人提到她的名字，却总是让远方的游子热泪盈眶，荡气回肠。长城、古堡、烽台，是她的环珮；众多的山岭是她母爱的胸膛。

在我的家乡，有保存完好的三屯古堡、宁鲁古堡，幽静可探的大河口榆林城和五路山云阳谷神嘉王朝等遗址，有保存完整的镇宁箭楼，有上百公里范围的汉墓群、都督坟、将军墓和镇守边关的总兵坟，左云县80%的历史文化遗迹都在这里，堪称典型的边塞文化之乡。家乡还有五路山大盘、二盘等五条古道，有红砂岩古道口，是历史久远、遗迹清晰的最古老的茶马古道。曾用于军情传递的烽火台遍布全乡各村落。小河口村已被考证发现的新石器文化遗址，再次把先祖生活在塞上左云的轨迹向前推进了八千年。

小时候，我和一群小朋友们根本不懂得这道土墙和这些古堡的内在含义，只是

左云县·摩天岭长城砚

烽火台边,万里长城惊世界;
摩天岭下,千秋青史耀中华。
——景兴隆撰联

好奇古人为什么要在这里费劲地修筑这些东西,它究竟能挡住多少敌人?现在还有什么用处?没有人向我们灌输它们的过去未来,更遑论它们是文明悠久的历史象征,璀璨夺目的世界文化遗产。我在这里出生、成长,土地的贫瘠却成就了我童年幻想的富有。渐渐地,一茬孩子们长大了,外出读书或工作,另一茬孩子们继续过去的游戏。从少年起,我开始外出求学,及至长大成人后,又远离家乡到外地工作,边墙古堡逐渐在记忆中变得模糊起来,偶尔回来一趟,也因为俗务缠身,根本没有时间去审视打量研究近在咫尺的这一堵冰冷无语、日渐苍老的长墙。直到人已中年回到县城，开始喜欢起文学创作，并成为一名省作家协会会员后，才渐渐地明白，家乡这堵长墙原来是祖辈高度智慧和无限创造力的结晶。尤其是加入大同长城学会，并参与筹划成立左云县长城学会以来，我与一些历史文化学者以及许多长城志愿保护者，经常行走在各地段遗存的长城边和古堡中，特别是和两名同道自费考察了明朝大同镇七十二城堡后，我的视野才逐步开阔，思路逐步清晰，不由得一次又一次地追问和探索，这道长墙，不，整条长城，包括历朝历代遗存下来的长城，它究竟包含着多少华夏民族的历史密码？它有着怎样波澜壮阔、波诡云谲的历史？我常常站在高高的烽火台上，透过斑驳尘封的简册，只能看到浮在表面的冰川一角，如神女峰的迷雾般扑朔迷离，正史和野史难以厘清，神话和真实不可言说。我想象着千年前的城堡，金戈铁马的轰鸣在酷烈的气浪中摇荡，好像海市蜃楼一样。我看到在时光深处似乎有万箭齐发，我甚至听到战马的嘶鸣，如号角撕裂在青色的云天之上。我看到更远的田野和天空，更高的云朵和夕阳，它们纵横交错，色彩斑斓，向无边无际的远方做无限的延伸，而我的灵魂已沉醉在无边的空间和无涯的时间之海，难以自拔。

我一次次地从小城的蜗居中返回到我的出生地，看着我那沧桑的长墙古堡，埋头蛰伏着，静静地舐舐着伤口，看着它慢慢地结痂、愈合；然后，我的懵懂岁月，那些曾经给过我伤痛或温暖的人，已经逐年逐月逐日地渐渐走远，走远。

我一次次地横跨故乡北部的摩天岭长城，用脚步丈量那蜿蜒起伏、气势磅礴的长城，用相机、用文字、用心灵深处的激情，一张张、一篇篇展示伟大的长城，描写摩天岭上的红砂岩口古道、曾经的周穆王西巡、赵国名将李牧屯驻、王昭君和亲出塞、拓跋珪东迁平城、三娘子隆庆议和……

被我们称作摩天岭长城边的那些自然风光，也许暂时是贫穷的，但是，我们必须用智慧的头脑，将它的宽度、高度、厚度不断地拓展、加高、重塑、深挖……

李日宏　大同市左云县长城学会副会长，左云县作家协会主席，大同市长城学会理事，山西省作家协会会员。已发表各类历史文化研究和文学作品200余万字。作品散见《中国作家》《阳光》《文学月报》《山西作家》《大同长城》《大同文史》等刊物，出版有小说集《追踪太阳》。

那湖·那人·那沟
——许家窑遐想

景彦斌

雁门关外,群山环抱着一片茫茫平川,这就是形成于几千万年前的大同盆地。传说有二郎担山过海,走到大同把两座山放下,堵塞了桑干河,在大同盆地汇聚成一片汪洋。神奇的传说充满了后人浪漫的猜度与幻想。仲春时节,许家窑几十亩杏花娇艳欲滴,梨益沟生机勃发,古老的土地,唤起了笔者的千古遐想。

那　湖

水光潋滟,山色空蒙,寂静的世界,寂静的空间,这里汪洋一片,湖深水碧,野旷天低,湖畔密林秀而繁荫,林间杂花生树,野芳发而幽香,这就是二三百万年以前的大同湖。这是一个烟波浩渺的内陆湖,西南东北走向,湖的东端有两个出口,北面即如今的南洋河口,南面是现在的桑干河口。两口原是封闭式山口,只因为几百万年的湖水冲刷,冲开两道河谷,才形成了今天的滩谷面貌。

那时的阳高就在这湖的湖畔,湿热的湖畔气候,使得这里的坡谷林深草密。

日升日落,云卷云舒。温暖的气候,充沛的雨水,滋养了这方土地,也滋养了森林以及湖泊中的各种动物。看,美丽的天鹅在湖滨翩翩起舞,肥美的鱼虾在水中自由嬉戏;听,树林中传来啾啾鸟鸣,远处还有隐隐的羊咩牛哞声。在树林里,在草地上,史前动物也纷纷涌现出来,成群的三趾马、大角鹿,笨拙的披毛犀、猛犸象,丑陋的野猪、野牛、转角羊……这些有名的、没名的陆生动物,悠闲地在天地间荡来荡去,懒洋洋地晒着太阳,数着星星,没有污染,没有噪声,一切是那么安静,那么祥和。

阳高县·许家窑遗址砚

化石无声说远古；
遗痕有语证文明。

——景兴隆撰联

茂密的森林、洁净的湖水、无垠的土地，这里成了古人类生存的温床和沃土。

那　人

记忆回溯，十万年前的画卷徐徐展开。

辽阔的天地之间，一群像猿一样的动物蹒跚走来，他们沿着永定河畔，一路走走停停。他们在觅食，在搜寻着合适的栖身场所。他们走到涿鹿后又向西顺着桑干河进入大同湖畔，因旅途阻隔便在许家窑住下，这就是闻名中外的"许家窑人"。

许家窑人面临的第一要务就是生存。要想活下来，食物是关键。天气晴好时，他们抓一些鱼虾充饥，摘一些野果、掬一捧山泉果腹。运气较好时，捕获一些弱小的动物一饱口福，而运气不佳时他们也许三两日没有食物。

在与周围动物的不断交锋中，他们逐渐领悟出了一些战胜野兽的方法，逐渐成了擅长捕猎的高手。一个个石块被打磨成了石球，投掷石球去砸中猎物，既能避免与野兽近距离接触让自己受到伤害，更能缩短追捕时间、减少体力消耗。石斧、刮削器、尖状器等石器也被制造出来，这些武器的出现，使他们捕获猎物的成功率大大提高。

然而由于环境的变化，猎物逐渐减少，他们的生存变得十分困难，在分食完猎物尸体上的血肉之后，他们最后还敲碎骨头把可食之物统统咽进肚子里，补充体力。

当野马、羚羊、犀牛等动物成群结队到附近的湖边喝水时，他们选中老弱病残的个体，抛出大小不同的石球，或将动物致残，或将动物赶入泥潭击毙。

"许家窑人"过着共同劳动、共同享受、没有剥削的原始共产主义生活。

那　沟

所有的生命都会消失，但他们的痕迹将会以某种形式留下。

历史的车轮滚滚向前，据考古工作者考证，随着地壳的升降，大同湖发生过无数次变化，最后于数万年前悄然消失，形成盆地。遮天蔽日的远古森林，摇身变为大同侏罗纪煤炭，而阳高地段变成干旱半干旱的荒漠草原及沼泽地。

展现在我们眼前的梨益沟阡陌交错，空旷辽远，蔚蓝的天与青绿的地仿佛一块硕大的幕布，将所有的故事隐藏在后面。

从 1974 年至 1979 年，考古学家在这里发现了大量的古人类化石和大量石制的古角器以及丰富的哺乳动物化石。

这些古人类化石分属于男女老幼不同的个体，最小的七八岁，最大的 50 多岁。这些人的多数体质特征与早期智人相同，介于直立人与现代人之间。

那上万件的石器化石，为我们迄今发现的旧石器时期规模最大的文化遗物。它上承北京周口店石器文化，下启细石器文化，将早期北京猿人文化与晚期的峙峪文化连接在一起，证明了地球人类不仅诞生在欧洲的奥杜威峡谷，也诞生在大同湖的周围。

人事有代谢，往来成古今。

人生代代无穷已。由于生存的需要，许家窑人的后代们在不断进化，文明在不断产生，从猿到人，从古人到今人，在漫长的历史长河中跋涉。

人类的智慧也在与自然界的相处中，从依靠自然，抗争自然，再到改造自然以及现在的与自然和谐相处。

人类的文明也从旧石器到新石器，从农业到工业，以至于现代化。

沧海桑田，人类的勤劳、勇敢没有变，人类的基因没有变。

许家窑不再是个地理名称，它已经成为一个与生命、文明、进步密不可分的符号。

生命高于一切。当年朝不保夕、刀耕火种的"许家窑人"不会想到，如今的许家窑的人们过着丰衣足食、自然朴素、绿色和谐的生活。各美其美，美人之美，美美与共，天下大同，共同建设我们美好的精神家园。

共享生命之美，共祝世界祥和。

让我们携手共创人类与自然和谐而美好的家园！

李日宏　大同市左云县长城学会副会长，左云县作家协会主席，大同市长城学会理事，山西省作家协会会员。已发表各类历史文化研究和文学作品200余万字。作品散见《中国作家》《阳光》《文学月报》《山西作家》《大同长城》《大同文史》等刊物，出版有小说集《追踪太阳》。

边城天镇的慈云寺和神头山

张卫春

慈云寺的"帝王缘"

天镇县西街有一座寺院,山门高悬巨匾,上书:敕赐慈云寺。两条飞龙把匾额装饰得庄重雄浑而不失灵动。据光绪版《天镇县志》记载:"慈云寺,在城内西街,唐时建,寺原名法华。辽开泰八年(1019)修。明宣德三年春至五年夏(1428—1430)重修,千户熊亮奏赐额更名'慈云寺'"。

一座小县城的寺院,由一名千户所奏,皇上就赐匾,足见这座寺院的不一般。这一座寺院,与古代皇帝的缘分远不止于此。

清末八国联军入侵北京,光绪帝和慈禧太后西逃,经停天镇县,当时就驻跸慈云寺。慈禧太后和光绪返京后,感念驻留此寺,各题一匾,慈禧题的是"英灵万古",光绪题的是"山河闲气"。

慈云寺跟乾隆皇帝的关系,缘于一部经书。乾隆年间,乐天、妙明两位和尚,出家来到慈云寺,见毗卢殿内藏经阁构造精巧,向朝廷请示颁发经书。乾隆三十二年(1767)获准,赐予当时皇家刊刻印行的百卷《大藏经》之一,整部经书煌煌7180册。皇家颁赐"三藏"(现藏书于大同市华严寺),慈云寺成为当时隆盛一时的寺院。

如今,天镇每年有七百多名学子考入高等学府,全县在2020年整体脱贫,原住窑洞的所有农村居民住进安置房,全县完成建设新农村的任务,县乡道路四通八达,开通高铁,多条高速贯通,经济得到飞跃发展。

双峰卓立神头山

当每天的第一缕阳光从海上扫过华北平原,爬上黄土高原的那一刻,山西东北角核桃皱褶般簇聚的众峰头顶就染上一层金色。在大大小小、高高低低的山峰中,位于天镇县东南方的双锋神头山此时也戴上金冠,像雄鸡一样傲视群峰。

神头山双峰并峙,从一条山岭的岭脊突兀而出,像绝世双剑直指天空。站在山上四望,碧天晴空下山清水秀,林木葱茏,田地像画卷次第展开,村镇镶嵌在山谷田野中,被一条条公路串联,像大地上的串串珍珠项链。每逢冬季大雾弥漫的早晨,从山脊北望,一片云海呈现在眼前:时而万马奔腾,时而怒涛翻卷,时而急流如泻,当阳光给云涛抹上色彩,又呈现出一幅金碧辉煌的壮锦,远近风力巨轮在云海中如卓立傲岸的伟人。

我的村庄就在神头山脚下,夏天,双峰并峙的神头山就是我们那里村民的天气预报,山尖碧空清丽,岩缝清晰可见时,大晴天一个,下田、出门丝毫不用担心打雷下雨。若是云阴雾绕,阵雨降落不会隔夜。我们住在山之阳,得神头山独特地形多降雨的恩泽,连年五谷丰登。

登山,登上每天都能望得见的双峰神头山,那是我们童年的渴望。可谈何容易,很多大人都谈之色变,因为山高陡峭,绝立如削,一般人只好望山兴叹。直到我上初中的一年夏天,相约几位同学,利用周末来了一次也是我唯一的一次徒步登山。

神头山每天看着距离很近,但真走起来,哪有那么容易?走到山脚就用了近两个小时。一到山底,我急不可待地想攀上山顶,其他几位同学都累倒在草地石头上,望峰止步,连欣赏这神奇风景的心情都没有了。稍事休歇,终于动员几个伙伴开始爬山。

从哪里上去呢?我们先绕着山脚走一圈,发现只有北边怪石嶙峋的罅隙间,似有一条小道,我就捷足先登。起初稍缓处,爬一爬,歇一会儿。到陡峭处,回头一看,全身悚然,不敢再看,只好硬着头皮,艰难行进。每走一步,都全神贯注,踩点踏实,抓牢,拨开树枝、荆棘,才敢迈出下一步。就这样,四肢并用,一步一步地,将近半个小时,终于爬至一座山的山顶。一上山顶,顾不上胆怯,迫切四顾。向西一望,发现登上的竟然是双峰中的高峰。原以为山尖难驻,不承想,山顶竟有好大的面积。硕大无比的巨石无序堆叠,其中一块坦荡如砥,几人围坐绰绰有余。巨石上有一小凹坑,里面的水盈盈照人。据说,这坑水晴空日久都不会干涸。看山上遗址,似乎

天镇县·慈云寺神头山砚

神头山，险峰拔地万年秀；
慈云寺，紫气萦空千载浓。
——朱青龙撰联

曾修过一个庙，有瓦片、凿石散落。顺着山顶南坡向下一望，立即蹲下抱住巨石，全身发抖，只看见十几丈的山势几乎垂直刺入大山，西侧的低峰尤其陡立，峰尖逼仄，无法容足，通体上下也无人迹。

站在顶峰，第一次得以饱览家乡美景，好不兴奋！好不容易找到自己村子，发现不过是在绿野山壑间，用橡皮擦皴出的一小片涂鸦。向北看天镇县城，原来也只是稍大一片居民区,南洋河绕城而东,也只是一道划痕,远处铁道上列车如蛇穿行。

下山后,路过点兵台,传说汉将李广经停驻守,无据可查。

山间树林里,草坡碎石间,羊群点缀,鸟鸣啾啾,风信飒飒,凉意舒爽,十足胜地。

偶见众女相偕,采了满筐满袋的野蘑菇,兴奋地交谈着。牧羊人时不时一嗓子吆喝,像是穿透千年的声音,空灵高亢,在山间久久回响。

张卫春　中国散文学会、中国微型小说学会、中国散文诗作家协会、山西省作家协会、天津散文研究会、大同市作家协会、大同长城文旅学会会员,天镇历史文化研究会秘书长,天镇县作家协会主席。作品有长篇小说、中篇小说、短篇小说、散文、诗歌等 180 多万字,散见于纸媒、网刊。

悬空寺的"砚趣"

张 富

名山之险秀，胜景之幽奇，历来为名人墨客喜爱，所以有名山胜景招墨客之说。

北岳恒山是中华五岳之一，西衔雁门，东跨太行，南障三晋，北瞰云代，莽莽苍苍，横亘塞上。其中，著名的恒山十八景是各地游客登临恒山探幽寻奇必去品赏的美景。悬空寺作为古代人类智慧的结晶，作为有着1500多年历史的东方古建奇迹的代表性遗存，作为人间琳宫仙阙的罕见实物，作为与比萨斜塔一起被美国《时代》周刊评为"世界十大最奇险建筑"，千百年来自然倍受文人骚客和海内外游客的青睐和喜爱。

品游悬空寺，探幽寻奇自不必说。

上载危岩，下临深谷，远望如海市蜃楼，若隐若现云中，近观如精细入微的剪纸画屏，登临则是战战兢兢，如临深渊，如履薄冰……被称作北岳恒山第一胜景的悬空寺，给每一位登临观瞻者留下了最震撼的感受和最难忘的记忆。悬空寺整体建筑巧借岩石暗托，半插飞梁为基，在百余平方米的基础上建筑有大小殿阁40余间，巧构宏制，重重叠叠，造成一种窟中有楼、楼中有穴，半壁楼殿半壁窟，窟连殿殿连楼的独特风格，宛若天上琳宫仙阙，空谷灵境令人恍身世外，登临之有翩然进入仙界的感觉，充分体现了古代匠人巧妙的构思和高超的建筑艺术，堪称东方古代建筑艺术奇迹。

品游悬空寺，探寻碑刻之逸趣亦不可少。比如，作为文人墨客珍玩藏品之选的砚台。

悬空寺碑刻现存最早的是金代碑刻。一共有两块，一块为金大定十六年（1176）的《游悬空寺碑》，一块是金大定十八年（1178）的《释迦宗从图和三教图》残碑。前者言"（不知悬空寺）始自建兴于何代，又不知栖隐者谁也"，后者则传递了至

浑源县·悬空寺砚

半壁琼楼半壁窟，窟傍楼，楼傍窟，如悬世外；

千秋宝殿千秋榭，榭依殿，殿依榭，若挂云中。

——景兴隆撰联

少在金代以前，悬空寺已建筑有"儒释道三教合一殿"的信息。

悬空寺两通金代碑刻，均没有太为著名的历史人物，《游悬空寺碑》为"金代邑人"所书。宋金时，山西本地的澄泥砚达到鼎盛，目前发现有多方辽金"西京仁和坊"澄泥砚，可见当时澄泥砚不仅绛州、泽州是主产地，甚至在西京大同也有开坊制作。其中发现的一方"西京仁和坊"澄泥砚，是出土于内蒙古伊克昭盟（现鄂尔多斯市）巴林右旗原辽代庆州古城中。作为西京"京畿"要地和有金一代人才辈出且出现大同地区史上唯一状元刘撝的浑源州，估计当时澄泥砚在士子当中盛行一时，但这两通金代碑刻是否有澄泥砚的身影不得而知。

悬空寺最著名的碑刻当数李白题写的"壮观"，今天仍矗立在悬空寺脚下。砚台自然是名人雅士李白的钟爱之物，据了解，与李白有关联的砚台有多种，四川有冠以李白家乡的学士砚或太白砚，河北有产于易县的古砚易砚，"一方在手转乾坤，清风紫毫洒一樽，醉卧黄龙不知返，举杯当谢易水人"。可见，李白对易砚和易墨的钟情与赞叹。就澄泥砚而言，与李白只能说有些拐弯的关联。李白被称唐朝剑术第二，其剑圣师傅裴旻是当时公认的第一高手。唐代的裴家堪称"宰相世家"，澄泥砚因裴家而盛极一时，岂能不获李白的青睐？侠风飘飘，仗剑行来，不知诗仙李白究竟最爱哪方砚台？

宋代四大书法家"苏、黄、米、蔡"对推动名砚贡献颇大，名砚、名石中有着很有意思的"恒山"身影。

米芾写过一本《砚史》，这里面记载了二十六种砚，其中就写到了一个叫作"吕道人"做的砚台："泽州有吕道人陶砚，以别色泥于其首纯作吕字，内外透，后人效之，有缝不透也。其理坚重与凡石等，以历青火油之坚响渗入三分许，磨墨不乏，其理与方城石等。"这里的陶砚，实际上就是泽州澄泥砚。

北宋何薳所著的《春渚纪闻》中对于吕道人的事情记载得略微详细一些，说吕道人原本在恒山制墨，后来遇到了一位异人传授给他烧金诀，结果金没炼成，烧出了一堆瓦砾，在别人的教导下，研成了砚台，"坚润宜墨，光溢如漆"，后世称之为"吕砚"，竟然"十万钱购一砚不可得"。看，吕道人非常可能是灵巧善思的恒山道人。

苏东坡对"吕砚"也有著述，说："泽州吕道人沉泥砚，多作投壶样。其首有吕字，非刻非画，坚致可以试金。道人已死，砚渐难得。元丰五年三月七日，偶至沙湖黄氏家，见一枚，黄氏初不知贵，乃取而有之。"苏东坡老先生遇到了不识货的黄氏，结果忽悠到手，东坡老人喜获至宝和血赚一笔的快意心情溢于笔端。

这位东坡老人还与恒山另一宝"雪浪石"有关。苏轼曾担任定州知州，劝农、治军、整边功勋卓著，受百姓爱戴。他在治理定州期间，曾得黑色白脉奇石，命名为"雪浪石"，置于书房前。苏轼还亲自定做汉白玉雪浪石盆，将雪浪石置于盆中，激水其上，观赏雪浪翻滚之纹理变化和雄姿。苏轼还曾作《雪浪斋铭》，并将其铭刻于芙蓉盆口沿上。雪浪石被赋予悠久深厚的文化内涵，堪称中华第一名石。需要说明的是，雪浪石，也是产自恒山。

张富　浑源县三晋文化研究会副会长，浑源县栗毓美研究会秘书长，浑源县作家协会负责人。主编有《栗毓美研究》《北岳》刊物。多年来致力于恒山、浑源地方文化研究，省内外发表有各类文章千余篇。中央电视台《北岳恒山》大型高清五集纪录片地方脚本作者。

胡服骑射

房 光

山西东北部山区一个叫灵丘的小县,与赵武灵王的关系令人惊讶,因为灵丘这两个汉字的解释,就是赵武灵王坟丘的意思;也可以另外理解,但那是另外一回事了。

在我看来,灵丘的自然与人文资源里有四项堪称非凡,即一河一鸟一丘一塔。河便是一路东去流向白洋淀的唐河,流域内的河北省有个县因而得名唐县;鸟为黑鹳,一种大型涉鸟,属国家一级保护动物,被誉为"鸟中大熊猫",因其数量稀少,在好多地方难得一见,灵丘人却时时有可能与其不期而遇,可谓眼福不浅;丘你兴许想到了,无疑是赵武灵王墓那伟大的隆起,位于县城中心的主街上,低头不见抬头见,这大概也叫缘分;塔乃觉山寺塔,该寺由北魏孝文帝于太和七年(483)敕建、辽大安六年(1090)重建,塔高43.54米,平面八角十三级密檐式砖构。赵武灵王和孝文帝,在我国历史上属于挽狂澜于既倒的变革家,小灵丘能与这样的人物发生联系,不会没有缘故吧?

赵武灵王一生功业累累,首推胡服骑射。从赵国来说,强敌主要来自西北一带的游牧民族,其地形地貌大多山地丘陵,中原传统的长袍宽袖服装、战车编组作战,反应未免迟缓,行动未免不便,处于被动挨打状态,屡屡吃大亏。改为胡服骑射后,短时期内军事实力大增,变革的效果突显出来,大败林胡、楼烦,吞并中山,"辟地千里",建立云中、雁门、代郡"三郡",筑长城固防于阴山,挥鞭直逼强秦,一跃进入战国七雄之列。任何一项变革都是对既定规则的挑战,变革的意义越重大,挑战的难度也越大。胡服骑射在推行过程中,遇到的阻力绝对是空前的。别以为换衣服是一件小事,别以为骑马射箭容易,上纲上线起来,说它多大它就多大。何变

灵丘县·赵武灵王砚

灵地毓雄才，胡服骑射传千古；
丘山埋骏骨，要塞峥嵘耀九州。

——景兴隆撰联

古之教？何废祖之道？何逆人之心？这是什么，这就是冒天下之大不韪！你以为赵武灵王吃饱撑得没事干，玩把戏逗乐吗？燕雀安知鸿鹄之志哉！赵武灵王这只鸿鹄，视野太开阔了，心胸太博大了，思想太深刻了。至今两千三百余年过去，依旧那么鲜灵灵、热腾腾、响当当。赵武灵王知微见远："夫服者，所以便用也；礼者，所以便事也；骑射者，所以利其民而厚其国也。儒者一师而俗易，中国同礼而教离，况于山谷之便乎？"他咄咄逼人反诘道："先王不同俗，何古之法？帝王不相袭，何礼之循？""以书御马者，不尽马之情；以古制今者，岂达事之变？"他坚信："循法之功，不足以高世；法古之学，不足以制今。"他以一腔热血明志："秉德无私，以参天地。"这是不是鲜灵灵、热腾腾、响当当？当然也有识大体者，像重臣肥义，关键时刻挺身而出，说了一句话，振聋发聩："成大功者不谋于众。愚者暗成事，智者睹未形。"正因如此，赵武灵王的变革成功了。也曾于信宫会天下诸侯；也曾与韩、魏、燕、中山"五国相王"，他认为"无其实"，终生称君不称王；也曾作为幕后推手，助力秦昭襄王登基称王。秦昭襄王即秦始皇的曾祖父，不然秦始皇能不能成为秦始皇，怕还得划个问号呢……历史的经验值得借鉴，历史的精华值得汲取。赵武灵王胡服骑射，后来成了思想宝库和动力源，润泽了一代又一代有志者。"以古制今，岂达事之变？"所以直至21世纪的今天，变革的大旗仍在猎猎飘扬。所以1903年梁启超为赵武灵王立传，称之为"黄帝以后的第一伟人"。"黄帝以后"这个概念，"第一伟人"这个概念，限定性极强。而明确这一概念的梁启超，公认是一位了不起的思想家、政治家、教育家、史学家、文学家，绝非等闲之辈。顺便说一句，变革是世界性的、长久的，不只适用于某一国度、某一阶段。变革一词，专指改变事物的本质，多就社会制度而言。从释义上说，也叫改革。

中国古老的哲学思想体系中，事死如事生观念，认同基础庞大。从帝王将相到引车卖浆者流，在这个问题上惊人的一致。帝王要金瓯永固，老百姓也不甘老鼠的儿子没完没了钻窟窿，生前先不谈，死后占一块风水宝地，以期天从人愿，多么妩媚的抱负！事死如事生，首要在于墓地，其次才是陪葬品。这就有了一门学问叫堪舆学，有了一种职业叫堪舆家，俗称风水先生。古代帝王，除战乱等特别因素外，甫登基便开始陵墓营造，选址通常由风水先生在全国范围内进行，勘山察水，优中选优，拟定数个备选地，供将来的墓主本人定夺。赵武灵王的软肋应了俗语英雄气短，儿女情长。结果被他的儿子和大臣困在沙丘宫，长达三个月之久，活活饿死了，窝囊了些。但一代帝王下葬何方何地，事关一国天威一国气数，断不会无论随便哪儿，刨个坑埋了完事。赵国的都城在邯郸，沙丘宫在邢台，灵丘虽属代郡，也是赵国的国土，毕竟山重水复，有一段不近的路程。那么，赵武灵王为什么要葬于灵丘——当然灵丘那时还不叫灵丘——怎么说也大有来头了。

我去过一趟邯郸，去了胡服骑射的发生地丛台，去了赵王城。不是去怀古，我没那样的资格。我奉命去收集素材，创作戏曲剧本。由此，与孙保平合作了八幕新编历史剧《胡服骑射》。我还写了一个歌舞剧剧本，也叫《胡服骑射》。戏曲剧本因种种羁绊未上演，歌舞剧音乐、服装、舞美、灯光、表演等均属一流，可以说大获成功。

  房光 中国作家协会会员，山西省作家协会全委会委员，大同市灵丘县作家协会主席。

廉吏朱休度

杨树林

漫步于广灵的崇山峻岭之中,你就会看到无数的风力电塔日夜不停地旋转着。它们扇动着巨大的翅膀,年发电量已达26亿度,为神州大地输送着无尽的能量,广灵已成为最大的新能源基地。新能源基地记载下了广灵人民在新世纪为国家所做出的巨大贡献,而作为全国重点文物保护单位水神堂,更留下了一位清代廉吏的感人故事。

出广灵县城,向东南行约一华里,有一块风光旖旎、秀美神奇的地方,它便是国家级重点文物保护单位水神堂。那水边婀娜依依的垂柳,那水中欢快翔游的小鱼,那砖塔上叮咚悦耳的风铃,那迷人的神话传说,那小巧的殿宇建筑,使这里如诗如画,到处都给人一种人间仙境的感受。数百年来,水神堂一直是游客们向往的旅游胜地。

环绕壶山岛上丰水神祠的壶泉水甘甜清洌,水质纯净,由壶山周围的无数涌泉喷涌而成,是天然岩溶优质矿泉水,被《中国名泉录》列为中国名泉之一。

壶山岛上的丰水神祠总体布局为八边形,以八边游廊相围,祠内建有圣母殿、大士庵、百工社、文昌阁、灵应砖塔。山门为过殿式,左右两侧皆配有砖木门楼,上方为钟鼓楼,整个建筑群紧凑朴雅,小巧玲珑,是明清晋北园林建筑的代表作之一。

水神堂圣母殿的两根木柱子上题写着一副对联:

> 作霖作雨聪明正直谓之神;
> 乃圣乃贤坦白澄清如此水。

广灵县·新能源基地砚

悬空寺外，电塔凌云，千秋廉吏清风远；
塞北江南，壶泉映月，万载水神德泽长。
——景兴隆撰联

说起这副对联来，就不得不提起清代乾隆年间的广灵县令朱休度来。朱休度，号梓庐，别署小木子、范湖病渔、柳湾病渔、新愈病人，还有壶山旧史、壶山长等，浙江秀水（今浙江嘉兴市）人，清代著名学者朱彝尊四世侄孙，清代秀水诗派代表人物之一。生于清世宗雍正十年（1732）十月十九日，卒于清仁宗嘉庆十七年（1812）十月二十七日，享年80周岁。他是清代广灵知县中唯一录入《清史稿列传》的著名人物。

如果用现在的退休制度来审定，年近花甲，已是准备退休的年龄了，无论如何也不可能再提拔做官了。而在清朝时却不计年龄限制，也正因为这样，58岁的朱休度有幸实现了一生的政治抱负，被荐授为山西大同府广灵县知县。

1794年春天，天大旱，土地干裂，无法下种，老百姓整日祈雨。面临如此大旱，朱休度和老百姓在水神堂的圣母殿前整整跪了三天三夜，向水母娘娘求雨。也许朱公的诚心感动了上天，三天后，广灵终于下了一场大雨，解除了旱象。为了感恩神灵，朱休度亲自磨墨，欣然在圣母殿的两根木柱子上题下了"作霖作雨聪明正直谓之神，乃圣乃贤坦白澄清如此水"的楹联。

此后，朱休度又对水神堂的景区做了具体的规划和修缮新建，在壶山上建造了山堂，题为"巽妙轩"，又在圣母殿东侧新建了文昌阁，将水神堂建造成了小巧玲珑的八边形殿堂，使壶山岛和壶泉相映成趣。此后，水神堂便拥有了"塞上小蓬莱"的雅称。

1796年，64岁的朱休度因长期拼命工作，积劳成疾，患上了严重的胃病，咳嗽不止，不得不请求辞官回浙江秀水（今嘉兴）调理，6月4日，终获朝廷恩准。9月18日，离开广灵，返回原籍。

由于朱休度清廉爱民，政绩斐然，在广灵百姓中赢得了崇高的地位。在他离开广灵时，县民百般挽留，倾城相送，场面十分壮观，朱休度即刻饱含热泪，用诗记录下当时的情景：

> 秋九月来秋九去，良缘刚满七年期。
> 倾城男女今朝出，送我轮蹄夹道驰。
> 才听歌台声一唱，忽斟别酒泪双垂。
> 行人此际情何限，热里生凉喜里悲。
> 幸绕壶山有壶水，秋深杨柳尚丝丝。
> 树犹做此依人态，民岂能忘背地思。
> 老妇愁经长险路，众雏啼畏朔风欺。
> 非因乞骨归先陇，便葬桐乡也觉宜。

翻开清《广灵县志》，对廉吏朱休度有这样的记载：

朱休度（1732—1812），字介裴，号梓庐，浙江秀水人，乾隆五十四年任广灵知县。夙擅理学，任广灵知县后，政廉教养，行著廉明。广邑赋税未均，因清查田亩，使粮无虚悬，地无荒废。又以水利未修，邑多旱患，遂相度泉源，疏筑渠堰，为利甚溥。时有虎害，差捕之而除。善风鉴，于邑之水神堂、千福山诸庙宇，多所布置修理，有俾于地方。后以惠泽及民，祀民宦祠。

杨树林 山西大同广灵县作家协会主席，中国诗歌学会会员，山西省作家协会会员，《散文选刊》签约作家。出版有故园三部曲《故园之恋》、报告文学集《奋进的乐章》、旅游文学集《塞上江南水神堂》、散文集《村野童趣》等，曾在《诗刊》《山西文学》等报刊发表文学作品数百篇（首）。

阳泉市
Yangquan

娘子关·山西平定

在流浪地球启航的城市打开一方砚台
——阳泉矿区砚

陋 岩

鹤嘴镐叩问大地的声音，打开了一方砚台的渡口。

左岸松柏千年，可以修一座连接古今的桥，用青春男女的心跳启动颤悠悠的爱情。右岸花开富贵，可以用煤矿井口一树桃花的光芒，照亮《诗经》里君子的痴情与窈窕淑女的娇羞。

上游是吉祥如意的云朵，供人类的想象在一座名叫银元山庄的院落群中发芽。云朵的下边是矿区的"飞地"贵石沟街道，女娲炼石补天的传说，在这里盘根错节。其实，所谓补天就是女娲用因雨水侵蚀而变得五颜六色的浅层煤炭，夹杂青石烧制出生石灰，用来修补屋顶裂缝与漏洞的过程，直到现在矿区人发现屋顶漏了，依然这样表述：哎哟，漏了天了。下游是等待开垦的处女地，你可以怀抱浪花年年有余，亦可坐在一池香墨的岸边，垂钓其中的雷霆闪电与吉祥如意。

在阳泉市这座刘慈欣的《流浪地球》启航的城市，50余个春夏秋冬，我也没有探测出一方砚台的深度与广度，没有发现一方砚台里的墨汁与煤炭到底有着怎样的血缘关系。

是的，刘慈欣就出生在矿区的赛鱼街道。或许，儿时的他并没有想到砚台里的墨汁，父亲挖出的煤炭，会成为自己走向世界文坛的燃料，让《流浪地球》在这里启航。

我不知道在"中共创建第一城"的煤城，生于斯、长于斯的刘慈欣，是否听过这首自由体兼民歌体的《黑字歌》："东山黑油油，西山黑油油，黑娘生下黑丫头。提上黑篮去摘菜，一走走在黑山沟。碰上黑小放黑牛，两人做了黑两口。啥时娶，明天娶,黑驴、黑马、黑轿车,红盖头苫着黑乌乌的头,街门口卧着黑小狗。进了大门口,土地爷烧着三炷黑香头,放着三碟黑馒头;进了二门口,天地爷烧着三炷黑香头,放着三碗黑米粥;进了家,炕上卧着黑猫虎,地上跑着黑老鼠。黑猫虎会画画,尾巴伸到砚台里,喵呜一声跑出门,一条大河向东流……"我想,这首诗里的砚台定然是绛州澄泥砚,以燃烧的颜色诠释着煤的品格。

刘慈欣出生地的旁边,是一座有着版画与煤雕审美效果的院落,名叫银元山庄,有着太行山区的"布达拉宫"之嘉誉。

地球是一方砚台,中国是一方砚台,矿区是一方砚台,银元山庄是一方砚台。银元山庄的腹内收藏着煤炭这种固态的阳光与火焰。矿工兄弟每天用煤炭书写着最伟大的书法作品,让方方正正的中国品格,温暖了一个个冬天,镀亮了一扇扇窗户里的花好月圆。

银元山庄是一座太行腹地民居建筑的代表作,是一座见证了保矿争矿运动的建筑群,是一座哺育过我国著名的先秦思想史家张恒寿、山西大学原校长甄华等多位全国名家的摇篮。它以浮雕艺术品的古朴风格和强烈的视觉冲击力,成矿区乃至阳泉市和山西省的具有地理坐标意义的一个景点。

银元山庄坐落在菜山之上,菜山因盛产一种当地叫"小蒜"的野菜而得名。菜者,谐音财产之财也。张家在此修建房屋寓意后辈财富能有金山银山之高。菜者,又谐音才华之才也,寓意后辈人才济济,可光宗耀祖、报效国家、福泽乡邻。对于财富与才华,银元山庄更注重才华。山庄的养正学堂不仅让自家的后人饱饮砚台墨池之乳,而且让乡邻的孩子得到了滋养。

银元山庄的张氏远祖是明末清初由当赛鱼村迁居官沟的张文秀。张家从贩卖铁锅起家,最繁荣的时期,资本达到三十万两白银,大小商铺遍布全国。据听说张家人出门从来不住别人家的店铺,走到哪儿都有自己家的店铺可以居住,可以说张家是由商而富、农商结合的豪富人家。

银元山庄名称的由来可追溯到民国九年。当年华北大旱,负责平定西乡赈灾事宜的张家第八世张士林,为了让赈济的银元真正分到受灾人的手里,就想出一个以工代赈的办法,决定出资整修入庄的南北坡。那些想浑水摸鱼得到赈灾款的富人望而却步,救灾款真正发到了灾民手里。事后结算,南北坡上的整修石料平均每一块折合大洋一块。度过饥荒的人们感念张家的恩德,就把这道坡叫成了"银元坡"。银元山庄亦因此得名。

矿区·阳泉矿区砚（矿区兴国砚）

银镐开山，黄铁乌金显世宝；
墨池溢彩，红花翠柏映春光。
　　——景兴隆撰联

　　银元山庄依山而建，一脉观音泉如供砚台研磨的水，"画"出了山庄内外的锦绣。这些建筑群与其称其为"大院"，倒不如称为"城堡"来得形象和贴切，上院下房，明窑暗洞，明道相通，暗道相连，置身其中，仿若进入迷宫，惊奇不断，惊喜连连。银元山庄张氏的祖坟很有特色，一是儿辈去世下葬在父辈的上边，打破了当地子辈埋在父辈脚下的习俗，寓意"辈辈向上"；二是张家的祖坟建在宅院的最上头，寓意"人背鬼辈辈贵"。这种创新精神，或许也是张氏敢于剑走偏锋取得成功的秘诀之一吧。

银元山庄有一块会唱歌的石头，游客将耳朵贴近石头就会听到一种声音隐隐传来，如高山流水，如百鸟争鸣。后来人们才发现这种声音，源自观音泉的流水从石下穿过。但是这种声音为什么能够穿过数米厚的石头？这块本应该具有良好隔音效果的石头，为什么能够如此清晰地传递声音？一直是一个未解之谜。

我们是不是可以这样认为：银元山庄是一方会唱歌的砚台？银元山庄唱的是什么歌？请听："大风起兮云遮月，晋省保矿兮平潭起；群情联兮谋生计，废约自办兮艾固移。大风起兮云飞扬，矿权归来兮保晋嶂；仕绅民兮众向往，吾采吾销兮民自强。"这首标题叫《石艾乙巳御英保矿纪闻》的诗歌，作者就是银元山庄的张士林。他不仅是保矿争矿运动的组织筹划者之一，且慨然捐出3000余两白银。当时的省政府特授予他"急公好义"匾额，表彰他在保矿争矿运动中的"首倡之功"。

古朴的建筑演绎着一座山庄昔日的传奇，黎明的阳光哺育着一座山庄今天的生机。银元山庄像一方浮雕风格的砚台，呈现在矿区的大地上，每天等待着新出窑的太阳与月亮推开青山之门，探秘一方砚台的前世与今生。

陋岩　中国民间文艺家协会会员，山西省作家协会全委会委员，阳泉市作家协会常务副主席，阳泉市矿区作家协会主席，矿区诗词曲学会会长。文学作品散见《诗刊》《星星》《飞天》《北京文学》等刊物。曾获第四届中华宝石文学奖、山西省"五个一工程"奖等文学奖项，著有诗集《陋岩诗歌精选》《垂直向下八百米》。

一方砚台里的一滴墨
染红了一个传奇

郭彦清

1700多年后,我们依稀能够呼吸到公元307年间春天的明媚。在州之北,有一个小村被蜿蜒起伏的龙岩山环抱着,村庄下有瀑水穿村而过,在村中绕了三四个大弯才从两山紧锁的北口艰难曲折地汇入桃河,这就是有名的小河村。在西山坡上,石家花园终年吸纳着东南朝阳之瑞气,大院神清气爽,阳光灿烂,散发着厚重的古建筑气息和历史文化气息,是20世纪20年代民国四大才女(吕碧城、萧红、石评梅、张爱玲)之一、著名女作家石评梅女士的故居。

走进石家花园,我们依稀还能看到英姿勃发的石评梅,手握书本,款款拾级而上,从鳞次栉比、依山就势的21个小院穿过。而这印满岁月之痕、有着日月精华的300多个石阶似乎在沉思着什么,72道过门紧紧相连,又像在讲述着什么,娓娓地……

所以,娄烦县作家协会带着高君宇的问候来了,他们沿着省道岚马线入口太佳高速,经静乐县、阳曲县、盂县区域到达目的地阳泉市小河村,他们想看看石评梅的故居,他们想按娄烦人的风俗习惯"走亲家",想与郊区作家协会这位"亲家"诉说一个英雄的故事、爱情的故事,一个等候与思念,一起去追随着才女石评梅女士的脚步,心珠街,洗砚台,在那些忽明忽暗、忽远忽近的光影里,带着深深的敬意,走进这个翰墨世家。

站在台阶之下,面对那尊石评梅的雕像,一万余平方米的石家大院顿时肃穆。广场上石评梅女士的雕像刻画得栩栩如生,被风吹动的头发和裙摆,像是风尘仆仆归来的学者,左手握着厚厚的书,右手搭在胸前,扶着书包的背带,齐耳短发洋溢着青春的气息。

如果说，小河古村是一方砚台，那石评梅就是一滴墨，更是一个传奇。她的精神一直引领着我们阳泉的女子，让我们阳泉的评梅女子文学社从1992年到2022年，伴随着祖国改革的步履和新时代前进的号角，走过了风雨30年。正如山西省文联主席葛水平在纪念石评梅诞辰120周年、我们评梅女子文学社成立30周年之际的致辞中所言："新故相推，日生不滞，我们感受了评梅女士给我们留下的生命中文字的光与喜，是她激赏发自内心的书写，而非功利的追逐，让我们写字的姐妹成为心灵秩序、伦理秩序、社会秩序和谐的光芒与色彩！"

因为石家花园，小河村热闹起来了。不光是娄烦作家协会，更多从远处赶来的客人都想看看那院中院、院上院、院旁院，院院相通，如入迷宫，扑朔迷离；都想看看那65眼空洞和112间起脊房的古朴典雅。最奇特的是过门一关，个个小院珍珠般的串在一起，自成一统，十分幽静，恍若能看见评梅女士静静地坐在那里读书、写字、吟诗、作画。又仿佛听见她和闺蜜们欢快的笑声，似乎那轻快的莲步、温婉的笑颜，就这样轻轻地从我们身边经过。

石家，是大户人家。石家花园，高围墙深门洞，多有影壁、照壁，四周合围，天井不大。小院大多为两进或三进的三合、四合院落，院中正去处是窑洞式主宅，主宅下面配左右厢房，对面为倒座。院与院之间多有或直或曲之通道，聚气聚金，神秘莫测。屋面为清一色的硬山式。石家大院，无论是宽大敞亮的过厅、倒座，还是轩峻壮丽的门楼、前檐、厢房，以及小巧别致的书房或绣楼，其屋面均为硬山式，充分展现了当地当时的建筑风格。进入大院如进入艺术殿堂，800余件石雕、木雕、砖雕作品，设计寓意深刻、造型栩栩如生、雕技巧夺天工，彰显了华夏文化的深厚底蕴。院中有园，情趣盎然：石家大院中专辟一处建一小花园，内有书房、绣楼、颐年堂并配有荷花池、假山、小桥、流水、翠柏、鲜花，以供孩子们读书、老人们休憩，别有情趣。大院中有许多匾额楹联点缀其间，"急公好义"（曹锟题）"乐善好施"（孔光培题）"爽抱西山""别有人""惠迪吉"等抬头俯首皆可映入眼帘，这些墨宝犹如画龙点睛，提升了大院的文化品位。

石家父母的教育理念与优良家风，造就了评梅女士的不凡成就，她不仅才思敏捷而且才华横溢，她创办《妇女周刊》，为妇女解放与民族振兴发文撰稿，大声呼吁，她是那个时代的青年先锋"新女性"模范代表。她短暂的一生是追求真挚爱情、对妇女和社会解放的渴望，以及对黑暗的抗争和自由的一生。她笃信马克思主义，跟定了共产党人及进步分子。她是妇女解放运动的先驱。20世纪20年代，石评梅女

郊区·小河古村砚

小河村，庭院深深文蕴厚；
评梅女，才华熠熠大行丰。
　　　　——朱才胜撰联

士被誉为"北京著名女作家"。

石评梅女士，一生"主于教育而终于教育"，鞠躬尽瘁死而后已。被学生及学生家长誉为"母亲式的教员"。她与我党先驱高君宇的冰雪情谊，纯情俊逸，感人肺腑。后人称他俩的相爱为"生死之恋"。周恩来总理在陶然亭公园是否保存"高石之墓"的问题上明确批示："革命与恋爱没有矛盾，留着它对青年人也有教育。"邓颖超写过这样一句话："我和恩来同志对高君宇同志和石评梅的相爱非常仰慕。"这句话就是对"高石之恋"最好的诠释，最高的评价。

忽一日，娄烦的作家协会主席郝爱存给我打电话："告诉你一个好消息。石评梅已写进高家的族谱里了,她是我们娄烦真正的儿媳妇了。"开心之余,我们感叹,终于,这段革命爱情,有了众人所盼的完美结果。

在美丽的小河古村还流传着太多的美丽传说,这些传说大多与关公和观世音有关。有个故事叫《云遮雾罩》,讲的是关公与观世音作法封住小河村口,使村民免遭日本鬼子践踏;还有个故事《神力》,讲的是一个年轻人因其忠厚勤劳受到关公垂怜,关老爷借力于他,让他过上了好日子;而流传经久的是《石勒射蟾》的故事。小河村,山清水秀,民风淳厚,以"崇德向善"著称,素有"礼仪之邦"的美誉。中央电视台中文国际频道《走遍中国》摄制组拍摄的百集大型纪录片《记住乡愁》第一季第37集《小河村——积善有余庆》的播出,褒扬了小河人"善"的精神;中央电视台中文国际频道在小河村拍摄的《远方的家·长城内外:太行险隘娘子关》有关内容的播出,更是彰显了小河村深厚的历史文化底蕴。

明清时期,小河村已有了许多商号,比如三义兴、三义当、三义隆、义园兴等。这些商号的主人,还把生意沿着京晋通道做到了河北石门(石家庄)、藁城、张家口、北京、天津等地。商业的兴隆让主人有能力修建宅院,置买土地,小河村逐渐形成了农商互济,以商促农,进而发展为农、商、宦互为犄角,互相促进的经济发展模式,村子越来越兴旺。到后来,小河村在州境内竟有了"小北京"之美称。

小河古村,是一个有灵魂的砚台,在这里,还有一个八年创造的奇迹——中华第一斜深井,它的开凿成功,就足以彰显小河人的品格、小河人的精神。这种精神,我们归结为小河人的"凿井精神":急民所急,自力更生艰苦奋斗的创业精神;为民解忧,一不怕苦二不怕死的奉献精神;追求梦想,坚韧不拔穿物使通的仁爱精神。

如果你有兴趣,请邀三五朋友在天朗气清、惠风和畅的日子里来吧。打开这方砚台,你可以领略美轮美奂的民居大院,巍峨壮观的神祇庙堂、斑驳深邃的古代碑碣、曲折回旋的备战地道……在岁月的光影里驻足,在石家大院的远古门楣上寻找,让我们的心灵有所归依,让评梅精神在心里妥帖收藏,让这富足的文化砚台珍贵的一滴墨韵和这红色的传奇历久弥香……

郭彦清　山西省作家协会会员,阳泉市作家协会副主席,曾任阳泉晚报《教育周刊》特聘记者、编辑,阳泉晚报专栏作者。在全国各地报刊发表了大量的小说、诗歌、散文、报告文学等作品。小说集《街灯亮了》荣获阳泉市第五届文学艺术创作铜奖;小说《打工人》获得刘慈欣文学院2021年度"娘子关文学奖"。

绛州澄泥砚与"中共创建第一城"

文德芳

山河有语,历史有灵。中华民族千年制砚艺术的文脉如汾河之水奔流不息,一方美砚自然吸引文人墨客,更吸引人的是制砚艺术与地方文化相遇、相撞、相融,相互依存又相互映照。一方砚,便是一道风景;一方砚,便是一个地方的文化传承;一方砚,便凝聚一个地方的历史之魂;一方砚,便是一个地方的文创产品。

"飚轮迎月入阳泉,灯电照明半壁天。争赞浑如到香岛,飞来仿佛遇桃源。"1965年12月,郭沫若用诗章赞美阳泉,现如今,绛州澄泥砚以历史文化主题砚赞美阳泉。阳泉的美,一点一滴,与天然纯净的美砚交融;阳泉的人文精神,与千年陶砚契合。腹有诗书气自华,不仅仅是形容人的,一方砚,一座城,又何曾不是如此?

蔺涛大师说,"中共创建第一城"是阳泉最靓的名片,设计阳泉城区这一主题砚的时候,首先考虑的是将阳泉的历史文化元素孕育于一方砚的砚边、砚堂、墨池间,凸显"中共创建第一城"这一重要元素,成就绛州澄泥砚与"中共创建第一城"相融的文创佳话。

巍巍太行狮脑山上,矗立着"中共创建第一城"纪念碑,这座阳泉市的地标性丰碑,便是阳泉这座红色之城的鲜明标志。而在城区这片热土上,"中共创建第一城"旧址、人民日报造纸厂、"百团大战"主战场、"百团大战"纪念馆等,一个个红色的地标,都是一座座红色的精神丰碑。

阳泉,犹如镶嵌在太行山麓的一颗璀璨明珠,这里是名扬娘子关外的"中共创建第一城",在波澜壮阔的人民解放战争中,有着特别重大的战略意义、政治意义和历史意义;这里走出世界科幻名家刘慈欣,这里是百度创始人李彦宏的家乡,这

城区·中共第一城砚

世间无二砚,澄泥独绝;
中共第一城,青史长存。

——景兴隆撰联

里是数据之城、智车之城、忠义之城、红色之城;这里是全国卫生城市、文明城市……阳泉,从历史深处一路走来,在众多的称谓中,"中共创建第一城"尤其耀眼。

1947年5月2日,晋东工业重镇阳泉在正太战役的硝烟中浴火重生,获得解放;5月4日,组建中共阳泉市委、阳泉市人民政府,成为中国共产党历史上创建的第一座人民城市。中国共产党在阳泉建市的历史,是党的工作重心"由农村转向城市"的一次成功实践,创造了中国共产党夺取、接管、建立、管理城市政权与经济建设的宝贵经验。

"中共创建第一城"从阳泉走向全国，而"中共创建第一城"的旧址就在阳泉城区这片丰饶的土地上。伟大的历史选择了阳泉，阳泉在中国共产党的历史上有着极其重要的意义。它是解放战争兵员补充和物资供应的保障地；它是接管大中城市南下北上干部的输出地；它是实现农村包围城市战略转移的实践地；它是老一辈无产阶级革命家战斗工作的驻足地。

历史之所以选择阳泉，正是阳泉具备优越的交通条件、坚实的工业基础和恢宏的革命进程。1922年12月上旬，正太铁路总工会组建了阳泉分会。1923年10月15日，阳泉分会副会长梁永福加入了中国共产党，成为阳泉地区第一位共产党员。1926年1月，中共平定特别支部成立，成为境内第一个党组织。从此，阳泉地区便有了革命引路人……

回望历史，峥嵘岁月。放眼未来，弘扬红色文化、坚定理想信念，薪火相传的红色基因，是阳泉诞生时就深埋在城市内核的文化自信，那是这座城市的荣光。英雄的城市，奋斗的人民，他们的精神熠熠生辉。

"中共创建第一城"这张独特的红色名片是阳泉厚重的革命本色，向人们昭示着这片土地上曾经的辉煌，唤起人们对既往的共同记忆。一方砚，犹如一个图标，镌刻、传承红色精神，它如一条上下贯通的河流，上游连接着历史，下游连接着今天、明天，永远奔腾不息。

探询历史岁月中的足迹、记忆与脉络，那是源远流长的精神图腾。蔺涛大师上下求索，打通了历史与情感之门，将一方砚的文雅与美感，传统与传承，融合与创新，在"中共创建第一城"的历史与精神间找到契合点。以历史寻找历史，山川建构山川，情感滋润情感，精神赓续精神，在一方砚上附着一座城、一个市的历史人文之美与精神之美。让一方砚具有独特的精神向度和美学图景，让一方砚集聚阳泉的地理、文化、山川、风物，承载着历史与当下。山高，挡不住红色的精神信仰，信仰如阳光；水长，流不出精神的血脉情怀，情怀如雨露。山高水长、阳光雨露，数十年、百余年、上千年，照耀滋养着这片土地，维系着民族精神的根脉源远流长。

文德芳 中国作家协会会员，中国报告文学学会会员，中国散文学会会员，阳泉市作家协会副主席。作品散见于《中国作家》《北京文学》《文艺报》《山西文学》《黄河》等，出版有《窗外的月光》《现代人心灵影像》《当祖国召唤的时候》等文学专著。

万顷平湖倒映九关风月
一汪砚池泼墨北国江南

葛海林

如果你见过丽江的小桥流水,那是云贵高原西南边陲的江南,而身处太行重峦叠嶂中的娘子关宛如岁月珍藏的一汪砚池,正挥洒大唐娘子军的飒爽英姿,擂响保家卫国的鼙鼓,赫赫战功穿透猎猎风尘,饱蘸北国水乡的温柔缱绻,在微波荡漾的平阳湖铺陈出天下第九关太行雄关的壮阔和威仪。

此刻,我是大江航拍机,从万里长城第九关的垛口,向东滑翔。平阳湖就像娘子关下绵河水汇聚的一方砚池,翠绿得宛如一块温润的碧玉,纤尘不染,微波涟漪,水上游船传来阵阵欢笑,合着欸乃的桨声,吟唱起北国水乡的声声慢。

那就跟着上游哗哗作响如鸣佩环的水声去寻找源头吧,前方左侧一道瀑布宛若天女散花喷珠溅玉,你若是盛夏来,那是正好,可以临渊观瀑,洗却一路风尘。在十余丈高的巉岩上流泻下的瀑布,像上苍在这里悬挂着一匹冰清玉洁的白练,展示着她的袅娜端庄,又像一骑绝尘的白马仙子在太行万丈绝壁腾空而起羽化成仙,也好似一位身着白色裙袂的仙女在这里向下抛洒着雨露鲜花。

娘子关有多处飞泉,西北侧的"悬泉"最为出名,又称为娘子关瀑布、水帘洞瀑布。瀑布宽6.5米,落差40米。明代王世贞有诗赞:"喷玉高从西极下,擘崖雄自巨灵来。"明代乔宇在莅临观瀑后诗兴大发,写下了《瀑布泉》二首,盛赞娘子关瀑布的秀美:

> 翠岩悬溜俯溪干,背叠冰花雪未残。
> 石乳香风云液润,珠帘兴映水晶寒。
> 濯缨应取尘无染,饮淡元知性所安。

焉得结茅常近此，杖藜携酒日相看。

冈头形势接绵山，为爱悬泉数往还。
石乳下通沧海底，浪花高叠翠岩间。
千寻岣嵝留仙迹，一掬清泠解病瘝。
四十年来羁俗驾，水边赢得老来闲。

现代诗人郭沫若也留下了《过娘子关》，诗中"娘子关头悬瀑布，飞腾入谷化潜龙"的诗句，深情赞美娘子关瀑布的壮美。沿着瀑布再向上漫溯，只见河面渐宽，远远地延伸向大地深处。河是绵河，山是绵山，山与河相得益彰，娘子关宿将楼傲岸地矗立在东面长城逶迤的陡崖上，真正是一夫当关万夫莫开，无怪乎民国临时参议院议员李素这样讴歌他眼中的雄关壮景。

娘子关
唐家娘子军令颁，峨眉当关壁垒严。
山色苍苍鹰盘空，水声滔滔鱼深潜。
朝云东滞井陉口，暮云西沉盘石山。
暮暮朝朝几沧桑，山色滴翠映雄关。

娘子关原名苇泽关，位于山西平定县与河北井陉县交界处，为晋冀间重要通道，号称"天下第九关"。因唐朝平阳公主曾率兵驻守于此，平阳公主的部队当时人称"娘子军"，故得今名。

传说，娘子关得名还与妒女有关。当年，介子推跟随公子重耳流亡在外 19 年，妹妹介山氏因为照顾老母亲，一直未出嫁。直到介子推回国隐居，把照顾老母的任务接过来，妹妹才出嫁到苇泽关，就是今阳泉平定娘子关附近。谁知出嫁没过多久，发生了火烧绵山的事情，介子推与老母一起逝去了。介山氏回娘家看到满山焦土，看到百姓为了百日寒食付出了健康的高昂代价，认为介子推不应推脱不出山，"耻兄要君"，为寒食给百姓带来的不便深感不安。因此，她从冬至起，上山日积一薪，百日后点火自焚，以求改变风俗。人称她是"易俗寒食，改节清明"的倡导者。她死后，娘子关的悬泉旁为她建了"妒女祠"，旁边的泉水也被称为妒女泉，在唐时祭祀极盛，被尊为"妒神"。这些在《山西通志》《平定州志》均有记载。一方妒神碑记载了

平定县·娘子关砚

瀑泻云烟，苍崖淬就英雄气；
隘横晋冀，赤帜映红娘子关。
——朱才胜撰联

这个古老的传说。目前这方碑保存于太原纯阳宫民俗博物馆。

清代王祖庚写的《妒女祠》一诗，可以印证妒女与娘子关的密切关系。

> 草鞠荒祠暮雨寒，停骖凭吊向河干。
> 绵山面目应如旧，南望云封何处看。
> 因水称山孰是绵，谁家少妇肖便缱。
> 笑他传会犹传言，残碣还刊大历年。

娘子关是一座绿色的山，更是一座浸润红色基因的山。

在 2015 年 9 月 3 日纪念中国人民抗战胜利 70 周年阅兵仪式上的抗战英模方阵中，有一支连队叫"血战磨河滩钢铁连"。

磨河滩就在娘子关下。当年在磨河滩究竟发生过怎样惨烈的血战呢？

为了冲破日军的"囚笼"封锁，1940 年 8 月 20 日晚，中国共产党领导的八路军在广阔的华北敌后战场上打响了交通总破袭战，这就是著名的百团大战。晋察冀第四军分区五团担负了强攻天险娘子关的重任。

娘子关是晋冀咽喉，历来是兵家必争之地，抗战期间也成了敌我双方攻防的焦点。日军重要的补给线——河北正定到山西太原的正太铁路，正是从娘子关贯穿而过。

磨河滩战斗结束之后，晋察冀军区授予五团一营一连"血战磨河滩钢铁连"的称号，邓仕钧被授予"特等战斗英雄"的荣誉称号。抗日烽火已经散去，但是血战磨河滩的勇士和他们视死如归的革命精神，将永远铭记在当地人民心中。

娘子关是一处绿色掩映、红色浸润、历史悠久的宝地，在太行山中闪耀着璀璨夺目的光华。万顷平湖倒映九关风月，一汪砚池泼墨北国江南。娘子关是一抒情的丝竹管弦，静待着你来弹奏。遇见娘子关，看得见山水，望得见乡愁，诗与远方均在浩瀚星空。

葛海林　中国散文学会会员，山西省作家协会会员，山西省作家协会诗歌专委会委员，阳泉市诗歌分会主任，阳泉市作家协会副主席。作品散见于《芳草》《山西文学》《黄河》《中国铁路文艺》《椰城》《散文诗世界》等文学杂志。诗歌、散文、小说作品多次入选省内外各种文学年选。著有长篇小说《地火》、报告文学《东升》《筑路记·壮锦一幅漾泉来》。曾获"第四届万松浦·天舟文学新人奖"小说类提名奖、中国散文学会 2011 年全国散文作家论坛征文大赛一等奖、1993 年全国青年短诗大赛佳作奖。参与策划编剧的影视剧曾获山西省"五个一工程"奖。

忠义藏山话盂县

李彦青

在距离阳泉市盂县县城北 18 公里处，坐落着一处名播三晋、蜚声中外的历史名山——藏山。它因春秋时曾藏匿赵氏孤儿得名。

对藏山这一历史事件最早的记载，始见于《左传·成公八年》（前583），此后，西汉司马迁的《史记》在《赵世家》《晋世家》《韩世家》三篇中，则对救藏"赵氏孤儿"做了详尽记述。稍后，经学家、史学家刘向，首开救孤藏孤文学创作之先河。到元代，戏曲家纪君祥又首开戏剧创作之先河，将《赵氏孤儿》搬上舞台。400 年后，在华传教的法国人马若瑟将《赵氏孤儿》译成法文，于清雍正九年（1731）托人带回法国，后即有英、法、意、德、俄等国的译本和改编本相继出现，其中尤以法国思想家、文学家伏尔泰改编的《中国孤儿》影响最大，由是《赵氏孤儿》成为第一部传入欧洲的戏剧作品。

跨越时空的隧道，让我们循着历史记载的轨迹，溯流而上：晋景公三年（前597），大夫屠岸贾欲除赵氏。屠岸贾其人，晋灵公时就受到宠信，晋景公时官升至司寇。为了达到诛杀赵氏的目的，他大肆对诸将扬言："灵公之死，首犯是盾（赵盾，晋灵公时执掌国政），以臣弑君（指赵盾昆弟赵穿杀昏庸的晋灵公于桃园），子孙在朝，何不与治罪？请代诛之。"大将韩厥听后曰："灵公遇贼，赵盾在外，吾先君以为无罪，故不诛，今诸君将诛其后，是非先君之意。而今妄诛，妄诛谓之乱。臣有大事而君不闻，是无君也。"屠岸贾根本不听，执意要除赵氏。韩厥把这一危急情况告诉了赵朔（赵盾之子），朔听后泰然处之，并以"不绝赵祀"相托。屠岸贾在没有向国君请示的情况下，擅自命诸将围攻赵氏于下宫府第，杀赵朔、赵同、赵括、赵婴齐，尽灭赵族300余口，一时尸横遍野、血流成河。当时只有赵朔的夫人、晋成公的姐姐庄姬身怀六甲，躲在景公的后宫里面才得以幸免。过了一些时日，庄姬生下一男婴（即赵武）。屠岸贾听到消息后，带兵到宫中搜索。情急之下，庄姬把婴儿放在裤子里面，奇怪的是婴儿竟未哭一声，躲过了一劫。屠岸贾决意斩草除根，限令三天之内倘无人交出孤儿，就将国中同龄婴儿斩尽杀绝。赵朔的门客公孙杵臼和赵朔的友人程婴相商，公孙问："在保存孤儿和抚养孤儿之间，哪个更难一些？"程婴说："那当然是抚养孤儿难。"公孙说："赵氏先君对你恩重如山，天高地厚，所以你做难事立孤，我做易事先死。"于是二人定计谋取他人婴儿（一说是程婴家中婴儿），公孙带假婴逃到永济境内的首阳山中。程婴则假扮告密者，把假孤的行踪告知屠岸贾。屠岸贾闻听大喜，给了程婴丰厚的奖赏，并率兵追至首阳山，将公孙和假孤一起杀害。程婴身负忘恩负义的"骂名"，偷孤儿出宫，辗转千里来到仇犹国北境盂山中藏匿（今盂县藏山），在此含辛茹苦抚养赵武成长。

15年后，景公忽患大病，久治不愈。占卜的结果是赵氏冤鬼作祟，景公不解，即问韩厥。韩厥作为大臣中唯一的知情人，据实相告。于是景公命接回赵氏孤儿，恢复了赵氏的爵位和田产，并攻杀屠岸贾，灭其全族。程婴遂自杀以报公孙杵臼。程婴死后，赵武为其服孝三年，并为其建祠，春秋祭祀，香火不绝。

一段旷古悲剧自此与藏山结缘，古往今来，莅临藏山的文人雅士不胜枚举，其中著名的有乔宇、顾炎武、傅山、王珻。他们对藏山歌以咏之，诗经赋之，文经记之，情也悠悠，文也灿灿。几经沧桑，许多珍贵文物如匾、楹联、铸刻有铭文的祭器多有散失，但从现存碑石和书籍中，仍可见古人所撰的文94篇、诗词128首、题刻66处。其中，有金代诗人元好问，元代刑部尚书、集贤院学士吕思诚，明代官历礼部尚书、吏部尚书、太子太保的乔宇，清代有爱国志士顾炎武、著名学者傅山、祖籍盂县西小坪的湖南布政司参议武全文、礼部侍郎何桂清、山西巡抚曾国荃等等，这些在中国历史上灿若晨星的名字，深深地印在了藏山的一草一木中。特别是高岱、乔宇、傅山三名人同韵咏藏山，留下了千古文坛佳话。至于近现代名人学者的题词、诗作更是层出不穷，先后有郭沫若、薄一波、李雪峰、王光英、黄苗子、孙谦、马烽等人莅临藏山，他们的题字大多刻于石壁，为藏山增加了时代的亮点。

2004年，由盂县县委、县政府主办，藏山景区承办的"弘扬民族精神·赵氏孤儿与赵氏孤儿研讨会"在京举行。专家们指出，藏山藏孤蕴涵着正义必然战胜邪恶、忠义终会彪炳千秋的主题；由藏匿赵氏孤儿而引发的藏山文化，不仅是盂县的文化，

盂县·赵氏孤儿砚

救命恩人,浩气芳千古;
藏山义士,忠魂耀四乡。

——景兴隆撰联

也是全中国、全世界的文化;弘扬藏山文化,就是具体地在弘扬中国优秀的传统文化,也是传承中华民族忠义诚信传统美德的重大举措。中央电视台、中央人民广播电台、北京电视台、光明日报等各大媒体做了广泛的报道。

2010年3月13日,盂县藏山风景区举办"星光耀藏山·寻根敬义士"电影《赵氏孤儿》启程大典，中共山西省委宣传部领导、著名导演陈凯歌和剧组主创人员莅临，古老的藏山一时星光灿烂，全球瞩目。同年11月26日，由中共盂县县委、盂县人民政府和藏山风景区独家赞助的"藏山之夜"——《赵氏孤儿》全球首映礼于北京国家会议中心盛大开幕，盛况空前。2011年"赵氏孤儿的传说"被公布为国家级非遗，同年由北京牧马潮白影视有限公司和中共盂县县委宣传部、藏山风景区合作了动漫电影《赵氏孤儿》，是山西省新中国成立以来的首部独立制作动漫电影，成为山西省当年转型发展、建设文化大省的扛鼎之作。2022年"赵氏孤儿·藏山"入选首批"山西文化记忆"项目。

"藏孤圣境""古晋雄望""晋东第一名山"，一部流传了两千多年的中国故事，一座雄伟瑰丽的历史名山，它们蕴藏着中华民族轻生死、重大义的天地浩然正气，凝聚着惊天地、泣鬼神的民族魂魄。藏山必将因盂县人民的淳朴尚义更显厚重伟岸，盂县必将因藏山的巍峨凛然更加名扬四海。

李彦青　盂县作家协会主席，山西省作家协会会员，机关刊物《藏山》杂志主编。任盂县三晋文化研究会秘书长期间，主编会刊《仇犹文化》。长于散文、诗歌创作，有文艺评论刊登于《山西市场导报》和《文艺报》。

长治市
Changzhi

长治上党门砚

谭文峰

走进长治,我们不得不去看的一个地方,就是原上党郡署(后潞州府)的府衙"上党门"。上党门位于山西省长治市城内西街,原为上党郡署的大门,今为山西省重点文物保护单位。

上党,是长治的旧称。关于"上党"的含义,《释名》中解释说:"党,所也。在于山上,其所最高,故曰上党。"方志中说:"居太行之巅,地形最高,与天为党也。"也就是说,上党是指太行山上最高的地方。"上党"位于太行山之巅,取意为"与天为党"。上党门古时是皇家官府至高无上权威的象征,如今是长治市的象征与标志。

上党门始建于隋朝开皇年间,它的门楼海拔1500米,与太行山的山顶齐高。唐玄宗李隆基任潞州别驾时,在衙署内大兴土木,增建德风亭、梳妆楼、看花楼。后来李隆基做了皇帝,他又重返这里,新修建了飞龙宫、圣瑞阁、望云轩等建筑。最盛时亭堂楼宫有280余间。随着金元之际战火四起,所有建筑毁于兵火。上党郡署后为"潞州府",明洪武三年(1370)重建上党门门庭,后又增建钟鼓楼,弘治三年(1490)重修,1932年再次重修。现存上党门和左侧钟楼为明洪武年间重建,右侧鼓楼则为天顺年间增建,至民国元年废府。经过多年的兵火战乱,以及人为的毁坏,府署内的建筑已大部不存。现仅存大门、钟鼓二楼、府二堂、办公院、西花园等建筑。

现存的上党门门楼为重檐歇山式建筑,坐北朝南,居高临下,挺拔独立。恢复后的建筑布局依次有琉璃影壁、门庭(也称大门)、钟鼓二楼、二门及二门影壁,中门及东便门、西便门、牌坊、大堂、二堂及东西配房厢房、飞龙宫、德风亭、办公院、西花园、瀛春台等建筑。亭堂楼宫组群结合,高低错落,规模宏阔。大门与

潞州区·上党门砚

一门耸山顶,为党与天名上党;
五谷稔田中,教农济世道神农。
　　——朱才胜撰联

钟鼓二楼平行排列,台基高峙,主从有别,错落有致。大门面宽三间,进深四椽,明间辟门,两次间青砖砌筑扇面墙,单檐悬山顶。屋顶灰脊灰兽,筒板布瓦装修。钟鼓二楼青砖砌筑城垛、券洞、踏道,上筑阁楼,广深三间,重檐歇山顶。右侧钟楼上有一匾,书"风驰"二字,左侧鼓楼上也有一匾,书"云动"二字,以示高耸入云之意。外侧钟鼓楼相衬,斗拱密致,脊兽富丽,与门庭交相辉映。两楼台阶高峙,平行排列，遥相映衬。楼高门低、高低错落，主从分明，充分反映了古代官府的威严，是一处地方衙署中富有民族风格的门庭式古建筑。

关于上党门的修建史，《潞州志》有记载："元泰定二年（1325）州治（唐建）毁于兵火，三年（1326）潞州招抚使完颜南合修缮，公廨厅堂有严。至正壬午（1342）郡守张瞻甫重建公生明堂，即今之厅事，以及宾幕吏曹之署，府库图囿之所，无一不备。国朝洪武元年（1368）知州潘麟因旧址建。天顺三年（1459）知州王楫新建后堂。成化三年（1467）知州计昌重建大房，年久圮毁。"可见上党门郡署建筑为历代官府所重视，多次遭兵火焚毁，又多次修缮重建。

新中国成立后，特别是改革开放以后，国家加强了文物保护与维修，上党门作为省级文物重点保护单位，近年来得到了多次的维修和彩化。现在的上党门更加雄伟壮观，焕然一新，成为长治市重要的游览景点。凡到长治的游客，上党门是必游之地，必观之景。

谭文峰　中国作家协会会员，著有小说和影视剧多部，其小说作品入选多种选本，被《新华文摘》《小说选刊》《小说月报》等刊物转载，并改编影视剧。小说曾获中国作家协会《小说选刊》最佳中短篇小说奖，《小说月报》第五届百花奖，山西省政府文艺创作银奖，山西文学优秀小说奖等。电视剧本《阿霞》获赵树理文学奖；根据其小说《走过乡村》改编的电影《红月亮》，获上海电影协会1996年度十佳故事片奖；长篇电视剧《阿霞》获全国首届农村题材优秀电视剧奖；长篇电视剧《我的土地我的家》同时获第29届电视剧飞天奖一等奖、第二十七届电视金鹰奖、中宣部全国"五个一工程"奖三大奖；电视剧《警察本色》《西口长歌》获山西省"五个一工程"奖；长篇报告文学《风从塞上来》获山西省"五个一工程"奖。

神农尝百草

刘纪昌

隐藏在典籍中、山石间、百姓口里的远古故事，正在被发现、挖掘，一个成熟的关于中华民族始祖炎帝神农氏在古上党地区尝百草、识五谷、兴稼穑、创医药，进行人类最初生产、生活活动的链条基本形成而且相当完整。我们可以展开想象并描述当时的情景：远古时期，先祖炎帝神农氏在此始种五谷，以为民食；制作耒耜，以利耕耘；遍尝百草，以医民恙；织麻为布，以御民寒；陶冶器物，以储民用；削桐为琴，以怡民情；首辟市场，以利民生；剡木为矢，以安民居，完成了中华民族从游牧到定居、从渔猎到田耕的历史转变，实现了从蒙昧到文明的过渡，从旧石器时代向新石器时代的跨越。

也就是从这个时候开始，先民们在炎帝率领下战胜饥荒、疾病，脱离了饥寒交迫、患病无医无药、颠沛流离的日子，过上了有饭吃、有衣穿、有房住、有药医，并且能上市场、听音乐、唱丰年的日子。

这几年，关于炎帝神农在上党的说法越来越得到社会的认可，随着相关研究的不断深入，上党与炎帝的关系正在走向明朗化，那些几乎被人遗忘的历史细节正从遥远的深处款款走来，越来越熠熠生辉。

这时我们才恍然明白，原来神秘的上党竟如此古老、精彩；原来这里的每一寸土地都有故事，都有看点。在这里随便捡起一块石头或者土块，可能就有炎帝留下的痕迹。

然而不仅如此。

2004年（上党）长治荣获十大"中国魅力城市"时的颁奖词就像是一幅画卷，

上党区 · 神农尝百草砚

上党神农尝百草,仁心济世;
古州帝迹遍千山,圣绩齐天。

——朱才胜撰联

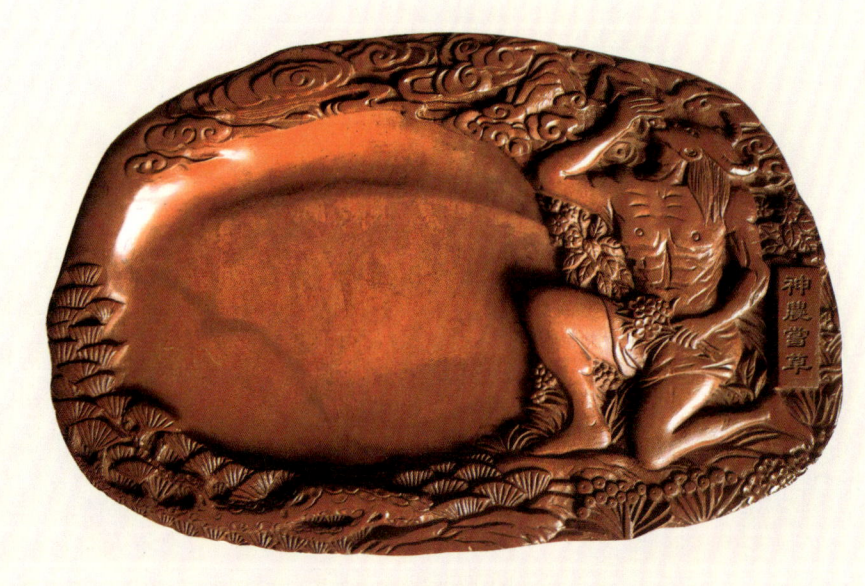

为我们徐徐揭开长治神秘的面纱。

这里历史传说之丰富,让人惊叹。而犹以神农尝百草的传说最为动人,流传最广。

传说远古时期,五谷和杂草并存,药材与百花共处,哪些植物可以做粮食、哪些药草可以治病,谁也分不清。随着人口的繁衍,人们越来越需要充足的食物和能够治病的草药;但那个时候,人们对漫山遍野的植物并不了解,经常因为饥饿而误食有毒的植物,又因为没有药物治疗而死掉。

为了拯救黎民，神农氏下决心要亲口尝一尝各种野生植物的味道，以确定哪些植物可以吃、哪些植物不能吃、哪些植物好吃、哪些植物不好吃。他带着一群人翻山越岭、历尽艰辛终于来到一个群山连绵、百草丰茂的大山里头。在一个山脚下，他们闻到了奇异的香气。香气是从山顶飘下来的。可是，这座山实在是太高了，而且全是悬崖峭壁，无法攀登。他们就砍来木头，割来藤条，紧贴着山崖一层一层地向上搭架子。历经春夏秋冬，风霜雨雪，整整一年时间，架子搭了足足三百六十层，才搭到了山顶。据说，后来人们盖楼房用的脚手架，就是学习神农的办法。

他们来到山顶，果然看到山上长满了奇花异草，五颜六色，不计其数，神农高兴极了。他让众人采集花草，他都会一一品尝，哪种草是苦的，哪种草是甜的，哪种能充饥，哪种能治病，药效又分别是什么，全都一一记录下来。他尝过各种毒药，一天之内最多曾中毒七十多次，同时也发现了能解百毒的药草——茶叶。他一吃到有毒的植物，就马上服茶，让茶水顺着肠胃一路冲洗下来，把毒排出体外。之后，神农不顾危险，继续奔波，尝遍了天下的花花草草，踏遍了神州大地。据说，被他尝过的花草，足足有三十九万八千种！他这种执着而无畏的精神，连天帝都被感动了。天帝赐给他一条神奇的赭鞭，无论什么花草，只要用这条赭鞭碰一下，便可知晓它的药性和功效。

就这样，神农氏经历了种种艰辛和危险，终于发现了稻、麦、黍、稷、菽五谷，尝出了各种能吃的蔬菜和水果，也尝出了三百六十五种草药，并写成了《神农本草经》，为黎民治病。

在遍尝百草的过程中，神农通过细心的观察发现，植物随季节变化而枯荣交替，不同的植物喜欢不同的土壤，于是他决定利用天气的变化和不同类型的土地，指导人们对植物进行人工培植，这样就可以有计划地收集果实种子作为食物。这就是我国农业的起源。

上党的百谷山据说就是神农尝百草得五谷的地方，至今山上还建有庙宇。

百谷山今名老顶山，这里祠庙遍布。有关炎帝故事的历史文献、方志碑刻、考古发现等文化遗存极其丰厚，风俗信仰得到弥久传承。谒戾山、发鸠山、鹿渎山、羊头山、百谷山、羊头岭、羊神山等，相传都是炎帝活动过的名山。上党就是神农故里，炎帝神农氏起源于太行太岳的结论已经得到各方认可。

现在我们看到的这一块砚台，再现了炎帝神农尝百草的故事。炎帝神农，慈眉善目，胸怀博大，正在认真地辨认百草，造福后代。让我们永远记住这个名字——

先祖炎帝，以及他为了子民的繁衍生存所付出的艰辛努力，以及他为后人所做出的巨大牺牲。

刘纪昌　山西省作家协会会员，山西省散文学会副秘书长，运城市作家协会监事长，运城市红楼梦研究会会长，山西省赵树理文学奖获得者。著有乡村散文集《酱豆的滋味》、文化散文《河山风骨》《文明的曙光》、长篇小说《青惑》、报告文学《永远的侯为》《扶贫纪事》等。

彰显一种解民倒悬的大无畏精神
——后羿射日砚释义

李云峰

提起神话故事《后羿射日》，中国妇孺皆知、耳熟能详。相传，在遥远的帝尧时代，天上突然出现了十个太阳，把大地烧烤得焦煳一片，别说先民们刀耕火种的庄稼，就连所有的树木也都枯死了。面对这样的危急情势，帝尧命令善射的后羿张弓搭箭，射落多余的九个太阳，才让大地恢复了往日的生机。

作为远古时代的神话传说，《后羿射日》与《盘古开天》《女娲补天》《夸父追日》等经典故事一起，伴随着笔者的童年启蒙，也培育了自己海阔天空的艺术想象力。及至求学年代，便知道了这个故事的出处。比如《山海经·大荒南经》是这样记载的："甘水之间，有羲和之国。有女子名曰羲和，方浴日于甘渊。羲和者，帝俊之妻，生十日。"而《楚辞章句》卷三《天问》中，古代学者这样注解："尧时十日并出，草木焦枯，尧命羿射十日，中其九日，日中九乌皆死，堕其羽翼，故留其一日也。"等到了《淮南子》中，就具体完整起来了："逮至尧之时，十日并出，焦禾稼，杀草木，而民无所食。猰貐、凿齿、九婴、大风、封豨、修蛇皆为民害。尧乃使羿诛凿齿于畴华之野，杀九婴于凶水，缴大风于青丘之泽，上射十日而下杀猰貐，断修蛇于洞庭，禽封豨于桑林，万民皆喜，置尧以为天子。"

直到 2019 年夏，笔者随山西省作家协会采风团前往长治市的屯留区采风才知道，那里就是"后羿射日"神话传说故事的发生地。关于这个地理位置的界定，《山海经》《淮南子》《山西通志》《职方典》以及明、清《屯留县志》等均有明确记载。所以在屯留乃至整个上党地区，都盛传着这个美好的传说，于是又获得了一个别样的版本——

屯留区·后羿射日砚

挽劲弓，射九日，后羿精神融血脉；
镌神话，赞一方，砚台艺术颂英雄。
——朱才胜撰联

远古时期，天空十日并出，禾苗枯焦，民不聊生。帝尧奏知天帝，羿奉天帝之命下凡射日，魂附于长相奇异、身材魁梧、射技超群的屯邑大力士张三嶕之身，于屯留瓦泽岭（后名三嶕山）射落九日为民除害。百姓从此年年岁岁五谷丰登，安居乐业。尧帝感念羿的功绩，奏请天帝封羿之化身张三嶕为羿神，将瓦泽岭改称三嶕山，并为其在此山建造行宫。由此，人们敬奉张三嶕为三嶕爷，又将三嶕山称为老爷山，沿用至今。

据有关文字记载,自唐代起,三嵕山始建庙宇。宋崇宁二年(1103)徽宗皇帝赵佶,封羿神为灵王、显应侯,赐建气势恢宏的三嵕大庙。数千年以来,随着岁月的推移,羿射九日故事发端的各类传说,在屯留及上党大地久传不衰,形成了一种以传承羿神精神为动力的独特文化现象,是屯留人民一份弥足珍贵的非物质文化遗产。

后来在作家与当地文化界人士一起参加的"羿乡美食文化节"座谈会上,竟然又获得了两个前所未闻的新颖观点。一个是由尧文化专家乔忠延先生分享的观点,即后羿挑战的"十日",并非天上并行炙烤大地的太阳,而是与当时由十个月为一年到十二个月为一年的历法改革有关,这一科学成就,最终被口口相传成为传奇神话。另一个观点更令人振奋,那就是由省作家协会李骏虎主席分享的后羿所射十日的故事,其实就是中华先民尧部落联合位居东夷的后羿部落,对由海上而来的自称十日国的入侵者发起决死抵抗,因为后羿部落善射,终于将拥有长兵器优势的入侵者驱逐下海,转危为安。而这个十日国,即日本国的前身。所以,这应该是中华民族历史上最早发生的抗日战争,与后世的"抗倭"一脉相承。

李骏虎主席这一基于可以考据的中外史料的独到见解,不禁让人联想到20世纪前半叶那场旷日持久的抗日战争;而当年从延安出发奔赴抗日前线的抗日军政大学一分校的学员们,当年就驻扎在屯留的岗上村。当亲临女生队学习住宿的旧址,面对图文并茂、内容翔实的展品,聆听着讲解员的深情讲解,那种共赴国难、驱逐日寇、争取民族解放的抗争精神,不正是后羿解民倒悬这一大无畏精神的发扬光大吗?正是这之间所具有的魂魄层面的内在关联,让它成为中华民族承传精神的一种历史必然。

回望中华民族的来路,不管我们自身存在着怎样的需要革故鼎新的沉疴痼疾,世世代代流淌在龙的传人血脉当中的不屈不挠、抗暴拒侮的刚烈血性,却永远澎湃着!正是这种自强不息、不甘人后、愈挫愈勇的坚韧意志,让日本军国主义侵略狂徒,再次重蹈了数千年以前的覆辙,完败在了世界反法西斯同盟面前,再次被众志成城的中国军民赶回了老家!

当然,关于"后羿射日"传说,还有其他不一而足的研讨与考据,诸如后羿射的是夏后仲康继位的儿子相,只是把"相"误写成了"十日"。还有科学家根据"落为沃焦"的描述,以为应该是远古先民经见的一次解体成一串的彗星撞击地球事件……但是不管怎么考证辨析,《后羿射日》已经被演绎成一种勇敢智慧、为民除害、解民倒悬的后羿精神,已经沉淀为中华民族优秀传统文化的有机组成部分,融汇在我们的血脉当中，凝聚成当今中国人的精气神韵，为国家的安宁强盛、为世界的长久和平、为确保人类命运共同体的多元共赢和有序发展，贡献我们中国人的智慧与力量。

李云峰　中国作家协会会员，山西省作家协会主席团委员，运城市作家协会名誉主席；出版有文化散文专著《石刻的历史》《访芮记胜》和文学传记作品《司空图传》、长篇报告文学《绛州澄泥砚》。文艺评论曾多次获得山西省文联文艺评论奖，2016年荣获2013—2015年度赵树理文学奖优秀编辑奖。

去潞城漂流

袁省梅

去潞城，可以算作一次说走就走的旅游。对于深陷在晋南夏日干燥高温热浪中的我们，太需要一点清凉和潮润，太需要给紧绷的神经一点儿放松和休憩。有人提议去潞城，说潞城有巍巍青山可以避暑消夏，有浊漳河的碧水可以养眼洗心；说潞城的太行峡谷区形成独有的小气候，冬无严寒，夏无酷暑，所以赢得了"小江南"的美称。如果说这些已经足以让人心动，那么，高山流水旅游景区的竹筏漂流，就更是让年轻人欢欣鼓舞。于是，我们驾车直奔目的地——潞城。

车上，大家讨论着潞城的历史和竹筏漂流的美妙，憧憬着山顶林木间的清凉，心，已经长了翅膀，先于汽车飞到了潞城。

据史料记载，早在黄帝时期就有炎帝的后裔参卢受封于今天的潞城区一带，建立了潞国，他的子孙遂以"路"为氏。商属微子封地，这里称微子国，春秋时为潞子国。等到了战国时期，潞子国故地称为"潞"或"露"，为韩国上党十七邑之一。秦时，这里为潞城县，属上党郡。北魏时为刈陵地，隋开皇十六年始称潞城县，而后宋、元、明、清相沿承袭直至今日。

潞城的高山流水竹筏漂流北起赵店桥，南至原起寺，流程 3.5 公里，河道落差近 20 米，是华北唯一的竹筏漂流，自然也就吸引了众多游客。

我们的汽车行驶在逶迤的群山之间、幽深的隧道之内，七拐八弯的公路不断变换出瑰丽的风景——那高耸入云的重重山峰，那刀砍斧削般笔立的万丈悬崖，那时而豪放奔腾、时而宁静缱绻的滔滔大河……无不展示出时间的旷远和大自然的伟力。

也不知道拐了多少个弯，经过了多少座山峰，终于抵达了潞城的高山流水景区。

潞城区·竹筏漂流砚

华北唯一，竹筏戏浪漂流趣；
寰球无二，蔺砚怡情绝巧工。
——朱才胜撰联

下了车，所有的人都深深地呼吸着沁人心脾的清新空气，凉爽的风儿如绸子般拂在脸上，不远处淙淙的流水声仿若动听的曲子一般，让人心旷神怡，刚刚煎熬过的酷暑竟让人生出恍如隔世的幻觉。

走，漂流去！

还没好好欣赏河流两岸高耸的树木和绵绵群山,就有人喊叫着、催促着,话还没落地,人已如鸟儿般倏地飞到漂流的起点了。穿上橘红色的救生衣,挽起裤脚,小心地踏上竹筏,坐在小小的竹椅上,看河流两岸野花遍地,绿树成荫,听鸟鸣啾啾,水流潺潺,眼睛润泽了,心里就氤氲开来一团一团的欢喜。等竹筏在水里晃晃悠悠地划动,徐徐清风迎面而来,再看两岸时,真有了"竹筏河中走,人在画中游"的感觉。

竹筏顺着河道往前漂游着,河道窄的地方,水流迅疾,河水载着竹筏不顾一切地飞奔着,行到有落差的地方,竹筏顺着水势像顽皮的孩童般扑通从高处跳了下去,引得竹筏上的人嗷嗷地惊呼着,相互之间不自觉地竟然把手紧紧地握在一起。水花打湿了裤腿、飞溅在脸上,也顾不上躲避和擦拭,心里跃跃欲动的是担心和害怕。当险要之处顺利通过,涌荡在心的却是说不出的畅快和自豪,挑战更大险阻的信心也油然而生。在河道宽阔的地方,明显的,水的脚步缓慢了下来,竹筏上的人们也悠哉乐哉了,欢声笑语又响起一片。两岸的风光纷纷挤进了眼中,那些参差的树木、飞翔的鸟儿、漂移的山头……像是翻动的画片般一页一页不绝如缕,或壮丽,或秀美,每一页都是一幅美轮美奂的景致。这一瞬间,完全感觉不到自己的存在,一切都变得空远、辽阔而清澈。有人站在筏头,山岚吹起衣袂飘飘,脚下流水哗哗,此情此景,似乎真有仙气在胸间飘飘然。那仙气,是自在,是欢喜,是无挂碍和心下安然吧。只有远离城市的喧嚣,纵情于山水之间,放歌在牧野田园,或登山远眺,或密林寻踪,或江边观水,体验大自然的浓浓温情,生活中的喧杂纷扰也会溶解在这高山流水之间。

似乎只是一瞬间,又似乎是经历了几十上百年的时光,漂流,到了终点凤凰山下。

凤凰山,自然是因孤峰突起,两侧又平平缓缓,好似凤凰展翅又徐徐下落而得名。行走在凤凰山上,看如黛的青山、五彩的野花,呼吸着洁净透亮如水洗过的空气,领略着自然风光的旖旎,回味刚才漂流时的一幕幕,不由得感叹生命的脆弱和人的渺小、山河的苍茫和自然的阔大。

而当你走进始建于唐天宝六年的原起寺,看寺庙内香烟袅袅,听梵音声声,你的心倏地就安静了,便有了归家的欣慰和轻松。登寺远眺,远山如黛,近山滴翠,浓淡相宜,错落有致,每一处都是一幅雅致的山水画。俯视浊漳河,塔寺倒影依稀可辨,西望村舍,炊烟缕缕,别有情趣。你突然觉得,从激情四射的水上漂流,到绿树葱茏的山间漫步,再到古朴典雅的寺庙游览,这样的行走隐藏着一个玄机,需要有一颗清净心去悟去解去参透了。

虽是短暂的一天旅行,也不得不说潞城是古老的,也是新潮的;是厚重的,也是活力四射的。潞城有人文历史遗迹可以寻访，也有让人流连忘返的自然风光可以欣赏。潞城，值得反复踏访。每一次的抵达和行走，都可能会是一次天人合一的灵魂行走。或许，在一次次的行走后，就会把人和自然唇齿相依的玄机参透。

袁省梅　中国作家协会会员，山西省作家协会全委会委员，运城市作家协会副主席，在《山西文学》《小说选刊》《散文选刊·海外版》等期刊发表并转载作品200余篇，著有长篇小说《羊凹岭》，小小说集《羊凹岭风情》《生命的储蓄罐》《老棉袄小棉袄》等，曾获2019—2021年度赵树理文学奖、《小小说选刊》优秀作品奖、微型小说学会优秀作品奖等奖项。

长治襄垣县：千年古县砚

薛 城

喜欢在网上淘书，已成了多年习惯，淘到一本好书便如获至宝，欢喜之情自然由心而生。渐渐地自己就成了孔夫子旧书网的忠实淘客。这个网站不仅有大量书籍可供交流——不管新旧，而且各种文化用品也能找到。有一天，收到一位淘友的留言，说他看过我的资料，他也是山西人，在孔夫子网上开了一家小店，主营珍奇文玩，欢迎我去光顾。我对文玩并没有特殊喜好，只喜欢书籍，但既然收到人家的热情邀请，便随手打开了他的主页。他的主页展列着许多我没有见过的文房宝贝，其中有一样宝贝引起了我的好奇，是一块标为"襄砚"的在售品，价格800元。

"襄砚，产地：山西襄垣；生产时间：民国初期；规格：12.8cm × 7.9 cm × 1.47cm。"这是那方砚台在淘友展页上提供的简单信息，页面上还附有一张照片，照片拍得相当清晰。

但凡舞文弄墨之人都知道"纸墨笔砚"这文房四宝，我是晋南人，自然听说过产自我们晋南新绛县的中国四大砚台之一的"澄泥砚"，而这个"襄砚"属于哪种品类，它的材质又是什么，我倍感好奇，便和那位淘友进行了交流。他说，他在网上开这个小店，纯粹因为怀旧，他对老旧的物件有一种说不上来的情怀。俩人便你一句我一句交谈起来，时间一长，交流的次数多了，也就成了熟人，无话不谈。他告诉我，他老家在襄垣，现居太原，这块砚台是家传的。

襄垣县生产砚台与它所处的地理环境以及人文历史是有着密切联系的。

襄垣，地处山西省东南部，太行山西麓，上党盆地之北，隶属长治市。全县东西长48公里，南北宽40公里，东以仙堂山、黄岩山与黎城分界，西以石磴山和沁

襄垣县·千年古县砚

千年古县,襄子筑城开史册;
世代名流,老区擎帜树精神。
——朱才胜撰联

县相连,南以五阳山、麓台山、磨盘山、五赞山分别与潞城区、潞州区、屯留区接壤。地形西北高而东南低,平均海拔在 1000 米左右,是内陆黄土高原的半山丘陵地区。这里山岭重叠,沟壑交错,浊漳河的西、南、北三大支流在境内交会,年过境水量 7 亿多立方,是华北地区相对富水县。襄垣县得天独厚的自然环境,孕育出了千年灿烂文明。战国初期,赵、韩、魏三家分晋,襄垣始属韩国,后归赵国,因而历史上有"古韩"之称。公元前260年，秦王龁攻赵，赵襄子筑城于甘水之北（今北关贵江沟），因城系赵襄子所筑，故名"襄垣"。赵襄子筑城距今已有2400多年。2009年，襄垣县被联合国教科文组织命名为"中国千年古县"。

襄垣县不仅历史悠久，物产也相当丰富。境内煤、铁、锰、铜、锡、硫黄、石膏、云母、石英砂、石灰石、铝土矿、白云石、大理石、瓷土等矿藏达30余种。其中煤、铁矿极为丰富，煤炭探明储量75.8亿吨，是全国优质动力煤生产基地之一。石膏石总储量为150万吨，是山西省优质石膏矿点之一。丰富的煤炭资源和水资源，为襄垣经济发展提供了优越条件。襄垣县不仅物产丰富，而且人杰地灵。历史人物主要有西汉杰出的政治家张良，东晋著名高僧、旅行家、翻译家法显。法显是西行求法第一人，比唐玄奘早230年。他最早发现了美洲大陆，比欧洲的哥伦布早1080年。襄垣还是中华连氏发祥地，2009年4月国民党名誉主席连战曾专程回来寻根祭祖。全县现存文物古迹上百处，西边的宝峰寺，南边的凉楼寺，北边的仙堂寺，还有东岳庙、东周文昌阁、西港子胥庙、古韩镇古建筑群等庙宇林立，使襄垣弥漫在古风犹存的氛围之中。襄垣的三大文化名片各具特征：襄武秧歌简洁朴素，极具生活化；襄垣鼓书的板腔体，融合了地方小调、道士化缘调、民间叫卖调及梆子、落子、秧歌等多种音乐元素，旋律婉转，唱腔优美，自成一格；襄垣炕围画集诗、书、画、印于一体，题材多样，乡土气息浓厚，是最接近生活本源的乡土文化艺术。襄垣县还是革命老区，老一辈革命家在这里运筹帷幄，决胜千里，带领八路军和老区人民同仇敌忾，浴血奋战，筑起了抗日救国的铜墙铁壁，培育和铸就了不怕牺牲、不畏艰险、百折不挠、艰苦奋斗、万众一心、敢于胜利、英勇奋斗、无私奉献的伟大太行精神，为中国人民抗日战争和世界反法西斯战争的最后胜利做出了巨大贡献，也在长治这片光荣的土地上留下了鲜明的红色烙印。

襄砚属于石砚，区别于我们晋南的澄泥砚。砚台从本质上说既是物质，又是文化，它是集物质与文化于一身的特殊存在。襄砚以其古朴、端庄、实用在山西砚台中独具特色。

我对那位淘友说，我虽然平素不习书练字，但从与他的交流中，在他的小店里学到了很多东西，增长了不少见识。

淘友说：文化是多学科的集中体现，诗、书、画本为一体，融会贯通便能得其真谛。

我信然。

薛城 中国散文家协会理事,中国诗歌学会会员,中国散文学会会员,山西省作家协会会员。现任河津市作家协会名誉主席。出版诗集《等待日出》、小说散文集《作别西窗雾雨》、诗歌散文集《独行者的心灵》、散文集《流年》。主要作品有《站台》《轻音乐》《牧歌》《独行者的心灵》《寂寞如洛阳牡丹》《野菊》等。

浓缩在澄泥砚上的精卫填海精神

孙芸苓

望着眼前这一方雕刻着精卫填海故事的绛州澄泥砚,我心生感慨。它来自汾河滩泥土的坚韧,经过岁月的沉淀,再经过千锤百炼、巧手精雕,然后像涅槃的凤凰浴火重生,以一方砚台的形象展现在我们的面前。海浪翻滚,讲述着那只叫精卫的小鸟执着填海的故事。

精卫填海的故事是来自中原北边长治市长子县发鸠山的历史传说。海浪凶猛,那个被大海淹没的少女精卫,不甘心无辜葬身大海,它幻化成鸟,每日不断地用它小小的嘴衔来石头和树枝,发誓要把浩瀚的大海填满。

这个悠远的历史故事和那少女不甘命运的努力精神,被一方砚台容纳其中,欣赏这方砚台,似方寸之间包含无尽内容。

精卫鸟及美丽的少女与汾河泥土融合的画面,一款酱黄色的澄泥砚带着几分古朴和神秘的色彩冲击着我的眼球,将我的思绪拉得有些缥缈。我似乎闻到了海的气息,那种潮湿的海浪气息。我仿佛听到了那美丽的精卫鸟幽怨的鸣啼,茫茫大海之上,那孤独的小鸟执着地叼着树枝和小石头去填海。翅膀被打湿,它坚持着;狂风卷着巨浪想吞没它,它依然坚持着。就是凭着这股执念,它飞翔着、忙碌着,倔强地挑战着夺走它生命的大海。

精卫填海的故事流传已久,孕育了漳河水的发鸠山巍峨高耸,漳河水孕育的长子人民也有着像精卫填海一样的坚持和不服输的精神,用他们对这片土地的热爱,执着地耕耘,守护一方平安富足。

传说,发鸠山上有一种柘树,样子像桑。柘树林里生活着一种小鸟,叫"精卫"。

长子县·精卫填海砚

精卫衔石填海，长子蕴千秋浩气；
大师雕砚传神，后昆扬绝世天工。

——朱才胜撰联

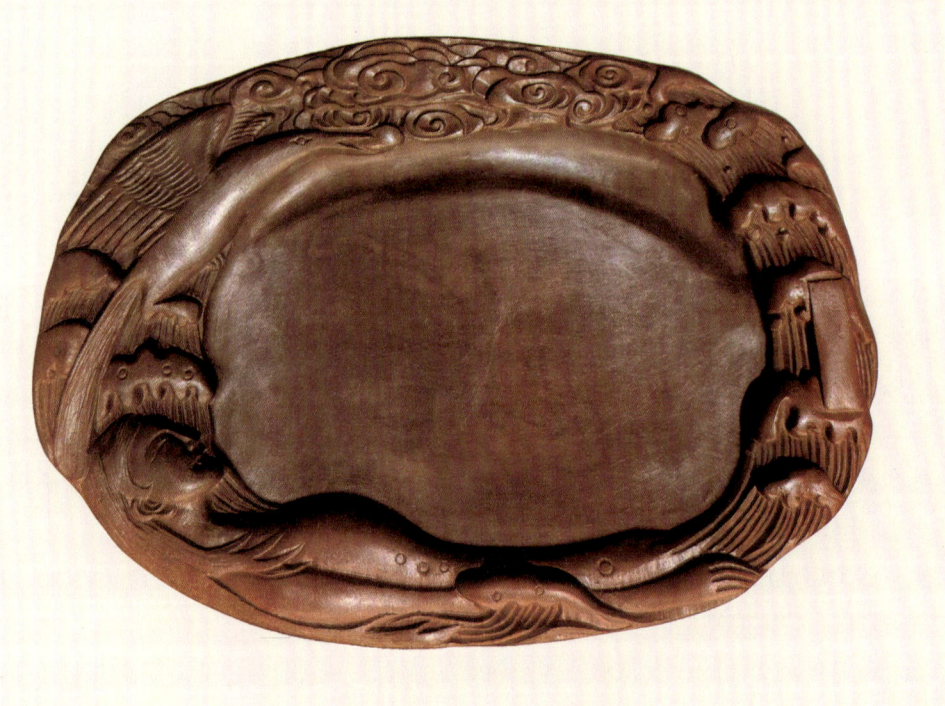

精卫鸟的身子黑黑的，有点儿像小乌鸦。可是它的嘴白白的，爪子红红的，脑袋上还有花纹。它常常叫着自己的名字"精卫、精卫……"，声音很凄厉，所以人们叫它"精卫鸟"。

发鸠山在长子县的西面，精卫鸟经常叼着西山的石子、树枝往东飞，飞到东海，就把石子、树枝扔到海里，然后再回来叼，日日往复，从不间断。

原来，精卫本来是太阳神"炎帝"的女儿，是个没成年的小姑娘。炎帝不但管太阳，还管五谷和药材。因此，他的另外一个名字叫"神农"。有时候，人们把他的两个名字连起来，叫他"神农炎帝"。神农炎帝的事情很多，每天一大早，他就要到东海去指挥太阳升起，一直到太阳落山才回家。

精卫是个懂事的好孩子，爸爸不在家，她就自己玩。她常常穿着一双小红鞋跑到田野里，把很多花插在自己头上，打扮得漂漂亮亮的。她在田野里看着火红的太阳从东方升起，高高兴兴地沐浴着阳光，欣赏着周围的一片生机。万物在阳光下生长，鸟兽在阳光下欢腾，她感到很自豪，因为大地的光明和温暖是她爸爸带来的。

小精卫很想去看看东海以外太阳升起的地方，可是，她太小，父亲不能带她去。因为太阳升起的地方在东海以外几亿万里的"归墟"，那地方很热很热，小孩子受不了。精卫因此经常因为这件事和父亲闹脾气。神秘的归墟太吸引人了。有一次，她不听话，等爸爸走了以后，自己跳到东海里向归墟游去。

游啊、游啊，起先精卫很快活，游得很起劲。后来越游越远，不料，一阵风浪袭来，把她吞没了。精卫沉入了东海，再也没有回来。

可是，她的精魂没有死，她恨海中的恶浪，于是精卫的精灵化作小鸟，头上的野花化作脑门的花纹，脚上的小红鞋变成了红爪，她发誓要填平东海！

于是，精卫鸟一刻不停地从西山衔来石子和树枝，往东海扔。早上扔、晚上扔，今天也扔、明天也扔，即使遇到狂风暴雨，它也在风雨中穿行。有时候，它离水面太近了，海上的恶浪又一次把它吞没。可是，它仍然不罢休，还有新的精卫鸟继续来填海。

当大海发觉自己真有被填平的危险时，赶紧采取措施，把那些泥沙用潮汐推向岸边，泥沙在岸边沉淀下来，就形成了海涂。海涂厚了、大了，人们就把它围起来，改造成良田。

人们忘不了这片土地是精卫填海而来的，就教育自己的子子孙孙、世世代代都要爱鸟、护鸟，学习精卫精神，矢志不渝地朝着既定的目标去奋力拼搏。

近年以来，长子县坚持以文塑旅、以旅彰文，加大文旅开发力度，激活乡村振兴新引擎。他们叫响神话品牌，充分利用"精卫填海"等神话资源，打造神话主题文艺作品，加快创建"中国神话之乡"，让神话品牌形成产业、造福百姓。他们引导各乡镇找准乡村振兴"文化纽带"和"经济纽带"的融合点，深入挖掘地方特色文化资源，以农业产业为基础、旅游休闲为形态、乡土文化为灵魂。

未来，长子县将持续在农文旅产业融合发展、美丽乡村建设等方面大胆创新、积极探索，拓宽长子县旅游产业链的发展维度，在增加村民和村集体经济收入、实现乡村共同富裕的同时，回应游客对"诗和远方"的追求，尽享乡村好风景。

一方砚台包含了长子县精卫填海的精神，更艺术地表现了古老神话和现代文旅融合的意境，拓展了人们的思维空间。

如今在拥有精卫填海传说的长子县，人们更是继承了这样的执着和不服输的精神，用他们的努力建设着这片幅员辽阔的土地。

孙芸苓　山西省作家协会会员，山西省女作家协会副主席，运城市作家协会原副主席。著有诗集《湿漉漉的记忆》，诗图集《与沙漠之约》(合作)，非虚构文集《女人的三十三种情殇——女记者隐秘采访笔记》等。

青羊里的神话

曹向荣

见"青羊卧月""彩凤来仪"两方绛州澄泥砚台，很喜欢。

青羊望月一砚，砚的主体是大的圆月，月前卧一羊。那卧着的羊竖两角，扭着脖子在回望。羊回望的姿态，头稍稍往上翘，羊胡子飘然。圆月下卧着的青羊背后是山脉，是祥云，是松柏。一侧山下，有一景观，那景观北靠山脉，数节台阶，气势宏伟。山脉高处，耸有高塔，一眼望去，祥云缭绕，想象中雾气升腾。

"彩凤来仪"一砚，圆月与彩凤各占一边。那圆月石鼓一般，光如凝脂。彩凤做飞腾状，朝向圆月。相比青羊望月，彩凤来仪一砚，背景空旷，构图简约。三两处凉亭，几朵祥云。一朵祥云悠然飘在彩凤背后，又两朵祥云围着月亮似与月儿相戏。凉亭如豆，分散在彩凤脚下。整个看来，这"彩凤来仪"砚台是一幅远景图画。彩凤展翅高翔，那翅膀有跃动的神态。凤尾翻卷着，展舒有致。砚中对彩凤精雕细琢，绘出彩凤这只神鸟的高贵和华丽。

据说"青羊卧月"典故出自长治平顺的青羊山隘。平顺县在明代前，被称为"青羊里"。青羊里，这个地名好，明白、质朴。一说青羊里，知道有座青羊山。这青羊山多大呢？据史上记载，青羊山隘东抵林县界八十里，南抵壶关界六十里，西抵潞州界四十里，东西南北延袤百余里。

典故属史料记载，是叫不响的文字记录。我宁可相信传说。传说中，太行山一带的马踏隘、井底隘、漳义隘等古隘口多发战事，青羊山隘位居腹地，四通八达，便于经商之往来，素有"青羊驿站"之称。此山如屏障，山林秀而青翠，溪水绕山而转，蜿蜒几十余里。明万历年间，倚青羊山隘设平顺县衙。以平顺为县名，取平顺之意，以抚恤降民。

倚青羊山隘所设平顺古县的情状是有县无城，如一村落。1677年，在平顺任知县的刘曾作诗《城郭》，诗曰：

> 垒石依山作县城，一梭半月好描形。
> 晨兴烟突飘疏影，漏尽鸡鸣只数声。
> 败舍颓垣闲窗扃，荒郊旧穴破零星。
> 舒眸寥落行踪少，前后高峰自送迎。

又作诗《衙舍》：

> 萧萧官署冷如冰，哑哑枝头鸟自鸣。
> 欲卧只缘心未静，资生常叹口无腥。
> 闲窥胥役搔虮虱，渴待新泉啜苦茗。
> 入座须臾席不暖，几人有事到公庭。

如实录此两首诗，缘于诗作中对典故的解读。《城郭》一诗中的"一梭半月"诗句，让人联想到平顺"青羊望月"砚中的景观。天地之大，夜间无处不银光洒照，却只有这青羊里有青羊山。传说中的青羊山，形似青羊，却与月亮有着怎样的缘由呢？卧望圆月。刘曾的诗句"前后高峰自送迎"，一峰是青羊山，又一峰在哪里呢？

原来是倚青羊山的县衙对面的南山，据记载说："绵延起伏，似舞凤翱翔翩跹然，且多松桧桃李，每至春来，万木芬芳，群卉香郁，红紫青黄，鲜妍错杂，若彩凤来仪焉。"由此，以平顺县衙为界，北有青羊，南有彩凤。难怪青羊里的青羊千年望月，只为招引彩凤啊。那或半或圆的月儿，在动人的传说中成了牵线搭桥的月下老。

传说是动人的。如这般的传说，不只是动人，有一种动心的美好。青羊千万年的望月，其忠诚历来为男人感慨。那彩凤"翩跹然"，素为女人一生的追求。更有那春来的"万木芬芳，群卉香郁，红紫青黄，鲜妍错杂"。这彩凤山可谓世外桃源，人间天堂。

回头说那县衙知县在《衙舍》诗中，叹"萧萧官署冷如冰，哑哑枝头鸟自鸣……入座须臾席不暖，几人有事到公庭"。其实，这"哑哑枝头鸟自鸣"，不过是知县

平顺县·青羊望月砚

青羊望月连年盼；
平顺弄潮与日新。
——朱才胜撰联

的自况。这里,最欣赏末句"入座须臾席不暖,几人有事到公庭"。想那"晨兴烟突飘疏影,漏尽鸡鸣只数声"的小县,晨烟虽稀,却自袅袅;鸡鸣数声,并不热闹,却是民风淳朴,夜不闭户,真乃朗朗乾坤,清平世界。

多个世纪后的今天,平顺县城规模扩大,景象繁华。古来优美的传说历代传颂,延续至今。平顺县在"彩凤来仪"的南山建有彩凤公园,在"青羊卧月"的北山建有祥龙公园（初名青羊公园），但见牌楼廊庑，飞瀑流泉，设亭台，铺幽径，真乃林中有城，城中有林。游客行走其间，怀古抚今，怎么不感慨万千？

"青羊卧月""彩凤来仪"两砚，静中有动，令人浮想联翩。这两砚的传说故事，虽说来自平青山里的优美传说，传达的却是人间共同的美好和向往。见之，无不欢喜在心。

赏砚至此，略述笔墨记之。

曹向荣　中国作家协会会员，运城市文艺评论家协会主席。著有长篇小说《玉香》、中短篇小说集《泥哨》《打街》《结婚照》、散文集《消停的月儿》《木版年画》等。曾获山西省2004—2006年度赵树理文学新人奖。

长治黎城黄崖洞砚

王振川

提起黎城县黄崖洞，人们可能会联想到神秘的道家修炼洞天，想象着那里有奇峰深谷、苍松翠柏、黄鹤白鹿、飞剑神拳；而实际上，它是一处兵工厂遗址，一处经历了抗战烽火洗礼的英雄战场。

黄崖洞位于黎城县北部的深山之中，风景十分优美，崖壁呈黄色，东崖半部有一天然石洞，因此得名"黄崖洞"。八路军把兵工厂建在这里，是因为它的位置隐蔽，易守难攻。1939年9月，八路军总部兵工部部长刘鹏带领一所所长程明垒、一所总工程师陈自坚来到黄崖洞，在水窑一带勘察地形，丈量面积，设计建造厂房。根据当地的自然地理条件，决定用石头砌墙，石板盖房。一边建设，一边生产。

早在1938年，榆社县韩庄村的八路军总部修械所就曾将十余部设备迁至黄崖洞，开始了零星生产；1939年，后续设备陆续迁来，共四十余部。全盛时期，黄崖洞兵工厂有干部职工2000余人，每年生产的武器弹药可以装备12个团（一说为16个团），是抗战时期八路军在敌后创建最早、规模最大的兵工厂。我军第一种制式步枪"八一"步枪、八路军第一种自产"掷弹筒"都是黄崖洞兵工厂研发出来的。另外，黄崖洞兵工厂也为我军培养了大量的军工技术人才，为新中国的军事工业奠定了基础。

黄崖洞兵工厂是八路军最重要的武器生产基地，自然会引起日本侵略军的窥视。1941年11月9日，日军派36师团和独立4旅共7000余人，在飞机大炮掩护下，向黄崖洞进犯。

彭德怀、左权等八路军领导人在战前对局势进行了全面而深入的分析。一是黄崖洞具备有利的山地防御条件；二是黄崖洞周围已建起了坚固的防御工事；三是黄

黎城县·黄崖洞砚

抗日战争建赫功，邓公留墨迹；
澄泥宝砚含神韵，匠艺灿春光。

——王沁声撰联

崖洞中已储存了充足的武器弹药和食物；四是特务团老兵成分多，战斗经验丰富，战斗力较强。彭、左二人在冷静分析后，下令特务团天亮前全部进入阵地，利用有利地形，节节抗击，打一场阵地防御战。

11月11日拂晓，日军首先偷袭我前哨阵地，遭我阵地火力和地雷杀伤后改变战术，欲以羊群"蹚雷"开路，却不知特务团埋的是大踏雷，人踩马踏才会响。特务团利用滚石雷，配合七连前沿机枪阵地猛烈开火，不到半小时，就毙伤日军200多人，日军被迫退出雷区。随后，日军将目光瞄向了七连阵地，集中火力压制，发起冲击。

团长欧致富指挥两门迫击炮，将仅有的 12 发炮弹轰向敌群，挡住了敌人的进攻。当百名日军冲至翁屹廊时，我军果断撤回。敌人随后派兵企图攀越十米高的绝壁，八连副连长彭志海带领 12 名战士使用手榴弹将敌军重创。敌军下令用"尸梯"攀登山体，特务团的战士们将滚雷、手榴弹扔下崖去，挫败了敌人进攻。

14 日，日军对桃花寨西山及 1568 高地的二营四连阵地实施炮击，敌步兵在炮火掩护下冲上山崖。占领了四连二排阵地之后，开始向水窖洞口阵地猛攻，但伤亡数百人后狼狈撤回。15 日，日军采取右侧迂回战术，对水窖洞口发起进攻，并在南口采取搭人梯的方式攻击断桥。特务团第八连指战员以一当十，打退了敌人的数次进攻，牢牢守住了南口到断桥的通道和水窖洞口的阵地。16 日，日军企图利用射击死角避开我军火力，发起强攻，未果。午后，敌人对水窖洞口核心工事采取先孤立后夺占的方式，组织力量压制我军支援火力，使用火焰喷射器、燃烧弹实施攻击，王根喜等 12 名战士与敌拼杀，壮烈牺牲。

此时，彭德怀分析判断敌人无非是想"参观"一下兵工厂，就决定诱敌深入，转移人员、机器，烧毁主厂房，在炸毁的锅炉房周围布设地雷，给敌人以兵工厂已被炮弹炸毁的假象，然后将敌人占领的水窖洞口主阵地周围全部用地雷封锁起来，所有人员撤到二线进行防御。

18 日清晨，日军没有遇到什么阻力，就进入了黄崖洞兵工厂。他们一无所获，反而引爆了里面的各种地雷。敌援军到达后，又企图捣毁团指挥所，坚守在该高地的 2 连 1 排与敌人反复格斗拼杀，战士温德胜、边清章将残敌引向东南面悬崖的绝路，准备一网打尽，但因寡不敌众，被敌人逼至断崖，壮烈牺牲。19 日，特务团抓住战机，全部恢复阵地。日军发现山外有我军重兵埋伏，慌忙逃走，最终被埋伏在三十亩、曹庄一带的 129 师消灭 500 多人。

日军被迫于 20 日夜退出黎城，其原定一个月的"扫荡"计划就这样被粉碎了。

此战，我军与 4 倍之敌激战 8 昼夜，毙伤敌人 2000 余人，保卫了兵工厂，赢得了敌我伤亡 6：1 的辉煌战果。

现在的黄崖洞是国家 4A 级旅游景区、国家森林公园、山西省爱国主义教育基地，是集自然风光与抗日遗迹于一体的风景名胜，适合徒步、攀岩。主要遗迹有镇倭塔、血花亭、吊桥天险、黄崖洞保卫战烈士墓地、纪念碑、兵工厂车间遗址等。

王振川　运城市作家协会主席，运城市中华文化促进会监事长。出版作品有《于成龙传》等。

一壶山水润笔墨

高菊蕊

  一壶太行山水,就这样与汾河澄泥相互交融,经过绛州蔺家父子那口炉火窑的日夜煅烧后,呈现出一方珠联璧合的绛州澄泥砚,造型之妙,山水之美,让人心生爱慕。

  此后的日子,它将与笔墨不离不弃,承载的却是五龙山的草,打虎岭的松,给一滴泉水根就生得万千山林;是高山寨的雷,大峡谷的风,是太行石缝间抠出风光旖旎的北国江南。书法家手中的笔锋,饱蘸的也不仅仅是飘香的墨汁,还有山之魂、水之韵,挥洒在宣纸上的汉文字,一撇一横间,萦绕的是太行大峡谷山水的灵动与飘逸、雄奇与秀美、厚道与坚韧。

  这一壶浓酽的山水,当属山西壶关县。

  壶关县因古治北有百谷山(今名老顶山),南有双龙山,两山夹峙,中间空断,山形似壶,且以壶口为关,而得名壶关。无论是北谷山还是双龙山,都属太行山系,壶关人世世代代在此繁衍生息,血脉里也就多了山一样的筋骨,山一样的厚道。从小我们就知道《愚公移山》的故事发生在太行的山水间,这种愚公精神让壶关人一代代地传承着。抗战期间,无数壶关人在这里舍生入死,保卫家园,硝烟弥漫的太行山成为著名的抗日根据地,沟壑峰岭间军民共同谱写的抗战之歌,镌刻在岿然不动的太行山上,成为光荣的历史。抗战胜利后,他们建设家园,植树造林,保护环境,一代代人前赴后继,发扬愚公精神,在悬崖峭壁上凿出平坦的挂壁公路,让太行大峡谷走向世界,让世界走进大峡谷。

  经过几代人的努力,昔日穷山恶水的地方,终于被他们打造成景点密集的国家

壶关县·太行大峡谷砚

连峰叠嶂,满目烟霞大峡谷;
滴翠流金,千般苍郁小壶天。
——王沁声撰联

地质公园、国家森林公园、中国十大最美峡谷。集自然风光和人文景观于一体,雄、奇、险、幽,成为中国县域旅游品牌景区200强和山西省重点建设的十大景区之一。在这里我们会看到金钱豹、黑鹳、金雕等130种国家保护动物,看到紫团参、红豆杉等300余种珍稀植物,这里的林草覆盖率达74.9%,是享誉中外的世界奇峡、天然氧吧。

壶关县太行山大峡谷自然风光旅游区,有自然景观400余处,景点44个,以王莽峡、八泉峡、青龙峡、五指峡、红豆峡和万佛山六个景区组成。峡与峡，相互连接，却风光各异，八泉峡、紫团山、红豆峡尤为著名。

八泉峡位于太行山大峡谷中段，是国家5A级旅游景区，被称为"世界级极品旅游资源"。由于2000多万年前地质抬升、风雨雕琢，这里形成了绝壁千仞、奇石林立的绝美峰岩。有峰岩自然有泉水，泉水无疑成为这里的主角。上八泉、中八泉、下八泉在山石上敲打出各不相同的韵律，它们在山石间低吟浅唱，在峭壁上飞舞狂歌，灵动婀娜的身影穿越草地、绕过山石、一路欢歌，有时稍不留意一头跌落万丈深崖，惊叫声在山峡溅起一首绵绵不息的千古绝唱。最终它们汇聚在峡的最深处，成为一潭幽深的静水，将周围的峰峦、树木、山花，还有或明或暗的洞穴，一律收进清澈的水面，成为一幅幅灵动的水墨画。

紫团山的风光和八泉峡迥然不同。来到紫团山不能不来山腰中的紫团洞，它是形成于30万年前的天然溶洞，如果运气不错，还能看到日出日落之时，从溶洞中飘逸出一团团的紫气，游人恍若走进人间仙境。紫团洞内更是别有一番风景，里面的钟乳石形态各异，惟妙惟肖，人们不得不惊叹于大自然的鬼斧神工，塑造了我们无法想象的美景。紫团洞，不愧为"北方第一洞"。有诗人曾吟咏出这样的诗句："秀出群峰外，团团紫气重。崖牵青薜荔，岫前碧芙蓉。"

因为紫团洞，便有了紫团山。紫团山上无数的苍松自不必说，它盛产的紫团参格外珍贵，唐宋时曾是向宫廷进贡的八大贡品之一。晋代旅游家抱朴子说："天下佳山者南五夷，北抱犊。"抱犊山，就是紫团山。可见紫团山风光在古代名山中的地位之高。

唐诗人王维的"红豆生南国，春来发几枝。愿君多采撷，此物最相思"，让多少有情人将红豆作为相思的寄托。原以为红豆是江南的专属，殊不知北方的红豆峡，也生长着无数的红豆杉。这罕见的珍稀植物，在溪边、在绝壁、在断崖无处不有它们郁郁葱葱的身影。来自太行山石的阳刚与红豆相思的柔情，在此紧密地糅合在一起，成为"中国情峡"。

当然，这仅仅只是浮光掠影，其中还有黑龙潭、白龙潭、青龙潭，它们皆以水潭之美而命名，无论潭深莫测，碧波荡漾，还是飞瀑悬其上，浪花飞溅，皆让人流连忘返。

这里曾留下不少古城遗址，仙居、辘城、马奇寨等地，是先祖们固守山寨、逐鹿太行、争霸中原的要峡，一个个动人的故事背后，都蕴含着男儿征服天下的勃勃雄心。这一个个故事，也为这座历史名山增添了丰厚的文化资源。

有人说这里是华北小三峡，也有人说这里是北方的江南，无论哪种说法，都是对这一壶山水的盛赞。

这一方绛州澄泥砚无疑成为太行大峡谷青山丽水的浓缩，太行大峡谷的青山丽水从此也浸润护佑着这一方砚台，它们的结合只为了中国更美的文字。

高菊蕊　中国作家协会会员，山西省作家协会理事，运城市作家协会原副主席。著有散文集《听涛集》《百代风流》《名城绛州》；中篇小说集《公民》《一条通往天堂的路》等。中篇小说多次被《小说月报》《中篇小说选刊》转载。曾荣获赵树理文学奖。

武乡砖壁雄风砚

李立欣

太行有个武乡县,武乡有个砖壁村,这个蕞尔小村,普通得再不能普通了。但是中国的抗日战争使它威名大震,成为国内外闻名、人民景仰、敌人闻之胆寒的革命圣地。八路军总部进驻砖壁村后,朱德、彭德怀、左权、刘伯承、邓小平、陆定一、罗瑞卿、杨尚昆都曾先后在村里居住。一时间,巨星云集,光芒四射,砖壁村爆发出巨大的能量。由这里发出的命令,传达到前线,指挥着华北抗战,狠狠打击了日本侵略者,鼓舞了抗日军民的士气,取得了抗日战争一个又一个伟大胜利。

武乡县地处太行、太岳两山之间,是一个实实在在的革命老区,当时仅有14万人口,就有4.1万人参军参战,2.1万人为国捐躯。这其中有"一门六烈"的革命家庭,还有满门灭绝的普通民众。武乡县被誉为"八路军的故乡、子弟兵的摇篮",武乡县"村村住过八路军,户户出过子弟兵"。

武乡县砖壁村,位于武乡县东南的太行山深处。砖壁村地形奇特,风水流畅,一夫当关,万夫莫开,进可攻,退可守,疏散方便,是八路军中枢机关驻地的最佳选择。在抗日战争最艰苦的年代,地形险要、易守难攻的砖壁村,成为八路军总部"三进三出"、驻扎时间最长、经历历史重大事件最多的村子。砖壁村被誉为"没有围墙的八路军抗战历史博物馆",是与井冈山、延安、西柏坡齐名的红色摇篮和革命圣地。

砖壁村一面靠山、三面临崖,活像太行山半腰里伸出的一个"半岛",只有村西一条峡谷通往山外。当地老百姓说,要进砖壁村,不钻沟找不到路,不爬坡进不了村子。

武乡县·八路军总部砖壁雄风砚

太行砖壁雄风劲,百团大战破囚笼,伟业炳青史;
革命摇篮赤帜扬,万众奋发奔富路,丰碑耀锦程。

——景兴隆撰联

1940年,由彭德怀、左权等八路军领导人,在此部署指挥了震惊中外的"百团大战",打破了日军"囚笼政策",牵制了敌人大量兵力,拖住了日军进攻我大后方的后腿,遏止了当时妥协投降的暗流。八路军百团大战,在总长2500公里的破袭线上,数十万将士拔据点、夺关隘、毁交通、炸桥梁,打击日本侵略者。据记载,此役发动大小战斗共1824次,毙伤日军20645人,俘虏伪军18407人,破坏公路

1500公里，收复县城11座。作为发动此次战役的指挥部——武乡县砖壁村，因此名垂千古。抗日战争时期的1937—1942年，八路军总部曾三次在砖壁村驻扎。

砖壁村一面靠山、三面临崖，是个有山无林，有河无水、十年九旱的山村。为了解决老百姓吃水困难，八路军将士利用战事的间隙，修筑渠坝、抗旱打井，帮助群众打了6口井，修建了2个水池、1个军民坝。2017年2月20日，山西省长治市武乡县蟠龙镇砖壁村被公布为第四批中国传统村落。如今的砖壁村，红色旅游吸引着全国各地的游客，村民依托红色旅游和大棚蔬菜种植走上了致富路，日子越过越红火。

嗟乎！武乡。时艰共济，挽大厦之倾摧；军民同心，拯民族于冰炭。砥砺千艰，峥嵘百战。百姓为取义而舍生，英雄乃成仁而赴难。壮丽永恒于汗青，光辉不息于灿烂。太行丰碑，砖壁雄风。丰功高逾太行，彪炳青史；伟业宏开盛世，光大前程。勿忘前耻，寄望复兴。

李立欣　山西省作家协会会员，运城市作家协会副主席，媒体记者，散文作家。出版《淇园小憩》《南风薰兮》等散文集，创立"淇园散文"原创公众号，乐于金石，专注于晋南民俗文化研究。

一方山水绘名城

姚灵芝

当一方雕刻着"北方水城·山西沁县"的绛州澄泥砚展现在眼前时,我邂逅了一座山环水绕、苍翠清丽的小城。砚台制作者的匠心独运,赋予汾河的澄泥一种独特的审美表现,透过这方小小的砚台,我仿佛看到了小城的山清水秀、古朴静美,瞬间心生欢喜,不禁对这座小城有了一种神往。

流连于无所不能的网络,搜寻着有关这座小城的点点滴滴,小城印象扑面而来。

山西沁县,位于中国的北方,却有着水墨丹青、烟雨江南的神韵。在晋东南盆地的北部,巍巍太行、苍翠太岳之间,大自然造就了这一方奇山秀水。这里山峦连绵起伏,平畴沃野开阔,天然泉水星罗棋布,如镜湖泊点缀其间,素有"千泉之县""北方水城"之美誉。

仁者乐山,智者乐水,这座山水兼具的小城无疑就是一处天然的风水宝地。它吸引了众多的贤达智者,孕育了深厚而悠久的历史文化。

小城从公元前514年设铜鞮县开始,至今已有2500多年历史。沁县的前身是沁州。沁州在金代天会六年至清朝末年的700多年中,州治就在今天的沁县城。宋太平兴国二年(977),置威胜军。威胜军下辖的铜鞮县,是中国历史上建制最早的县份。春秋时期,铜鞮由于区位重要,政治优越,军事争霸,人文荟萃,出现了一位影响晋国发展的重量级人物——羊舌赤。羊舌赤,字伯华,时称"铜鞮伯华"。孔子曾这样评价他:铜鞮伯华年幼时就聪敏好学;壮年刚勇,不为所屈;老年有道,礼贤下士。三种品格,集于一身。得此人,天下安定。可见,孔子对铜鞮伯华崇拜到什么程度。沁县文化的渊源,最早便源于铜鞮伯华。汉朝时期古铜鞮已是"家有塾,党有庠，术有序，国有学"，东汉中期始有"铜鞮儒学"的官学，隋朝发展到了"庠序盈门"的鼎盛时期，不仅私塾的数目增多，而且办学形式多样：有设帐授徒的"门馆"、乡党村办的"团馆"、专教族内子弟的"东馆"、官绅捐资的"义馆"，还有利用庙产或其他公产办的"庙馆"。特别值得一提的是，隋朝科举考试兴起之时，运城籍的千古大儒"龙门王通"曾在沁县的铜鞮山筑室读书，布坛讲学，吸引了天下的莘莘学子，让铜鞮山名扬天下。汪灏赞佩王通"帐前子弟多公辅"，吴珽对王通更有"房魏勋名远，河汾教泽长"的称颂。沁州还建有文中子庙，可见文中子当年在铜鞮讲学影响之大。

近年来的考古及其研究发现，沁县境内有着大量的仰韶文化、龙山文化和夏商周文化遗存，其年代跨度之大，文化序列之清晰，存在范围之密集，在中原地区非常罕见；五帝时代的帝喾曾活动在漳河流域，属其后裔的先商族兴起于漳河上游，其祖先契曾是扼守漳水源头太岳山孔道要冲处的阏伯，因此有地名阏与传世。帝尧时代，契迁于漳河中、下游，自此，商民族便在中原一带发展壮大起来。由帝舜时代起，阏与聚落的首领称阏父，阏氏一族历夏、商、周三朝，代有政声，堪称华夏人文的名门望族。可以说，沁县的历史文化与中华文明的历史一样悠久而厚重。

一方山水养一方人。沁县是浊漳河西源的源头，全县境内有较大河流六条，水资源特别丰富。"上善若水。水善利万物而不争。""天下柔者莫过于水，而能攻坚者又莫胜于水。"在这一方水土的滋养下，集刚柔于一体的水的特性也如"润物细无声"的春雨一样渗透到了沁县人的血脉里，彰显在他们的生活习惯、思维方式等各个方面。

就像沁县的水一样，随势而行，沁县人善于取经学习，可以适应各种复杂的形势，能审时度势，懂得顺势而为，不断发展壮大自己。

绿水青山就是金山银山。沁县利用本地自然风光，开发生态资源，通过对全县河流水系的规划、整治、建设，实现了全县有水，碧水长流，形成了最宜人居，集湖光山色和工商贸、科教游为一体，颇具南国风韵和北国风情的三晋最佳旅游胜地和商贸重镇——"北方水城"；充分发挥水系丰富、源头活水的优势，深度谋划黄河流域生态保护和高质量发展重大项目，争创国家水系连通及水美乡村试点县，巩固提升千泉湖国家湿地公园建设，实现了全县域"河畅、水清、岸绿、村美"目标；凭借位于千里海河的西源、美丽沁州的优质水源，打造了山西省重点工程项目——沁园春矿泉水品牌；在海拔一千多米的高原台地之上，凭借大自然赐予的一

沁县·北方水城砚

三宝之名,澄泥砚匠心雕出;
千泉之邑,沁州黄善水润来。
　　——王沁声撰联

方山环水绕、粮丰草茂的净土,成就了"中国绿色名县""中国小米之乡"等美誉。尤其是"国米"沁州黄,说起沁县,必说沁州黄,它的香糯,温暖了多少家庭的日子,激发了多少家庭主妇的向往。 目前,沁县森林面积达到75万亩,生态修复工程0.3万亩,退耕还林等工程造林4.75万亩,草地面积达到38万亩,森林覆盖率达到

37.39%。未来三至五年内,218个森林乡村的建设,将使森林覆盖率达到37.5%,城区绿化覆盖率达到40%以上。那时,一个山清水秀、满目苍翠、气象万千的小城将呈现在世人的面前。

一千多年前,河东大儒"龙门王通"在沁地布坛讲学,让铜鞮山名扬天下,也成就了自己的美名;一千多年后的今天,相信河东的绛州澄泥砚同样会让沁县这座小城声名远扬,也让绛州澄泥砚这一国家非物质文化遗产重新绽放光彩。

姚灵芝 现任运城文学院院长、《河东文学》主编,运城市作家协会常务副主席。参与编辑大型系列图书《河东五十年优秀文艺作品选》《河东历史文化丛书》《典藏古河东丛书》及长篇文化散文《大唐蒲东》、长篇纪实文学《中国农民原贵生》等数十本,主要从事散文和文学评论创作。

沁源自然保护区砚

李 需

　　山西省沁源县，位于太行山腹地，扼五岳之险，承沁河之润，覆林木之茂，蕴文化之韵，物华天宝，地杰人灵。

　　沁源自然保护区砚，始于汉末，历史悠久，源远流长，上接云蒸霞蔚，下连珠光宝气，代代相传，发扬光大，自成一格，堪为墨之瑰宝。

　　一方砚，都是一幅画图。要么是雕梁画栋，山水人物；要么是水阁亭台，鸟兽虫鱼；要么是花草树木，梅兰竹菊；要么是村舍人家，星星点点；要么是羽扇纶巾，儒雅风流……万千变化，争奇斗胜，鬼斧神工，令人唏嘘。

　　一方砚，都是一首诗。要么花好月圆，郎才女貌；要么境界悠远，胸阔气爽；要么情真意切，隽永绵长；要么曲径通幽，小桥流水；要么雄恢壮丽，气吞万里……抒不尽情致，写不完相思，令人驻足，让人遐思。

　　沁源保护区砚，从古至今，每一方都是传奇。有劳动人民的智慧和结晶，有苏东坡、唐伯虎、白居易等等文人雅士的奇闻趣事，有平凡学子的爱恨情歌，有青葱岁月的梦魂牵绕。一方砚，都是时间的见证；一方砚，都是如水的歌谣。

　　沁源保护区砚，从头到尾，每一方都是神话。有鱼化龙的美妙，有神仙普渡众生的奇诡，有电闪雷鸣的幻化，有柳岸花明的惊喜。一方方砚，都是一方方美好的向往；一方方砚，都是天上人间的赋曲。

　　山西省沁源县，有水，水便是砚的脉动；山西沁源县，有山，山便是砚的筋骨。一方砚，都沁着历史的厚重，带着遥远的呼唤；一方砚，都渗着文化的自信，带着信念的力量。

沁源县·沁源自然保护区砚

幽谷逸林源有意；
亭台松鹤砚生辉。
　　——王沁声撰联

一方方砚，都是沁源人的梦想，把幸福摇曳！
一方方砚，都是沁源人的希冀，把爱的琴弦弹响！

　　李需　中国作家协会会员，运城市作家协会原副主席，现供职于运城市公安局。作品散见《星星》《绿风》《诗潮》《中国作家》《散文诗》等国内、港澳、国外百余种报刊，入选《中国年度散文诗》《中国百年散文诗》等50余种选本。荣获"祖国杯""森工杯""人祖杯"全国散文诗大赛一等奖、天马散文诗奖、《星星诗刊》散文诗奖等多次。已出版散文、散文诗集《拐个弯是村庄》《乡土》《屋顶的月光》等5部。

晋城市
Jincheng

方寸之间显大美

杨秀清

文人有砚,犹如美人有镜。一日,到朋友家做客,不觉被书桌上的一方砚台吸引。

放眼望去,方方正正的高档紫檀实木书桌上,圆圆的笔筒、静静地压在宣纸上的镇尺,泛着油亮的光。笔筒中散插的湖笔与这方砚台凝重的橙黄色交相辉映,与整个房间的布置形成一种特别的格调,似一群儒雅老者中一活泼孩童般,既没有破坏了整体格局,又增添了那种来自骨子里的活力。

走近细细端详。砚池呈椭圆形,四周是随形而赋的浮雕,整体椭而不圆、方而不周,粗犷又柔和。

浮雕外沿是变化的饕餮纹,像是浮在空中,似有仙客腾云驾雾扑面而来;内沿上下是散断的饕餮纹和波浪纹,上下协调、天地混动,动而不摇、稳而不滞;左侧外沿则辅以梅花朵朵,晋城城区的厚重历史文化掩映其中,上眉阴刻"中国优秀旅游城市·山西晋城"字样。自然格局人文情怀浑然一体,交相呼应,一幅寓山川河流、人文景观和历史底蕴于一体的山水图铺展开来。

晋城市,位于山西省东南部,居晋城盆地南部,晋豫之交,以城区为中心,向四周辐射,形成别具特色的、具有所谓"五千年历史看山西"的典型图鉴。

晋城城区东枕太行,南临中原,西望黄河,北通幽燕,白水河、北石店河流经南北,丹河与沁河萦绕其左右,史称"河东屏翰、冀南雄镇",自古为兵家必争之地,是中原经济区、山西省新型能源工业基地的重要组成部分。这里人杰地灵,远可溯旧石器时代晚期,上可追女娲补天、尧封丹朱、蚩尤冶铁、愚公移山、有凤来栖等古老神话,北魏置建州、隋代改泽州,高僧慧远、天文学家刘羲叟、诸宫调发明者

城区·晋城砚

笔写春秋,晋地人才辈出;
天开文运,城中白马腾飞。
——王沁声撰联

孔三传,名家辈出;程颢建书院,于谦留笔墨,孔子来而又返……泽州鼓书、泽州四弦书、上党梆子余音袅袅,数百年不绝。

当你拖着疲惫的身躯走出火车站,精神必为之一振。一座高高矗立的中国优秀旅游城市地标首先映入眼帘,其极具动感的"马踏飞燕"立足于地球模型之上,似翔凤凌空,昭示着这座城市的无限活力……

矗立于历史深处的笔峰塔,据传始建于唐朝初年,后历经战火洗礼,一片恢宏只剩下了笔峰塔形只影单。塔起东南，名曰文峰，为扶一方文运之脉，塔门石匾上刻"天开文运"，取名为"文笔峰"寓意三晋人才辈出，文化繁荣。笔峰塔与城北掩映于白马寺山森林公园的白马禅寺景公塔遥相对峙，形成呼应，拓展了城区的空间物理布局，拔高了晋城的厚重历史。重修后的寺院周边地理优越，交通便利，环境清幽，林木葱郁，是晋城文化脉络的源头，也是晋城旅游、休闲的好去处。

笔峰寺、笔峰塔的上方，富有现代社会气息的高楼林立与绕城而去的高速公路隐逸而出。新时代蕴含新机遇，晋城从远古走来，同时代接轨，焕发新的神采。如今的晋城楼宇林立，山长水阔，一体两翼格局悄然而成，高铁驾长虹蓄力奋飞，机场梦正要成为现实，幸福画卷正徐徐展开。

一方澄泥砚台，蕴含几多深意。方寸之间，尽显天地大美。

朋友见我爱不释手，便说喜欢只管拿去。

这款砚台是四大名砚之一的绛州澄泥砚，形制奇特，色泽饱满，出自新绛县绛州澄泥砚蔺涛大师之手，是为山西省117个县专门打造的主题砚台，不仅宣传了重获新生的绛州澄泥砚，也是推动山西各县旅游文化的一个创举，意义非凡，不可多得。朋友视它如珍宝，君子岂能夺人所爱？

假以时日，如有机缘，再与它相遇吧。

杨秀清　晋城市实验小学教师，业余写诗，有作品在《中国诗人》《诗选刊》《诗探索》《黄河》《太行文学》等刊物发表，出版有诗集《都是暂时的》。

珏山：山有月兮倚阑危

卫刘芳

"泽州"古称有着丰富的人文历史内涵。据《禹贡》等史籍记载，"泽州"一称始于隋开皇三年（583）改建州而来，其后区划称谓虽屡有变动，但基本格局未变，直至20世纪90年代的一次行政区划中，它成为县名"泽州县"。

泽州的历史关键词很多。譬如，煤炭藏量丰富，北宋都城汴梁广泛使用泽州煤炭，"其输市中州者，唯煤与铁，日不绝于途"；冶炼业发达，有了与匠户制度有关的地名"九头十八匠"；制针业兴盛，使"九州针都"古阳阿驰名中外。作为中华古文化发源地之一，比比皆是府城玉皇庙、高都遗址、孔子回车处等古迹和传说。因军事战略地位重要，有五代时后周与北汉的巴公原之战，有宋太祖亲征李筠时马背负石修路处碗子城，有"太行八陉之一"的南北要冲井陉关……如此种种，不胜枚举。史料辨析和地上文物相印证，让泽州成为一个拥有特性的"文化地域"。

位于泽州县境内丹河南岸的珏山（又名角山），早在东汉时期，就被辟为宗教活动场所，有着"道教圣地"之称，2009年入选中国百佳避暑名山。作为晋城四大名胜之一的"珏山吐月"一景，更是闻名遐迩。太行山上的珏山，因强烈的地壳运动形成了双峰对峙的奇景，最高峰天子岭海拔上千米。攀爬其间，纵目四望，连云叠嶂千岩万壑险峻异常，更能体会到极致的疲倦与登顶后征服感的情绪反差，油然而生一种置之死地而后生的畅快——"竹杖芒鞋轻胜马，谁怕！"攀登珏山，成为兼具赏景、健身与愉悦精神的运动。

绵延雄奇的山岭上还有不少或豪侠或凄婉的民间传说。在青莲寺东侧，岿然屹立的"掷笔台"，是隋初高僧慧远大师为验证自己《涅槃经》注释的准确性而掷笔

泽州县·珏山吐玉砚

红日凌空,光照珏山全是玉;
祥云蔚砚,溪流青石尽成佛。
——王沁声撰联

祷告的石壁。他的忐忑与欣慰,犹如隔世之光;珏山东有山寨石城,相传是《水浒传》第九十三回"李逵梦闹天池"中的"天池岭(又名天子岭)",可作古代农民起义聚兵囤粮所用,可遥想当年振臂一呼应者如云的盛况;东顶峭壁凌空处,有古代一孝顺女子为昭清白跳崖的"舍身崖",那份决然与不屈,令人不胜唏嘘;天然池水"乳窦泉"旁的峭壁上,留有北魏时期的石刻字迹"瀑布飞泉""山吐天边月,溪流石上云",

旧时飞瀑喷珠吐玉的壮观可见一斑。这是古人们用充满浪漫主义的想象力发掘地理学的诗性，从哲学、人类学、心理学层面展现出了人性与大地的互动。

珏山西北面的千年古刹青莲寺，因寺庙规模、建筑年代和遗存文物研究价值的重要性，被称为"晋魏河山第一寺"。古、新两青莲寺分别始建于北齐和隋唐，现存弥勒殿的唐代彩塑审美更具民族性和创造性，法相雍容华贵，衣纹与肌肤贴合，颇有"曹衣出水"神韵，其中的倚坐垂足唐代大佛全国独有。殿内宋代彩塑端庄典雅，写实性增强，以栩栩如生的形象揭示人物个性特征，于佛教主题中凸显佛教的思想感情。寺内碑铭、石刻、题记保存丰富，从北朝到民国历代皆有，其中，罗汉楼下的《罗汉碑记》，为我国现存记载年代最早、保存最完整的五百罗汉名号碑。

经过数个朝代的不断修缮，青莲寺形成园林式寺庙建筑群，藏经阁、释迦殿、款月亭、关帝阁等殿宇林立。明代藏式舍利佛塔、子抱母古柏等景观也让人驻足。与珏山互动性最强的，是一座重檐歇山四角亭"款月亭"。款月亭的妙处是中秋之夜可观珏山双峰间的圆月东升，不少在此赏过"珏山吐月"的名人都留下赞誉——金代状元李俊民的"山吐三更月，松摇万壑风"，金代泽州刺史许安仁的"今宵掷笔台边月，来照幽人物外游"，明代兵部尚书周盘的"一枕蒲团清梦觉，满窗明月夜孤悬"……无论哪个朝代，在万籁俱寂的千山万壑中，静待一轮明月高悬于双峰中，那种天地浩瀚无尽、"古今尘世知多少，沧海桑田几变迁"的大起大伏、大悲大喜的感触想必是一样的。

"人疑天上坐，山在镜中悬"，珏山这副对联源自唐代沈佺期的"人疑天上坐，鱼似镜中悬"，用在此处倒也恰当。拾级而上，一天门、二天门、三天门、天梯、挂壁步道、黑虎殿、过月亭、正顶、西顶、南顶……每一处都是"山当日午回峰影，草带泥痕过鹿群"的山野盛景。远眺，夕阳把万物分层勾勒，从绛红梁柱、森绿松柏、山间人家，到纵横错落的山脉、镶了金边的云，用笔之细令人喟叹。突然，鸟儿从身旁树梢一扑棱飞向山林深处，也只有飞禽才能访遍珏山的每一处沟壑。细听，山谷间诵经声悠扬，那是真武行宫和玄武殿的晚坛功课。

葱茏的珏山植被丰厚，是现代"神农"寻味的天地，黄鹌菜、附地菜、泥胡菜、鼠曲草、马唐等各种野菜与药材枝繁叶茂地扎根于此，构建着人际和谐、生态均衡的生态文明景观。到秋季，漫山黄栌染红山脉，像一袭美人的霓裳笼盖四野。山中隐约的人声，是泛舟太极湖、打卡玻璃栈道、飞翔悬崖秋千的游人在欢笑，这是他们在体验康养旅游项目。时至今日，通过整合周边山水生态，贯通太行一号旅游公路，

"珏山"已经成为一个具备特色文化底蕴的旅游品牌，将古韵泽州的博雅清逸一一展现给世人。

山有月兮倚阑危，珏山正怀揣表里山河的千古诚意，以峰寺月的雄奇险峻风光和历史文化内涵，期待八方来客寻幽探胜。

卫刘芳　山西省作家协会会员，山西省女作家协会理事。作品见于国家、省、市各级报纸期刊，内容涉及文化、时评、教育、时尚等，发表作品百万余字。

好砚有名曰皇城

郭彩霞

一个人,一方砚,一座城。

——题记

清顺治八年(1651),在太行山一个叫中道庄的城堡前,13岁的陈廷敬接过母亲递上的包裹,坐上马车,父子二人同去潞安府会考。包裹里装着陈家祖传的砚台,龟形泥砚,造型精美,通体光洁,温润如玉。陈廷敬知道,小小砚台,带着母亲殷殷的嘱托和期盼。

初出茅庐,陈廷敬不负众望,考取州学。六年后,陈廷敬乡试中举,次年中进士。一介书生,寒来暑往,苦读不辍,纸张笔墨换了又换,唯有那方砚台,陈廷敬一直带在身边,视如至宝。三百多年后,陈廷敬故乡中道庄变成了一个国家5A级文化生态旅游景区,声名远播。这里城墙楼阁巍峨耸峙,牌坊院落鳞次栉比,画廊小巷曲径通幽,碧波流水萦绕回环。这里就是皇城相府——当年大清相国陈廷敬故里。历史的烟云湮没了少年陈廷敬的身影,一代相国的荣耀和不凡却润泽着故里的后人。

陈廷敬原名陈敬,因与人同名,顺治帝赐"廷"字以示区别。也许,正是这个"廷"字,给聪慧过人的陈廷敬插上了一双灵动的翅膀,助他扶摇直上,青云万里。也许,正是那方小小的泥砚,给他以老成持重的特质,助他在为官之路上,行稳致远。

陈廷敬一生为官53载,28次升迁,官至文渊阁大学士兼吏部尚书,担任康熙皇帝的经筵讲师长达35年,作为康熙皇帝的辅弼大臣,深受赏识和重用。50多年来,陈廷敬足迹遍布大江南北,随身携带的永远是母亲给的那方泥砚。每日案前,陈廷

阳城县·皇城相府砚

皇城偕名相,共扬华夏;
泥砚与精忠,再续新歌。
——曾富贵撰联

敬绸布濡湿,轻拭砚台,多少情怀,仿佛都在这砚台之中。

康熙帝见,忍不住问,朕赐你那么多名砚,为何只对此砚情有独钟?陈廷敬执大臣礼俯首答道,此砚铭刻着陈氏祖辈做人处世治学的家风,且一路伴我求取功名,只有它在我身边日夜陪伴,才能让我谨慎自省,不忘圣恩和祖训,做一个上对得起皇帝下对得起黎民百姓的好官、清官。康熙帝闻听,龙颜大悦。手持陈廷敬呈上的泥砚,把玩良久,赞赏不已。

陈廷敬一生,晨起研墨润笔,夜深挂笔拭砚,那方小小的泥砚就像一叶扁舟,载着他,朝发暮归,日复一日,年复一年。告老还乡,陈廷敬散尽千金,带回来的只有这方泥砚。陈廷敬归乡第二年,康熙五十年(1711)二月二十二日,康熙帝亲笔御书"午亭山村"赐予中道庄,赐陈廷敬联"春归乔木浓荫茂,秋到黄花晚节香",并说"朕特书匾联赐卿,自此不与人写字矣"。

人研墨,砚磨人。在相互研磨中,历史成就了集众多才华于一身的一代名相,也成就了家乡的这方泥砚。一方泥砚,传到陈廷敬父亲陈昌期已是八代世传,在陈廷敬手中发扬光大,激励并托起了一个家族的光荣和梦想,也为家乡的砚台走向更大的舞台奠定了坚实的基础。

如今,这座古老的城堡——皇城相府沐浴着昔日的荣光,以更加开放包容的胸怀,将郭峪古城、海会寺、九女仙湖、蟒河景区揽入怀中,已发展成为集煤炭开采、旅游开发、生物制药、生态农业于一体的多元化公司。

虽然,那方小小的泥砚已无迹可寻,但人杰地灵之地,文脉不会折断,绛州澄泥砚的出现,就是最好的证明。

皇城相府澄泥砚接通了陈家祖传泥砚的文脉和气度。江山代有才人出,一代名相走远了,带着他珍爱的泥砚,家乡后人的绛州澄泥砚已隆重登场。皇城相府澄泥砚,一方有故事有灵魂有内涵的好砚!

郭彩霞　山西省作家协会会员,出版有诗集《采霞》、短篇小说集《暖雪》。

耕 迹

阿 登

我试着去想,如果以上苍的视角去看一座山会是怎样的情形?如果一个人站在坪阔的山顶仰望上苍又会是怎样的情形?当这个人吹去手中捧着的秕尘,只剩下几粒黍种时,他的形象开始变得清晰起来……这个叫舜的男人浑然不知,俯瞰他的历史镜头会从4000年前延展至今。跬步与悠远,宏阔与微渺,一切须从头说起。

第一粒粮食种子源自何时何地?几个世纪以来,人们始终争论不休。2014年某个夏日,考古人员在位于山西省沁水县历山的下川遗址地层深处,发现了三处火塘,以及一些禾谷类植物种子。这是迄今为止发现的人类世界最早的粮食种子,表明至少距今1.6万年前,下川古人便已进入刀耕火种时代。而此前,西方学者普遍的观点是,粮食种子起源于9000年前的西亚两河流域。

与上万年农耕行为形成鲜明对比的是一波又一波文明的湮灭。1.5万年前,晚期智人来到东亚,下川古人消失了。晚期智人是否融合了下川古人的血液,尚未可知。可以肯定的是,农耕行为并没有消失。

7000年前,仰韶文明诞生了,其核心区域地处山西、河南、陕西交界处,鼎盛时期,仰韶人的足迹曾遍及黄河流域。至此,农耕时代悄然来临。之后,龙山文化、河姆渡文化、半坡文化……一个个人类文明神迹般登场,又一个个幽灵般无声消失。唯有那些盛载他们谷物的陶器被发现、黏合,并勾起我碎片般芒砺的回忆。

6000年前,甘肃地区生态环境继续恶化。一个曾经生活在姜水旁的狩猎部落开始东迁,他们继承了农耕文明,结束了迁徙,在山西南部世代定居,号称炎帝部落,他们的某个首领则被冠以农耕文明的先行者称号:神农氏。

5000年前,另一支曾经生活在姬水旁的部落也开始东迁,他们使用熊、罴、虎、豹的图腾,先是在黄河以西筑城盘桓了数百年,终于在黄帝为部落首领时,即距今4700年左右渡过黄河,击败了炎帝部落,并以沁河为界会盟停战,形成了最初的炎黄部落联盟。

时间来到4100年前,时值帝尧统治部落联盟晚期,一场史无前例的全球性大洪水突然暴发了。《史记》记载:"汤汤洪水滔天,浩浩怀山襄陵,下民其忧。"洪水浩荡,环抱山峦,昔日的丘陵如一个个镶嵌的山包。彼时,洪水扩散于干流之外,向周边漫溢,河流失去了正常的下泄流向,导致了逆行倒灌支流。

让我们看看这一时期发生了什么:

在基督教的世界里,除了诺亚一家人侥幸躲进方舟逃过一劫外,其余的人类均受到了上帝的惩罚。

在东亚大陆架的边缘,繁盛了数千年的良渚古城在短短数年内沉入了海底。

内陆,洪水季节性泛滥,原本的山脉平原缩小成了九块大小不等的州岛,《夏书·禹贡》称之为九州,而山西南部则成了唯一的洪荒大陆。

随着洪水的继续漫涨,位于临汾运城盆地的尧都也开始受到威胁,部落联盟的中心于是向中条山东北麓迁徙。

中条山沁水段,由此成为部落联盟最后的避灾之地。

此时的帝尧一筹莫展。眼前的部落联盟面临着三大危机。一曰洪水,二曰猛兽。跟随上百万氏族百姓一同来此避灾的,还有无数面目狰狞的史前猛兽,后人称之为"洪水猛兽"。

而最大的危机莫过于粮食危机。太行、吕梁山脉贫壤缺水,唯中条山水土丰沛,盐矿无缺。然而,原始的耕作水平,沁水有限的耕地面积,根本无力养活蜂拥而来的氏族部众。于是,一场以提升亩产量为主要目标的农业革命开始酝酿。

历史选择了舜。舜,有虞氏人,生于运城盆地的姚墟,青年时迁至中条山沁水境内,以耕种为生,他也是中华孝文化的开创者。

最终,尧注意到了这位异于常人的农耕实验者,并且相信,唯其可以带领部族走出生存困境。为此,他决定将位置"禅让"于舜。这一决定显然遭到了氏族传统势力的反对。要知道,氏族部落联盟首领几百年来一直由黄帝后裔中的某两支直系血亲担任,而舜,显然不具备这个资格。为了说服他人,尧索性将自己的两个女儿嫁给了舜,并封其国于蒲阪之地。之后,舜的才干渐渐得到氏族部落的认可。

沁水县·舜耕历山砚

历山藏故事,因舜耕而蕴厚;
砚海著奇闻,凭蔺氏而风流。
　　——王沁声撰联

尧死后,舜展示出了巨大的谦虚谨慎,先是三让三辞于尧之子丹朱,继位后,又不肯赴位于今天沁水县龙港镇境内的尧都(陪都,尧早期都城位于今陶寺古城)就任,而选择驻于历山脚下,迎接他的部众只能跟随其住下。"一年为聚,两年为邑,三年为都",舜的首都于是被称为"迎都"(位于今沁水县中村镇迎头村周边,"头"与"都"音近而讹传为"头")。

舜先是根据自己的农事经验,对原先的二十四节进行了细分,制定并颁布了《七十二物候历》,将一个节气具体为三,五日一候,三候为气,用更加准确的时间物象来指导农事活动;舜又将自己多年来在历山的实验成果——先进的谷物种子推广开来,粮食亩产得以大幅提升,氏族部落渐渐渐渐度过了粮食危机,沁水历山也因此得名。

舜没有停下他的脚步,时机成熟后,他便将都城迁定于今天的沁水县城,谓之定都。沁水县城境内的某个村落至今仍然保留这一称谓。

至其晚年,全球洪水终于退去,先后历时20余载。舜便听从四岳的安排和建议,还位于黄帝的直系子孙——治水功臣禹(昌意之后),效仿自黄帝开始的部落联盟首领巡游制度,开始行辕天下。

那时的疆界并不固定,帝的车队走到哪里,哪里就是边疆,帝教化谁,谁就是帝的子民。农耕,这一中华文化最为悠久的犁痕,从此植于人心。以至于一波又一波北方游牧民族无论多么凶蛮的入侵和统治,都无法动摇炎黄子孙对于土地的坚守。这种执念逐渐升华为家国情怀。我相信这便是华夏文明能够成为世界上唯一没有中断之文明的主要原因。

公元前2000年左右,舜于巡游途中卒于苍梧郡,葬于九嶷山,终全五帝之名。

4000年后,我先后三次,于春夏之交登上历山。其主峰舜王坪顶总有无尽且未知的植物铺陈于眼前。与之相比,不远处海拔地貌与之相近的雪红坪顶,植被明显普通单一。此间差异,又岂是一人所为?一人之力?

步行舜王坪顶,红白橙紫,远繁侧迎,誓与蓝天抵映成辉。临崖远眺,迎风之际双目欲盈,顿感山河无限,仿佛仍似当初,有旗音扑面生威。

阿登　山西省作家协会会员,著有诗集《污点》。

打卡王莽岭

王爱国

相传西汉末年，王莽篡权，追杀起兵讨逆的刘秀。当刘秀与追随者被大军围追堵截逃入一座三面都是悬崖绝壁的孤峰后，王莽率军把北面唯一的一条羊肠小道堵得死死的，想把刘秀活活饿死，兵不血刃解决掉这个心腹大患。可是刘秀毕竟是应运而生的真命天子，冥冥之中自有神助。在一个月黑风高的夜晚，一个炸雷在孤峰的东南方向劈出一条窄窄的天梯。刘秀带着他的残部，利用饿马的嘶鸣作掩护，在一道道闪电的光照下，阒无声息地顺天梯而下，逃出生天。

刘秀逃走了，可他为南太行山巅的这座孤峰留下了一个"刘秀城"的名字，而那条天梯，被当地人称为"掰破梯"。两千多年后的今天，我们登峰凭吊，残留的汉砖汉瓦间仍然依稀可见当年军队驻扎的痕迹。

王莽也撤走了，他功败垂成，本以为密不透风的天网最终还是被撕开了一道口子。在后来的较量中，他不幸被刘秀翻盘吊打，落了个兵败身亡。可他与刘秀曾经对峙的这个八百里太行最高的山峰上却留下了太多的遗迹。跑马场是他当年操练兵马的地方，点将台是他当年调兵遣将的地方，勒马崖是他当年勒马驻足、指点江山的崖头，太子窑是皇后当年诞下太子的小山洞。甚至那些看上去层次分明的千层岩，据说也是他当年阅读过的兵书。在这些景点停留沉思，仿佛还能听见当年的人喊马嘶，鼓角争鸣。

由于山上有了太多的王莽元素，大概在东汉灭亡后不久，这座雄奇俊秀的山峰就改名为王莽岭了。

王莽岭的雄奇，在悬崖边的观景台上感受得尤为真切。但见那千峰争涌而至，有的刀削斧砍,峥嵘独立,有的连绵而来,若马奔腾,高低错落,形态各异。像姊妹峰、仙女峰、仙翁撑伞、天官赐福、一柱擎天、神龟峰、鸵鸟峰等等,不一而足。其间云海浩荡澎湃,若有神仙正谈笑;有处烟雾丝丝缕缕,如有精怪将幻形出没。当代诗人李锐在登山游览之后,曾乘兴写下"不登王莽岭,岂识太行山。天下奇峰聚,何须五岳攀"的诗句。如今这首五言绝句就镌刻在山脚的一处石壁上,鲜艳夺目,气势磅礴。

当我站在两千五百多年前俞伯牙弹奏出《高山流水》的琴台之上,面对身边千峰嵯峨、云海翻腾、轻风习习、松涛阵阵,仿佛瞬间穿越,看见这位音乐的先祖正衣袂飘飘、正襟危坐、轻拨琴弦,一音荡开在茫茫天宇之间,"峨峨兮若泰山,洋洋兮若江河",刹那间顿生红尘万丈、知音难觅之慨,禁不住热泪滚滚。

王莽岭上的云海日出就不用再说了,那早已是遐迩闻名。据看过泰山顶上日出的人说,这里的云海日出较之泰山日出是毫不逊色的。当东方即将蓬勃而起的一轮红日把你眼前的天空渲染得鲜红透亮、瑰丽生动的时候,那不远处仿佛刚从沉睡中醒来的黛青色的辽阔无边的云海微微涌动着无数碎碎的波浪,上面泛着深浅不一、令人着迷的金色光芒,其间时隐时现的黑色峰尖犹如大海中小小的岛屿一般缥缈;还有你身边的树、身边的花、身边的草都伸着懒腰披上了朝霞,你不由得会喊出声来:"真是绝美啊!"

王莽岭的雄奇壮美是如此让人惊叹震撼,可是在山间徜徉,你又会为它的清秀气质而深深陶醉。

王莽岭本来就是花的世界,树的海洋。置身于这样的天地之间本来就会神清气爽,宠辱皆忘,更何况是移步换景。步入幽深静谧的鹿鸣苑,可听松风过耳,鹿鸣呦呦;登上五彩缤纷的散花台,可观空谷间落英翩翩,犹如仙女起舞;石林间转转,俨然是一个微缩版的太行山;方知崖边看看,可俯瞰谷底千里中原一马平川。诸如此等,曲径相通,不可胜数。而方知崖本来叫览胜崖,就是因为原中国棋院院长陈祖德九段曾在这里由衷赞叹"到了王莽岭,方知世上美"而改名为方知崖的。

而我想起王莽岭,常常最先想到的却是山顶上那棵唯一的黄花柳。本来像它这样柔弱的生命只能生存于温暖湿润、环境优越的地方,可它却像一个厌倦了红尘的大家闺秀,遗世独立,默默修行在这海拔1700米的高山之巅,姿态婀娜,花香淡淡。它的美,赋予了王莽岭一种别样的气质。

关于王莽岭的美,还有一个美丽的传说:相传盘古开天辟地后,上天派神龟和

陵川县 · 王莽岭砚

清气满陵川，花木扶疏，人间圣境谁能比？
凉风拂莽岭，烟霞萦绕，世外桃源众尽夸。
——梁文清撰联

仙鸵从天上和海里选择奇珍异宝，在此地打造一处人间胜景。任务完成后，二仙却被自己的杰作成功圈粉，不舍得离去，最后就干脆化作两座山峰，永远守望。王莽岭原来的名字——龟鸵山——就是这样诞生的。

景区那条著名的锡崖沟挂壁公路是不能不走一走的。它作为新中国六十大地标之一，绝对不是浪得虚名。它好似挤压在万仞山体间的一根细绳，小心翼翼地顺着山势呈之字形蜿蜒而上，海拔跨度1000余米，全长7.5公里，全村人30年前赴后继，方始成功，其中艰辛自是不难想见。可是，没有这种迎难而上、舍我其谁的"憨"劲，他们也就不是陵川人。

下到挂壁公路的尽头就是锡崖沟。找一家环境清幽的农家乐歇歇脚，吃上一碗家常饸饹，要几碟小菜，啜几口小酒，然后再起身好好转转这个在现代文明的强劲冲击下依然努力保持着古朴自然的"世外桃源"，看看阡陌纵横间的人家惜惜、花遮柳掩、流泉飞瀑，看看颇负盛名的红岩大峡谷，这也是一件相当惬意的事情。

王莽岭的雾凇冰挂和雪后的景色据说也是极美的，可惜我并没有目睹过。不过晋城著名作家聂尔老师曾在其《王莽岭看雪》一文中写道："在我们这一带，王莽岭上的雪是最好的。"想必是诚不我欺了。

王爱国　陵川人，自由职业者。

文明摇篮,始祖炎帝

邢秀琴

远处高山耸立,层林叠翠。近处树木葱郁,小河流水。姜氏部落里,女人和孩子在溪流边戏水、打闹,各种不知名的小鸟在林间跳跃、鸣叫。金子般的阳光从头顶洒下来,孩子们沿着溪流矫健地奔跑。女人们围在一起,目光越过宛若神兽的羊头山,望向西边祥云缭绕的天际,向往着有一天能去羊头山几十公里外的地方,看一看传说中的东海。据说那里波涛汹涌,海水是晶莹的绿色,海面上飞翔着好多白色的大鸟。此刻,绿茵茵的草地上,人们光脚奔跑,像踩在柔软的草垫子上。红的、黄的、粉的小花迎风摇曳,空气中弥漫着草木的芳香。这是五千年前高平羊头山下一幅其乐融融的安居图。

夕阳西下,男人们肩头背着各种打来的猎物,大踏步地归来。他们的背后,残阳如血。远远望去,男人们化成一幅幅剪影。一个身材魁梧、牛首人身的男人昂首走在前面,他和其他男人一样,手拿石块、木棒,肩挑猎物。这就是神农氏炎帝。这是一天中最欢乐的时刻,部落里欢声笑语,大家公平分配打来的猎物,小孩子兴奋地在大人们中间穿梭,不时发出喜悦的尖叫声。没有人留意到炎帝静静地站在远处,望着西边渐渐暗下来的天际,心中涌起一阵忧虑。他蹲下来,用手拂过小草毛茸茸的头顶,心中若有所思。部落四周的猎物愈来愈少,族群的饮食很快就会出现问题。怎么办呢?他看着远处欢笑着的男女,一个想法在心里升起。

此后,炎帝便不再跟部落里的男人们一块出去围猎。他每天伴着第一缕晨光出发,顶着星星回家,谁也不知道他在忙什么。部落里有人看到,他经常攀爬上远处的羊头山,在嶙峋怪石间跳跃、搜寻。归来时,脚上手上经常有流血的口子。从春

高平市·炎帝故里砚

炎帝故乡,承始祖之宏恩,堪称霸业;
神农圣地,继先天之大德,别具雄风。
——梁文清撰联

到夏,到秋,连大雪纷飞的冬天也过去了,大家仍然不知道炎帝在干什么,只知道他硕大的脚板踏遍了羊头山每一寸土地。他和羊头山上每一块石头、每一棵小草、每一棵大树都成了好朋友。直到又一个春天来临,他手里小心翼翼捧着几株绿色的苗,犹如稀世珍宝。绿色的小苗,有着细细的茎秆,身上长出几片叶子,有风吹过,那些叶子摇晃着身子,似乎在和大家说话。大家围上去,一阵儿叽叽喳喳。炎帝说,这就是咱们以后的饭食！大家一时怔住了，不知道炎帝葫芦里卖的什么药。从此，这几株小苗成了部落里的宝。有疾风来临，炎帝担心吹倒，太阳毒辣，又担心晒着。几株小苗就这样牵着大家的心。谁也没有想到，看上去瘦弱的小苗得了春风化雨，夏日阳光，到了秋季，它们全身变成黄色，茎秆粗壮，长出鼓鼓的一粒一粒的小东西。炎帝摘下一穗，将小粒分给大家品尝。将一粒小小的东西放进嘴里，咀嚼，一股香甜的味道在嘴里漫延，口舌生津。大家陶醉地闭上眼睛，感觉他们的炎帝真是伟大，居然发现了这么神奇的宝贝。这就是五谷中的"黍"。

据《黑暗转》中记载："神农上了羊头山，仔细找，仔细看。找到黍子有一粒，寄在枣树上，忙去开荒田，八种才能成粟谷，后人才有小米饭。"从中可以看到，炎帝发现五谷实属不易。现在我们已经无法想象炎帝当时的艰辛。我们只能从古人的各种记载中，来想象五千年前的羊头山上下，发生了哪些改变华夏的大事件。有人说："一个民族的文化记忆，往往是从传说开始的。"而羊头山与炎帝之间的传说，几千年来，绵绵不断，在高平羊头山下的每个村庄，每一块土地，都带着久远岁月流传下来的印记，神农城、神农井、神农泉、五谷畦，羊头山下有关神农炎帝的遗址众多，北营、换马、庄里等村庄则流传着炎帝尝百草经过的每一个地方。踏上这块土地，似乎可以看到几千年前，祖先们在这里刀耕火种的生活。每年的四月初八，是炎帝陵祭祖的日子，无数从全国各地赶来的善男信女，虔诚地祭拜自己的祖先。

明代朱载堉的《羊头山新记》说"此山炎帝之所居"。在民间流传的《祭炎帝文书》中一首民谣唱道："炎帝上了羊头山，井子坪处开荒田。籽种刮到石窝里，翻石倒土找不见。神蚁衔出籽一粒，才是籽种重见天。七种八种成谷，除去毒液才能餐。娘娘将谷脱去皮，人才吃上小米饭。"后魏《风土记》载："神农城在羊头山，其下有神农泉，山有古城遗址。"北齐《魏书·地形志》载："羊头山下神农泉，北有谷关，即神农得嘉禾处。"据说羊头山的黍籽籽粒饱满硕大，炎帝制琴作乐曾经用黍度魏尺来定音律。

高平，在上下五千年绵延不绝的历史长河中，是中华农耕文明的发源地。这块土地上流传着数不清有关炎帝的传说。炎帝始作耒耜，教民农耕；遍尝百草，发明医药；治麻为布，制作衣裳；日中为市，首倡交易；削桐为琴，练丝为弦；弦木为弧，刻木为矢；制陶为器，冶制斤斧；相土择居，安居乐业等。不仅如此，在这块土地上还流传着精卫填海、后羿射日的神话传说。神农炎帝是现代农耕、医药、丝绸、商贸、建筑、音乐的始祖，人类文明的曙光最早在这里闪耀。走进高平，就走进了人类文明发展的源头;走进高平,就找到了华夏子孙的根;走进高平,透过岁月遥远的迷雾,就看到了人类从蒙昧到文明迈出的一大步。

邢秀琴　山西省作家协会会员,高平市作家协会副主席。作品散见于《人民文学之友》《散文海外版》《山西文学》《黄河》《山西作家》《山西晚报》《太行文学》《惠州文学》等,出版有小说集《梦里梦外》、小说散文集《一个人的旅行》。

朔州市
Shuozhou

镌刻永恒的传说
——朔城区塞外西湖砚

刘 菲

至今，山西省朔州市朔城区神头古镇仍流传着经久不息的传说。

传说发生于1600年前，神头泉边祥云缭绕，仙乐飘飞，车马喧嚣，冠盖娥娥。活泼美丽的三公主随父皇来到山明水秀的泉边赏景游玩。明媚的清风和耀眼的水花让她流连不已。在水中嬉戏之时，粼粼波光中飘来一颗闪耀的明珠，七彩颜色熠熠生辉。三公主双手顺势将其捧起含入口中，谁知，宝珠竟咕咚一声落入腹内。不久，三公主身怀有孕，在一个腹痛难忍的夜晚，爬上水边的神女山顶，寻到一处石凹，产下三条神龙，一红、一白、一黑。三龙在空中盘旋一阵儿便飞升离开，顿时，风雨大作，雷电交加。附近村人沿途上山寻找，发现了刻进石壁的臀印、手印、血迹、剪刀以及脐带印，至今这一切清晰可见。为异象震惊的百姓将三公主称为"神女"，将三条神龙称为"三大王"，在神头泉边建"三大王"庙供奉，据传祈雨灵验至极。

身处黄土高坡，朔城区境内却有恢河、源子河汇成桑干水系蜿蜒经过，是一座水韵灵动的城市。而神头泉最以美景著名，可毫不谦虚地被称为"塞外西湖"。

要论有史料记载的年纪，神头泉绝对要算一个老寿星了。神头七泉古称漯水。北魏郦道元《水经注》有云："桑干支水又东流，长津委浪，通结两湖，东湖西浦，渊潭相接，水至清深。"因其流经北魏都城平城，所以在当时所著的《水经注》看来，这神秘的泉水自地底冒出，汩汩汤汤，喷涌不绝，便是桑干河的源头。可以想象，繁华富丽的都城平城被一条大河纵贯，而顺着大河的源头，竟然寻到这样一片山脉绵延、水岸汀洲、幽静隐秘、芳草萋萋之所在，北魏皇室自然以为这是上天对

朔城区·塞外西湖砚

水色山光,湖泊传神腾异彩;
精雕细刻,澄泥造象吐虹霓
——梁文清撰联

自己的赏赐,心中暗自把它定位成天然的行宫。这里的四季,美景纷呈,最令人震撼的莫过冬日。

塞北的寒风,嘶吼声中夹杂沙尘雪霰的冲撞,吹刮得世界俯首称臣。那疾风劲雪像挥舞的刀枪劈面而来,彻骨的寒冷将所有抵抗瞬间瓦解。室外的枯枝、窗棂发出呜咽的呼叫,像是咒怨又像是呐喊。这是黄土高原冬季常见的天气。几番严寒，树木的叶子迅速变黄脱落，在欢腾的北风里遍地卷折。干枯的枝条指向天空，苍凉而落寞。大地被落雪后的冰块紧紧包裹，坚硬又脆弱。低迷的气温，配合清冷的空气，唯有晴天的白日，明晃晃地放出希望。这希望看似热切，其实并改变不了滴水成冰的现实。

雪后的田野，四处反射着亮堂堂的阳光，刺得人只好眯起眼。上冻几天，普通的河流按照惯例迅速冰封成厚实的冰面，即便上去蹦跳，也只能听见喑哑的闷响。沿河的冰浪，始终保持惊涛拍岸的姿势，冻卷成弧，曲曲缠绵，仿似瞬间被定格的苍凉手势。大大小小的璀璨气泡，来不及逃离便被禁锢在厚厚的冰层之下。从此岸，到彼岸，再也不是什么危险的难事，成了欢乐与冒险的天然冰场，每逢此季，河畔随处蒸腾起孩子们纵情玩闹和嬉戏的欢笑。

唯有神头泉域，在隆冬寒天里，仍然舒适自在地淌动，泉眼喷涌，水声隆隆。两岸冰雪茫茫，水面雾霭融融。夕阳坠入，将水面映照成一道烛火，烛火过处，尘霞四起。天空青白，嫣红晕染，万里湛蓝。城市的灯火闪烁掩映，衬着远山塔影，如入幻境。

白色的水鸟徜徉其间，曲曲弯弯，成行成列，它们喁喁私语，振翅梳理。水中鱼儿昂首欢呼，摇晃着脑袋自顾自地扭动，摆尾划破荫翳与严寒。哗哗的泉声清脆作响，琥珀一般，纵情欢歌，满身流光地奔涌向前。斜睨着笑眼，给寒冬一记轻蔑。

粼粼水面腾起浓浓雾霭，袅袅翻卷，层层叠叠，奔涌漫溢……将四下的巨石、临河的裸树、沿岸的建筑全都挂上了雾凇。

云树苍苍，寒雪落鬓，可见雾凇奇景古而有之。神女山静伫北岸，仙山掩映之下，浅水蜿蜒，泉自水底喷涌，绽如莲花盛开。且水自含热，冬日流淌自如。在古人眼中恐怕唯有仙境了吧。于是，拓跋公主在此产子升仙，坐石留印；三龙由此腾跃高飞，护佑苍穹；尉迟恭在此夜擒海马，一战成名……无数美妙的故事都愿意与这里勾连。一个民族的传承离不开传说，传说的诞生又必然是多种巧合的碰撞。仙境般的山水，奇幻的冬日暖泉，幽僻静谧的地理方位，让这里成了传说的源头。

今日，一方绛州澄泥砚将传说镌刻成永恒。

刘菲　山西省作家协会会员，曾多次在《山西日报》《映像》《山西晚报》《朔州日报》等省市报刊发表作品。

从人到神的涅槃
——朔州市平鲁区门神故里砚

侯青山

看到中国工艺美术大师蔺涛先生精心制作的"门神故里砚",除了眼前一亮之外,心里还暗暗吃惊。其砚台的用料和创意堪称一绝。用料为山西新绛县澄泥料,创意为唐代平鲁尉迟恭。不用多想,这方砚台一定会放在众多书法家翰墨飘香的案头,散发着中国名砚的光芒和"门神故里"独有的文化热度。而其中"人到神的涅槃"便成了这方砚台除用料和工艺以外不可缺失的文化内涵。

2008年冬季,一个阳光灿烂的日子,由于采访需要,我来到朔州市平鲁区下木角村。进村数十步,一通硕大的石碑赫然出现在眼前,上面"尉迟故里"四个大字跃入眼帘,使人怦然心动。凝视许久,不由得眉头紧蹙,浮想联翩,怎么也不会相信,这样一个贫瘠偏远的小山村,会养育出一位唐朝名将尉迟恭!后来,经过多次走访和考察,查阅了大量资料,事实确是如此,不容有半点质疑。

尉迟恭出生于公元585年,乃是官宦之后。曾祖尉迟本真,担任过后魏中郎将、冠军将军、渔阳郡开国公、幽州刺史等。祖父尉迟孟都,担任过齐左兵郎中、金紫光禄大夫、周济州刺史等。父亲尉迟伽,曾担任汾州刺史、幽州都督、刺史、常宁安公等。

尉迟恭少年时就聪颖过人,由于良好的家庭环境,习文练武,勤奋刻苦,深得乡邻赞叹与敬慕。传说,尉迟恭有两位师傅,一位教授文化,一位教授武艺。在他11岁那年的一天,尉迟恭在教授文化的老师家习文后已经很晚了,老师送他出门后,目送他回家,远远望去,熠熠闪亮。老师大吃一惊,断定此子绝非寻常之人。后来秘密地把此事说与教习尉迟恭武艺的师傅。武艺师傅在一个漆黑的夜晚,专门察看了一下，果不其然。于是，二位师傅倾尽终身绝学，倾囊传授。

尉迟恭20岁成婚，娶16岁京兆始平女子苏斌。不幸的是，妻子生下了儿子尉迟宝琳和尉迟宝琪后病逝。这一年，尉迟恭29岁，妻子的去世对他打击很大，整天借酒浇愁。他的二位师傅见状后很是忧虑，和他进行了一次深入的谈话，力劝他出山，去建功立业。于是，尉迟恭整理好行装，拜别了母亲和乡邻，饱含深情地望了一眼养育了他的下木角村（当时称下无忌村），跨上马背，向着百里以外的马邑疾驰而去，投奔了当时朔州的最高军事首领刘武周。大业十三年（617），刘武周起义反叛隋朝。在屡次战斗中，尉迟恭的军事才能得以显露，日抢三关，夜夺八寨，名震天下，引起了李世民的注意。

620年，这是改变尉迟恭命运的一年。这一年，他与李世民第一次见面，并做出了他最为明智的选择。在山西介休战斗中，尉迟恭背叛了刘武周，打开城门，率领众人投降了李世民。从这一重大抉择的实施，不难看出尉迟恭对当时形势的审时度势，以及他的聪明才智和对未来的准确把握。这可不是一介武夫所能做出的决定，这足以证明了尉迟恭的雄才大略。

果不其然，刘武周在起义的第六年就失败了，而且死于非命，被极力帮助过他的突厥人所杀。尉迟恭投降李世民后，马上就被任命为右一府统军，相当于李世民警卫团团长的职务，可见李世民对尉迟恭的厚爱。

后来，不知道是尉迟恭的谋略使然，还是历史的巧合，使得尉迟恭与李世民结下了不解之缘。在某种程度上甚至可以这样说，没有尉迟恭，也就没有李世民，也就没有后来的大唐盛世。尉迟恭凭借高超的武艺与胆识，多次冒险救李世民于危难之中，立下不世之功。尤其在玄武门事变中，不但杀死了李元吉，救了李世民的命，还请高祖下令，诸军皆属李世民指挥，内外遂定，可谓力挽狂澜。

在性格上，尉迟恭淳朴忠厚，自归李世民之后，从无二心，为其赴汤蹈火，在所不辞。同时他还很有远见卓识，如玄武门事变后，对太子的党羽主张释而不杀，这一举措，迅速缓和了朝廷内部矛盾，同时还为李世民保留了像魏征这样的大批栋梁之才。可谓"雄才大略，经天纬地也"！

李世民当了皇帝以后，常常夜不能寐、噩梦不断，致使第二天头昏脑涨、身体无力，不能治理朝政。于是，秦琼和尉迟恭自告奋勇，每天晚上在李世民的寝宫门外站岗。说来也怪，从此李世民不再做噩梦，睡得踏实香甜，第二天精神矍铄，工作起来得心应手。后来，李世民觉得秦、尉二位将军整夜站岗，这样下去太辛苦劳累了，遂

平鲁区·门神故里砚

炎帝故乡，承始祖之宏恩，堪称霸业；
神农圣地，继先天之大德，别具雄风。
——梁文清撰联

命人把二人的画像贴在寝宫门上，居然也起到了同样的效果。

此后的尉迟恭，更是做出了颇为明智的选择，"闭门炼丹"，远离李世民的政治中心，最后得以寿终正寝。尉迟恭从643年开始，到658年去世，整整闭门谢客16年。这又体现了尉迟恭高超的政治手段与谋略，绝非常人能比。

尉迟恭去世后，朝中五品以上官员，全部到他家中悼念，还陪葬昭陵。翻开中国唐朝典籍，有几人能像尉迟恭，生前荣华富贵，身后功高盖世？还成了全中国的门神,护佑着千家万户的平安吉祥。他的一生,可以用"完美"一词来概括。写到这里,作为一个平鲁人,有一种骄傲感从内心深处悠然升起:我们,是尉迟恭的后人。

侯青山　山西省作家协会会员,朔州市文艺评论家协会副主席,平鲁区作家协会主席。多年来,创作发表小说、散文、剧本、纪实文学等200余万字,获得山西省"五个一工程"奖等各级各类奖励多项。

一方月亮门的砚
——山阴县广武长城砚

樊海霞

  仿佛月亮的门,立于广武的城墙上,纵观古今,通天达地;仿佛月亮门的砚,穿越时空,踏马而来。

  它立于我的面前,仿佛一块月亮掉入广武的城墙里,透过月亮门,我能触摸到它的沧桑历史,文化故事。

  登临古城,回眸千年,雁门紫塞,雄关漫道,长城蜿蜒,大地苍茫。多少故事,在此上演。广武,自古是兵家必争之地,军事战争频发,感人故事频出;广武,又是民族交融的地方,商贾云集,商业繁华之地。如今的广武,暗淡了刀光剑影,远去了鼓角争鸣,只有庭院深深深几许,唯有断壁残垣处杏花依旧在望。

  长城脚下,千年古城,梦回辽宋,穿越明清。

  新旧广武城,广蓄武将,广布武德,曾经烽火连天,铁马冰河,关山度明月,壮士一去兮不复还。汉代古墓,埋下忠骨,三千年风雨,不灭忠魂。

  李牧败匈奴,蒙恬破辽兵,刘邦困白登,卫青霍去病打得匈奴远遁,飞将军李广驰骋关内外,还有杨六郎镇守雁门关,一箭射到大青山,逼退万千辽兵。

  从汉到清,将士修筑长城,垛口射孔,古老沧桑,抵御入侵,安我百姓,守我家国,明月照沙场,千里寄情思,"独上角楼思悄然,月光如水水如天"。

  将士的挥洒热血,换来边关安定,贸易昌盛,兴起边塞文化。王家大院,马家大院,骡马满院,酒香四溢,商品互市,客栈众多,商业发展,文化交流,民族交融,在此古风里穿行,跨越千年,终成佳话。

  古城布局严谨,城门威武,爱情树,望子树,寄托多少古人的情思,希望爱人平安,

山阴县·广武长城砚

一方名砚,砚蕴古今世事;
千载长城,城出文武精英。
——梁文清撰联

爱子归来。多少离散的家庭换来边疆的安定,换来人民的安居乐业,古城的兴旺发达。

如今,"梁园日暮乱飞鸦,极目萧条三两家;庭树不知人去尽,春来还发旧时花"。夯土长城边,断墙残垣处,杏花疏影,穿过古老的战场硝烟,依然勃勃生机,盎然在村寨路边。

今日广武城,边塞文化、农耕文化、古军事文化、自然生态文化,成为旅游资源,开发成旅游区,边塞、古镇、城墙、商道,还有广武国际滑雪场,引得多少游人慕名而来,新旧故事交替,传唱不朽的歌谣。

如今的农人还在此耕种,守护着这片热土,杏花年年开,讲述着古往今来的故事。

一方月亮门砚台,砚出古今往事。笔墨书写诗书之乡、礼仪之邦,书写千秋功业,万古流芳。

"草铺横野六七里,笛弄晚风三四声。""夜阑卧听风吹雨,铁马冰河入梦来。"站在广武城下,听朔风呼啸,遥想当年。

广武,一个穿越时空的古城。

樊海霞　番茄小说网签约作家,爱文者原创文学网签约作家,简书原创文学网签约作者。在《山西日报》《朔州日报》《朔风》《怀仁文学》《山阴人文》发表过多篇作品,在中国作家网发表八十多篇作品。

砚里壶天
——右玉县西口古道砚

郭 虎

我有一方祖传的砚。

原以为，它就是一方可以磨墨却被我们家所有人都遗弃在角落里的砚。它一直待在我奶奶的柳条箱里，捂得都有些发霉了。后来，奶奶把它传给父亲，父亲也是散淡之人，既不用它研墨，也不用来收纳烟灰，它就一声不吭地趴在我们家的立柜顶上。到了年根儿，家家要扫尘，父亲用鸡毛掸子一次一次拂去柜顶的厚尘，也没把它划拉下来，它还好好活着，活成一只千年的鳖了。

后来，那方砚台传到我手里。现在，它就端坐在玉林书画院的办公桌上。说来惭愧，身边会写毛笔字的朋友挺多，给人题字的也多，我却不谙此道，虽然纸墨笔砚一应俱全，也是用来撑门面的。砚台仍被我搁置在角落里，蒙着尘。

砚的左边，有个镂空笔筒，笔筒里倒插几管狼毫，还有几支中性笔；右边是一摞书，我写的、别人写的，薄厚不均；前边是几罐茶叶，龙井、碧螺春、铁观音，挨挨挤挤的；后边是一台积满尘垢的笔记本电脑。不用细猜，我在这张办公桌前很少落脚。书画院里天天有画家进进出出，天天有学生来来往往，天天有游客叽叽喳喳的，我很少能够抽出时间，在条桌前展纸磨墨，临池学书。这也没什么，我又不是祖卧东床的王羲之，在砚台旁走笔成文的典故不属于当下快生活的节奏。何况我印象里的右玉，压根儿就不是什么文风之乡，数一数历史上那些书功竹帛的名人吧，孙祥、缑谦、李宏、李瑾、尚表、麻贵……他们的名字简直就是从刀枪剑戟里杀出来的金石之音。可以毫不夸张地说，从前的右玉，就是个缺文柄、少雕龙的苦寒之地，能够摆在官面上的名字，多是些将军武弁，甚至草莽英雄。砚台有什么用呢？难怪我们家祖辈都把它束之高阁呢！

右玉县·西口古道砚

难遮游子情,晋商贸易《走西口》;
常记乡愁意,古道雄关《醉太平》。
——梁文清撰联

曾记得右玉古十景里有一景叫"风台揽圣",说的是右卫老城东门外,过去有座风神台,风神台后边有座魁星楼,魁星手举一支神笔,眼睛却盯着和林格尔的圣山,圣山上有神泉,涝不漫溢,旱不枯竭,人称"砚水钵儿"。据说,每年秋闱,魁星手里的笔都要蘸一蘸圣山砚池里的水,在一些书生的名字上点一下,点到谁,谁就金榜题名了。住在右玉的魁星,那么大的神仙,想钦点个状元,想钦点个榜眼,都得去和林格尔那边找砚台蘸墨,想一想都让人心气难平。

冬天是书画院最寂寥的时光,我会整天枯坐在办公室里,望着窗外的雪景发呆。有时,透过袅袅升起的茶气,看到那方被我冷落很久的砚台,便让我想起古时候那些期期艾艾的失宠后的嫔媵后妃。

古人惜砚,如同喜欢自己的眼睛一样;而我只是把它当作一个盆景对待,或者连盆景都不如,盆景还须浇灌呢,还须修剪呢。我所不知道的还有这方砚台的来历,是我粗通文墨的祖先从杂货铺里买的?还是某位秀才友人赠送的?或是路上捡的?当然,这些都不重要,重要的是这方砚台一直搁在那里。后来我想到一个喜欢收藏文玩的朋友,就在我准备让朋友收走它时,突然被那方砚的形状、砚上的图案,还有砚的修泥和刀工吸引了。论颜色呢,它色若蟹壳,青里还夹一丝淡黄。整体呈椭圆形,平面下凹,齐腰有一小舟,舟身半隐于墨池,舟头立一书生,书生仰头,反剪了双手,手攥一卷书。斜上方,一缕云纹托一轮皓月,砚首雕有水钵,砚台背面,还有三只脚,足趾外露……盯的时间有点儿长,兀自觉得那砚台里的船是活的,船头的书生也是活的,他在迎着夜月吟诵一首诗吧?是明月出天山,苍茫云海间呢,还是白兔捣药成,问言谁与餐呢?我明白,我愧对这方古砚了,我从来没有仔细打量过它,哪怕打量一眼的兴致都没有。

不能说是沾了疫情的光,但这个冬天我过得优哉游哉的,往日门庭若市的书画院也少有朋友来造访,于是整天待在办公室里盯那方砚台出神,觉得它叹息了一声,在我侧耳细听时,它又平静得像一泓秋水了。

或许就是那一声冥冥中的叹息,让我打消了处理砚台的念头。也或许就是从那天开始,我只要一有闲暇,就会举着那方砚台细细端详,痴迷而执着。

正月里,朋友白羽平从北京回乡扫墓,在书画院偶见那方砚台,端详半天,惊诧道,郭虎,这可是方好砚啊,地道的绛州澄泥砚呢。

我有些茫然,竟然不知绛州澄泥砚为何物。

是一个午后吧,我在整理房间时,又看到那方砚台。不知为什么,就是觉得那方古砚有种似曾相识之感,仔细再想,蓦然明朗了,它多像右卫这座古城啊,多像右玉这块绿油油的土地呢。很多时候,我看画家们在右卫城的某条巷子里,或右卫的城楼上,或散落在右玉大地上的古堡、长城、西口古道上,一坐就是一整天,他们说右玉太美了,一天两天是画不完右玉的,一年两年也未必。仿佛善弹七弦琴的伯牙,邂逅了钟子期。

画家的眼光是独到的，就说一棵小老杨吧，春天是一副窈窕淑女的样子，夏天就成丰腴少妇了，秋天就是金发碧眼的外国美人，冬天呢，冬天是罩了羽纱面白狐狸里的鹤氅，头上罩了雪帽的林黛玉了……

右玉如此美好，美好得就像我案头这方质地上佳的西口古道砚。

郭虎　中国作家协会会员，中国报告文学学会会员，山西省作家协会报告文学专业委员会委员、诗歌专业委员会委员，朔州市作家协会副主席，右玉县文联主席。报告文学《山河之诺——右玉精神英雄谱》获山西省第十二届精神文明建设"五个一工程"奖，2019—2021年度赵树理文学奖。

释迦塔,天地之间一方砚
——应县木塔砚

杜丽君

今年春上,绛州澄泥砚研制所出《晋在砚中》系列作品,征集各县历史文化主题故事,朔州市作家协会领导要我写写应县。我以为,应县历史文化精髓,在乎木塔一身。塔为魂,浓缩应县文化之精华;砚为形,成之以绛州澄泥砚。以塔入砚,以砚彰塔,不唯华美,亦称厚重。

佛宫寺释迦塔,俗称应县木塔,坐落在山西省朔州市应县县城西北角,建于辽清宁二年(1056)。塔为木构,平面八角,五层六檐,立于砖石塔基之上,高 67.31 米,底层直径 30.27 米,气度庄严,规模宏旷,拔柱擎天,拱辰挂月,本就是华夏民族书写历史时,留在大地上的一行文字。塔砚在案,再行书写,能不慎乎?

应县背靠雁门,左洪涛,右恒岳,如同伸出一双巨臂,迎着猎猎朔风,拥抱着大同盆地,面对草原大漠。农耕文化和游牧文化、外来文化和本土文化、东方文明和西方文明在这片土地上碰撞、交融,有刀光剑影、鼓角争鸣;有梵音低回、子曰诗云,合成一曲雄浑的历史交响乐,有高潮,有平缓,但不会湮没在时光的长河中。鲜卑唱着《敕勒歌》《木兰诗》在这里暂作停留,凿下云冈十万造像走向中原,"中国由此迈向大唐"(余秋雨语);唐帝国谢幕不久,崛起于北方草原的契丹在幽云十六州开启了王朝后期的繁荣时代,应县木塔横空出世。不幸的是,释迦牟尼佛没能挽救或者没有理会渐次衰落的国运,天祚帝在应州被俘,辽王朝走向终点。

历史还是有情的。释迦塔这一集建筑、雕塑、壁画艺术于一身的艺术杰作,穿越千年风霜雨雪,历经地震、战争、人为破坏,伤痕累累却又完整而孤傲地独立于塞之上、雁之南,成为辽代留给我们珍贵的、独具意义的文化符号。以至于梁思成

应县·应县木塔砚

擎天巨塔，一派雄风，人文尽灿佛宫景；
柱地高台，几分雅韵，岁月常馨雁北春。
——梁文清撰联

1933年初见佛宫寺塔时，感到"绝对的 Overwhelming（巨大的、无法抗拒的美），好到令人叫绝，喘不出一口气来半天！"遗憾的是，作为建筑学家，他的目光，更多地倾注在建筑艺术上，对于塔内造像艺术风格和文化传承及其意义则未予足够的关注。的确，这座明六暗五、层层叠加的楼阁式建筑，达到了木构建筑空前绝后的高度，天才的结构设计，斗拱飞檐，网户玲珑，外观雄伟和谐，神韵空灵幽远，其建筑艺术和美学成就，在中国古代木构建筑中无出其右者。至于它的前世今生，在传世的辽宋文献中竟然难寻只言片语。木塔为什么建在应县、是谁所建、究竟何为？无案可稽。其实，解开这些疑问的密码，就隐藏在木塔之内，或者说，就是木塔本身。

唐武宗灭佛，佛教在中原近乎沉寂，以幽州为中心的河朔三镇却依旧礼佛敬法，僧侣纷至，一时佛学兴盛。仅仅不过百年，幽云十六州包括应州在内的北方广大地区为契丹王朝所有。公元1005年的澶渊之盟结束了数十年的宋辽纷争，杨家将和他们的故事走进历史深处，边境安宁，社会稳定。以幽州为中心，在皇帝的参与推动下，佛教再度走向繁荣：圣宗修佛寺、刻佛经；兴宗亲受具足戒；道宗号称"菩萨国王"。营建佛塔更是成为一时潮流，道宗朝最为集中。应县木塔亦建成于在他登基后次年，即清宁二年。

走进木塔南正门，在内槽南门额上，有三幅女供养人画像，表达了对木塔所代表的释迦牟尼佛的敬意。这是辽代应州萧氏家族的三位皇后：圣宗钦哀皇后萧耨斤，兴宗仁懿皇后萧挞里和道宗宣懿皇后萧观音（据张畅耕考证）。仁懿皇后"仁慈淑谨，中外感德"，入主后宫40余年，主张辽宋修好，政局稳定，朝野称颂。也正是她发愿供奉至宝，护佑众生，倡建应州释迦塔。含有佛牙舍利的七珍八宝临世再现，震惊世界，再次证实了应县木塔的皇家背景和倡建者的初始愿望。

不仅仅是辽代，辽金后元直至朱明王朝，木塔的地位也备受推崇。元延祐七年正月仁宗驾崩，英宗硕德八剌三月继位，四月初一即下旨重修木塔；明永乐皇帝朱棣北击鞑靼，回京途中驻跸应州，题《峻极神功》匾，挂五层正南外檐；明武宗朱厚照亲与"应州之役"得胜，题《天下奇观》匾，挂四层正南外檐。据《释迦塔》匾题记记载，自金明昌至明成化年间历次修缮，多有皇家身影。至清一代，皇家似乎遗忘了应县木塔，康熙年间，应州知州章弘倡修，"瓦甃木植，悉为补修"，居功甚伟，使木塔得以留存至今。

穿过门廊进入底层，信众可以绕行礼拜、缅怀过去七佛，接受释迦牟尼佛指引、超越四苦；拾级而上，二层是华严戒坛，信徒在这里完成受戒仪式后，才能向上进入对应的空间;三层的金刚界曼荼罗,四层的华严法会群像,分别代表了密教与华严学的道场,可供各自修行;五层是八大菩萨曼荼罗,据称有护国功能而被置顶。

渐次攀登,如同经历了一次佛教文化洗礼,五层如同五座煌煌佛殿,一层一境界,一座佛万千,从布局到造像,从艺术风格到思想文化传承,接中晚唐之传统,集辽代佛教文化之大成,容佛道儒于一塔,成一方文化根脉,这或许就是木塔最大的历史文化价值所在了。

及至五层,凭栏远眺,桑干似带,恒岳如屏。天高地阔,察宇宙之无穷;王朝兴替,感盈虚之有数。五千年风云激荡,三万里厚土沉积。一砚既成,则必有神,其铭曰:唯愿我木塔维新永年,光华普照;唯愿我中华复兴梦成,世界大同。

杜丽君 应县木塔守护人,喜欢用文字和相机记录生活。

古战场上的新怀仁
——怀仁市金沙滩古战场砚

武国文

一方砚台，一个世界。

当河东澄泥同塞北金沙融合，历史与文化闪耀出艺术的光辉。

北出雁门关二百里，龙首山与洪涛山隔五十里相望，好像一双巨手捧着一只聚宝盆，这便是山川秀美的怀仁。

面对城镇乡村富裕、百姓安居乐业的新怀仁，很难想象她千年前铁蹄践踏、血染黄沙的景象。

朔风萧萧，烽烟滚滚，大中华的版图在雄强的佩剑下南推北移，到了一千多年前，这里属于辽国地界。在北方，公元300年前后，大约东晋时期，契丹（辽）兴起。916年，耶律阿保机称帝，为契丹太祖。947年，其子耶律德光称帝建辽，取得燕云十六州，与五代、北宋对峙200多年。这个时期，辽与北宋的争锋，主要在河北、河南地区，直到1125年，辽被金灭。

1044年，辽置怀仁县，怀仁作为县级行政区，至2018年，怀仁撤县设市。虽然金改云州，新中国成立后，区划也几经变化，但是，作为县治主体，始终延续下来。

怀仁文化人自豪地自称"金沙滩人"，或有前缀"古"字者。金沙滩，确实算得上大名鼎鼎了，因为杨家将而千百年来威名远扬。戏曲、说唱、音乐作品，充其量不过吟出历史征途上的一缕微尘。千年朔风浩荡，在这里刻录下铿锵的声道。

故事演义广泛流传自不必说，就戏剧而言，老杨家的贡献率有可能高居榜首。大江南北的十几个剧种，唱杨家的戏有二十多部，大名鼎鼎的《状元媒》《杨门女将》《三关排宴》《穆桂英挂帅》《杨八姐游春》《大破天门阵》《雁门关》《三岔口》

怀仁市·金沙滩古战场砚

天下蔚奇观,滩畔风云收眼底;
杨家留胜迹,阵前鼓角蕴诗中。
——梁文清撰联

《四郎探母》《辕门斩子》《十二寡妇征西》等等,擂台疆场,惊天动地,儿女情长,感人肺腑,唱念做打,文武兼备,家喻户晓,耳熟能详,而《金沙滩》(又名《双龙会》《金枪会》《闯幽州》)和《李陵碑》(又名《两狼山》《苏武庙》)这两个戏,剧情就发生在怀仁。

千百年来,乡亲们心目中始终认为那个曾经刀光剑影、腥风血雨、成就先烈英名的金沙滩,就在雁门关外我们为之自豪的家乡。

怀仁市吴家窑的两狼山，就是陈家谷战场杨业兵败所在地，但不一定是殉难地。因为，史书记载的他被俘三天后绝食而死，敌军不可能没有移动。在大运公路与左沙公路的交叉路口，就是怀仁市金沙滩镇陈家堡村，村西五里的两狼山谷口，古名就是陈家谷。

险峻的两狼山守望着，镌刻无形岁月，感慨物是人非。青青洪涛山无语，凝固起亿万年间惊天动地的乐章，地缘关系确立了自然环境的恶劣，雁北做了几千年不用置景的战场，为中华民族英雄史诗的演绎提供了宏阔舞台。战马嘶鸣之后，往往是长久的寂寥，田荒芜，人烟稀，业凋敝。

如今，古战场上吹响奋进新时代的嘹亮号角。34万怀仁人民在1234平方公里的乐土上辛勤耕耘，现代农业绿色发展，煤炭支柱产业方兴未艾，年产日用陶瓷30多亿件，被誉为"北方日用瓷都"。医药、羔羊养殖加工以及教育产业规模越来越大。

历史是块磨不到底的砚台，文化的韵味在这方砚台里越磨越浓。

古战场上的新生代，把故事里的英雄精神注入故乡情怀。巍巍洪涛山麓，苍松翠柏怀抱一座金碧辉煌的"仁和殿"，殿内塑像栩栩如生，展现北宋君臣朝会情景，争论之声仿佛在耳畔响起。殿外杨家男女英雄石雕像威风凛凛，气冲霄汉。远处"天门阵"森严壁垒，杀气腾腾，"八卦阵"阴阳迷离，机关玄妙……怀仁金沙滩旅游区已经打造成国家4A级风景名胜区，金沙滩影视文化基地成为历史剧拍摄热门外景地。

杨家将和金沙滩的故事，历经千年的演绎传扬，不断丰满的偶像形象，倾注的是一代代同情、崇尚、热爱那群人和那方土地的文艺工作群体，以及广大百姓的浓厚感情。

这样美好的情怀，不负前辈的壮怀，不薄壮丽的山河。

武国文　山西省作家协会会员，朔州市民间文艺家协会副主席，朔州市文艺评论家协会副主席，《怀仁文学》编辑。作品曾发表于《金融文坛》《鸭绿江》《文化产业》《映像》《山西日报》《山西农民报》《山西市场导报》《金融时报》《城市金融报》等报刊。

忻州市
Xinzhou

貂蝉拜月

李 霖

"暮云收尽溢清寒,银汉无声转玉盘。"也许宋时苏轼的这轮明月,曾经也悬挂在东汉末年的上空,让倾国倾城的貂蝉映衬得羞于露面。东汉末年,朝政腐败,民不聊生,奸臣董卓掌握了朝廷大权,不得人心。大臣王允,为了汉室安危,忧心忡忡。

就是这年农历八月十五,秋高气爽,明月清辉。司徒王允府内,后花园中兰薰桂馥、疏影暗香,一轮明月在深邃的云层中穿行,忽明忽暗,撒下一片柔和。月光下、花丛中有位楚楚动人的女子,身形修长婀娜,宛如细柳,在风中摇曳生姿。她跪在地上,双手合十,抽泣着喃喃自语:"月亮在上,奴家本是秀容城外木耳村任昂之女,小名红昌,自幼许配于吕布成亲,只因兵荒马乱,家父遭人陷害,幸得大人收留。现在大人有忧,奴家愿与主人分担,愿与夫君吕布早日团聚。"这就是传说中的"貂蝉拜月"。此时,王允因朝事烦闷,乘月色花园消散。路经此地,听到了貂蝉的身世和心愿。于是,王允便将貂蝉收为义女,定下连环美人计,离间董卓与养子吕布的关系。在《三国演义》中,王允先把貂蝉暗地里许配给吕布,再明着把貂蝉献给董卓做妾。貂蝉嫁给董卓之后对吕布暧昧传情,周旋于父子二人之间,使二人神魂颠倒,反目成仇。王允成功地利用貂蝉的美貌造成董卓夺吕布之妻的矛盾,使吕布愤杀董卓,重振朝纲。

貂蝉虽是传说中人物,在《三国志》和《后汉书》中并不存在,但因为《三国演义》的成功塑造,被大众广为传颂,而列入古代四大美女之列。

忻州在三国时期,属于曹魏的势力范围,是曹操时所设的新兴郡九原县所在地。

忻府区·貂蝉拜月砚

貂蝉拜月情无限；
宝砚濡毫韵有余。
——梁文清撰联

现在，忻州城南五里、牧马河东南岸有一名为木芝村又叫木耳村的村里，就有貂蝉墓以及貂蝉故里遗迹。

在元朝最早的杂剧《锦云堂暗定连环计》第四折中，貂蝉在月下祈祷时恰好被王允听到，尤其是貂蝉"愿夫妻早日团圆"的话。王允便问貂蝉："哪一个是你丈夫，从实说来，若一字不实，我打死你这小贱人，决无干罢。"貂蝉跪云："望老爷停嗔息怒，暂罢虎狼之威，听您孩儿慢慢地说来。您孩儿本是秀容木耳村人氏，任昂之女。小字红昌。因汉灵帝刷选宫女，将您孩儿选入宫中，掌貂蝉冠，因此唤作貂蝉。灵帝将您孩儿赐予丁建阳当日，吕布为丁建阳养子，丁建阳却将您孩儿配与吕布为妻。后来黄巾贼作乱，俺夫妻二人阵上失散，不知吕布去向。您孩儿幸得落在老爷府中，如亲女一般看待，真个重生再养之恩无能图报。昨日与奶奶在看街楼上，见一行步从摆着头踏过来，那赤兔马上可正是吕布。您孩儿因此上烧香祷告要得夫妇团圆，不期被老爷听见，罪当万死。"从这段唱词文字，至少可以看出两方面的信息：一是貂蝉是忻州木耳村人；二是曾与吕布有婚约在先。

有人曾考证元朝这个以无名氏命名的《锦云堂暗定连环计》剧本极有可能是白朴之作，因白朴随义父元好问在忻州居住时，元好问的韩岩村与貂蝉的木耳村相距不足五里，有关貂蝉的传说与故事几乎是家喻户晓，妇孺皆知。所以，白朴以貂蝉故事为原型，创作了这个早期剧本。而明朝的罗贯中也是太原人，距秀容仅一百多里，对故事应该也有所耳闻。或依据《锦云堂暗定连环计》中的貂蝉故事，将人物推向中国古代四大美女之一的巅峰。

在忻州一带传说，貂蝉降生人世，三年间当地桃杏花开即凋；貂蝉午夜拜月，月里嫦娥自愧不如，匆匆隐入云中；貂蝉身姿俏美，细耳碧环，行时风摆杨柳，静时文雅有余，貂蝉之美，蔚为大观。这就是貂蝉有"羞花闭月"美誉的由来。正是因了这种美貌，让弄权作威的董卓、勇而无谋的吕布反目成仇，使得动乱不堪的朝野稍有安宁之象。

一部《三国演义》，演出了上千人物，兄弟义、朋友义、君臣义、书生义、英雄义，最大的义莫过于这名弱女子为国家、为社稷的侠肝义胆、舍生取义。就这样，貂蝉与西施、王昭君成为中国小女子担当国家大义的美女典范，是集美丽、聪明和忠诚、勇敢于一身的奇女子。多年来，"貂蝉拜月"在文学中也被寓意为"少女怀春""美满姻缘""祈福团圆"的代名词。

李霖　中国作家协会会员，中华诗词学会会员，山西省作家协会会员，山西省女作家协会主席团委员，忻府区作家协会副主席；出版诗集《面对城市的倾斜》《隐秘的疼痛》、散文集《回眸》，并获多个奖项。

汉韵悠悠话古城

张尚瑶

一方绛州澄泥砚研究所制作的定襄宝鼎砚图片呈在我的面前。砚铭云："山西定襄县 按古代谥法 辟土为襄 古称秀容 西汉置郡。"寥寥数字，勾起我多年来积郁于心的与定襄汉阳曲古城的情感联结。它像一团历史的迷雾，渐淡渐浓时隐时现地萦绕在我的心中，挥之难去。

在定襄城周围，有西汉阳曲古城墙遗址，始筑年代无考。据《魏土风记》云：夏后氏筑，或曰赵襄子，又曰石勒起兵而筑。这些都系传说，既无史书明确记载，也无专家进行考证。据明万历《定襄县志》载："古城周遭二十五里，颓废，仅存遗址。"到1981年，被县人民政府列为县级重点文物保护单位时，仅存西古城和南古城各约0.7千米长，高度为7米左右，有的厚度为10米左右，有的厚度为6~7米，夯层为10~13厘米。

对于汉阳曲古城的描述，我最早见于定襄文化人牛诚修老先生编的《定襄金石考》中一首诗。唐开元十八年（730）二月二十三日，忻州刺史房涣到定襄南山监采铜矿，登高览胜，怅然有怀，在石壁上题诗一首：

> 山川绮错，实曰秀容。
> 金峰作镇，木水荡胸。
> 汉皇忻口，夏后前踪。
> 表栖白鹤，山列青松。

定襄县·宝鼎砚

历千载变迁，山河长秀；
经八方风雨，宝鼎灿容。
——曾福贵撰联

其中"汉皇忻口"指汉高祖白登城突围后到了忻口顿感忻然的典故,而"夏后前踪"则是指定襄城周围的古城遗址。按这位忻州太守的说法,定襄汉阳曲古城,当是大禹受舜禅让建立夏朝后修筑的。也不知这位诗人是根据传说这样写的,还是当时确有文献记载。元代诗人魏纶也写过一首《游七岩》的诗:

> 五月风沙逐马鞭,千秋陈迹尽堪怜。
> 磨笄祠下客酬酒,襄子城头人种田。
> 寂寂山川常阅世,纷纷花鸟任更年。
> 我来欲访金光尊,惆怅林泉石上烟。

诗中"磨笄祠"是指定襄七岩山供奉的春秋烈女代王夫人即赵简子之女、赵襄子之姊,本名赵季嬴,人称磨笄夫人。公元前458年,赵襄子对代王成功地实施了政治谋杀,然后"兴兵平代地"。闻知代王死后,代夫人说:"以弟慢夫非义也;以夫怨弟非人也。吾不敢怨,然亦不归。"然后,泣天呼地,在山岩上磨尖了发笄,刺太阳穴而死。后人感其忠烈,建祠以祭祀。诗中"襄子城头人耕田"则是指诗人站在七岩山上,遍览山川历史陈迹,看到了千年以前由赵襄子修筑的工程浩大的古城墙早已随着沧海桑田的变化成为耕地。按照诗人魏纶的说法,这座古城,是由赵襄子修筑的。

我听老人们描述过:当时西古城(即汉阳曲古城的西段)上的酸枣树有好多,有的长到碗口粗。我想,在那干旱的土城墙上,没个上千年的时间,哪能长下那么粗;还有人说,当年挖古城的土垫地时,他们从古城墙里挖出一团一团冬眠的蛇,有的有胳膊粗、六尺长。

我还在网上看到日本侵华时,在定襄汉阳曲古城墙里挖掘出土了大量古代陶器和带有绳纹的砖瓦碎片的照片;中国著名历史学家郝树侯(定襄人)在他的一本著作中提到,日本侵占定襄城后,在现在的火车站即汉阳曲古城附近盗掘了好多青铜器,用汽车将这些宝贝全部拉走。后来,我在河边民俗博物馆工作时,与当时的忻州地区文物管理所所长李有成谈及此事,他说,他在北京大学读书时,他的大学老师给了他一本书,全部是日文,说的就是对从定襄盗走的青铜器的考古成果,但后来这本书找不到了。他还说,定襄汉阳曲古城在北面和南面都有砖瓦土木建筑的痕迹。不久,我市的这位文物考古权威,也因车祸不幸离世,让这团历史迷雾越发难解。

我知道，在汉阳曲古城墙内曾有人挖出过筑城时用的石杵，在古城附近出土过汉代通行货币五铢钱的钱范，前几年县财政局盖楼挖地基时，还挖出过刀币等。现在到了古城墙上，还能不时看到在厚实的夯土层中夹杂的灰陶、黑陶的碎片。我把它们拿在手里，因本人考古知识贫乏，无法与这些相隔几千年的文物进行对话。

定襄城雄踞于系舟山和漆郎山之间，南北距离30多公里，中间有牧马河和滹沱河横贯其间，是从忻州通往五台、到达河北省的咽喉要道。这座城将两条河作为它的天然屏障护城河，而且还利用了河两岸的台地，筑起了城墙。这些城墙，从里向外看，高不过10米，而从外面望去，仅那陡峭直立的城墙高度就超过了20米，敌人的人马要从河里蹚水攻城，其难度可想而知。这宽阔的城墙上还可以调动军队，运送物资，相互支援。这座古城对于天然地形的利用，真是达到了极致。我不由感叹：我们祖先"天时、地利、人和"的军事思想，真是经典。

出于好奇，我曾多次登上古城墙。发现那夯土层间有不少白色的东西，我原以为是古代人修筑城墙时吃剩的鸡蛋皮。当我用摩托车钥匙挑出来细看时，才发现是鸡蛋大的白色贝壳。这让我想到，现在古城墙下这片肥沃的田地，在修筑古城时，还是一片水草丰盛的沼泽地，可见当时的生态环境还保持着原始的风貌。

我又想道，在当时那种生产力极端低下的时候，修城的人们最多只能用铁锹、扁担、箩筐、木夯、石碨等作为筑城工具，而修一座周长25里，高8~10米，厚6~10米，并用木夯和石碨打实的这样一座城墙，得需动用多少人力财力，得修多长时间呀！而作为一座平川县城，其不利之处是易攻难守，在那战乱频繁的年代，要想保得一方平安，修筑坚固的城防是非常必要的，但这是一个当时县城的人力、财力能支撑下来的吗？这应当属于一个国家国防建设的重点工程，才更合情理。

根据阳曲县建制沿革介绍，汉代时的阳曲县因"河（滹沱河）千里一曲，曲当其阳"而得名。但我有一个疑问：当时的定襄城周遭已经达到25里，而经过1700年的发展到1946年7月拆除时，定襄内城的城墙才有"周四里七十三步，高四丈"，也就是边长仅一里长多一点。定襄城的发展为什么如此缓慢？其间到底发生了什么变故？经查阳曲县沿革，记载如下："汉末，建安二十年（215）阳曲县（在今定襄县境内）荒废，曹操迁阳曲县民于今太原市北郊区阳曲镇一带新置阳曲县。"

汉阳曲的搬迁，也为定襄从呼和浩特附近南迁到汉阳曲古城创造了条件，晋惠帝年间（290—306）从弘农地区迁来3000户充实了定襄，经过1700年的发展，才有了今天的定襄。现在的汉阳曲古城墙遗址上，布满了附近村民的墓地，除了下葬和上坟，平时很少有人上去。一定程度上来讲，正是这些坟墓保护了这座古城遗址。

张尚瑶　中国音乐家协会会员，山西省音乐家协会会员，忻州市音乐家协会副主席（书记），山西省作家协会会员，定襄县作家协会主席。多年来从事歌词创作，主要作品有《梦里老家》《咱们工人好兄弟》《乡情》《怀念》《为了万家团圆》等。

我心中的圣砚

安建华

河东大地上的新绛古邑，北靠吕梁山，南依峨嵋岭，汾浍两河横贯其中。这里峰岭环护，川源相济。这里汲天地之精华，纳日月之灵气，在漫漫历史长河的浸润下，催生出那么多文化奇迹，让人仰慕与眷念。

木版年画与宫灯，最负盛名澄泥砚。

绛州澄泥砚的制作，始于秦汉，盛于唐宋，到明代已达到炉火纯青之境。南唐张洎《贾氏谭录》中记述："绛人善制澄泥砚，缝绢囊，置汾水中，逾年而后取……"

形制各异的绛州澄泥砚，历史上就有帝王将相收藏、文人雅士争求的记载。如今多少文化名人前往观光采风，写下了不胜枚举的咏叹诗句：

笔走云飞龙凤舞，墨淳香散芷兰开；
最堪一块澄泥砚，常唤诗情画意来。

一方小巧玲珑的砚台，凝结着绛州人民的智慧，镌刻着三晋儿女的记忆与图腾，煌煌五千年的河东文化里，何尝没有绛州澄泥砚以一席醒目的位置呢！

可叹，岁月尘封了一段辉煌的历史，三百余年，绛州澄泥砚竟至失传。

蔺氏父子，秉承祖先遗志，以顽强的毅力与广博的智慧，数十年如一日地行走在挖掘与传承的道路上，不畏清贫，耐得住寂寞，以大国工匠精神攻坚克难，终将一团泥巴烧制出了新的生命。砚上图案，活灵活现，造型有别，异彩纷呈。

一方泥砚置于案头，使人自然联想到这方土地上的先贤圣哲，是怎样薪火相传，

五台县·五台山砚

五台圣地,晨钟暮鼓醒尘梦;
千佛道场,经诵禅修证善缘。

——朱青龙撰联

将这河东文明的种子播撒于华夏大地,最终成为中华民族之魂!

《晋在砚中》系列作品的推出,更好地诠释了制砚人"古为今用""推陈出新"的制作理念。

观赏"五台山砚",使我再一次感受到了绛州澄泥的独特魅力。经过烧制而成形的这方砚台,其色泽温润而不失光亮,深沉中显出厚重。整体色调与五台山佛国圣境的红墙碧瓦十分吻合,一种古朴庄严之感跃然眼前。

砚台左上角白塔高耸,塔刹后崇山与云天相接,右侧雕刻文殊骑狮瑞相,呈现出佛界有凡圣同游之乐趣。周边图案环护墨池,立刻把人引入一个殊胜的佛国善地。

可以肯定，"五台山砚"所呈现的景象，高度概括了"两千年文殊道场香火延绵、五百里清凉圣境凡圣同游"的真实情境。

五台山地处山西省忻州市东北部，是中国佛教四大名山之首，是佛典中记述的文殊道场。这里是国家级森林公园、国家级地质公园。2009年，被联合国教科文组织列入世界遗产名录。

五台山之所以能够成为人类共同保护的遗产，核心在于自然景观与人文景观的完美结合，形成了世人公认的"天人合一"大境界。

东南西北中五座台顶都是经过25亿年地壳运动形成的自然山体，顶部风光美不胜收。"东台观日出，西台赏明月，南台百花妍，中台锁在云雾中，站在北台顶，伸手便能摸星星。"这些民谚体现了五台山的自然之美。

就是这样一座亿万年的神圣山体，被两千余年前的人类所发现。迦叶摩腾、竺法兰奏请汉明帝，在台怀镇修筑了佛教寺庙，成为我国继洛阳白马寺之后的又一个梵宇古刹，在中国佛教发展史上写下了重要的一笔。

八个朝代的彩绘塑制，九位皇帝的巡幸观光，汉藏一山的文化传承，都为这座名山涂抹了厚重的历史底色。

当然，作为一个初来乍到的游历者，他们大多选择听显通寺的钟声，看菩萨顶的铜锅，赏龙泉寺的石坊，品黛螺顶的碑文。

这样一个名山佳境，被雕刻于绛州澄泥砚，这真是珠联璧合，巧夺天工，红花绿叶，相映成趣。

我至今没有去过绛州，但丝毫没有阻断我对这座历史文化名城的深深眷念，因为那里不仅是河东大地上一个值得我们记忆的文化圣地，更有值得我们珍视的绛州澄泥圣砚。这方圣砚上雕刻着的五台山，呈现给我们的不仅是一个圣洁的文化符号，更是千百年来人们以脚步和心灵共同朝礼的佛教圣地。

此刻，写完了这则短文，我又复归原态，端坐砚前，凝神观想之后，又一幅山水画的构图浮现脑际，展纸研墨，我要在这方砚台上，饱蘸挚爱与激情，挥洒出属于绛州与五台山共同拥有的美丽画卷。

安建华　山西省作家协会会员，山西省摄影家协会会员，山西省书法家协会会员，忻州市文联委员，忻州市书法协会会员。曾出版文学作品集《走进五台山》《大山的呼唤》《心灵的朝圣》《佛缘广化》等。现任五台山景区文联主席、书协副主席。

那一方雁门关砚

李九龙

案头这方澄泥砚，名曰代县雁门关砚，经过澄洗的细泥作为原料加工烧制而成，鳝鱼黄色，椭圆造型，长城蜿蜒，雄关耸立，旌旗猎猎，祥云缭绕，刀笔凝练，造型舒展，纹饰繁缛，质地细腻，既重视整体布局，又关照视觉效果，使远观的"势"与近观的"质"有机统一起来，充分体现了澄泥砚的精湛工艺和深厚文化底蕴。这方与端砚、歙砚、洮河砚同属"中国四大名砚"的澄泥砚，是中国工艺美术大师、全国劳模、轻工大国工匠蔺涛先生苦心孤诣，耗时十年，为山西省117个县研制出的"一县一砚"系列作品之一，其劳孜孜，其心拳拳，善莫大焉。

雁门关，国家5A级景区，全国重点文物保护单位，位于中国历史文化名城代县北部，矗立在横亘晋北的恒山西脉勾注山之巅，雄踞于沟通中原与漠北的雁门古道上，度过了2500多年漫长而跌宕起伏的岁月，见证了中华民族波诡云谲的历史进程。

代县，一方沉寂在巍巍雁门关下的厚重热土，一颗镶嵌在悠悠滹沱河畔的璀璨明珠。地处晋、陕、蒙核心三角区域，南抵太原，北连集宁，西接榆林，东通保定，四小时直达环渤海湾经济圈。县境东临繁峙，西接原平，南界五台，北毗山阴。

翻阅代县厚重的历史，似乎每一章每一节，都在求索与传承、奋斗与崛起的交织辉映中砥砺前行。

有人曾盛赞：凝视代县，如同欣赏一幅五彩缤纷的画卷，无论局部还是整体，总有着独具特色的宏博气势。可以毫不夸张地说，代县的每一寸肌理，都渗透着远古的气息与文明的温度。

有人曾断言：如果你不来山西，就读不懂五千年的华夏文明；如果你来了山西，

代县·雁门关砚

曙色晴明,残星几点雁横塞;
晨曦初朗,斜月孤伶门上关。
——景兴隆撰联

没有看到代县雁门关,你就是一个匆匆翻书的人,漏掉的,是一页斑斓,一页遗憾。

历史上的代县,曾上演过"商埠经济多门路,财源如水流代州"的繁华,也经历过上千次大小战役和兵燹的洗礼,总是成为文人墨客笔下的诗和远方。"我所思兮在雁门,欲往从之雪纷纷。""南思洞庭水,北想雁门关。""寒云带飞雪,日暮雁门关。""秋风夜渡河,吹却雁门桑。""雁门山上雁初飞,马邑栏中马正肥"……

东汉张衡，唐代李白、崔颢，宋代苏轼、范仲淹、金代元好问、赵秉文，明代孙传庭，清代顾炎武、冯志沂等都在此留下不朽的诗篇。

不仅如此，翻开历史的册页，代县还有代国、代郡、代州等多种称谓。

从代国到代郡，从代郡到代州，从代州到代县，可谓一座小城的半部中华史。县名和治所频繁交替，不只交织着历史烟云，还氤氲着功名缘起的迷雾。这里每一粒黄沙砺石，都裹挟着历史的风尘；这里每一块秦砖汉瓦，都镂刻着不朽的传奇；这里每一次迈步前行，都焕发着时代的光华。

叩问历史，时光的年轮在这里铭刻着许多留存和记忆。据考证，早在新石器时期，代县就有人类繁衍生息。至此，人类的脚步便在这片土地上不曾停歇。在滹沱河两岸曾发现多处新石器时代遗址，属新石器时代中晚期龙山文化类型。这个时期的代州人已学会了简单的陶制技术。陶制技术的发明同石器的使用一样，同是远古文明进步的重要标志。它的发现乃至发展，在人类进化史上具有划时代的意义。

这是一片古老而崭新、传统而时尚、睿智又开放、典雅又包容、质朴而缤纷、多彩而丰饶的土地。这方丰盈博大的膏腴之地，同时也是充满阳光、富有个性的不屈不挠的英雄之地。

代县北拒雁门，山河险峻，历来是展示战争玄机的物质载体，"赵国门户、汉室要塞、大宋边防、朱明重镇"就是对这片形胜之地的最好诠释。雁门关既是"外壮大同之藩卫，内固太原之锁钥，根抵三关，咽喉全晋，势控中原"和"密弥京师"的兵家必争之地，又是内地农耕民族与北方游牧民族进行经济、文化交流以及向俄、欧开拓国际茶叶贸易之路的商旅必经之途。

从11世纪以前，游牧铁骑南下中原，从春秋战国到七雄称霸，从五胡十六国到唐末五代，从宋、元、明、清到民国之年，代州在中国历史的大动荡中，一直是封建君主、土豪军阀、官僚政客左右山西、争夺天下的支点，夏禹治水系舟于雁门之南，春秋赵襄子"夏屋宴"巧设雁门，战国李牧守雁门震慑匈奴，秦太子扶苏自杀代城杀子河，大将蒙恬被赐死上门王，汉刘邦驰雁门脱"白登之围"，代州都督薛仁贵戍边雁门、血染疆场，还有汉朝的卫青、霍去病、李广都曾在这里留下铿锵的征战脚步。唐朝李克用镇雁门官封晋王，郭子仪夺雁门平安史之乱。到了宋朝，名将杨业父子更是长期在此戍守，留下了妇孺皆知的"杨家将"故事。抗日战争时期，周恩来、彭德怀、徐向前在雁门关下的太和岭口运筹帷幄，我英勇的八路军120师716团和八路军129师769团分别打响了震惊中外的雁门关伏击战和夜袭阳明堡飞机场战斗。新中国成立前夕，毛泽东、周恩来、任弼时登临雄关，激扬文字，指点江山。经过岁月的洗礼，如今的"雁门关伏击战遗址""阳明堡飞机场遗址"已列入全国红色旅游经典景区名录，入选第三批国家级抗战纪念设施、遗址名录，成为党员干部了解党的历史、加强党性教育的重要场所，成为广大群众培养爱国情感、培育民族精神的重要阵地；成为青少年学习革命传统、陶冶道德情操的重要课堂。

在漫长的历史长河中，在北方游牧文化与内地农耕文化相互融合、碰撞中，在历朝历代金戈铁马的阵阵嘶鸣和商贾行旅的声声驼铃声中，代县这座曾经的边塞古城见证了历代王朝的兴衰更迭和人间世事的沧桑变迁，积淀了雁门文化博大精深的历史底蕴和兼容并蓄的磅礴气势，也成就了代县名实相符、无可置疑的北陲政治要地、军事强藩、商埠重镇的历史文化名城地位。

山河与岁月赋予代县厚重的底蕴，也赋予一代代代县人不懈奋斗的气质。走进新时代，赓续着前辈的红色血脉，代县早已交出靓丽答卷，如期脱贫，逐梦小康。

今日之代县，百业竞兴，商机无限，正蓄势待发，奏响经济转型、对外开放的豪放篇章。他们把代州黄酒特色专业镇作为推动高质量发展的新引擎，依托世界文化遗产雁门关长城景区打造酒旅文化示范区。"宜居、宜业、宜游"的魅力代县，正以全新的姿态开启新的未来。

穿过历史的烟云，此刻，在创新发展的大道上，古老而年轻的代县，踔厉奋发，笃行不怠，风帆正举，未来可期。

无论过去与现在，无论沉寂与显赫，代县这方热土，深情地诉说着日月经天的故事。沧海桑田的变迁，也始终是代州儿女前行的动力。

一如案头这方雁门关砚，观若翡玉，抚如童肌，造型美观，飘逸灵动，既是一件精美艺术品，又是一张代县的靓丽名片。

李九龙　山西省作家协会会员，代县作家协会主席。作品散见于省内外多家报刊，曾获全国税收诗词大赛二等奖，全国"汾酒传情"征文优秀作品奖等等。作品曾入选《一树春风千万枝》《全国税收诗词大赛获奖作品集》《"汾酒传情"征文获奖作品集》等多个选本，出版个人作品集《散羽飘飘》。

平型关:"三关"之外一雄关
——为平型关砚而作

高世忠

雁门关、宁武关、偏头关被称为长城"外三关",而在山西省忻州市繁峙县勾注山东端的平型岭上还耸立着另一座雄关,就是闻名中外的平型关。平型关为雁门十八隘之一,中国九大名关之一。古称瓶形寨,以周围地形如瓶子一样而得名。金时为瓶形镇,明、清称平型岭关,后改今名。平型关海拔高度1542米,四周群峰挺拔,峻岭雄关,地势险要,是穿过内长城的重要通道,为历代兵家必争的战略要地,历朝历代都是戍守之地。今天的平型关,已经建设成3A级红色景区。

明代,蒙古骑兵频犯边关,经常从大同深入浑源攻陷平型关,乘虚而入,抢掠财物。明朝正德六年(1511),修筑内长城时经过平型岭,并在其关口修建关楼。后关楼已毁,两侧岭上明长城遗迹尚存。2015年以来,繁峙县在保护中实施了抢救性的维修,一座高大雄伟的古式关楼坐西朝东,在旧址上拔地而起,匾额仍沿用旧石匾,上书"平型岭"三字,修葺一新的长城在崇山峻岭间蜿蜒起伏。

如今的平型关村,原为平型关的岭口堡城,历史上很早就是驻防将士的营寨,四周城墙尚存,北瓮城和北门较为完好,嘉靖二十四年、万历九年都曾增修。从村北探访堡城,伫立在我们面前的就是平型关村北城门的瓮城。尽管它破损严重,但依然巍然耸立。两扇巨型木质大门历经风雨侵蚀,褶皱纵横,如两位沧桑老人,疲惫地斜倚在门洞两旁。我们环顾四周,满眼都是历史的痕迹。踏进门就是瓮城。瓮城是古代城池中依附于城门,与城墙连为一体的附属建筑,墙体以黄土夯实筑起,其形状圆似瓮形,故称瓮城。当敌人攻入瓮城时,如将主城门和瓮城门关闭,守军即可对敌形成"瓮中捉鳖"之势,从而增强了歼敌防御能力。

繁峙县·平型关砚

抗日首捷,平型炮火骇敌胆;
传家至宝,无畏精神励后昆。

——曾福贵撰联

穿过城门洞,就进入内城。沿着砖砌台阶便可登上关堡城墙。城门上,只有三间坐北朝南的小房,现在被乡亲们改成小庙了。站在垛口边,城堡内一览无余。关堡坐南朝北,东西略长,平面呈矩形,堡墙总长1390米,周围城墙为黄土夯实墙体,占地面积9.5公顷,有东南北三座门。东门主要用于取水,南、北门原来都有瓮城,现在只留存北门瓮城。古时候的村民并不在城堡里居住,而是生活在城北不远处山脚下的土窑洞里。后来驻军撤走了,人们才陆续迁居入城,变成今天的村落。

平型关北有恒山高峙如屏，南有五台山巍然耸立，峰峦叠起，形势险要，是晋东北的咽喉要道。一条东西向古道穿平型关城而过，东连京西的紫荆关，西接雁门关，彼此相连，结成一条坚固的防线，是北京西面的重要藩屏。明清时代，京畿恃以为安。

"首战平型关，威名天下扬。"1937年9月25日，日本精锐板垣师团主力在平型关遭到了八路军115师的全力攻击。此一役歼灭日军近千人，毁敌汽车100辆，马车200辆，缴获步枪1000多支，轻重机枪20多挺，战马53匹，火炮1门，另有其他大量战利品。

平型关伏击战打乱了日军的侵略计划，压制了日本侵略军的嚣张气焰。平型关大捷使抗日军民士气大振，增强了抗战必胜信念。它粉碎了"皇军不可战胜"的神话，振奋了全国人心，鼓舞了全国人民的抗战热情。它有力地迟滞了敌人的进攻，迫使敌人进至浑源和保定的一部分兵力转移到平型关方向，因而有力支援了平汉铁路和同蒲铁路友军的作战。平型关大捷是八路军出师华北抗日前线第一仗，也是平型关战役中战斗最惨烈、战果最辉煌、影响最深远的一次重要战斗。这一仗，提高了中国共产党和八路军的声威，为后来在这里创建敌后抗日根据地奠定了广泛的群众基础，其政治上的意义远远大于军事上的。这一仗，铸就了百折不挠、不畏强敌的平型关精神。

平型关大捷遗址位于繁峙县与灵丘县交界处的平型关村、蔡家峪、乔沟一带，平型关战役大捷主战场——乔沟，位于内长城平型关东侧一条天然沟壑。现为全国重点文物保护单位、全国爱国主义教育示范基地，被列入全国红色旅游经典景区。遗址现已成为长城抗战的成功范例，也成为华夏儿女英勇不屈、抗击外侵的伟大民族精神的象征。每一次拜谒，都会热血沸腾。慎终追远，激励我们缅怀先烈，致敬英雄，不忘国耻，努力奋斗。

平型关，永垂青史的英雄关！

高世忠　山西省诗词学会会员，山西省楹联艺术家协会会员，繁峙县作家协会主席。

砚中山河，美了芦芽胜境

杜 鹃

　　1400多年前，北魏兴起，汾河岸边开始出现绛州城这个历史文明的注脚，织就绛州大地璀璨的水旱码头文化。"风吹焰作窑烧成""久经火煅绽奇葩"，纵贯三晋大地的汾河从巍巍管涔山出发，滤粗石、淘细沙，一路向着古老绛州汤汤而来，在时光的河湾里沉淀。汾水澄泥，忘却荣辱，等待着水的淘洗、火的淬炼。秦风汉韵交由这一湾澄泥来塑造，唐诗宋词交由这一湾澄泥来呈现。千百年来，出水为泥，木火温烤，匠心刀刻，窑变百色，绛州澄泥砚伴随华夏文明写就了"中国四大名砚"的一页春秋。一方绛州澄泥砚，一部汾河流沙史，从河沙出发，到砚做文章，立下了诗书画墨的记世之功。

　　在汾河发源地的宁武县管涔山，流传着一首不知年代的山歌："嗨哟——嗨，嗨哟——万年冰哟那个冰洞哟，冰锥锥的那个多哟，冰柱冰花花好像那个哥哥的心……"歌中讲述了一个古老的爱情故事：古时候，有个财主家的女儿看上了邻村小伙子，因为家里不同意，俩人就一起私奔，被女子的父母抓回来后，小伙子被扔进了村子附近的一个大冰洞，那名追爱无果的女子从此便在山间悲伤地唱起了这首歌。歌中唱到的冰洞就是现在被誉为"国家地质文化公园"的芦芽山自然风景名胜区的万年冰洞。管涔之山，汾水出焉。作为"晋山之祖"的管涔山，不仅孕育了"三晋母亲河"——汾河，还以其特别的地质构造，造化出芦芽山自然风景名胜区大美风光和眼前这惊世骇俗的地质奇观"万年冰洞"。"君住汾河头，我住汾河尾"，绛州澄泥砚与宁武万年冰洞的同宗同源不能不说是一种自然造化的神奇巧合。用一方绛州澄泥砚演绎万年冰洞作为"宁武县砚"，这又不能不说是只有大国工匠才能迸发出的思想火花。

眼前这方"宁武县砚",正是宁武县万年冰洞的自然奇观与绛州澄泥砚古老技艺巧妙结合的极致精品。砚的泥沙来自潺潺汾水,汾水又自管涔山而来;冰洞奇观亦是发于管涔山地心深处的水源,与汾水各自取道,成就了宁武、绛州两地各具代表性的惊艳世人的非遗文化。

这方以沉淀千年的汾河渍泥为原料,经特殊炉火烧炼而成的宁武县砚,涵养着与万年冰洞一样坚韧淡定的耐性、冰火两重天的经历,质坚耐磨,观若凝玉,厉寒不冰,呵气可研,正应了乾隆皇帝对澄泥砚的盛赞:抚如石,呵生津。其功效可与石砚媲美,此砚中一绝。这方砚台的砚体近似长方形,色泽古朴,纹理清晰,既有蛰伏地下千年的灵性,又有淬火窑变幻彩般生机,暗藏了一场远古文明百折不悔的旷世奇恋。左刻景区标志巨石,石上有书:"山西·宁武冰洞国家地质公园",巨石有底座,座底横书:"中华人民共和国国土资源部";中央砚池低洼下去,我们可想象作是芦芽山旅游集散地——东寨镇"康养小镇",砚池泽若美玉,柔中带刚,储墨不涸,积墨不腐,那些象形的文字、水墨的山川仿佛都在这一方墨池中飞天游龙,跃然纸上。砚体四周"长满"郁郁青青的松柏和冰花、冰柱、冰锥,砚体顶端有长长的走廊,步道横跨在冰的丛林之中,观砚者如在画中游,颇似800多年前"金元文宗"元好问畅游芦芽山时所首《点绛唇·冰雪神人》中的意境:"冰雪神人,岁寒时节争初诞。照溪梅绽,秀岭孤松远。香雾氤氲,不放重帘卷。歌声缓,酒杯深劝,此会年年见。"

万年冰洞的冰是常冻不醒的,不管外界气候如何变化,山顶的自燃之火烟雾缭绕,洞内温度始终都停留在-4℃左右,四季在洞中凝固成一个晶莹剔透的世界。洞内的冰年龄结构不同,核心层的冰较老,靠近洞口或主流水道的冰层比较年轻。管涔山这冰与火共存的万年奇观,与"取之于水而成之于火"的绛州澄泥砚的诞生之旅何其相似?想象它们在亿万年前以水的形态同宿于管涔山下的地心深处,蓄积无限勇气和能量才冲到地表,成冰,成河,在洞中绽放奇异冰花,借汾河流向古老绛州,掬一捧澄泥重塑金身,把天地光阴和进去,把乾坤六合揉进去,把是非成败刻进去,把荣辱沉浮烧进去,浴火重生,再把三晋历史、汾河情愫研磨进去,这砚就有了绛州工匠的智慧,芦芽山水的灵气,有了非遗传人与宁武胜景的隔空对话,有了绛州澄泥砚与宁武万年冰洞两项非遗文化的水乳交融。

一笔、一墨、一印泥;一帖、一砚、一春秋。执一毫清欢,写烟火人生——两

宁武县·宁武县砚

砚上山河天旷远；
洞中锥柱景神奇。
——曾福贵撰联

项国家级非物质文化遗产因这方县砚的诞生而结缘：万年冰洞腹大口小，口袋形的洞体保证了聚水成冰千年不化；澄泥砚墨池浅洼，保证了砚台的凝脂聚墨温润禀赋。池周线条凝练，图案精美，讲究造型，与冰洞中不同造型的冰体相得益彰，不愧出自管涔山同一源地，与汾河水一脉相承。

南绛北宁，"汾水澄泥绛县制"的这方宁武县砚，正在为山西文化旅游的发展联袂发力。砚文化之精髓在于传承，它已在绛州澄泥砚非遗文化传承人蔺涛手中正式开启，我们期待"大美芦芽，神奇宁武"在这一方县砚的加持下，同登山西文旅新舞台。

经过采泥、过滤、沉淀、制坯、烘干、雕刻、烧制、水磨、抛光等9道工序，万年冰洞携手悬空村、悬崖栈道、马仑草原、芦芽云海等胜景，在绛州澄泥砚的一池笔墨中灵动浮现。宁、绛经过岁月的淬炼相知相悦，正期待着两地文化来一场"天青色等烟雨，而我在等你"的浪漫邀约。

杜鹃　中国长城学会员会，山西省作家协会会员，忻州市长城学会理事兼副秘书长，"忻州市长城保护研究十大杰出人物"，宁武县作家协会主席。著有诗集《涟漪之湄》、散文集《烟火》。曾获2020年《青年文学家》文学大奖赛散文组特别奖，2022年第四届中国长城学术论坛三等奖。

至尊砚王

张天柱

伟大的艺术品，是人类心灵中最为瑰丽的宝石，任凭青枝变朽木、砾石化泥土，纵然白云苍狗、春秋变幻，益发会放射出耀眼的光芒。

绛州澄泥砚就是这样的稀世之作。

汾河、浍河，宛如两只硕大而温厚的佛掌，穿境而过，新绛县便在佛掌的庇护下，有了这样一个令人叹为观止的疆域：山西西南部，临汾盆地西南边，南依峨嵋岭，北靠吕梁山。这真是造化垂青，得天独厚。

绛州澄泥砚，孕于汉，兴于唐，盛于宋，特别是到了明代达到炉火纯青，从中唐起历代皆为贡品，历代帝王将相、名流大雅竞相收藏，在中国砚史上独树一帜。

砚艺之花的绽开，有赖于新绛得天独有的砚泥的孳乳，其制作历史源远流长，独具"温砚"特色，因制作工艺更难，得来更为不易，为唯一烧制的砚品。

这个"唯一"，最为炙手，赫烜天下。

然而，由于绛州澄泥砚制作工艺复杂、周期较长，故产量极少。到明代末期，随着铜砚、瓷砚、漆砂砚、木砚等的出现和兴起，澄泥砚已日渐在行业竞争中处于下风，近乎失传。

1986年，新绛县走出了蔺氏父子，绛州澄泥砚工艺，迎来了千载难逢的发展机遇。

一方泥砚传匠心。

蔺永茂与儿子蔺涛开始着手发掘澄泥砚的制作工艺。父子二人数十年如一日，靠着灵巧多变的双手，制成方方砚台，将匠人那拟规画圆的死板制品变成了灵性飞动的艺术，终于使相传数百年的民族瑰宝重放光彩。

静乐县·静山乐水砚

静山乐水祥云绕；
天柱龙兴瑞气连。
——曾福贵撰联

砚以泥塑，泥以砚显。

一方绛州澄泥砚在手，微闭双目，心花盛开，云雾飘渺，清香拂面，如闻泉响，似观仙境，天地澄澈，物我皆忘，砚不醉人，人已自醉。

鲜活的艺术常能激扬人的生命，绛州澄泥砚一下子燃亮了众多的眼睛，成为一张代表新绛、代表运城、代表山西靓丽的"文化名片"。

如今，绛州澄泥砚独出心裁，又出新招，《晋在砚中》系列作品，既令人击节古老工艺的孤峰独秀，更令人拊掌当代技艺的巧夺天工。

一方蟠桃造型的砚台——静山乐水砚，逢盛世而生。

名绛州澄泥砚与静乐名山水的"双名"结合，当然不是1+1的算术，而是大制作、新品牌旷世工程的展示。

斯时，绛州澄泥砚就像窑中的火焰，借风吹炉，既燃亮了自己，又光被了别人。

凝视这方"静山乐水砚"，泥质细腻，光泽丰腴，纹饰精妙。设计以圆雕、浮雕技法相结合，山水图案栩栩而生。蟠桃做砚堂，地形做墨池，墨池上方天柱山耸立，汾河、碾河环绕墨池，"静山乐水"四字赫然醒目，右方"擎天一柱"光灿耀眼。造型简练、古朴，仿自然石的原生态，与山、水精雕细刻形成反差对比，却又浑然一体，这种传统与现代的完美结合，古朴与精细的强烈反差，使该砚主题更为鲜明，怎不令人心醉神迷！

毋庸置疑，"静山乐水"确实是静乐美丽版图中的"昆山片玉，夜光之璧"，其山水经年，交相辉映，擘画出了壮美山河新画卷：静乐的容颜是秀丽而端庄的，静乐的底蕴是丰淳而深邃的，静乐的气质是祥和而雅致的，静乐的文脉是幽远而延绵的，静乐的风貌是大气而蓬勃的，静乐的胸怀是博爱而宽厚的。由此，一个个"国"字号品牌接踵而来：中国民间文化艺术之乡、国家卫生县城、国家园林县城、全国文明城市、中国藜麦之乡、中国天然氧吧、中国最具特色旅游目的地……

我经常向朋友和客人们这样介绍静乐：来静乐，洗肺、养胃、陶醉。因为新鲜的空气让人心旷神怡，土生土长的食材美味又健康，走在天柱山上，一脚踩下去的，也许是天柱大将军尔朱荣的足迹，身上沾染的也许是"胡服骑射"战马卷起的履尘，徜徉在汾河畔，也许还能听见"台骀治水"的号子声。当然，还有悬钟的神韵、显字崖的神奇、风神山的神洞、净居寺的神窟……

"早晨听着鸟儿的啼鸣醒来，夜晚伴着蟋蟀的叫声入眠"，这是最诗意的栖居，这是最立体的乡愁！

新绛，位于山西南部；静乐，位于山西北部，一南一北，相糅相融，喜结连理，这既是一首凝固悦耳的乐曲，又是一颗跳动时光的珍珠。

绛州"澄泥砚文化"与静乐"山水文化"结缘，珠联璧合，联袂创作，这既是一个恒久青春的鲜活生命，又是一位永世微笑的至尊美神。

掌上一砚，辉耀日月，掌上一砚，美美与共。

张天柱　中国散文学会会员，山西省作家协会会员，山西摄影家学会会员，静乐作家协会主席。作品散见于《人民日报》《中国日报》外文版、《山西文学》《散文选刊》等报刊。出版散文集《心韵情语》等多部。曾获中国社会科学院首届"艾青杯"优秀作品奖，山西作家协会和山西省水利厅"山西省农村饮水解困工程征文"报告文学征文奖等奖项。

神池之神

李晓玲

一方雕刻精美的"神池"砚台呈现出一座古老的城池，砚心袅袅生烟的氤氲景象，恰似躺在阳光下柔美恬静脉脉含情的西海子，天边一线重重叠叠的云层中群雁穿梭，如梦似幻，美不胜收。

据《神池县志》记载，神池因县西北"有水一泓，出无源，去无迹，旱不涸，雨不盈，鱼藻胥不生""湛然清澈，若有神焉"而得名。她就像一颗璀璨的明珠镶嵌在北方坚实的黄土地上，集厚重、淳朴、自然、敦实于一身，充溢着浓郁的多元文化色彩，散发着古老与现代交融的独特韵味。这里有亚洲最长的货运编组站，有中国陆地最大的风电场；这里是"三晋母亲河"汾河的发源地，是山西省海拔最高的县城；是现代绿色产业基地、旅游避暑胜地、生态康养宜居地。

神池历史悠久，底蕴深厚。最早可上溯到新石器时代，记录了神池早期的人类活动；境内长城，"扳倒井"，明、清两朝重要的军事堡城八角古城等古迹佐证了神池边塞文化的发展轨迹；舍利塔、园明观、大云寺、悬空寺等寺庙、道观则见证了佛教、道教文化对神池历史文化的影响。

特殊的地理位置造就了神池在古代重要的战略地位，长城外三关——雁门关、宁武关、偏头关环绕周遭，是三关边防要塞，为历代兵家必争之地。称为"内长城、边墙"的明野猪口长城是全国唯一保存下来的北齐长城与明长城的交汇点，也是迄今为止山西省保存最完整的明代长城，属于省级重点文物保护单位，其上的黄花岭堡是全国保存最为完好的北齐城堡。

神池历史文化灿烂，人文荟萃，在多民族纷争与融合的过程中，形成了以军事文化、农耕文化与游牧文化为特色的边塞文化，孕育出神池人尚武崇文、勤劳节俭的品格。北魏太师尔朱荣，辽金两朝宰相虞仲文，元代受成吉思汗册封为"寂照大师"、至今遗物和坐化像仍为首都博物馆镇馆之宝的海云大师，清代大学士山西大学创始人谷如墉，孙中山先生的挚友、同盟会创始人之一谷思慎，清代举旗"扫清灭洋"焚毁村天主教堂的尹天洪，世界十大名僧之一、佛教圣地五台山大主持、山西省佛教学会主席请佛大师等风云人物层出不穷。

更有现代毛泽东、周恩来、任弼时、徐特立、贺龙等老一辈无产阶级革命家在神池留下了珍贵的足迹。"毛主席路居纪念馆"保持了1948年4月5日中共中央主席毛泽东一行留宿的原貌，无声地向人们诉说着革命的艰辛和一代伟人的丰功伟绩，他们的英名使神池史册熠熠生辉。

神池人文景观、名胜古迹比比皆是，自然风光秀美，旅游资源丰富，且有较高的品位。

辘轳窑沟悬空寺是古时创建的一处奇特景观，山势险峻，拔地参天，幽静的山间流水潺潺，古寺小溪交相辉映，悬空寺庙群建于石壁中间，天然石洞勾连交叉，别有洞天。传说其中的"万人仙洞"能大能小，人多人少皆可接纳，神秘莫测，禅意绵绵。

国家体育总局命名的"全民健身户外活动基地"登山步道，是融山、水、林、草为一体的原生态景观，更是不可多得的"天然氧吧"；崇山峻岭中形成的高原草甸，不是草原胜似草原；林海之中的山腰上，一股清泉从石缝中汩汩淌出，夏不漫冬不枯，长年不竭，堪称一绝，这便是汾河的源头。

生态绿色农业呈现出天然的田园风貌，有机小杂粮种植营养健康，是现代人理想的生活乐园。

神池传统美食有口皆碑。神池特色农业优势凸显，是榜上有名的"油料基地""杂粮王国"，先后取得胡油、胡麻、羊肉、莜麦、黑豆、黍子6个国家地理标志认证，被中国县域农业发展高层会议组委会授予"品牌农业示范县"称号，是响当当的"中国亚麻油籽之乡"，冷榨胡麻油更是以陆地上最补脑食物和预防心脑血管疾病两大功效而备受人们青睐。神池月饼便是以胡麻油制作而成，其味道醇厚，香郁色纯，有着不可复制的独特风味和地方特色，是全省唯一冠以县名的品牌月饼，故而以"神油（高寒种植胡麻油）神水（地下600米深层水）神饼（无任何添加剂）"而享誉全国。

神池民俗文化异彩纷呈。长期沉淀形成的民情风俗使神池边塞文化打上了深深

神池县·神池砚

五彩斑斓,神池文化醉诗客;
千祥集聚,绛砚月仙散桂花。
　　——曾福贵撰联

的民俗文化烙印,形成了独具地域特色的晋西北文化。神池道情剧种已有三百多年的历史,发展中保留了盛行于唐、宋、元时期的多种词牌曲调,一些如"耍孩儿""西江月""浪淘沙"等大众耳熟能详的牌调至今仍然保持着原始的格式,具有独特的艺术价值。神池道情共有72调,流传保存下来的剧目多达150余个,2011年神池道情终于实至名归,成为国家级非物质文化遗产项目。

踢鼓子秧歌（俗称土摊子秧歌）是与神池道情齐名、以鼓为主要伴奏、流传于晋西北地区的民间舞蹈艺术，是汉族民间舞蹈的典型代表之一；神池硬架子秧歌，已成功申报为省级非物质文化遗产。

八音会、剪纸、面塑、泥塑等民间艺术在当地也都占有一席之地，分获省、市级非物质文化遗产名录。

神池美，美在人心，美在神韵，美在淳朴的民风，魅力神池，风光无限！

李晓玲　山西省作家协会会员，忻州市走西口研究会理事，忻州市诗词学会会员，忻州市楹联协会副主席，神池县作家协会主席。主编出版《神池县妇女志》《神池文苑》《指尖上的美丽》等十余部作品。个人著有诗词集《长风箫吟》、散文集《那一片水》。

古砚新城

李晋成

《说文解字》上说："砚者，石滑也。"可见砚的材质为石头，作用在于研墨。五寨县所属的芦芽山脉石材遍地，花岗石、青石、红砂石俯拾即是，却没有加工砚的上好石头。因此，也没有这方面的记载，五寨人没有尝试过用天然凹的石料去研墨。五寨是边陲小县，历史上舞文弄墨者少，文事活动也必然少。

乾隆版《五寨县志》载："地处边陲，唐宋名流足迹未经遍阅，文集诗赋缺略。"在县域内没有形成繁荣的文化景象，也就没有催生对砚的热切需求。但这并不是说五寨人不重视笔砚，不重视文化。相反，五寨人对文化有着质朴的尊崇与热切的追求。相传李太白于采石矶乘月而归，途经此地，为下面的美景所迷，遂降下云头，眼前正是峰峦叠嶂的芦芽山深处。连绵起伏的山体恰如笔架，一道清溪潺潺流过，他一下子联想到"河水清且涟猗"的诗句，非常高兴，饮酒作诗道："南山耸笔架，北郭横砚城。"因爱五寨山水秀丽，流连数日方依依别去。于是，五寨人懂得了自然山水是文化，读书知理耕读传家是更重要的文化，把人文文化和山水文化相融，把琴棋书画和纸墨笔砚相兼。

太白金星将他飘逸的长裙交付于延绵起伏的山峦，交付于万古长流的清涟河。宋代著名隐士潘阆，也为五寨山水倾倒，客居芦芽山石佛寺写下了"夜深如有雨，寺静若无僧"的诗句。那一夜，一定很特别，冷润的山岚，迷蒙的细雨，打湿了古道，点湿了苍苔，幽静的山寺中，僧人诵经不惊扰山的静谧。清代传奇人物傅山先生南游江淮后，在太原松庄侨居十余年，其间，他遍游五寨山水，边游边济世行医。巍峨险峻的芦芽山是他的首选，在《芦芽山径想酒遣剧》中酣畅淋漓地描绘了芦芽奇景：

五寨县 · 五寨古风砚

看芦芽笔架，竹宣不卷留香久；
居古水城池，石砚微凹聚墨多。
（改陆游诗句成联）
——周长胜撰联

"绿来无云树，山溪淙绿中。老树倒为桥，绿毛僵古龙……采药啮素雪，红玉呵洞胸。冷艳骏花眼，神上青芙蓉。"这还不足以表达他对芦芽山的痴爱，又写下了《无题》《芦芽》《芦芽秋雨白银盘》等诗篇。将山水五寨定格为人文五寨的，是清乾隆十三年任五寨知县的江南才子秦雄褒。他对五寨山水自有一份独到的认知与感悟，不仅写出了"芦芽十景"诗，还写下了名篇《芦芽山赋》《荷叶坪赋》《清涟河赋》《碓云洞赋》《弥涟池记》《东雪山记》《西雪山记》。当山水入文、文赋山水后，就再也分不清哪个是山水哪个是人文了。于是，徜徉在绿草如茵的荷叶坪上，你闻到的不知是清幽的草香还是秦令"居安堂"新研的墨香；登顶芦芽山，你到底是感受"一览众山小"的芦芽峰巅，还是体悟"覆慈云于中国，性法雨于边方"的佛祖慈悲？你再到东雪山品尝清冽的甘露泉，倾听"不为不平之鸣，不作知希之感，幽洁自赏，亘古如斯"的喟叹！

五寨人不以一石为砚，却是以芦芽山脉为砚，不以一锭为墨，而是以清涟河水为墨，研出了一条时隐时现时淡时浓的文化墨线。而今，墨香濡染的芦芽山、荷叶坪、清涟河、东雪山寺、西雪山遗址，吸引着五湖四海的游客。为了将"砚文化"表现得更加具体实在，1997年，五寨文坛老前辈张新民先生依据人文历史，顺应民意，提议把五寨县城关镇改名为砚城镇。

最近几年，五寨文学事业风生水起，县委宣传部及县文联大力发展文化事业，为文学爱好者大开绿灯，年年申报加入省作协的人选，几年下来省作协会员由4人，增加到现在的20人，还有2人加入了中国作家协会，文学队伍空前壮大。在出书方面，出版《清涟》《桃花依旧待春风》《指尖的梦》《芦芽新绿》《清涟碧波》《荷叶飘香》《神武华章》《雪山冬韵》等文集。五寨出书是有本之木，有源之水，方兴未艾，后劲十足！

在获奖方面，《芦芽新绿》《清涟碧波》《荷叶飘香》《神武华章》分别获得2019年至2022年忻州市新创作品奖，马晓华的童谣获得2020年忻州市诗歌创作一等奖，赵东方的《共锅》获得2021年忻州市散文创作一等奖，石德生的《河水清且涟猗》获得2022年山西省老干局散文创作二等奖。

"重帘不卷留香久，古砚微凹聚墨多。"陆游的诗句描写的恰似我们五寨文化的近况。我们取得的一点儿成绩，比起各文化强县，还差得很远，可我们有信心、有决心把五寨的文学事业向前推进。我们深知："砚，研也，研墨使和濡也。"研墨使致远也！

李晋成　山西省作家协会会员，山西省散文学会会员。创作有小说《太阳花》《心尘》《魂驻西山梁》《师者》《丑鼓》等，中篇小说《心尘》荣获忻州市2017年"重点文艺创作奖"。散文主要发表于《神州》《交流》《辽宁青年》《五台山》等报刊。

不一样的岢岚

田沁梅

"岢岚",环山为城,倚河为家。单看"岢岚"二字,便知道"山"在岢岚人心中的分量。城依山而建,人傍山而居,牛羊赖山而存。连绵起伏的大山,是岢岚人的生存之源、栖息之地,也是融入岢岚人骨子里的性格。这里,人如其山,自有一份谦和包容;山如其名,独获一份霞光岚影。河因山而温婉,风借山而成岚,山环水复之间,这方山水,让岢岚成为山西省的版图大县、农牧强县,成为全国的国防要县、避暑休闲城,成就了岢岚"历史重镇、养生福地、清凉山城"之誉。

岢岚的春天来得迟,入春仍如暮冬的迹象,但巍巍乎高山,汤汤乎流水,足以让人忘却身边事、前程事的烦琐。诗圣杜甫的祖父杜审言在路过岢岚时慨叹于此间山水的气质,写下了《经行岚州》一诗,诗云:"北地春光晚,边城气候寒。往来花不发,新旧雪仍残。水作琴中听,山疑画里看。自惊牵远役,艰险促征鞍。"一句"水作琴中听,山疑画里看",写出了岢岚山水让人钟情与眷恋的神韵,流传至今,引人神思。

岢岚历来是军事重镇,蜿蜒在岢岚王家岔山顶的全国唯一的宋代长城,诉说着这里曾经的金戈铁马。诗仙李白《送友人之岚州》一诗中,那轮曾经和诗人对影而舞的月亮,此时温情地陪伴着边关将士,月光笼罩的弓影之下,凛冽的冰霜轻轻擦拭着将士手中的剑:"将军飞虎符,战士卧龙沙。边月随弓影,严霜拂剑花。"边关的月亮、冷峻的霜花,让人无比怜惜在岚州的严寒中月下休憩的战士,希望这作战的命令能够晚一点儿到达。

岢岚,不仅出现在唐代杜审言、李白的诗中,也出现在宋代苏轼、黄庭坚的诗中,初潘仁美镇守河东时,为了防止契丹南下劫掠,命令沿边百姓迁往内地,致使大片耕地荒芜。欧阳修奉使河东时,曾上书朝廷"忻、代、岢岚多禁地废田,愿令民得耕之,不然,将为敌有"。朝廷下旨让大臣商议,由于有人反对,而没有立即实行。范仲淹出使西北后,不顾自身利益,屡次上疏,请求解禁。后只耕岢岚一境,边塞上的粮食就很充足了。这次解禁,范仲淹在岢岚招募人丁,开垦荒地,加强武备,对岢岚以后的经济发展起到了不可估量的作用。驻守岢岚时,范仲淹看到岢岚城池太小,于是决定在岢岚城外再筑一城,就是现在的县城东关。"东关城在岢岚城水砦外,公以岢岚城小,将东关城筑作大城,检计到土工五十二万七千九百四十五工。"范公愿意费时费力作城外之城,皆因看到了岢岚重要的军事地位。

试问,作为边陲小县,还有几个地方,能够吸引这么多圣贤的目光和脚步?翻看这些在中国文化史上响当当的人物和岢岚的渊源,我仿佛看到了岢岚山水宁静超然的笑容。是啊,智者乐水,仁者乐山,这世间的一切偶遇,其实都是必然。因此,元好问的老师、金代诗人、岢岚人王中立曾写出"印透山河影,照开天地心。人世有昏晓,我未尝古今"这样开阔的句子,被元好问在著述中多次提到。但他一生淡泊名利,不愿做官,只愿结庐而居,弹琴弈棋,他"贪看终南山色好,不知红日下前峰",他"此生休更问浮名,名利区区不暂停",这大概就是山水的力量。

掩卷回眸,再说岢岚城。

岢岚城是后汉刘知远建筑的一座军城,城墙"周围五里",气势恢宏,其格调与西安古城相仿,是岢岚的标志性建筑。如今复建的岢岚古城墙,依照的是岢岚明城墙的建筑规制。与近些年省内一些城市的古城墙复建工程相比,岢岚古城墙复建所面对的工程条件要"好得多"。因为,虽经岁月洗礼,岢岚古城墙复建工程开工前,城墙遗迹保存度很高。其中个别地段的城墙,墙壁上墙砖仍保存完好。

岢岚古城堪称世间之奇。据传说岢岚这片土地曾为沧海,古人从风水学的角度设计建造了岢岚古城,整个城呈船形,所以岢岚城亦称舟城。城内东门、南门、西门几乎在一条直线上,并且一律向南开,以接南方丙火进城,呈三阳开泰格局。北门向东开,迎东方木进城,以助火势,含有紫气东来之意。东门进,经南门,出西门,你会忘记岢岚城其实不大,却只记住了这座城特有的一份古朴和典雅。因此,人在城中,便瞬间忘却城外的纷纷扰扰,只愿安享岁月静好。

岢岚人爱岢岚,恋岢岚,大概就缘于城的这份坚定守护。"岢岚山上好茶饭,莜面窝窝山药蛋",说的是一份虽不富足但已怡然的自得;"走南京,逛北京,高不过

岢岚县·岢岚古城砚

雄风千载听鼙鼓；
明月一轮照古城。
——曾福贵撰联

"北宋第一人"范仲淹曾在岢岚驻守。那是宋仁宗宝元年间，党项族建立西夏，不断侵袭大宋的西北边境。边境危急之时，宋仁宗任命范仲淹为陕西安抚经略副使，他同北宋名将韩琦同为西北边境的副帅，主管陕西、河东军务。当时岢岚的建制为岢岚军，军政长官亦名岢岚军，范仲淹亲兼此职，成了岢岚的父母官。由于岢岚地处边境，宋岢岚城门洞",说的则是岢岚人对岢岚城的一份毫不迟疑的认可。岢岚古城的城门洞确实高大气派,据说那是穆桂英一声喊高的。民间有言:穆桂英喊高岢岚城。

故事是在流传中获得生命力的,这"穆桂英喊高岢岚城"的故事,便是在一辈辈岢岚人的口口相传中由故事而神话而成为大家不愿去怀疑或否定的事实。传说宋辽草成川大战之后的一个深夜,杨延昭率领一万重装骑兵到达岢岚军,对辽军发起突然袭击,一边冲锋,一边用弓箭向辽军营地发射密集的火箭,整座营地成为一片火海。宋军一支骑兵又趁乱冲锋,与守军爆发激战,火箭已经射到帐篷周围,这让辽军守军彻底崩溃。平素最骁勇的一万五千契丹"宫帐军"基本被摧毁,而宋军仅仅伤亡数百人。随即杨延昭带着大队人马入驻岢岚城,先锋就是穆桂英。那时的岢岚城是一百多年前的五代后汉弃安元城而新建的,城门洞比较矮,扛帅字大旗的士兵看到旗高城低,正要放倒大旗进城,穆桂英大喝一声:"慢着,帅字大旗怎能倒,这城门再高些!"说也奇怪,那城门洞果然乖乖地长高一截,凯旋的杨家将高高举着帅旗昂首阔步进了岢岚城。

古代岢岚,是寒光凛冽的军事要塞;近代岢岚,红色文化是她最鲜明的色彩;革命战争年代,岢岚是晋西北临时省委所在地。1948年4月4日,春风浩荡中,毛主席率领中央机关由延安转战西柏坡路经岢岚,在这里住了一晚上,留下了"岢岚是个好地方"的深情赞誉。2017年6月21日,中共中央总书记习近平视察山西亲临岢岚,在宋家沟三棵树广场,向干部群众发出号召:撸起袖子加油干。脱贫攻坚过程中,岢岚人牢记领袖嘱托,战贫、斗贫,取得了优异成绩,脱贫攻坚领导小组在全国脱贫攻坚表彰大会上荣获"脱贫攻坚先进集体"荣誉称号。进入新时代,岢岚先后取得了国家卫生县城、全国双拥模范县、全国村庄清洁行动先进县等多项国家级荣誉,并依托太原卫星发射中心正在规划建设的航天科技产业项目,依托本地农牧资源发展起来的新型农牧产业,依托当地特色因势而建的美丽乡村,让"好地方"岢岚,逐渐成为宜居、宜业、宜游之地。岢岚山水,正以不一样的美让岢岚成为岢岚人以及邂逅岢岚的外乡人能够记得起乡愁、守得住梦想的地方。

在岢岚爽朗的风中,看山就是山,看水就是水,身在其中,听风、赏雪、看云、盼雨,便自得一份自在和幸福。

田沁梅 山西省作家协会会员,山西省女作家协会会员,出版个人诗集《豌豆开花》《蓝》两部,有诗歌在《诗刊》《黄河》《山西文学》等杂志发表,作品入选多个选本。

河曲民歌二人台

岳占东

走近黄河便会产生一种激情，走近黄河九十九道湾的最深处，那种激情便会变成一段情愫。前来黄河晋陕峡谷观光的人们，听到山沟里传来悠扬的歌声，那段不解之缘便在心头飘然起舞。

很多年来，我总是站在黄河岸边回头审视这片土地，看流水冲刷的丹霞崖壁，看亘古沧桑的黄河边墙，亦看山峁上的烽台和直插云霄的文笔塔。这时，我的大脑像一处地标建筑，清晰无误地回旋着自己所在的位置——河曲，一个位于晋西北黄河边的县份，与内蒙古、陕西隔河相望，其三省交界的特殊地理位置，使其成为边塞文化、草原文化、黄河文化相互交融的独特地域。

这里的人们千百年来为了消除疲劳，抒发情感，用自己的聪明才智在劳动生活过程中创造了由吟到唱自娱自乐的独特歌曲，这就是遍布全县大小村舍，男女老少无时不在引吭高歌的"山曲儿"。

河曲一个飘荡着"大河之曲"的地方，久负盛名。据史料记载，山曲儿远在唐、宋时代便早已流行。旧《河曲县志》民俗条记有一首唐代河曲民歌《得马水歌》。到五代宋初时期，《河曲县志》又记有民间"唱杨歌"的盛况。民族英雄杨业父子，聚众河曲火山，杨业父亲杨信号称"火山王"。杨家将把抗敌保乡的义旗，插遍黄河两岸，河曲民间便兴起以民歌歌颂杨家将的热潮。旧《河曲县志》有歌曰："儿见将军胆气雄，骄胡百万敢当锋。至今虹映黄河水，犹似当年血战红。""歌舞于市，唱杨歌也。"在山曲小调中，歌唱杨家将的民歌不绝于耳。明朝时期，河曲是大明王朝和蒙古部落对峙的地方，黄河成为天然屏障，这里修筑了边墙（长城），形成

河曲县·二人台民歌砚

非遗有蜚声,二人台上展风韵;
河曲听喝彩,三晋舞池绽异香。
——周长胜撰联

了明朝长城重要的"九边重镇"之一"山西镇"。在明朝267年的历史中，河曲这块土地上，每年巡河的兵卒往返于黄河岸畔，他们像一群过客，每年黄河结冰而来，第二年开春而去，他们有着生离死别的情绪，用山曲将这种情绪沿着长城播撒。"户有歌弦新治谱，儿童妇老尽歌讴。"一个民歌海洋至此诞生。

到明末清初时期，康熙皇帝下诏，允许汉人到蒙古草原垦荒，掀开了河曲民歌沿着黄河向北发展的崭新一页。"河曲保德州，十年九不收，男人走口外，女人挑苦菜。"正是有了走西口这段历史，才成就了河曲民歌的再次发展。在走西口的路上，成千上万西口汉子在求生存的同时，一路高歌创作了成百上千首山曲儿。"山曲本是肚里才，甚时唱它甚是来"，以出卖苦力求生存的，熬煎之时，就编唱民歌，诉说思念家乡与亲人之情。有的以河曲民歌作为卖唱乞讨的手段，获取充饥之物。丢在家中的孤儿寡妇，同样以唱山歌来"解忧愁""想亲人"。所以河曲民歌越唱越多，越唱越普遍，男女老少，人人都会唱。清朝末年，河曲跑口外的人，达数十万之多。在蒙地以河曲民歌、二人台卖唱的职业班，有二十多个，二人台代表剧目《走西口》在这时期形成。回眸走西口那段求生存求发展的精神辉煌史，河曲民歌二人台在长城内外遍地开花，秦、晋、绥（内蒙古）三省区的民歌再次共同繁荣。陕北的信天游、内蒙古地区的漫翰调、晋西的山曲儿，在走西口的交流中，其风格相似，一脉相承。

新中国成立初期，河曲县家家有歌者，人人会编曲，传唱民歌成了盛事。无论在黄河渡口、山野田头，还是在农家庭院和手工作坊，尤其是婚丧礼仪、古会节日，到处都会听到甜美粗犷的山歌声。人们生产劳动、生活礼仪、交朋结友，都用民歌来表达心情。尤以青年男女的情歌最为流行和动听，他（她）们在沟沟岔岔中，以对唱情歌作为相爱的"牵魂线"。河曲民歌浩如烟海，男女老少都以唱几声山曲儿，来表达各自的不同心情。解放前有因"光景逼迫跑口外"而唱的，有因"河路汉吃饭拿命换"而唱的，有因"针关里逃命活不成人"而唱的，有因"鲜桃花配了个朽果子"而唱的，有因"十三省地方相准你"而唱的，有因"光棍汉回家难存站"而唱的，有因"寡妇上坟谁可怜"而唱的……新中国成立后乡乡村村都唱起了"人民的江山人民的天""共产党来了有好日子过"等新编的豪放民歌，河曲民歌以真实性、人民性、艺术性的特有魅力深深地植根于生活的土壤之中。

1953年中秋时分，一支大青骡子组成的驮队悄然进入河曲。他们是中华民族艺术研究院音乐研究所采风队。在半年的时间里，采风队在河曲收录民歌曲调四百余种，歌词万余首，并整理出版了《河曲民歌采访专辑》一书。此书成为新中国成立后第一本黄河民间歌曲集成精品,并赞誉河曲为"民歌之海""二人台之乡"。1957年由15人组成的河曲民歌合唱队,参加了全国民间文艺会演,在首都舞台上演唱了《船夫号子》《打兰调》《串河湾》等河曲民歌,受到周恩来总理、朱德委员长的亲切接见,引起文艺界的广泛关注。至此,河曲一大批民歌手若黄河水一般涌向全国,河曲民歌二人台声名远播。2006年河曲被中国民间文艺家协会命名为"北方民歌之乡",2008年河曲民歌二人台被国务院列入首批国家级非物质文化遗产名录。

岳占东　中国作家协会会员,山西文学院签约作家,鲁迅文学院第22届中青年作家高级研讨班学员。作品散见《人民日报·大地副刊》《文艺报》《黄河》《山西文学》《芒种》等报刊,著有中短篇小说集《躁动岁月》《今夜谁陪你度过》《打蓝歌》,长篇小说《厚土在上》,长篇纪实《西口纪事》《黄河边墙》《鲁院时光》。曾获《文艺报》作品奖、全国校园文学作品奖等。现为河曲县文联主席,兼任山西省报告文学专业委员会副秘书长和走西口研究会副主席。

且喜文笔落砚田

高定存

    黄河行至秦晋高原,破岩层,走泥沙,奔腾南下。在天桥峡口处,左岸是山西省保德县,右岸是陕西省府谷县,两座县城临河相对,距离不到两公里。保德城南有飞龙山,山上一塔高耸云天,名曰兴保塔,是保德县的地标建筑。此塔原名拟为文昌塔,建成之时,适逢县级换届,新领导觉得文昌只兴文化,不够给力,遂将塔名改为兴保塔,其实塔背后还有一段笔砚故事,遥远又复杂。

    保德和府谷两县历史悠久,两座州城早年都建在紧临黄河的山头上,隔河对望。府谷的城墙依山而行,走成一个圆,远远望去宛若一方砚台,故府谷老城又叫砚瓦城。不知何年何月,有风水先生来保德,神秘兮兮上山下坡看了半天,说保德的风水都被对岸砚瓦城收聚过河去了。听信风水师的话,保德人思谋半天,就在县城边的山梁上建了一座高高的文笔塔,正对府谷砚瓦城,同时把山的名字也改叫笔尖梁,意思要用这砖石做成的大笔,把砚瓦城里的风水吸过来。当然,结果如何,难以考证。倒是文笔塔与砚瓦城隔河相望,成了一道别致的风景。

    20世纪80年代改革大潮涌动,府谷县率先启航,乘风破浪。到21世纪初,两县差距愈拉愈大,府谷朝着全国百强县高歌猛进之际,保德还在为摘掉贫困县帽子而苦苦奋斗。与此同时,府谷县修复了古城墙和文庙,教育也蒸蒸日上,吸引不少保德学子过河读书。每年高考前夕,保德一些家长还要到府谷文庙祈祷。此情此景,让一些保德人又想起了当年的笔砚之争,说县城应该重建文笔塔,就算吸不来府谷砚瓦城的风水,对于振兴保德文运总会有好处。于是政府规划,民众捐资,选吉地,调工匠,历时三年,耗资逾千万,建成了这座宝塔。塔顶暗置踢斗魁星,九楼供奉

保德县·保德兴保塔砚

宝塔挥毫,点翠描红山蕴玉;
黄河逐浪,摇钱聚宝水流金。
　　——周长胜撰联

文昌君铜像,塔门高悬对联:"宝塔参天,文光璀璨射牛斗;飞龙接地,圣脉蜿蜒拱山城","吕梁东来,叠嶂千重开画卷;黄河西去,波涛万里走诗文。"宝塔从内到外,文化气息浓重,堪称当年文笔塔的化身。

文化是民族的血脉，在古代，文化传承主要靠书籍。如果没有先秦以来的浩瀚典籍，五千年中华文明就不知该从何说起，而典籍的形成，离不开笔砚。笔砚之于文化，犹如锄犁之于庄稼，不可或缺。走遍中国大地，几乎每县都有文笔塔。这些文笔塔或富丽，或简朴，高低不一，形状各异，彰显着文化的崇高，寄托着人们对文化的向往。兴保塔建于盛世，有幸迎来砚台相配。绛州澄泥砚研制所举行"山西一县一砚"活动，将兴保塔画影制形，刻造于澄泥砚端，这正好契合了当初建塔的初衷。宝塔镇龙山，文笔落砚田，珠联璧合，相得益彰，期待这文笔为保德描绘出精美画卷。

附

兴保塔记

林涛古寨，保德新城，九百里河山萦带，三千年历史传承。二十一世纪始，政通人和，百业俱兴，县府广纳民意，择龙山吉地，新建楼阁式宝塔一座。名曰"兴保塔"，乃全面振兴保德之意也。

兴保塔八面九级，通高五十九点零九米。公元二〇一一年三月开工，二〇一三年十月告竣。资费逾千万，皆为社会各界所捐。一分一厘，俱是心愿，一木一石，殊不平凡。积资成塔，风水生焉，积善成德，功莫大焉！

壮哉！巍巍宝塔，拔地凌空，雕梁画栋，碧瓦朱甍。八面辉煌，光照千门万户；九级盘旋，气贯秦晋两省。群山为之昂首，喜得高标引领；田畴为之展颜，笑迎风调雨顺。宝塔四围，气象一新，嘉木竞秀，芳草缤纷，层台耸翠，百鸟翔鸣。东来吕梁紫气，西回黄河涛声。晨起霞光熹微，宝顶映彩；暮至山衔落日，大河流金……盛矣哉！气象万千，难以详尽。游客登临，感慨自多焉。

庶民百姓，率意而行，登高四顾，宠辱无惊。念天地之浩渺，叹时光之永恒。岁月沧桑，大道天成，处顺安常，其乐融融。清风明月本无价，近水远山皆有情。自强不息天行健，厚德载物地势坤。

莘莘学子，墨客骚人，登临送目，逸兴飞腾。观九曲黄河激浪，思千年历史风云，苍茫浩气，沛乎胸襟。阑干拍遍，抚凌云壮志；长歌吟罢，念古今英雄。自信人生二百年，我辈岂是蓬蒿人。借取宝塔风万里，飞越关山路千重。

范仲淹岳阳寄笔，先忧后乐；郑板桥衙斋听竹，挂念民情。古人尚此情怀，方今仕者登塔，亦必有感焉。俯瞰山下，车水马龙，万家忧乐，萦系于身。远眺四野，地阔矿丰，呵护节用，福佑子孙。世事多曲折，仕途亦如登塔，风光犹未尽，旋即已该转身。常思居高自重，恒念如履如临。

江山有代谢，往来成古今。纵观天下之塔，乱世以毁，盛世以兴，风水之说，因果互证。保德建州设县已逾千年，风雨沧桑，历史厚重，宝塔出世，顺天应人。巍巍人文景观，煌煌千载彪炳。

颂曰：龙山胜境，宝塔凌空。装点河山，开启灵运。宣示教化，孕育文明。德泽万物，永世昌隆。

高定存　中国作家协会会员。1990年开始发表作品，先后在《散文》《美文》《山西文学》《黄河》等杂志上发表作品若干。曾获《黄河》年度优秀作品奖、《山西文学》年度优秀作品奖，一些短篇收入几种选集。出版有散文集《黄河往西流》《祖辈的黄河》《书路散记》。获2019—2021年度赵树理文学奖。

九曲黄河入晋来

李俊平

"九曲黄河十八弯,神牛开河到偏关。明灯一亮受惊吓,转身犁出老牛湾。"滚滚黄河从青藏高原巴颜喀拉山北麓的一缕清泉缓缓走来,以万马奔腾之势踏足三晋大地就以神话的名义开场。偏关作为黄河入晋第一县,黄河不仅赋予了她浓厚的传奇色彩,而且造就了这片古老大地上最为壮丽的自然景观,也孕育了偏关人民独有的精神气质和人文情怀。

偏关位于晋西北边陲,北依长城与内蒙古清水河县接壤,西临黄河与内蒙古准格尔旗隔河相望,南与河曲、五寨两县相连,东与神池、朔州两县(市)毗邻。偏头关与宁武关、雁门关合称明长城外三关,为"三关首御",有"三晋之屏藩""晋北之锁钥"之称。境内长城纵横交错,曲折蜿蜒,雄关古堡巍然屹立,烽堠墩台星罗棋布,是万里长城的精华地段之一,被誉为中华长城古堡第一县。黄河流经偏关长达32公里,与长城在老牛湾第一次相见握手,一路结伴同行。黄河穿越晋陕大峡谷以360度的完美大回环,缔造了雄奇壮美的乾坤湾,被《中国国家地理杂志》称为"百里长峡中的最美回环",被中外专家学者定义为太极八卦图的天然发源地。黄河文化与长城文化交相辉映,草原文化与农耕文化相互交织,游牧文化与中原文化汇聚融合,构成偏关多元独特的文化场景。

这是一片光荣的土地、英雄的土地。无论是金戈铁马的守边岁月,还是热血衷肠的抗战年代,偏关人民英勇无畏,为赢得民族独立和人民解放,实现国家富强和人民幸福,前仆后继、浴血奋战、艰苦奋斗、无私奉献,谱写了气吞山河的英雄壮歌,1685平方公里的偏关大地上流淌着绵延不断的红色血脉,传颂着数不胜数的动人故事。

这是一片顽强的土地、拼搏的土地。新中国成立以来，偏关人民以无比的执着和坚定，弘扬"较真较劲儿不叫苦"的偏关"绿魂精神"，坚持不懈修坝、造林、种草，矢志改善恶劣的生产生活环境。目前，全县林地面积达到121.2万亩，森林覆盖率达到7.7%，绿化率达到40%，昔日被世行官员称为"不适合人类生存的地方"，如今成为黄河国家战略中晋西北的"桥头堡"、太忻一体化经济区的"后花园"。

这是一片奋进的土地、希望的土地。偏关在全省黄河流域86个县市中率先以"三绿战略"为高质量发展破题，协同推进绿色有机农业、绿色新能源、绿色文旅产业。着力打造山西"优质杂粮品牌县"和"健康养殖示范县"，"偏关山羊""偏关莜面""偏关豆腐""偏关海红""偏关粉面"5个地理标志品牌叫响长城内外、大河两岸。深入实施绿色能源强县战略，开启新能源项目建设新攻势，水电、风电、光电、生物质电"四电"齐驱新格局初具规模，成为全市新能源电力建设第一县。坚持全域旅游理念，加快推进基础再造、业态重塑、产品升级、场景革命，推动实现文旅生产方式、体验方式、服务方式、治理模式的全方位创新。省级生态文化旅游示范区建设步伐不断加快，黄河国家文化公园、长城国家文化公园建设全面启动，积极探索元宇宙与文旅深度融合机制，以"技术创新"驱动"应用创新"和"产业创新"，老牛湾旅游景区、红门口地下长城景区两个4A景区不断提档升级，偏关县国家全域旅游示范区创建工作通过省级验收。2023年"中国年·偏关味"系列民俗文化活动，全网收获3.4亿总播放量，实现人群覆盖近5亿，极大地增强了社会各界对偏关的文化认同感，"美丽关不住、偏偏爱上你"文旅品牌影响力不断增强，紫塞边关说不尽的诗情画意里，流淌着浓浓的乡愁。目前，偏关县不断加强与内蒙古呼和浩特、鄂尔多斯、陕西榆林等市合作交流，加快晋陕蒙区域协调发展，着力构建具有国际影响力的晋陕蒙黄河"几"字湾文化旅游经济带，具有十分广阔的发展前景。

这是一片开放的土地、崭新的土地。近年来，偏关县持续优化营商环境，着力打造"三无""三可"营商环境，落实"五有套餐"要求，在更高起点、更高层次、更高目标上推进改革开放，努力打造内陆地区对外开放新高地。全面清理不合理限制条件，大幅度放宽市场准入，完善政企常态化沟通协商机制，构建亲清政商关系，旗帜鲜明鼓励支持民营经济发展壮大。量身定制出台优惠政策，降低外来投资综合运营成本，健全企业投资后续服务体系，强化政策吸引力，增强产业承接能力，推进转移企业与本土企业融合发展，通过优化政策让市场主体享受更多"阳光"。着力推进"承诺制＋标准地＋全代办"改革，大幅减少审批环节、降低审批成本，通

偏关县·黄河入晋砚

边防锁钥,三关重镇似屏立;
表里江山,九曲黄河入晋来。
——周长胜撰联

过改革赋能让项目建设跑出"加速度"。做好政务服务"加减法",不断提升投资项目事项审批效率,通过精简流程让企业事项"省心办"。不断创新招商方式,强化"政府+链主企业+产业园"招商合力,在全社会营造"亲商、重商、安商"氛围,对具有引领性、标志性意义的重大项目,落实项目包保制、重点项目工作专班制、项目"清单式"管理制,以现代农业及农产品加工、文化旅游、新能源产业、新型工业、现代服务业等为主攻方向，以最优惠的政策和优质的服务，引进一批战略新兴产业、科技创新产业重大转型项目，近年来引进项目数量、建设质量、投资总量创历史新高。深入推进实施新时代人才强县战略，创新柔性引才模式，为高层次人才提供"一对一"优质、高效、全面、精准服务，加快引育高素质人才队伍。

偏关大地呈现出一派踔厉奋进的新气象，今日的偏关，蓄势待发，充满强大的生机与活力，成为一片极具创新创业吸引力和发展竞争力的热土。

李俊平　山西省作家协会会员。偏关县文联负责人。

天涯晓雪

张 琳

敢以天涯为名的山峰,可能尘世上仅此一座。只闻山名,就知人间的高处与远处本是一处。山不算太高,却足以让古人与今人一个接着一个去仰望,去攀登。

公元854年,诗人雍陶出任简州刺史。那一年,他穿三峡,越秦岭,只身游历了江南与塞北,写下了不少纪游诗。一千多年后的一天,当我读到雍陶的《再经天涯地角山》,依然有种莫名的惆怅,仿佛是想替诗人挡住滚滚而来的尘埃。那一年,雍陶来到天涯山下,一代才子望着苍茫的高处欲言又止。顺着黄土路向北,当他登上五峰化宇的地角之巅,清风拂过林莽,云朵守着古刹,眼中的风景一时成了内心的浮屠。又十年,雍陶旧地重游,蓦然流下忍了半生的泪水。每忆云山养短才,悔缘名利入尘埃。十年马足行多少,两度天涯地角来。他决意寄身山林,像谢宣城一样,"嚣尘自兹隔,赏心于此遇"。唐才子中,雍陶是唯一一个不知所终的诗人。我想,他是化为一片云了。有一次,我坐在莲花峰上,看一朵白云流连在上空,竟以为是雍陶第三次经过这里。仰望良久,浮上心头的,是才子那一句:满院花开未是贫。

春天的时候,梨花开满天涯。而我坚持认为,丘长春在七百多年前写下的《无俗念·灵虚宫梨花词》,定然是赞美原平梨花的。他一定想用一首绝美之词将眼中之景转告天上的众神,而俯视人间的仙人们恰好看见了原平的梨花,也会误将人间当成了天上。

凡目睹过梨花盛开的人,都是深谙销魂一词的深意的。比如,那个写下"十里香风吹不断,万株晴雪绽梨花"的云南人王佩钰,当他走在天涯山下,嗅到梨花送来的暗香,仿佛杜牧随着牧童的遥指看见了让人断肠的杏花村。那一刻,他突然有

原平市·天涯山奇石砚

天涯石异形如鼓；
风雨槌急声似雷。

——曾福贵撰联

　　了深深的醉意，那冰肌玉肤的遍野梨花，这不染尘埃的人世仙境，都会让其生出愿与天涯山白头偕老的无限深情。

　　雪落在天涯山上，俨然是一幅画一首诗。滹沱河，这条来自泰戏山的河流，带着两千多年的时光经过了原平，无数的原平人在河水中看到了自己的面容。再美的花朵都会凋零，然而浪花不会，那些游子眼角的泪花不会。

　　当年，《世说新语》中的名士郝隆袒腹睡在七月七的太阳下，像一粒尘埃。他的家，就在梨花丛中，与天涯山隔着满树晴雪相望。多少年过去了，即使郝隆不在了，他腹中的诗书仍然在世上流传。喜欢他对小草与远志的智性解答：在山里时就叫远志，出了山就是小草。人世上，总是小草与远志同在，然，小草与远志之间，只是隔着一座山吗？让一只蝴蝶，去爬一座山，在离天最近的地方，亮出翅膀上的斑斓。那些落在天涯山上的雪花，是涅槃后的蝴蝶吗？我想起那个叫慧远的人。

公元334年，慧远公生在离天涯山几十里的地方。后来，他出娄烦，往太行听《般若经》，驻锡庐山，建东林寺结社念佛。他的一生，可以用四个字概括：阿弥陀佛。他的快乐，可以用一幅虎溪三笑图描绘出来。雪是一片净土，天涯山巅也是一片净土。一个人从净中来，往净中去。当他离开故土的时候，一定回望过莲花峰，一定想起过天涯山。一个净字，就是一面镜子，照着慧远公清澈如水的一生。喜欢他的《庐山东林杂诗》，读到"有客独冥游，径然忘所适"，心中就有了天地之阔大；读到"妙同趣自均，一悟超三益"，就有了月光般的平和之妙。喜欢这个东晋的乡人，遥拜。唐代的刘禹锡说山不在高，有仙则名，他说得对。写下问世间情为何物的诗人元好问，亦曾多次流连于天涯山下，这位高洁之士抚摸着天涯山的奇石顿感诗句丛生。他写下的，正是他内心的溢美之词。有一年，我在山脚下的石鼓祠里看到千年的酸枣树结满了小小的红玛瑙，方知美也是时间的舍利子。祠内端坐着晋国人介子推的塑像，每年清明时节，这里人来人往香火不绝，无数的人怀念一个人，不为别的，是想让忠与孝永存人间。

翻开县志，可以看到天涯晓雪是崞县八景之一，我们已无须分辨雪是梨花，抑或梨花是雪。那些为天涯山写诗的人，本身就是为美而生的人；也许，那些不顾路途遥远只为一睹天涯山风姿的人，正是为美而来的人。天涯是一座山，更是一道风景，看风景的人也被天涯山看见。正如诗仙李白所言，"相看两不厌，唯有天涯山"。抱歉，我把敬亭山换成了天涯山，但谁又能说天下的山不是同一座山？

若不信，请做天涯山的一块石头吧，海枯亦不烂。

张琳　中国作家协会会员，山西文学院签约作家。曾参加《诗刊》社第37届青春诗会，获《扬子江诗刊》青年诗人奖、赵树理文学奖新人奖，出版诗集《纸蝴蝶》《人间这么美》等。

吕梁市
L v l i a n g

自然之砚
——白马仙洞印象记

单菁瑞

据传,女娲补天时剩下的五彩石,伴随着她的衣袖一甩,曾经绚丽地点燃过天空,就像为一个新世界的诞生所点燃的礼花。其中一块巨大的陨石,在绚烂地绽放之后,带着余温尚存的眷恋回到了大地的怀抱,成为那片生生不息的土地所镌刻的地老天荒。"离石"的名称由此而来,这两个平淡而沉稳的字,就像是合上一本奇幻之书后,印在封面上的平常却充满故事感的书名。

大地运动,碰撞,又沉睡,它做了一个漫长、幽深、又瑰丽的梦。是的,白马仙洞就如同大地所做的一个梦,它横穿了1.4亿年的岁月,直到岁月石化成了标本,传说在那里羽化成仙。在那个梦境中,层层叠叠的光阴仿佛停下了脚步,岁月在酣睡中成为一个永远年轻的老者。是啊,谁又能想到,在大地如此葱郁、繁盛的外表之下,有如此深邃、复杂的心事——仿若白马仙洞的幽深与神秘。

白马仙洞所在的九凤山,九座相互簇拥的山头是九只流连于此的凤凰所化,苍松翠柏、古树成荫是它们的翎羽,紫气环绕、云蒸霞蔚是托举它们的云霞。这里是关帝山森林的一部分,覆盖于森林之下的一处幽深、奇险的溶洞使这里变得与众不同;传说又为这处溶洞增添了凤凰般神秘又美好的特质,仿佛成为了它可以振翅而飞的羽翼。

近年在九凤山的九个山头上,均发现了一棵尤为巨大、繁茂的梧桐树,仿佛是为原本缥缈的传说增添了现实的根基。"凤凰鸣矣,于彼高冈。梧桐生矣,于彼朝阳。"在这里,传说和现实交相辉映成一场华丽的相遇。

关于白马仙洞名称的由来,就像是写在白马仙洞故事集子扉页上的序言,简单地为这本白马仙洞之书勾勒出了仙气飘飘的气质和底色。"白马度王芝"的故事在当地口口相传、世代流传。一个虽然贫寒但却聪颖、勤劳、善良的青年，在追逐一只啃食庄稼的白马的时候，跟着白马一路入洞前行，后来，白马消失不见，却见两位下棋的老者。痴迷棋艺的王芝就看了一会儿，当他离开回村之后，却发现几百年的光阴已悄然流逝，自己砍柴未回的事情几乎快被人们遗忘了。自此，村民才知道了白马仙洞的存在。

王芝追着白马的身影进入洞内，后人又循着王芝的足迹流连、穿行于这个溶洞，而溶洞，就像是一幅幅展开的连环画，一帧帧、一页页地诉说着无声的传奇。

那个狭长、奇险的岩溶洞，仿若一个地质历史长廊，不同的岩层在这里斑驳交织出绮丽的景象。丰富的地下水资源流过岩层，流过了石灰岩、碳酸盐岩、白云岩，恰似一把精雕细刻的刻刀，用漫长的岁月刻出了奇幻精巧、妙趣横生的造型，恰似一个有着精雕细刻花纹的砚台，美而真粹，美而沉静，美而让人有灵动的思想和幻想的长空。

入洞之后，需走，需爬，需钻，需翻，需跳，时而狭窄，忽而宽阔，奇景迭出，文人武生，各有闲趣。有横卧洞中、形似骆驼的骆驼石，有如神仙塑像的聚仙厅，有状如竖琴的仙琴石，有形如凤凰的凤凰山——据说那是这里曾有的第十只凤凰，因为翅膀受伤而留在了洞中，洞口现在还有一棵神似凤爪的"凤爪树"，也是一棵具有灵性和神性的"神树"。

还有豁然开朗、别有洞天的"洞底"，如同历经曲折之后的奖励，是一个面积堪比足球场的大洞。白马消失之处的石壁上依然留有它的影像，层层岩块上散落着仙人们留下的巨型棋子。传说中仍有的九个出口像九根丝带一般牵动着人的思绪……

甘霖洞的水滴终年不断，白龙池的水面清澈透亮，隐蔽难寻的石阶顺石壁而上，美轮美奂的岩壁令人慨叹惊异。或许是奇险绝美，或许是历时久远，或许是矿石丰富，这里的崎岖之路、冰凉石壁都在书写着其作为黄帝别宫的幽静奇特，赤松子炼丹场所的丰饶神秘，也难怪晋高祖石敬瑭入洞祈雨都对洞中奇景惊叹不已……

那石壁如云般多姿，若霞般多变，乱石般粗砺，滚珠般莹润，瀑布般壮美，珊瑚般丰美，不同角度，不同心境，都可以看出不同的画面。那是大自然无声的书写，又若为文人提供的砚台。

洞外周围若地质标本的长春岩，枝丫众多的子孙树，相依相拥的情人树，惟妙惟肖的石蟾，繁盛茂密的千年古枫，高耸林立的快活林，清冽甘甜的圣灵泉……均

离石区·离石白马仙洞砚

仙洞有仙？九凤腾飞飘紫气；
砚山觅砚，一泉磨墨写名篇。
——周长胜撰联

为白马仙洞又涂抹上了一笔神秘。

时光流转,光阴变幻,现代化的光影照入了白马仙洞的幽深,这处自然瑰宝多了奇,少了险,成为探秘赏景的奇地。古人打着火把探寻仙人的足迹,而今人却在灯光的映照下追寻古人的脚步。

时光在日出日落的楔子间编织了岁月,岁月又被剪辑成历史。离石的历史,伴随着草木生长成为了年轮;而自然的历史,却在白马仙洞凝结成标本。

白马仙洞正如自然之匠精心烧制的一方精美绝伦的砚台,洞里永不枯竭的泉水正如自然之墨。它是书写大自然之妙的一个容器,在此器物之中,随意蘸墨,任意书写,天马行空,由你想象。

单菁瑞　山西省作家协会会员,山西文学院签约作家,离石区作家协会副主席兼秘书长。现任离石区文联副主席、《石州文艺》杂志副主编。著有长篇传记文学《辛安亭传》,长篇小说《火车上的新嫁衣》《泡泡糖的时光之旅》。中短篇小说及散文散见于各种报刊。

武皇则天

梁大智

女皇一帝,圣神名曌,华盖雄才;唯女皇风流,天骄一代。其父士彟,木商起家,资助李渊起兵,元从功勋历官都督;其母杨氏,杨达之女,出身隋朝宗室,被封荣国夫人。

武氏才貌双全,唐太宗纳宫中,赐号"武媚",后世讹称武媚娘。太宗有名马狮子骢,肥逸无能调驭者。武氏侧曰:"妾能制之,然须三物,一铁鞭,二铁楇,三匕首。铁鞭击之不服,则以铁楇其首,又不服,则以匕首断其喉。"太宗壮武氏之志。太子承乾被废,晋王李治立位,武媚心生爱慕。

唐太宗逝,才人依唐之例,感业寺削发为尼。太宗周年忌日,唐高宗入寺进香,相遇武氏,互诉离情。王皇后为灭萧淑妃,遂请高宗纳武氏入宫,高宗即允,拜武氏二品昭仪,以致"废王立武"。武氏聪慧,出谋划策,重振皇权。

显庆五年,高宗患疾,头晕目眩,不能理事,遂命武后代理朝政。麟德元年,高宗并宰相上官仪,计废武后。废后诏书未就,武后即得消息。追问高宗,上官仪被逮捕,满门抄斩。乾封二年,高宗因久疾,命太子弘监国。上元元年秋,高宗称天皇,武后称天后,名避先帝、先后之称,实欲自尊。武后上表,建言十二事:劝农桑,薄赋徭;息干戈,免徭役;道德化天下,省功费力役;广言路,杜谗口……高宗诏皆施行之。"田畴垦辟,家有余粮"者奖;"为政苛滥,户口流移"者罚。《兆人本业》农书,颁行天下。农桑减赋,黎民泽惠,赢得盛唐豪迈。

上元二年,武后集文人学士,修书无数,谓之"北门学士"。高宗风眩更甚,拟使武后摄政,宰相郝处俊曰:"陛下奈何以高祖、太宗之天下,不传之子孙而委

文水县·武则天砚

一代女皇,治世安邦酬壮志;
千秋伟业,兴唐立制展雄才。
——朱青龙撰联

之天后乎!"高宗才罢摄政之意。太子李弘死于合璧宫,时人以为武后所毒杀。弘道元年十二月,唐高宗病逝,临终遗诏:太子李显柩前即位,武后被尊皇太后。军国大事有不能裁决者,由武后定夺。

光宅元年二月,唐中宗李显欲以韦后父韦玄贞为侍中,裴炎力谏不听,武后遂废唐中宗为庐陵王,并迁于房州。立第四子豫王李旦为帝,是为唐睿宗,武后临朝称制,自专朝政。同年九月,徐敬业等以扶持庐陵王为号,在扬州聚众十万,举兵反武。武后当即以李孝逸为大总管，率兵三十万，前往征讨。十一月，徐敬业兵败自杀。

垂拱二年三月，武后令造铜匦，置于宫城之前，接纳臣下表疏，广开言路。垂拱四年，洛水现"圣母临人，永昌帝业"白石，武后大喜，命其石曰"宝图"，加尊号为"圣母神皇"。武后当政，改革科举，载初元年，殿试之始。量才为用，知人善任，治国举贤无碍，贤臣治理天下。《资治通鉴》有评："政由己出，明察善断，故当时英贤亦竟为之用。"

武后登则天门楼，改唐为周，改元天授，定都洛阳神都，称圣神皇帝。以皇帝为皇嗣，赐姓武。封武氏诸王，立武氏七庙。亲享明堂，大赦天下，独创文字，以"曌"为名，颁《大云经》于天下。派兵赴西域征讨吐蕃，收复安西四镇，发兵戍守，唐军大胜。著《垂拱集》百卷，《金轮集》十卷，存诗四十六首，《全唐文》编其文四卷。

神龙革命，武氏禅让帝位与太子李显，唐中宗上尊号为"则天大圣皇帝"，武周一朝结束，唐朝复辟，百官、旗帜、服色、文字等皆复旧制，恢复以神都为东都。神龙元年，武氏病死上阳宫，年八十二。遗制去帝号，称"则天大圣皇后"。神龙二年五月，与高宗合葬乾陵。

高吟天地动，举剑九州宰。功誉岁岁年年，忆锦绣贞观，大疆安泰。红颜社稷，寰宇劲枭崇拜。立碑无字，雄才万代。江山指点，任凌空日月，神圣澎湃。南徐故地，倚文峪河水，筑则天寺庙。造型奇特，岁月悠悠经耐。配殿碑廊，凝聚多少敬拜。牡丹园里舞霓裳，仙缘国色，雍容锦赛。回音亭阁，听民间戏乐，演人生精彩。滚滚大江远去，乾坤总留气概。

梁大智　中国作家协会会员，中华诗词学会会员，山西省诗词学会理事，吕梁市作家协会副主席。先后在《短篇小说》《南方文学》《山西文学》《黄河》等多种报刊发表小说、散文、诗歌、摄影作品，小说曾被翻译成英文并美国出版。著有《晋风词韵》《残雪消融》《清河流淌》《疏影沉香》《幽香的苦咖啡》《吕梁词韵》《月下听香》《三晋名胜词韵》《乡村记忆》《乡村时代》《乡村故土》等。曾获"浩歌杯"全国首届乡土文学奖。

玄中寺

常捍江

玄中寺,亦名石壁寺、永宁寺,位于交城县城西北方向石壁谷深处。创建于北魏孝文帝延兴二年(472),于承明元年建成(476),距今1500多年历史。

石壁谷深处,四面环山,林海苍茫,鸽翔鸠鸣,松柏之气氤氲。更有悬崖峭壁,刀劈斧砍一般,直上直下,素有"壁立千仞,直插霄汉"之说。站在石壁谷周遭任意一个山顶,俯瞰下去,石壁谷宛如一只硕大钵盂,被一只巨大佛手托着,钵盂内壁靠北,红墙碧瓦,宛若众多珍宝集聚。紫气祥云,袅袅娜娜,绕众多珍宝飘摇、回旋。众多珍宝最南端:天王殿。门首匾额:净土古刹。

史料记载:北魏、隋、唐间,高僧昙鸾、道绰、善导,三位大师在玄中寺修持立说,弘传净土教义,确立了佛教净土宗。由此,玄中寺被尊为净土宗祖庭。民国六年(1917),日本净土宗僧人常盘大定来华"踏查佛迹",寻访到净土宗祖庭玄中寺,回国后,把喜讯传达给日本净土宗众弟子。

贞观九年(635),唐太宗李世民亲临寺中礼谒高僧,"便解众宝名珍,供养启愿玉衣",为文德皇后祈愿除病,御书"石壁永宁寺"。

开元二十三年(735),诗仙李白闲云野鹤一般游访晋地,游访到交城玄中寺,入"石槽沟"、登"天梯",遥望"龙首峰""唐王峰",被玄中寺瑰丽、奇伟、壮观之景象震撼,题"壮观"二字于玄中寺北端石壁之上。

石槽沟:进入寺院,从西北方向进入北柏沟,距寺院2000米,一条百米小沟,沟宽或两米或五米,蛇行曲折,变化不定,形似石槽,故名石槽沟。石槽沟两侧及沟掌,三面石壁,高耸摩天,壁上青松翠柏,群鸟翔集。沟底溪水潺潺,鸟语花香,夏秋之际,

交城县·交城玄中寺砚

层峦叠嶂,琉檐碧瓦藏珍宝;
信众门徒,铜磬竹签结善缘。

——周长胜撰联

清风习习,蝴蝶翩翩。置身石槽沟,宛若仙境。

天梯:北柏沟入口300米,海拔1040米,一面崖壁如梯,75°或80°倾斜,高约20米,是古代僧俗瞻拜昙鸾、道绰二祖师念佛道场必经之路。身临梯畔,清风扑面,祥云附额悠游,宛若登临天界,故曰天梯。

龙首峰:玄中寺东南方向数十米,海拔1060米,峰顶平面直径20米有余。上有唐宋时期秋容塔一座，通体白色。峰西北山坡上，松柏树荫之下，有蛇行曲径一条，过一石砌小门洞通峰顶。站在峰顶，抬手可捉白云，举臂可触蓝天，鸟雀成群从眼前飞过，令人神清气爽，不是仙境，胜似仙境。因其峰顶略向石壁谷口倾斜，酷似龙首昂扬，故曰龙首峰。

唐王峰：海拔1149.5米。唐贞观九年（635），唐太宗李世民入寺为文德皇后祈福登山驻跸，故名唐王峰。登峰远眺，众山拱云，松柏如海，海面碧波泛涌，霭云游动，时有小舟荡漾其间，极目细看，原是苍鹰海鸥一般贴近碧波翱翔。

玄中寺不仅景观瑰丽、奇伟，更有传说精彩、奇绝，比如"鲁班爷助修玄中寺""贪心客命丧甘露潭"等等。

鲁班爷助修玄中寺：相传，北魏时期，孝文皇帝择定吉日，在石壁谷建造玄中寺，工匠、僧人都在工地上搬石运土，繁忙至极。一天，一位白胡子老翁来到工地，自称帮木工做事，带一柄斧头，专捡其他木工丢弃不用的碎小木材砍削，砍削成大小不一的众多木楔。一位领头建造玄中寺的"纠首"觉得这位白胡子老翁是来混饭吃，呵斥说，"哒，想混饭吃，到别处去！"白胡子老翁微微笑说："闲时做下忙时用，你往后看。"老方丈赶来阻止"纠首"说："偌大工地，哪里缺老丈一碗粥，阿弥陀佛。"安抚白胡子老翁继续砍削木楔。

某日，夜深人静时分，白胡子老翁找方丈辞行说："我要走了，所做木楔，一定要保管好，不久定有用处。"老方丈欲挽留老翁，追随出门，四顾茫然，已不知去向。

不几日，立木上梁，柁架却铺摆不平稳，所有工匠都急。老方丈想起白胡子老翁辞行时说过的话，便让人拿过一个木楔来试用，结果，木楔打进去，柁架就稳稳当当了。随后，所有起架上梁，立柱上门，都要用到白胡子老翁留下来的木楔，都是打进去木楔，梁架、木柱就稳稳当当了。玄中寺建造完工，木楔一个不多，一个不少，全部派上用场。是夜，方丈在工棚里打坐，见一金身佛面小童兀立面前，声色俱厉说，"鲁班爷助尔造寺，其功德不可片刻相忘！"说罢，倏忽消逝。月色正好，清辉经门缝泻入，工棚内一片寂然。方丈连忙起身对月叩拜，连称阿弥陀佛。自此，当地僧俗才明白：那位白胡子老翁，是鲁班爷化身。

贪心客命丧甘露潭：玄中寺西南谷底，有一个深水潭，因潭水甜润，得名甘露潭。相传，潭底有海眼通天河，潭水由天河水汇聚而成。潭底有一只金蛤蟆，具备两个特征——第一特征是身形可聚可散，能大能小，大时隐入云端、遮天蔽日、金光洒满大地、护佑寺院、护佑在寺僧俗不受侵害，小时隐入潭底石缝或水草间、储蓄能量、以备再用；第二特征是惩恶扬善不懈怠。某日，一位客商来玄中寺拜佛，尾随寺中一位挑水小和尚到潭边，把一只金元宝塞进小和尚怀中，再塞进小和尚怀中五面彩色小旗，手执一只小瓦罐和小和尚耳语："我要带上这只小瓦罐下潭会一会金蛤蟆，等我下水后，你按红、黄、蓝、白、黑这个顺序，把小旗一面接一面送到我手里。记住，无论看到什么异象，都不要害怕。"眼见小和尚点头应允，客商才下水。一时，甘露潭水面微波泛涌，潭底闷雷声震，水面伸出一只簸箕大手，小和尚战战兢兢，递过去一面小红旗，簸箕大手马上缩回潭底，潭底雷声轰响连连，甘露潭水面起伏摇荡。簸箕大手再次伸出水面，已通体黑透，往外渗血。第五次伸出水面时，大手黑森森似一面面目狰狞的峭壁，整个水面被覆盖，整个潭水被染黑。小和尚受到惊吓，昏死潭边，小黑旗被扔出老远。只听见潭底雷声剧烈、震天动地，只看见水面巨浪冲天，一道金光从潭底喷射而出，金光顶端，托举一团黑气，直扑就近山梁，山梁顶天崩地裂一声巨响，当下就烟火弥漫，巨石迸飞，尘土、树木漫天飞扬。片刻之后归于宁静，山梁变千仞石壁，潭水遂又清澈见底，那位客商不见踪影。一只金蛤蟆飞跃出潭，"呱、呱……"连叫数声，化作一道七色彩虹，飞往天际。只留下潭边一块巨石，状如蛤蟆，人称蛤蟆石。从此，凡心地善良正直之人，捡小石轻叩蛤蟆石，就会"呱、呱"鸣叫。

  传说大美，风景静好，历史长河悄悄流淌，默默书写，静静图画。交城玄中寺在流淌的长河里熠熠生辉，在默默书写的文字里光彩照人，在静静图画的画卷里永久展现着诗情画意。

  常捍江 中国作家协会会员，先后在《人民文学》《上海文学》《十月》《芙蓉》等省级以上文学刊物发表中短篇小说、散文二百余万字。出版长篇小说《将军逃逸》《阁老梦》两部，中短篇小说集《古代是兵寨》《古道崖》两部，散文集《杂粮滋味》一部。其中，《古代是兵寨》入选中国作家协会组织出版的《二十一世纪文学之星丛书》，并获第二届国家图书奖提名奖。短篇小说《古空》入选《山西（1979—1989）短篇小说选》。短篇小说《山乡野景》入选山西文学月刊社1950—2010农村题材短篇小说年选《乡村叙事》。

晋绥边区革命纪念馆史话

张明提

晋绥边区革命纪念馆位于山西省兴县蔡家崖村，是国家级重点文物保护单位，全国爱国主义教育示范基地和全国百个红色旅游经典景区之一。

蔡家崖村，位于兴县县城以西7000米处。北依元宝山，南临蔚汾河，河水自东向西，转个弯从村前潺潺流过，可谓依山傍水，风景宜人，钟灵毓秀，兴旺呈祥。村中原住兴县名门大富牛氏家族，其牛家大院布局有致，景色秀美，为一座花园式庄园。庄园大门刻一副对联，上联是"蔚水映衡门隐居求志"，下联是"环山结茅舍小住为佳"，横批"蔚环别业"，至今原样留存。牛家第五子牛友兰，早年就读北京师大学堂，接受民主革命新思想。辛亥革命期间，学校停课，牛友兰从北京回到蔡家崖，办起兴县第二完小，开设国文、数学、自然、历史等课程。其间与在山西大学读书的兴县黑峪口人刘少白相识，共同开展进步活动，成为晋绥著名开明绅士。抗日战争、解放战争时期，牛友兰无偿把牛家的这座花园宅院捐给中国共产党，成为中共中央晋绥分局、晋绥边区政府、晋绥军区司令部的办公场所。

说到晋绥，它是包括山西省同蒲铁路以西大部、原绥远省黄河以东及平绥铁路以北的广大地区，南北纵长1000余千米，东西横贯200余千米，总面积约20万平方公里。晋绥地区是中国共产党最早的革命根据地之一，是华北、华中、华南各解放区与陕甘宁边区的重要枢纽和唯一通道，也是中共中央与莫斯科联系的国际交通线，战略位置十分重要。

1940年，抗日战争进入相持阶段，创建晋绥抗日根据地、转战晋察冀边区的八路军一二〇师师长贺龙率部返回晋西北；1940年2月1日，晋绥边区政府、中共中

兴县·晋绥边区砚

圣地光辉,革命先贤功德重;
边区故事,军民鱼水感情深。
——朱怀印撰联

央晋绥分局在蔡家崖正式成立,晋西北军区司令部暨一二〇师师部进驻蔡家崖。从此,蔡家崖以晋绥边区政府首府和中共中央晋绥分局所在地而成为晋绥根据地的重要标志。贺龙、关向应、林枫、续范亭、周士第、李井泉、牛荫冠等长期生活、战斗在这里。特别是贺龙、关向应同志,在这里领导晋绥军民坚持对敌斗争,建设民主政权,粉碎了敌人对根据地的反复"扫荡"和"蚕食",组织根据地军民自力更生、艰苦奋斗，克服重重困难，使晋绥根据地不断巩固并发展壮大，成为陕甘宁边区的牢固屏障。特别是当时人口不足9万的兴县，供养边区党政军4万人，参军10647人，牺牲1008人，为保卫延安和建立新中国做出了历史性的贡献。蔡家崖因此而以"小延安"誉称天下。

1948年春，毛泽东、周恩来、任弼时等老一辈无产阶级革命家率领中央机关和军委总部东渡黄河前往西柏坡，于3月25日途经蔡家崖，下榻晋绥边区政府大院，在此居住11天。当时，贺龙同志把自己的办公室和卧室腾出，请毛泽东主席入住并在里面办公。在短短的11天时间里，毛泽东主席一边指挥全国的解放战争，一边亲自指导解放区的土改和整党工作，于4月1日在蔡家崖发表了著名的《在晋绥干部会议上的讲话》，4月2日又亲切接见了《晋绥日报》编辑人员，并发表了著名的《对〈晋绥日报〉编辑人员的谈话》。两篇光辉论著，明确指出了党在新民主主义革命时期和土地革命时期的总路线和总政策，为中国革命的最后胜利指明了方向；同时，创造性地阐述了马克思主义新闻观，为党的新闻工作指明了方向，蔡家崖随之更成为享誉中外的红色故里。

改革开放以来，多位国家领导人亲临兴县调研视察，寻访红色故土，慰问老区人民，关心支持老区建设。1994年1月29日，时任中共中央总书记、国家主席、中央军委主席的江泽民同志，亲笔为蔡家崖"晋绥边区革命纪念馆"题写了馆名。特别是2017年6月21日，习近平总书记视察山西首站即来到兴县蔡家崖，向晋绥边区革命烈士墓敬献花篮，瞻仰晋绥边区革命纪念馆，参观晋绥边区政府、晋绥军区司令部旧址，号召人们大力发扬伟大的"吕梁精神"……

忆往昔岁月峥嵘。晋绥边区革命纪念馆原成立于1962年，馆址距原中共中央晋绥分局1000米，占地面积8500平方米，保护范围12200平方米，收藏文物资料4300余件，其中一至三级革命文物100余件。保护文物有中共中央晋绥分局旧址、晋绥边区行政公署旧址、晋绥边区临时参议会旧址、晋西北军区司令部旧址、晋绥军区司令部旧址、中共晋绥边区党校旧址、晋绥日报社旧址、林枫旧居、红军东征纪念碑等革命纪念物、纪念地等100余处。开放陈列有毛泽东、周恩来、任弼时、贺龙等同志路居、故居，晋绥干部会议会址（原晋绥军区礼堂），毛泽东对《晋绥日报》编辑人员谈话旧址，六柳亭、花园、水井等；还陈列有晋绥边区革命斗争史纪念展室、贺龙元帅生平事迹展览及胡锦涛、江泽民等党和国家领导人视察展室等。

走进今日蔡家崖晋绥边区革命纪念馆，如同走进一段光荣的历史。纪念馆东面小院是极具西北民居特色的四合院落。正面坐北向南，为四孔石窑洞，是当年晋绥边区政府领导续范亭、牛荫冠同志旧居；东西厢房各为两孔窑洞，现为晋绥边区革命史陈列室。从东院西北角穿过去，西大院北上房是一排窑洞，毛泽东、周恩来、任弼时等中央领导旧居一一展现眼前。大院西边是军区大礼堂，为当年晋绥边区干部和战士们背石头所建。西大院南面花园的苍松翠柏中，贺龙元帅威武庄严的汉白玉大型石雕像高高矗立，犹如一座不朽的丰碑屹立在老区人民心中。

那是在1948年7月的一天，贺老总去蔡家崖村外散步，两名警卫员随身紧跟，并带着警卫排专门为贺老总喂养的一条非常机灵而又凶猛的狼狗。就是这条狗，在战场上曾多次帮过八路军抗敌战斗的大忙，贺老总因此对它喜爱有加。可这时忽然从大路远方跑来一只山羊，一位老乡正从后面追来，还没等警卫员们醒悟过来，狼狗就箭一般冲出去将羊扑倒，一口咬住脖子就把羊给咬死了。看到群众的财产受到损失，贺老总顿时气得两眼直瞪，立即从警卫身上拽出手枪，对着几年来一直紧随自己的爱犬就是一枪。

这时，狗倒在血泊中呜咽悲鸣，带着委屈很快死了。贺老总找出几块银元，像做错事的孩子上前对那位老乡说："对不起喽，老乡！是我没有尽到责任，让狗把你的羊咬死了。这点儿钱，不算多，请务必收起！"平时由于老总经常以晋绥人的身份和老百姓在一起，谈天说地拉家常，谁家有事帮谁家，蔡家崖周围没人和他不熟悉。所以，这位老乡看到贺老总因为自己的一只羊竟将自己的爱犬打死，又听到这番感人肺腑的话，激动地"扑通"一声跪倒在地："好我的老总啊，这钱我绝对不能要……"贺老总急忙上前俯身将老乡扶起，嘴里不住说："快快请起，快快请起，我们是八路军，不管任何人，损坏群众财物都要赔偿，这是一条铁的纪律……"

无奈，老乡揣着大洋、拖着死羊回去了。故事也随之传开，一传就是几十年……

贺龙元帅在蔡家崖期间，曾在如今的纪念馆院内亲手栽植一圈六棵柳树，中间置石桌、石凳，春夏季节柳树茂盛，枝条绿叶交错覆盖，宛若一小亭。睹物思人，老一辈无产阶级革命家和无数晋绥英雄当年为人民所建立的丰功伟绩，将如巍巍苍山、滔滔黄河山高水长、青史永垂！

张明提　兴县作家协会主席。主编兴县县委机关报《兴县报》和兴县县委政府内刊《新兴县》，有散文、随笔、政论等见诸省市报刊。

碛口：
古镇一梦，心驰千年

刘月秀

从一阵风儿开始，我透过波光粼粼的河水，看见九曲黄河用无声的语言在与我对话，我开始理解古镇上居住的一切生命，以及他们的悲欢喜乐。从一幅画开始，我构思一段文字，需要用很长时间去抚摸那百里水蚀浮雕的过往。从一方砚台开始，我想以吕梁山苍劲的笔锋，以奔流不息的黄河水为墨，紧紧抓住历史的纤绳，用永不枯萎的文字，打磨关于古镇的故事。走近当年的水旱码头，有驼铃声在回荡，那是来自时光的问候。

岁月流淌，古镇亦不褪色。碛口是个有着300多年历史的古渡口，位于吕梁山西麓、临县之南。明清至民国年间，凭借黄河一段黄金水道，一跃成为北方商贸重镇，被称为——晋陕大峡谷黄河沿岸第一镇。古镇至今还保留着原始质朴的居民生活形态，所以又称"活着的古镇"，几分诗情，几分画意。

眼里是九曲黄河，脚下是千年古渡。古时候，碛口享有"九曲黄河第一镇"的美誉，也是晋商发祥地之一。碛口的繁荣缘于大同碛的惊险，大同碛号称"黄河第二碛"，是一段近500米长的暗礁，落差10米，水急浪高，船筏难以通行，碛口就成为黄河北干流上水运航道的中转站，并由此而得名。当时，西北各省的大批物资源源不断地由河运而来，到碛口后，转陆地由骡马、骆驼运到太原、京津等地；回程时，再把当地的物资经碛口转运到西北。鼎盛时期，碛口码头每天来往的船只有150艘之多。日复一日，碛口便以"水旱码头小都会"的美名传遍大江南北。现如今，古镇内有保存完好的明清时期建筑，包括客栈、票号、当铺等各类商业店铺和庙宇、民居、码头等，尤其是四十眼窑院、贸易局、厘金局等，过去的繁华在碛口留下了浓墨重

临县·碛口古镇砚

傍水倚山，烟火人间腾古韵；
凿石作寓，高坡黄土辟桃园。

——朱怀印撰联

彩的一笔，这也是一代又一代晋商在碛口商道上生生不息的传承和传奇。

在古镇，不得不提的标志性建筑，也是碛口景区的主要景点之一——黑龙庙。黑龙庙位于临县南端湫水河入口处的碛口镇卧虎山。黑龙庙创建于明朝，清雍正年间增建乐楼，道光年间重修正殿和东西耳殿。庙宇规模壮阔，气势恢宏，总面积4800平方米，属碛口古建筑群。沿着长长的石头台阶，就走到了黑龙庙山门，山门上镶嵌着"物阜民熙小都会，河声岳色大文章""山河碃带人文聚，风雨祥甘物气和"

两副石刻对联，厚重的历史，谱写了古镇璀璨的史诗。居高临下，可以远眺黄河气势，近观湫水曲折，聆听二碛涛声，俯瞰古镇全貌。乐楼的音响效果更为奇特，不用扩音设备，万人看戏，声音清脆，乃至响彻数里，故有"山西唱戏，陕西听戏"之说。

碛口在清代至民国年间，数百年来，承载着悠悠不绝的文脉与精神，把岁月藏在古老的三弦书里。黄河边升起的太阳照耀着古镇，古朴的院落和斑驳的青砖建筑，与金色的河流交相辉映，在斑驳中透出了岁月的韧性。

来到古镇，最好的方式就是以游客的身份推开一扇古老的门，目睹院子里的一切。当我漫步在狭窄的街道和小巷中，产生了身处一座古城堡的感觉。之所以这么说，是因为在古镇随处可以看到古老的牌匾，它们虽然年代久远，却依然鲜活，每天注视着当下的生活。如果说真要在这里追根溯源，我觉得最靠谱的就数阡陌纵横道路上的那些鹅卵石和石块了，无论大小、形状、厚薄、颜色，全部被岁月磨砺得光洁油润，镶嵌铺陈都宛若天成，三百余年，时光无息，亦有情。

仁者乐山，智者乐水。一次寻访古镇的过程，也是360°全景式俯瞰大地山河、田野村落的最佳时刻。古镇艺术的魅力、乡村的生机，惟有身在其中方能真切感受。我想把其中的一片山川、一座庙宇、一个村庄，以及它们和艺术家的相遇和交集用文字表达出来。

李家山村位于临县碛口古镇南五华里处，沿黄河而居、依山就势而成的明清古建筑砖石窑洞群四合院，是北方黄土高原建筑文化的传统标识，从山底一直建到山顶，叠置11层，一气呵成，人与自然、人与山水的完美和谐，创造了具有独特风格的"立体交融式"乡土建筑，共有大小院落98院，被誉为北方黄土高原的"小布达拉宫"。1989年10月，著名画家吴冠中到李家山采风时惊呼说，"从外部看像一座荒凉的汉墓，进去是很古老讲究的窑洞，古村相对封闭，像与世隔绝的桃花源。这样的村庄，这样的房子，走遍全世界都难再找到"。因此，李家山也成为著名画家吴冠中一生的三大发现之一，他把探索的欢愉尽情地表达在艺术作品中，在其作品中将黄河之上的大地艺术表达得淋漓尽致，在一定程度上，也教会了我们重新调整审美力。李家山同时也被著名诗人欧阳江河誉之为"地上长出来的建筑"。2008年，李家山村被国家建设部评为中国历史文化名村。

一处处古老的院子在黄土高坡上错落有致，远远望去，犹如某个大师精心设计的艺术空间，吸引着热爱文化的人不断前去观赏。在我眼中，整个古镇就是一座没有屋顶的美术馆，正在散发着艺术新征程的蓬勃活力。古镇独特的地域造就了不可复制的大地艺术，在古镇的大地上不断创造。

漫步古镇，是一次诗意的出发。从某个角度说，在这块古朴、粗犷的黄土地上对艺术的解读会更加深刻、更加多元。解读碛口古镇，在我的文字中是一项系统工程，一个在地理、历史、文化、思想等多纬度来考量与这方水土的关联。这次，我将"碛口古镇"平移在属于一方自然山水的砚台中，让我的语言与古镇的人间烟火产生共鸣。

无论是乡村振兴，或是地方经济再生，艺术和碛口古镇在此高度融合，用艺术点亮乡村，正在推动古镇的自然精神、人文精神展开宏大的山水叙事。如今的碛口古镇，到处是文化，遍地见艺术。头顶"人生必去的十座小城"的光环，在黄河滔滔水声中迎来了一位又一位的游客，续写一段段小镇故事。我觉得，来自各地的游客，以寻找古镇之名，通过自己的脚步来丈量吕梁山的历史与文化，在寻找历史的过程中，也在享受着发现艺术的乐趣。

历史的辉煌，留下了灿烂的文化。我游荡在古镇的街巷中，那些古老的店铺，已经风化的石头，和大城市的富丽堂皇形成了鲜明的对比。踩着那些很旧的石板，旧得仿佛让自己掉进了宋词，如南宋凄凉的月光落在我的脚下。走进安静的院落，就像从工笔画中找到的视觉审美，有一个远古的声音在轻轻地提醒我——这是碛口了。旧的物件，已经洗尽铅华，隐约散发出一种气息，清幽而高远，和古镇早已一起入画、入诗，在某个人的作品中成为静止的艺术。

这片平静的古村落，守着数百年的光阴。古镇中有黄河水荡漾，波浪透过黄土高原的阳光和风，灵动而闪亮，似乎艺术的灵魂与这里更加契合。古镇的朴实与厚重，在寂静中丰盈着生命本身。在山上，有古老的村落，是一个时代的坐标；在高处，有神圣的庙宇，是一座古镇的守护者；在低处，有奔流不息的黄河，是一方山水的精气神。每天，都有不同的人第一次去古镇，也有人不断地告别古镇。听一场雨落黄河，回归短暂的寂静、空旷，看一场《如梦碛口》，身临其境探寻古镇，它是那般古朴、神圣、高远。或许，用尽我一生的仰望，都无法抵达古镇的高度。

刘月秀　笔名诗客，山西省作家协会会员。作品散见于《星星》《黄河》《吕梁文学》《吕梁日报》等各大报刊与网络媒体。

天下黄河第一门

陈黎云

周末,从柳林县城驱车回孟门。

下了军渡,再溯河而上不足10公里,就看到黄河一号公路上有一座形象大门,门额上赫然写着"天下黄河第一门"七个大字,门顶上方是两个苍劲有力的鲜红大字——孟门。

穿过这扇"孟门",就进入了孟门镇西南部的地龙堡。传说上古时期,一条蛟龙潜伏在孟门的黄河中,不时兴风作浪,吞噬人畜,大禹持斧斩杀了蛟龙,并把蛟龙定在这里,得名"定龙堡"。后因孟门方言"定"和"地"谐音,就以讹传讹,写作了"地龙堡"。

实际上,从地龙堡向北至孟门黄河大桥一带的沿河山崖,都属于蛟龙壁。对岸陕西吴堡的黄河滩地,人称蛟龙滩,与孟门蛟龙壁遥相呼应,共同诉说着大禹治水开孟门的故事。

洪荒时期,山脉纵横错杂,水道还未完全形成,横亘黄河两岸的"红泥岩质"石山踞于孟门一带,挡了黄河去路,形成高原悬湖"古孟门湖"。今孟门境内的薛家坪、贺龙沟、小垣则等村距黄河水面垂直高度二三百米高的山腰上,至今仍积压有厚厚的细沙层。据专家考证,应为大禹治水前"古孟门湖"的泥沙积层。那时,黄河流域气候变化无常,暴雨频繁,悬湖之水逢雨必漫,常常吞噬家园。大禹领取治水大任后,深刻汲取父亲鲧"湮塞洪水,九年弗治"而被"殛死羽山"的惨痛教训,改堵为疏,治理河水。他泛舟至骨脊山(在今山西离石),观察"古孟门湖"大溢逆流之态,瞭望吕梁群山绵延之势,一路来到淤塞黄河洪水的蛟龙壁附近。经过进

柳林县·天下黄河第一门砚

孟门雄镇，九曲黄河铃胜景；
柳岸翠屏，千秋华夏隐遗章。
——朱青龙撰联

一步勘察，大禹认为蛟龙壁是一道山坡相对低缓、地质较为松软的石山，便召集群众开山凿石，疏通黄河上第一道泄洪出口，"孟门"地名由此得来。西汉《淮南子》载："龙门未辟，吕梁未凿，河出孟门之上，大溢逆流，无有丘陵，高阜灭之，名曰洪水。大禹疏通，谓之孟门。"

经民间几千年演义，蛟龙壁在后来的民间传说中，被描绘成一条横卧河中作恶多端的上古怪兽——蛟龙，这一带的石山也被人们叫作蛟龙壁。大禹凿通蛟龙壁、解除古孟门水患的历史事件，在民间则被描绘成了大禹挥舞巨斧斩杀蛟龙的神话传说。这些经典古籍，同孟门本地古老的传说故事，以及考古学家在今孟门镇境内和对岸的陕西吴堡境内发现的多处新石器时代遗址、夏代遗址等，共同印证了禹凿孟门这一历史事件的存在。

来到孟门南山寺，一下车，寺门南面小山岗上的一座仿古楼阁耸入云端，格外引人注目，楼阁下方即是闻名遐迩的"禹王石"。传说大禹治水时，曾驻足停檝于此，勘察山形水势，运筹疏河行动，天长日久，踏出了一双深深的脚印，这或许是最早的"踏石留痕"吧。

登临禹王阁，似有一种登上天坛、登上泰山、登上长城的感觉，脚下踩的是四千五百年前大禹踏过的土地，伸手抚摸的是华夏先祖大禹的仙踪圣迹，心中不禁生出敬畏之心，继而生出满满的家乡自豪感和民族自豪感。我确定自己此时此刻的心情，恰是"四个自信"中的"文化自信"了。

禹王石前竖着两通碑刻，均由孟门百姓于 2000 年重立。其中一通是根据清嘉庆九年"大禹治水停檝处"碑而摹写的，原碑于 20 世纪 70 年代被毁，其上半截现存于南山寺，"大禹治水"等字仍清晰可辨；另一通是民间老文人通过回忆清道光原碑内容而书丹的，诗曰："山前浩渺瞰河流，山后苍茫踞石头。神禹当年劳驻足，独仙万古抱先忧。"据民国年间教育家刘菊初 1951 年《离石县文物古迹见闻随录》载，该诗为清代著名书法家王继贤即兴题写。王继贤书法有"一字千金"之誉，其题诗碑刻自然容易被人觊觎，最终失盗。不过，南山寺大殿内现存清嘉庆九年（1804）重镌明代都察院右都御史兼四川巡抚高崇熙撰写的《南山灵泉寺始末记》碑一通，碑载"（孟门南山）有禹王石，相传神禹停憩息山之半（畔）"。可见，禹王石传说由来已久。

2000 年，孟门百姓依禹王石所在小山岗形势，建起一座三层的地坛式仿古建筑，以示对大禹的纪念。后来，老百姓考虑到露天的禹王石易受雨蚀风化，且"地坛"出现沉陷裂缝等安全隐患，便筹资改造成了气势巍峨的仿唐阁楼"禹王阁"。不管"地坛"，还是楼阁，禹王石一直稳居此处，从未有过任何的人为挪动。大禹为老百姓创造了安居乐业的生活环境，老百姓永远怀念着大禹心系苍生的大恩厚德，像供奉他们心中的观世音和关老爷一样，小心翼翼地供奉着禹王石。

禹王石的传说未必属实，但老百姓早已赋予其不凡的文化价值和纪念意义。这盘巨石，不但积累了一代又一代黄河儿女敬仰华夏先祖圣德、感恩大禹治水功绩的深厚情感，更凝聚着大禹尊重自然、因势利导的科学精神，公而忘私、忧国忧民的奉献精神，艰苦奋斗、坚韧不拔的创业精神，民族融合、九州一家的团结精神，以身为度、以声为律的律己精神，严明法度、公正执法的法治精神……这些宝贵的大禹精神，以禹王石为寄托，激励着一代又一代孟门百姓、柳林儿女自力更生、建设家乡、发展经济。它是孟门千年历史的主轴，是黄河灿烂文明的核心，也是中华优秀传统文化的重要组成部分，这也正是柳林百姓兴建楼阁，用心保护禹王石的原因所在。

一番心潮澎湃的怀古思今之后，时间已不早，原路返回。

携手奔涌的黄河水，一路南下军渡，似有"轻舟已过万重山"的感觉。这种感觉是行驶在畅通无阻的公路上的痛快感，是享受着大禹精神凝结的幸福果实的获得感，是沐浴着明媚春光、徐徐河风的幸福感。轿车碾压着的黄河一号公路，在柳林县境全长57.8千米，一期工程孟门至军渡段早已通车，二期工程军渡至三交段拟于今年竣工通车。这条公路从无到有、从窄到宽、从险到安的变化，不正是大禹精神在新时代、在家乡柳林的最美体现吗？当年大禹带领群众凿的是黄河水路，今天共产党带领群众凿的则是"黄河陆路"；当年大禹为老百姓凿的是求生之路，今天共产党为老百姓凿的则是致富之路、文旅之路和精神之路。

不知不觉，车已行至八盘山。我一边谨慎驾车，一边偷瞄一眼山上的绿植——那是柳林军渡人民在又险又硬又旱的干石山上，用勤劳的双手凿出一个个小石坑，然后以石块垒堰、熟土回填的办法，打造的沿黄生态脆弱区绿化"标杆工程"和全省干石山绿化"典范工程"。该工程后来北延孟门镇、南及石西乡，柳林儿女硬是在黄河畔一座座险峻的干石山上，像禹凿孟门一样，凿出千千万万个小石坑，然后用辛勤的汗水浇灌出2.5万多亩的绿海，为保护黄河流域生态、美化黄河两岸环境，做出了新时代的贡献，这是多么艰难而又多么了不起的成就啊。

陈黎云　中华诗词学会会员，山西省作家协会会员，吕梁市作家协会会员，柳林县作家协会副主席兼秘书长，柳林县诗词楹联学会副会长，政协柳林县委员会第九、十届委员。正式出版有个人诗词集《千树河头雪作裳》，与人合作主编并正式出版《诗咏安国寺》，与白海峰合作编著《孟门文化遗产》。

石楼黄河奇湾

郑石萍

发源于青藏高原巴颜喀拉山脉的黄河，在长达 5464 公里的旅途中，因地势、环境等因素的变化，在各个河段留下风格迥异、多姿多彩的画面，无不让人惊叹！

滚滚黄河水，从偏关老牛湾进入山西，沿着晋陕大峡谷一路奔流南下，行至山西省石楼县辛关镇马家畔村陡然驻足，在此处巧夺天工绕出 8000 米，画了一个几近 360°的大圆湾。湾中环抱面积 2800 亩（每亩约 667 平方米）、高出水面 196 米的浑圆有致的黄土峁丘，形成了黄河上的一大壮丽景观——壮阔雄伟的石楼黄河奇湾。

站在奇湾前，慕名而来的游客无不惊叹大自然的鬼斧神工，伟大的母亲河在此处一改她风驰电掣、奔腾呼啸、仰天怒吼、惊天地泣鬼神的豪放雄浑，顿失滔滔，温柔婉约如少女般恬静、妩媚。站在岸边听不到浪涛声，看不到波浪翻滚，宽阔的河面上静静的河水犹如一面镜子，熠熠生辉。奇湾犹如画家用画尺精准测量、用画笔精心描绘出的一幅美景，浑然天成，不由人叹为观止！

近年来，在黄河奇湾，当地政府正在依托黄河的壮美景观与厚重历史，大力发展旅游业，实现从"绿水青山"到"金山银山"的转变。作为沿黄旅游的一个重要资源节点，石楼黄河奇湾旅游开发备受重视。黄河奇湾北接碛口古镇，南连壶口瀑布，西邻延安圣地，东近石楼县城红军东征纪念馆。优越的地理位置决定了石楼黄河奇湾是黄河中游旅游集散地的首选，不但自然景色秀美，而且人文底蕴深厚。有专家称此处是当年帝王祭祀后土之地，不少游客争先来此宝地沾圣光，观美景。

黄河两岸枣树漫山遍野，金秋时节，游人如织。游客沿途隔着车窗望出去，满山满坡，沟沟汊汊，到处都是枣树，颗颗鲜红的枣儿在太阳下泛着紫光，缀满枝头。

石楼县·黄河奇湾砚

河中镶嵌玉石美；
湾里频飘滩枣香。

——朱怀印撰联

一串串、一树树、一片片枣儿随风摇曳，触手可及，煞是喜人。黄河畔的风儿轻轻吹过，成熟的枣儿哗啦啦飘落枝头，给大地铺上一层红色的地毯。游客纷纷驻足，拿出手机、相机"咔嚓咔嚓"，他们要把这醉人的景色留住，带回家去，把黄河岸边的风土人情带回家去。

远远望去，黄河水静静流淌，雄壮的古堡气势恢宏，与黄河相互辉映。

天下黄河九十九道弯，最奇最美石楼湾。石楼黄河奇湾是弯中之王。

此景只应天上有，人间能有几回现。

郑石萍　山西省作家协会会员。作品散见于《黄河》《火花》《山西作家》《湖海》《吕梁文学》等刊物。小说《搬迁》获盐城市世茂杯"我和我的祖国"征文二等奖；微电影剧本《走出国门》获吕梁市"第十一届戏剧剧本、小戏小品、微电影、歌词征文"二等奖。多部作品入选《吕梁作家文丛》。

白龙山游记

程建军

"山不在高,有仙则名;水不在深,有龙则灵。"我想,刘禹锡这句话便是对岚县白龙山景观最绝妙的概括吧!

每年农历四月初八,十里八乡,甚至连外县外省的人也络绎不绝赶来白龙山进香朝圣。

据山上碑记所载,白龙山上供奉的白龙神,姓李名大。大宋元丰年间,他在陕西任职时,因私放难民被贬为岚县县令。

某年,因岚县久旱无雨,寸草不生,百姓甚是惶恐,李县令于是率领民众遍寻水源。几天过去,滴水不见,最后来到普明马坊村大万山附近。大家忍着饥渴爬到半山腰继续寻水,忽见石岩下的灌木丛生机勃勃。县令大喜,忙与民众披荆斩棘,撬石挖坑。坑挖得越深,泉水越大,挖至六七尺时,清水自溢而流。众人正痛饮甘泉、撩水嬉戏时,回头看见李县令倚石而眠,大家不忍惊扰父母官,于是静坐相陪。过了很久,不见醒来,急忙呼唤,竟没有反应。原来,心力交瘁的县令,早已溘然长逝。

众乡民悲痛之余,不忍立即埋葬李县令,就在他坐化的地方搭起一个小棚。众人搀扶县令端坐好,并传谕兴岚两县百姓上山祭奠。

闻讯赶来的民众痛哭失声,一批一批地举行着庄严的祭奠仪式。此时,大万山谷深处冒起滚滚乌云,霎时间,电闪雷鸣,大雨倾注,三天三夜,旱魔尽释。

后来,人们在县令坐化之处盖了一间小庙,塑了神像,每遇有灾病危难之事,人们便来此祈祷敬香,位列仙班的李县令总会出手搭救。

县令坐化的那天,正是农历四月初八。为了纪念这位好官,于是在每年的这天,兴岚两县民众纷纷上山祭祀，久而久之，便形成了定期的民间庙会。

县令率众挖出的清泉飞流直泻，翻岩穿谷，势若白龙滚动，人们便将此庙取名"白龙庙"，大万山也随之称为"白龙山"，县令也被百姓册封为守护一方平安的"白龙神"。后来，人们又将清泉水坑砌石为井，谓之"圣水井"。

亲民爱民，乃为政根本。像李县令这样的好官，人们爱戴他、纪念他，是应该的、值得的。

再说说"洗山"吧。每年农历四月初八前后，白龙山附近准会有几场甘霖降临，民间传说原来是李县令想借下雨"洗山"这个机会，为大地遍洒雨露，为岚县洗去污浊之气，带来风调雨顺的好年景！所以，他老人家不辞劳苦总会来到白龙山亲自行云布雨，给人间遍施恩泽。

想一想吧，此时的白龙山，遍身新绿，骤雨初歇，虹霓凌空，百草丰茂，千溪欢唱，树林阴翳，百鸟争鸣，仙气氤氲，气象万千。登斯山也，此乐何极！

去年四月初八，上午八点左右，好不容易才挤上一辆去白龙山的中巴。

行程大约半个钟头左右，就来到普明镇马坊村。

由于忙着赶路，透支了体力的我，早已汗流浃背，气喘吁吁。

同行的人便笑话我连说话的气力也没有了，想想也是，自己体质本来就差，近年来又缺少锻炼，流汗喘气那是自然的了。

但是朝圣的急切心情战胜了体力消耗带来的困难，我没有来得及多加缓歇，随着摩肩接踵的人群，踏着七歪八斜的石阶，一鼓作气继续向前。

为了补充体力，我在半山腰扶着护栏稍作休息。时间已经是十点一刻，此时山风微微拂来，全身上下倍觉清爽。石阶两旁碧溪长流，绿草掩映，生机盎然，令人顿时忘记了疲倦，忘记了劳累。

将近十点半，我们一行数人来到了白龙神庙正殿。

整饬一新的庙宇，自然金碧辉煌。彩绘门面，盘龙大柱，气势威严的白龙神正端坐在圣坛上心安理得地享用人间香火。

磕头烧香、上供献旗的善男信女，如群蚁排衙密密麻麻爬了一大片。由于人太多了，我始终没有机会看清白龙神究竟是个什么模样，在化过布施之后，只能快快地离开了正殿。

正殿背后有一眼清泉名为"圣水井"，据说这就是白龙神坐化之地。好事的人们于是投一枚或几枚硬币下去，向白龙神叩问自己前程，希望白龙神赐予自己无限

岚县·白龙山砚

贤吏为民鞠躬尽瘁；
白龙有德动地惊天。

——朱怀印撰联

的幸福。

作为一种回复，白龙神允许人们用一个小水壶在他身下去舀水，据说喝了圣水便会给他们带来幸福和快乐。

由于求圣水的人太多，水壶你上我下，磕磕碰碰，圣水从狭窄的井口上来之后，所余无几。

但人们还是非常高兴，即使剩下的圣水不多，也紧紧把它攥在手中，好像幸福和快乐马上就浇灌在自己的身上。我也跟在大家屁股后头，好不容易舀了一壶，细细一品，甜丝丝的，凉飕飕的，感觉就是不一样。

随着朋友们沿着松软的泥土路，怀着崇敬的心情，又瞻仰了长在悬崖岩石边上的那一棵迎客松。虬枝翠叶，俯仰生姿，追云逐雾，"立根原在破岩中，任尔东南西北风"正是它的真实写照呀！

造化之手把这一绝好的风景置于峰巅之上，对照着人类的渺小。

有几个胆大的游客居然哧溜哧溜爬上了松树，拍照留念。

我不禁为他们暗暗捏了一把汗。后来见他们平安无事，才长吁了一口气。

我们岚县白龙山的景观要比其他地方的景观好得多，可是知名度为什么一直不高呢？

我觉得，继续挖掘地方文旅瑰宝，强劲提升景区所蕴含的人文精神，才是目前我们发展全域旅游的重中之重。当然了，白龙山的旅游开发不能仅限于对某一景点的宣传，也应该结合乡村振兴等时代命题，做好符合岚县实际发展主题的这篇大文章。

我想，世间没有永恒的东西，只有给人类心灵留下极大震撼的精神力量，才能永存于世——比如爱民如子的李县令，立根破岩的迎客松，赵朴初书写的世界第一寿字……

如果明年还有机会重登白龙山，白龙山会不会风景这边独好，别有一番滋味呢？

程建军　山西省作家协会会员，山西省民间文艺家协会会员，山西省中学语文研究会会员，山西省教育科学"十四五"规划课题组成员，乐道卓越园丁获得者，岚县高级中学语文教师。著有《在路上》《一代枭雄尔朱荣》《心花怒放》《老兵年轮》（与宁海燕、宁福德合著）等。

三晋名山北武当

武有平

一座有着独特风光的山；

一座能与美丽的神话传说联结起来的山；

一座让许多名人雅士赞美的山……

这样的山，你想让它不出名都难！

耸立在方山县北武当镇的北武当山，就是这样的一座山。

在山西，北武当山并不算是什么高山，以它主峰1986米海拔的高度，甚至在吕梁市、在方山县都算不得是真正的高山，周边的云顶山、孝文山、骨脊山的海拔都盖过了它，但它却被称为"三晋第一名山"，正应了那句"山不在高，有仙则名"的古话，北武当山之所以出名，自然是有着独特的"仙气"的。

北武当山古称龙王山，山上建有龙王庙，每逢天旱，村民"祷雨辄应"，是以历朝历代香火不断。相传李唐时期，真武大帝在此显灵，人们有求必应，是以将山上殿宇扩建，改为以供奉真武大帝为主，并将山更名为北武当山。由于年远代迁，"爰稽史志，未详纪年，何人创建，不闻流传"，但山上古碑可证者，至少在清雍正四年（1726）重建山上殿宇时，山名已称为北武当山。只是民间为了方便，也为了表达对真武大帝的膜拜，便直接叫做了真武山。是以每年三月三日的真武大帝诞辰，"觐山者裹粮而行，接踵而至，地无论遐迩，人无论老幼，勿避风雨，勿辞寒暑，勿域封疆之界，勿限山溪之险，奔走如云，络绎如织，山坡上下，形同鱼贯蝉联，庙院西东，势若蜂拥蚁集"，形成传统庙会，并一直延续下来。1987年7月，北武当山被山西省人民政府公布为第一批省级风景名胜区。1990年4月，被山西省民族宗教事务局批准为全省道教活动场所，成为北方道教圣地之一。1994年1月，被国务院公布为国家第三批重点风景名胜区。2015年12月，被山西省旅游资源规划开发质量评定委员会批准为国家AAAA级旅游景区。

北武当山的"仙气"更在于它那独特的自然风光。北武当山过去有"五里黄土五里沙，五里石磴往上爬"之说，就是因为其所处之地，并非群山荒沟之中，它的周边大多是黄土山峁，层层梯田，山脚是世代生生不息的村民和村庄，被康熙帝誉为"天下廉吏第一"的清端公于成龙，就出生在北武当山下的来堡村。这由黄土和沙石而突兀成山峰的结构，更使人觉出了北武当山的奇特。山上到处是奇石异松，有人因形附会，将它们称为迎客松、子母松、难老松、鸳鸯松、鲁班松，试剑石、龟蛇斗石、古猿望日石、神龙接驾石、九龙出洞石、飞来石等等。山上的风光更是因四季变化而不同。春天一到，山上的桃花、杏花、山丁子花、文冠果花便竞相开放，夺人眼目；稍后，丁香、连翘、玫瑰，争芳斗艳，树密林深，将人带入了夏的热烈；秋天的时候，山上栎树鲜红如火，松涛碧绿如海；一到冬天，山下偶飘雪花，山上已是大雪覆盖，玉树银花，一片洁白……故素有"春粉、夏艳、秋红、冬白"之美誉。北武当山的美景，自然引来了无数文人雅士的赞美歌颂。当代美学大师王朝闻称赞其具有"处女般的纯真，村姑般的质朴，农民老汉那自尊而又不故意取悦于人的独特美"。著名画家吴冠中则撰文夸它是"深巷酒香北武当"。著名诗人艾青在春天为它歌唱——"何时邀游北武当，极顶放歌沐春光。昨夜浮云遮月处，雁声催我整行装。"国学大师姚奠中夏天游览，触景生情——"纵目重峦似海潮，黄河一线夕阳娇。风雷万里撼山动，始觉危峰脚底高。"著名红学家冯其庸秋游北武当山，深为其景色折服，更为其没有受到人们的青睐所不平，自叹"列国周游今到此，名山始觉识荆迟"，吟出了"天下名山第一流，风华三晋属龙头。至今沦落烟云外，红叶漫山相对愁"的诗句；而当下则更有许多摄影发烧友专门在烟雨朦胧之中、大雪皑皑之时拍了无数美图、视频晒在网上，向人们展示不为普通人所见的北武当山的别样风姿。国务院原副总理张爱萍、方毅，全国人大原副委员长许德珩、楚图南，全国政协原副主席赵朴初以及溥杰、舒同、费新我、李可染、吴作人、启功、周汝昌、尹瘦石、欧阳中石等名家均不吝笔墨，为北武当山题词赠联；2018年4月15日，吕梁市书法家协会邀请33名书法家在北武当山景区举办了现场书写由方山县政协原主席林祥创作的《北武当山赋》长卷活动。这些诗文联墨，为北武当山增添了绚烂的光辉，使北武当山的自然风光增加了不少人文色彩。

方山县 · 北武当山砚

绕雾腾云皆成景；
高山流水尽美诗。

——朱怀印撰联

北武当山是一座名山，是一处风景奇特、独具特色的风景名胜，也是全国较早开发旅游的风景区。但由于种种原因，几十年来对于北武当山的旅游开发却始终滞后于它的声名，使得它至今只是山西风光的名片和象征，却没有给当地的经济带来多少收入。但也正是这不温不火的旅游，北武当山没有受到过度开发的破坏，至今仍保留着它那纯朴的美,天然的美,让看过它的人流连忘返、魂牵梦绕!

  武有平　山西省作家协会会员,山西省诗词学会会员,山西省于成龙文化研究会会员,武汉科技大学国学研究中心终身客座研究员。主编和参与编纂的作品有《三晋石刻大全吕梁市方山县卷》《王继贤题刻书法作品选》《方山古碑刻辑注》《方山县志(1986—2016)》《走近方山乡村》《方山县老区革命史》《中国共产党方山县历史》等十余种。

中阳剪纸

雒小平

文房四宝，纸、砚因文结缘。在中华民族五千年的灿烂文明中，名列中国四大名砚的绛州澄泥砚和国家级非物质文化遗产中阳剪纸，历经岁月淬炼，成为我省南北呼应、熠熠生辉的文化明珠。

中阳地处黄河流域中段，这里是仰韶文化、商周文化和黄河古文明的发祥之地，具有悠久的历史和深厚的底蕴。中阳剪纸根植于这一方水土，饱受黄河文明的浇灌和历史文化的滋养。根据中阳县道棠村出土的汉画像石中的剪纸图案推断，中阳剪纸至迟在东汉就已产生。这就告诉人们，心灵手巧的中阳先民，早在1800多年前就发明和创造了剪纸这一艺术形式，他们用翻飞的剪刀抒写生活的愿望和内心的企求。

中阳剪纸具有丰富的表现内容。中阳剪纸作品中最多的是人物、植物、动物和器物造型，反映了远古人类的朴素观念和信仰。这一类作品中，有大量歌颂龟、蛇、鱼、蛙为主题的装饰纹样，反映早期人类的图腾崇拜，追求美满幸福和富裕平安的生活愿望，如《抓鸡娃娃》《坐莲娃娃》《佛手开花》《鸡抱葫芦》《碗扣双钱》等。第二类是描绘岁时节令和礼俗活动的情景，如《社火秧歌》《十二月民俗》《凤踏牡丹》等。还有一类是记录流传于民间的古老神话和传说故事，如《八仙过海》《狐鸡的故事》等。岁月变迁，如今的中阳剪纸作品中又增加了不少反映现代社会生活的内容。

中阳剪纸表现形式多样，用以装点多姿多彩的生活。如岁时节令剪贴窗花：过春节时剪贴花、鸟、鱼、虫、十二生肖、大"福"字，大门上剪贴门神、狮虎和双喜团花；春龙节剪贴《春牛图》《葫芦避毒》；清明节剪贴《等燕婆婆》《燕雏》；端午节剪贴《蛙》《荷包》；中秋节剪贴《玉兔含莲》；重阳节剪贴《二十四孝》等。婚嫁时，剪纸更是必不可少，洞房中要剪贴《龙凤呈祥》《二龙戏珠》《观音送子》，嫁妆、窗户上剪贴大"囍"字和《喜鹊登梅》《莲花如意》等等，以此烘托喜庆热烈的气氛。

中阳剪纸具有鲜明的地域特色。南川河流域风格细腻，古朴典雅，代表人物有王计汝、曹其林、刘玉莲、高宝香和杨翠英等；刘家坪一带风格纯朴、刚健，代表人物有李爱萍、马爱莲、车亮娥和刘俊英等；西山边远地区则呈现一种粗犷浑厚的创作风格，代表人物有高猪翻、高翠兰和张明花等。不过，三个流派尽管在造型风格上各有差异，但它们却有一个共同的特点，这就是浓郁的山野气息、简洁明快的造型风格、原始质朴的美感和深刻的民俗内涵，无不给人以美的启发和享受。

中阳剪纸被称为历史的活化石。它不仅在造型上体现了秦汉古风，保留了原始艺术纯真拙朴的特征，而且蕴含了民俗文化中许多约定俗成的有象征意义的内容。其中特别重要的是远古文化的遗存，即那些没有文字记载、只能靠历史传说和地下发掘来推测猜想的文化，却在中阳民间艺人的剪刀尖上保存了下来。这些剪纸用民间口头俗语的形式传承下来，以此为主题创作出反映劳动人民向往美好生活的作品，如"抓鸡娃脚登梅，咯咯唤得小子来""蛇盘兔必定富""喜鹊碰石榴，富贵不断头""金蝉吹笙，辈辈有根"等等。

中阳剪纸印刻着我们中华民族历史发展的足迹。它不仅仅是一幅剪纸，而是有着千钧之重的凝聚着几千年文化史的历史纪念碑。著名学者靳之林这样评论："中阳剪纸更为重要的价值，在于它的文化价值，而不仅限于剪纸艺术自身的意义。从中阳剪纸中我们可以看到黄河流域、黄土高原古老的民间风俗和古老的历史文化传统，这是一个数千年延续至今的中华民族历史文化的遗存。"透过深深根植于民间土壤的中阳剪纸，我们看到了中华民族祖先关于天、地、人、物关系的朴素的哲学观念。

近年来，中阳剪纸在保护传承的基础上得到了进一步的发展，剪纸新秀不断涌现，创作水平不断提高，可谓人才辈出，硕果累累。继《春忙图》荣获文化部银奖后，2001年在威海举办的中国民俗风情剪纸大赛中，《民间婚俗》获得金奖；2006年第二届国际剪纸艺术节，《晋商》获得特别奖；2007年第三届国际剪纸艺术节，《剪古颂今》斩获金奖。此外，中阳剪纸还接待了来自欧美各国的国际友人和专家学者数百人次来访。

1986年，中阳县被文化部授予"剪纸艺术之乡"，庞家会村被誉为"华夏

中阳县·中阳剪纸砚

刀工剪艺出高手；
流水行云入砚台。
——朱怀印撰联

剪纸第一村"；2006 年，中阳剪纸被列入第一批国家级非物质文化遗产保护名录；2007 年，中国民间剪纸艺术家协会、山西省文化厅和中阳县政府联合举办了首届中阳剪纸艺术节。

我们坚信，起源于秦汉、誉满华夏的绛州澄泥砚，和蜚声全国、前景无限的中阳剪纸，必将与时俱进，携手为中华民族的文化繁荣做出新的贡献、谱写新的传奇。

雒小平　山西省作家协会会员。作品有《凤山庙会》《故乡的年味》，与人合著《吕梁民俗》等。

云梦山仙洞砚

解德辉

交口县有座道教名山云梦山,峰峦叠嶂、谷深峰险、林木茂盛、云雾缭绕,故取意"云仙梦境"而得名。据可考文字记载,至今已有2700多年的悠久历史。

云梦山有处悬崖绝壁,犹如一把硕大的利铲鬼斧神工般地造就一大奇观,光滑的崖壁向外突出,崖腹向内微收,恍似一位老者,收腹俯身凝视。庙观随壁就势凿窟而成,峭壁间隐藏着无数个或大或小的岩洞,内殿为洞窟,外殿为庙宇,屋檐在洞外,塑像在洞中,玲珑别致,妙趣横生。有名的洞穴有龙泉洞、鬼谷洞、孙膑洞和庞涓洞;著名的庙观有三清殿、玉皇庙、财神庙、水母娘娘庙等。远远望去,庙观巍峨,疏密有致,镶嵌于崇林幽壑、苍松翠柏、悬崖峭壁之间,若隐若现,神秘诱人。这里最值得称道的是"四大景观":绝壁寺庙道观、天然岩洞、峭壁悬棺和悬崖飞瀑。

云峰观,是云梦山最大的古建,观内有一洞穴叫"龙泉洞",又名"鬼谷洞"。洞内岩溶地层为古生界寒武系白云岩地层,地质年龄约2.5亿年,系吕梁二期造山运动挤压断裂,将地下暗河抬升而造就的迷宫式溶岩洞穴。洞中有洞,洞中套洞,景中有景,景象万千,彰显了深而幽、神而奇的特点。主洞深不可测,洞内灰华遍地,悬挂着无数形态各异、琳琅满目的石钟乳,像鸟似兽,栩栩如生,憨态可掬。洞内最宽处可容纳千人,最窄处仅容一人,洞内有条小河,河上有座独木桥,桥旁有一石桌。相传,因鬼谷仙师曾在洞中隐居、鬼谷子与丹阳真人曾在此对弈而披上了一层极其神秘的色彩。一说:"因山下'桃花女'误饮鬼谷之水而怀孕,十年临盆,其子面若黑炭且带赤须,遂弃之于横水桥,后被丹阳真人收养,鬼谷子由此而得名。"

交口县·云梦山仙洞砚

峰峦百丈，云梦山中生画景；
故事万篇，龙泉洞里显神灵。

——朱怀印撰联

千百年来，有无数猎奇者造访探幽，但终因难以弄明其中奥秘，只能无功而返。

自古以来，云梦山流传着很多传说故事，如鬼谷子隐居讲学、重耳被追杀逃避云峰观、观棋烂柯、落雕塔、楚魏之战犀牛抵敌等故事。

传说，孙膑一心想拜师学艺，听说鬼谷子深居云梦山修道，星夜兼程前往云梦山。在跋涉路上，巧遇游学的庞涓，因兴趣投缘，志同道合，拜天起誓，结为兄弟。一日，孙膑和庞涓来到云梦山下，只见山势巍峨，峰峦叠嶂，谷深幽静，云雾缭绕，甚是欣慰。沿古道而上，行至悬崖绝壁，挡住了去路。此时，牧童密报，鬼谷子掐指一算，淡淡一笑道："今有两客人来访，一贵一贱，不便同时收留，就让孙膑进来吧！"走进龙泉洞，孙膑见到鬼谷子，纳头拜谢，说明来意。鬼谷子听后道："把你留下，至于庞涓吗？还是劝他回红尘去吧！"孙膑附身道："我俩相伴而来，已结生死之交，若不肯一同收留，俺就不起来了！"鬼谷子长叹道："不是不收，只是……哎！诚也罢，奸也罢，日后见真假……从明天起，限你俩一月时间，如能找到'无烟柴'，我就收你俩为徒。不然，就请你俩下山去吧！"

孙、庞二人领命后，翻山越沟，寻呀寻，找呀找，好几天找不到无烟柴。此时，庞涓的心蔫了，而孙膑边寻边谋。夜幕降临了，在寻找安身之处时，走着走着，眼前突然发现一缕忽隐忽现的火光，走近一瞧，原来是白天打柴人取暖后留下的灰烬。火势已过，浓烟全无，残留些淡蓝火苗的柴枝。孙膑拿起两枝黑枝杈随手投入火堆，只见黑枝杈又燃烧起来，红红的柴枝，淡淡的蓝火，却毫无浓烟。孙膑遂叫庞涓来看，急中生智，想出了个办法。在靠山处先打个洞，然后再打个烟筒。将打下的柴填入洞里，填满后点火，垒住洞口，最后在外抹好泥，让其燃烧10天。待火熄灭后，取出柴枝，结果发现所烧木材全变成了黑色柴枝。经过检验，既能烤火取暖，又能生火做饭，且无浓烟，二人欣喜若狂。随后，每人挑着一担黑柴上山去了。鬼谷子见状，心想既然"无烟柴"找到了，我无法再拒绝，也不好违背诺言，只好收二人为徒。

"无烟柴"秘方一经问世，广为使用。时至今日，云梦山一带及吕梁一些地方，依然传承着"无烟柴"传统，不过已改称"木炭"罢了。唐·贾岛《送贺兰上人》诗曰："无师禅自解，有格句堪夸。"这句意就叫"无师自通"。孙膑携庞涓登上云梦山，为了拜鬼谷子为师，为了寻找"无烟柴"，历尽艰辛，绞尽脑汁，无师自通，最终自制"无烟柴"，破解了"无烟柴"之难题，使之问世并造福于民，可谓开创历史之先河，彰显了唯改革者进，唯创新者强，唯改革创新者胜之精神，精神可嘉，令人敬佩。

龙泉洞，位于大雄宝殿北首，洞深莫测。据《隰州志》记载："龙泉洞"，"探奇者穷数日之力，莫测其远近也"。传说，当年云梦山有位得道高人，有一次，他去西安参加法会，出门时没带常伴身边的小狗。当他到了西安时，惊奇地发现小狗也随他而来。经仔细打问，原来，小狗是从龙泉洞里追随他到西安来的。

在悬崖石壁顶端有一个大鏊口，古称"龙泉"，又名"水帘洞"。一年四季，有股清澈泉水从高高的石壁上飞泻而下，直冲谷底深潭，宛如一条金色飘带，又如水珠帘挂于天然石窟门上，源源不断，蔚为壮观。据测算，从最低谷到山顶大壑口高达 70 多米。夏季水珠飞溅，清凉宜人，叮叮咚咚的流水声演绎着美丽的山间乐曲。站在崖下，朝点点滴滴滴下的水珠喊话时，水滴就会随声波滴落到水潭里。如不喊话时，水滴就返回落在石板上，形成一片壮观的瀑布，缓缓地流进龙泉潭。每当冬季，却奇迹般地展现出一座高达数十米的冰塔，如珍珠倒卷帘，耸立于谷顶与谷底间，形成了一道独特的冰塔奇观。据说，这座冰塔的高度随着气候的变化而变化，或高或低，最高时达 60 余米。民谚曰："今年冰塔高，来年收成一定好！"冰塔的高低，已成为老百姓判定粮食收成的"晴雨表"。伫立冰塔前，仰望品读之，只见一座浑然天成的高大冰塔耸立悬崖峭壁前，塔体晶莹剔透，犹如一座玉观音矗立于谷底，为云梦平添几分神秘的色彩。从谷底仰望，一道飞瀑从大壑口间轻轻地滑落，水势时而湍急，时而缓和，在巨大水流落差作用下，泉水滴打在冰塔顶端，发出阵阵清脆悦耳之声，宛如大珠小珠落玉盘。此时，在阳光之映射下，那晶莹剔透的冰花悬挂于冰塔上，鳞次栉比，簇拥聚集，铺陈出一幅奇特景观，美轮美奂，赏心悦目。

解德辉 山西省作家协会会员，吕梁市作家协会会员，吕梁市文化和旅游协会理事，汾州文化研究会会员，吕梁市摄影家协会会员，吕梁市民间文艺家协会会员，北武当山文化研究会顾问等。

杏花村中别有天

张立新

汾河如银链飘绕，在晋中大地蜿蜒而过，在与吕梁群山的深情相望中，孕育出汾阳这方宝地。造化钟灵毓秀，杏花村是点缀在汾阳胸前一枚美丽的花朵，清香四溢，经久不衰。

杏花村的美，不在花，在酒。有人说，也许是清明的雨丝，来得有些急促，那多情的大唐诗人，来不及多说几句，就挥手作揖，告别小牧童，撑着那把桐油雨伞，步履匆匆奔进了这座红蕾绽放的粉红村庄。也有人说，诗人并非耐不住这料峭的春寒，主要是思酒若渴，迫不及待，想快快饮一杯早已誉满天下的杏花村美酒。

杏花村的酒美，得之于子夏山的泉水甘洌。子夏山，横亘汾川北部，雄镇西河古郡，白云青岫，峰峦叠嶂，清荣峻茂，良多趣味，朝晖夕阳，气象万千。山以春秋大儒卜商之字而名，借喻儒教之泽如山泉汤汤，恒流不断，永被斯地。山以子夏名，复有卜山、商峦、汤泉、谒泉诸多别称。亿万斯年，杏花村依偎在这座文化大山胸前，沐浴着日月精华，汲取着子夏山的清风寒泉，吟唱着自己的年轮之歌。六千年前仰韶文化的黄土层下，那一只只尖口小底瓮，无言地诉说着杏花村人酿造的历史，让人遐想联翩。

杏花村的酒誉，名动天下，不从大唐始，而自北朝开。北齐武成帝，一位嗜酒如命的帝王，尽管后世对其政德政绩颇有微词的人不在少数，但是汾阳无论文人还是民众，对曾在汾阳崇山峻岭上修筑了抵御外患的长城，并将自己的儿子分封为西河王的北齐皇帝还是颇有好感的。毕竟，在跻身中华二十四史的数百位皇帝中，只有北齐武成帝这位帝君，舍得给自己垂青的杏花村美酒点赞，并广播恩泽，将此推

汾阳市·杏花村砚

杏花嫁予春风，环村红遍酿芳醑；
饮客欲寻酒肆，笑口微张问牧童。

——周长胜撰联

赏给自己的兄弟们分享。

"吾饮汾清二杯，劝汝于邺酌两杯！"北齐武成帝，是杏花村美酒最高级别的广告代言人。这广告词还不劳别人捉刀，是发自他内心的真实感受，因而更有号召力。杏花村美酒借着北齐武成帝的一句吉言身价倍增，而北齐武成帝也借着杏花村美酒，走出尘封，得以活跃于历史的舞台，给世人展现出别样的风采。汾阳先贤、清人曹树谷《汾酒曲》中"老夫记得高王语，两字汾清补酒经"之语，就是对北齐武成帝的感恩之报。

牧童遥指处，红杏正芳菲，街头翠帘高启，酒旗迎风摇摆。清明时节，走进杏花村的大唐诗人，果真是想一饮杏花村美酒而快的杜牧吗？众口纷争的杏花村究竟在何处？

人所共知，清明节，并非大快朵颐一醉方休的日子，其与七月十五中元节、十月初一闭门节，俗称三大鬼节，是一个报本追根感恩亲人故友的特殊日子。故而，清明是日，不远万里回归桑梓，或者远足他乡寻访故人，在逝者那野草萋萋的墓冢坟头化奠香纸，尔后添一抔新土，把无限的人生悲愁默默倾诉……在这样的日子，加之如泪的纷纷雨丝，路上行人念及故人故事，黯然神伤，情到极处，直欲断魂，岂有心情一醉，也许进酒家给故者买几许祭奠的美酒才是真吧？

杜牧缘何来汾，为何会进杏花村，是否有这种可能？

汾阳，是大唐王朝龙兴的首战之地。李渊父子反暴隋兴李唐，李世民首战攻拔西河郡（治地今汾阳），汾阳人不唯箪食壶浆，且有郭君等一干热血男儿，追随李氏父子攻城略地，跻身大唐开国勋臣之列。西河郡及其治所隰城（今汾阳）成为大唐王朝北京太原的重要屏障，是朝廷官员都愿意出任的望郡名邑，如郭子仪之女六婿张邕、杜甫祖父杜审言、王维父亲王处廉等都曾在汾阳任过官职。

杜牧曾祖杜希望，守边屯田，奖掖人才，雅爱文学，政绩丕著。因拒贿权宦，连续遭贬，出镇西河，卒于汾阳任上。王维年少时随任汾州司马的父亲王处廉，曾在汾阳生活，故满怀敬佩之情，作《故西河郡杜太守挽歌三首》。

清明时节，杜牧北上并汾，也许是为追寻先祖的荣光而来。行之路上，回想曾祖当年的坷坎人生，因之才痛欲断魂吧。

杏花村的魂，杏花村的美，是酒，更是诗。"杏花村"三字，就是诗，就是境，就是一种让人遐思神往的田园美景。神州大地，这样的美境美景的确非只一处，只不过汾阳杏花村因有六千年流传不断的清香更出一筹。

有人曾经诘问，杏花村美酒如此盛名，汾阳自己为何只有清人曹树谷《汾酒曲》八首传世？此言非也，早在北周隋唐即有汾人吟咏杏花村之作，明清两代杏花村汾酒其名更盛，汾阳本土与在外为官者为杏花村赋诗者甚多，不妨撷取三则共享如下：

明代汾阳一城有两位明藩开府，世称庆成王、永和王，杏花村和杏花村美酒是他们当然的喜爱。八代庆成王朱慎钟有《题杏花村酒楼》，诗曰："花放前村杏满枝，酒楼高处扬青旗。金鞍公子多游兴，不厌斜阳去马迟。"

有庆成王之师称誉的邑人、明代榜眼、历官河南左布使的孔天胤,《登杏花村酒楼》诗曰:"春来何许豁吟眸,村路逶迤芳草洲。马系短杨遥问酒,莺啼修竹近登楼。偏怜半醉游三日,不分派生老一丘。叮嘱杏花徐点缀,莫随桃水向东流。"

男人写酒诗不稀奇,奇哉的是清代有位汾阳才女,也写过赞美杏花村美酒的诗作。这位才女名叫田庄仪,诞生于名宦之门,垂髫之年即喜读书,成年归字介休常氏。虽天不假其寿,三十余岁即辞世,但她的诗作中留下了关于怀念汾阳美景与美酒的数首诗作,可谓汾阳青史上第一位描写汾阳美酒的女诗人。其诗曰:"琥珀杯浮玉露香,汾阳宫里传旧方。而今犹有开元味,不许时人轻易尝。"其夫为其诗作注曰:"玉露,汾上酒名,香色甲于天下。"

当然,吟咏杏花村汾酒集其大成者,汾人曹树谷与其《汾酒曲》当列第一。毕竟作为汾阳人,曹树谷祖居杏花村之邻,不用牧童遥指,他的一生就浸泡在汾酒里。

有史,有酒,有诗,诗酒天下第一村,杏花村不负其名也!

张立新　中国作家协会会员,中国报告文学学会会员,山西省作家协会会员,山西省三晋文化研究会狄青文化研究中心主任,山西省中华文化促进会理事。汾阳市文联原党组书记、主席,兼汾阳市作家协会主席。主要以报告文学、人物传记、影视剧作、小说创作与文化研究为主。著有长篇报告文学《大宋军魂狄青》《马玉楼传》《春秋四载铸辉煌》等作品。其《晋商算学大师王文素》荣获第十一届中国教育电视纪录片一等奖,微电影《金喜》获得全国职工微电影大赛银奖、山西省职工微电影大赛金奖。

孝义砚铭

马明高

砚是中华文人清物之一。清乃清爽澡雪。华人喜文,因喜文乃喜砚。砚为器,文为道。用砚写文,好砚生好文,砚文并茂,而器道合一,乃文人之盛貌也。砚好文则正,文正则生礼生义生气,故曰,砚乃礼器也。

新绛县是中华古县,绛州澄泥砚乃中国四大名砚之一。孝义市亦为中华古县,孝义文化更是中华传统道德文化之核心。古县双雄,用名砚弘扬天下孝义之精神,乃器道合一,器佳而礼长,器正而礼伟,何乐而不为?

山西文明古久,必有很多文明古久之县,孝义、新绛皆属山西古县。孝义置县,早在上古晋献公时代。晋献公时(前676—前651),整肃同姓公子,重用异性卿大夫,同时扩军强国,消灭翟魏耿虢虞,疆域日广,其为晋国长久争霸奠定了稳固基础。《左传》有记载,晋灭虢虞两国,生成语"假虞伐虢""唇亡齿寒",同时亦成孝义古县。《汾州府志》曰:"晋灭虞虢二国,迁其人于此,置瓜衍县。""瓜衍县",乃孝义最早最原始之县名。《春秋传说汇纂》说:"瓜衍县即山西省孝义县北十里瓜虢城。"《山西历史地名通检》亦言:"瓜衍县,春秋期晋置,故地在今孝义县北十里虢城村。"

孝义县,乃最先以孝闻名天下。清光绪《山西通志·孝义县考》曰:"贞观元年省高唐,新城入温泉,以永安县名与涪州同名改为孝义隶汾州,因县人郑兴有孝义故名。"明嘉靖《孝义县志》载:"唐贞观元年(627),因邑人郑兴孝行闻天下,太宗李世民敕改县名孝义县。"《唐孝义郑兴考略》记载:"汾州令房玄龄便讲郑兴割股奉亲之事与太宗,太宗听得动容,脱口而言,此人有孝有义,可为大孝也!"于是,"御赐更郑兴故里为'大孝堡',易邑县为'孝义'。遂改邑之胜水为'孝河',

孝义市·孝义砚

孝缘慈善，寸草春晖，奉亲割股传佳话；
义贯乾坤，放生施救，避险报恩重德行。
——周长胜撰联

邑之义虎河为'义河'。并在《祭孝义郑公文》中写道：'惟神至诚格天，纯孝达帝，花封赐名，实田公赐。南北两河，流孝流义'"。

孔子曰："孝悌也者，其为仁之本也。"孔学即仁学，仁学即儒学，可见，孝是儒学文化之初始与源泉。所以，中华传统伦理学认为，孝是人之道德原点，仁忠恕信义等，都是孝之延伸与扩展。所以，《孝经·圣治章》曰："天地之性人之贵，人之行莫大于孝。"《文昌孝经》也说："孝治一身，一身斯立；孝治一家，一家斯顺；孝治一国，一国斯仁；孝治天下，天下斯升；孝事天地，天地斯成。"

"义虎救樵夫"之民间传说，更使孝义县闻名天下。其实，孝义最早有文字记载的"义"之故事，比"孝"的故事还久远，亦发生在春秋时期之晋国。晋献公后，历惠公怀公文公襄公灵公成公，至晋景公执政第三年，即公元前597年，晋与郑发生一场战争。上军统帅随会，两次仗义执言。随会其时在晋国当大夫，又称士贞子，尊称士伯。士伯真言为国，诚言护臣，直言谏君，使晋景公大为感动。到公元前594年，晋国开疆辟土胜利之后，景公论功行赏时，对士伯说："我能得到狄国的土地，也有你的功劳，如果没有你的劝谏，哪有今日的胜利！"所以，才有了《左传·宣公十六年》记载"赏士伯瓜衍县"。晋景公赏给士伯者，乃今孝义、汾阳之大片土地。士贞子仗义执言之精神，乃为中华民族崇尚儒家文化之精髓：仁义礼智信。由此可言，"瓜衍之赏"，既为中国士大夫忠贞信义之象征，又为孝义古老土地"行孝仗义"之内涵。

中华传统文化，由"孝"延伸扩充出"忠"与"义"，于是天下人间有了"忠孝"精神与"忠义"精神。在庙堂之高，讲忠孝精神；处江湖之远，说忠义文化。自然，"流孝流义"的孝义大地上，也就涌现出了无数忠孝之士与忠义之人。唐代之尉迟恭大义降唐，高祖李渊称其"有安社稷之功"。明代之兵部尚书霍冀"千里捎书为堵墙"，两家各让地基三尺，形成六尺街巷，取名"仁义巷"，至今仍存。石像山人冯济川，见清光绪政府将山西之采矿业卖给了英国，从日本回国，组织山西晋商绅士，紧急筹巨资，成立保晋矿务公司，大义为民，保矿为国，名震天下。1937年，"七七事变"后日本入侵山西，孝义下栅人杨德龄，召集"老白汾"酒业公司董事会决议："国之名酒，不能为外敌饮用"，关门停业。日军专去下栅请他"出山"，这位让"老白汾"名酒荣获巴拿马万国博览会甲等大奖、名震四海的八旬老人，凛然拒绝，并动员五个儿孙投身抗日，名范千秋。还有侯佑诚、马烽、苏宁、马牡丹等等，数不胜数，孝感天下，义动四海，名扬世界。

孝义县以"行孝仗义"而得名，所以，做孝义人，行孝义事，传孝义名，历朝历代，如甘霖春雨，深植人心。在孝义人的眼里，孝就是人性，义就是天理，孝和义，永远是中华民族做人之德行与操守。

孝衍春秋，义贯乾坤。

孝义千秋。

马明高　中国作家协会会员，中国电影家协会会员，中国文艺评论家协会会员，中国电影文学学会剧作理论专委会副秘书长，山西省文艺评论家协会副主席，山西省作家协会全委委员，山西省电影家协会理事，吕梁市作家协会副主席。作品散见于《人民文学》《中国作家》《文艺报》《文学报》等报刊，编创的五部电视剧在央视和各省卫视播放，出版著作二十多部，获全国优秀电视剧奖、山西省"五个一工程"奖、赵树理文学奖、山西文艺评论奖、全国优秀网络评论奖等十余项奖项。

晋中市
Jinzhong

榆次老城

劲 草

榆次历史源远流长，榆次老城古韵悠然。

榆次的建城历史距今已有2500余年，根据清同治《榆次县志》记载："榆次之邑，战国时已有之。"20世纪末期，由于年久失修和城市的快速发展，榆次老城几乎全部消失，20世纪初在原旧址上修复。修复后的榆次老城占地一百万平方米，不仅重现了榆次历史，而且成为中国历史的一个缩影。

榆次老城——这是一片参差错落的古建筑群，无论你从哪个方向走进这里，都会把你带进一个似乎穿越后的世界，我们的心灵都会被眼前这清幽的古韵所颠覆所荡涤，我们可以从这些遗迹中触摸已经消失在岁月长河中的历史，感受古仁人志士的伟略情怀。

高高的、那凌空欲飞的楼阁就是老城中心——市楼。市楼是古代一座城市的标志性建筑，这座四层重檐的高楼见证了榆次老城的沧海桑田，无时无刻不向我们讲述着老城所发生的惊心动魄的故事。榆次老城以这座市楼为中心，向东西南北辐射出四条街衢。

从市楼到老城东门为东大街。东大街北面坐落着著名的城隍庙和榆次县衙，显然，这条街是榆次老城阴阳两界的政治中心。还有与此配套的思凤楼、东西花园、财神庙等。

榆次城隍庙是国内保存最为完好的一座道教寺庙。该庙坐北朝南，布局严谨，中轴对称，前后分为三进院落，由山门、钟鼓楼、玄鉴楼、乐楼、戏台、显佑殿、后寝殿以及东西廊房、东西配殿组成，共计房屋六十余间。榆次城隍庙以其独特的建筑风格闻名华夏。其中玄鉴楼在1999年被世界文化遗址基金会列为"全球最濒危的100处古建筑"之一。据说城隍庙专司阴司之事，教化人们生前多做善事。善恶有报，应于轮回。从这一点看来，城隍庙在人们心中占有重要地位就不足为奇了。榆次城隍庙供奉的城隍神为北宋一代名臣宰相寇准，也从一个侧面反映出人们对清官廉吏的敬仰。

作为"晋藩首辅"的榆次县衙，是三晋大地乃至全国保存下来的唯一一个州制规模的衙署。一般县衙为三堂，而榆次县衙为五堂规制。走进深深的榆次县衙，我们不禁会浮想联翩，大堂上一应物什仍在，但现在早已是人去堂空。据史载，榆次自春秋时期晋顷公十二年（前514）知徐吾初为涂水邑大夫起，直到清末为止，有近300名官员就任榆次县令，其中廉吏和贪官均有之。清官廉吏者，永远为百姓所称颂；贪官污吏者，理所当然被世人所唾弃。

思凤楼是榆次县衙特有的标志性建筑，位于县衙东南角处，是典型的宋代建筑。西晋咸宁时期任榆次县令的荀浪清正廉明，备受百姓拥戴。咸宁二年（276）六月，曾有成群大鸟翔集于榆次，传说为神鸟凤凰，榆次遂有"凤城"之称。700年后，宋仁宗天圣八年（1030），宋代名臣文彦博出任榆次县令，其间政通人和，民泰物丰。文彦博敬慕前贤功德，遂修思凤楼以明志。后来人们将荀浪和文彦博二位清官廉吏供奉于思凤楼以作纪念，至今依然香火不断。

市楼往西至老城西门的街道上坐落着文庙与凤鸣书院等建筑，这条街是榆次的文化教育中心。

榆次文庙始建于宋真宗咸平二年（999），由时任榆次知县的龚父主持修建。文庙为三进院落。进棂星门过泮池之状元桥至大成门为一进院。过大成门即为二进院，正面为大成殿，内中供奉着儒教的创始人孔子。大成殿北为三进院落，内有明伦堂、敬一亭、尊经阁与东西学宫。学宫为历代生员学习的地方。"天不生仲尼，万古如长夜"，博大精深的儒家学说是中华民族的灵魂，这座布局严整文气荡漾的庙宇就是中华民族的精神家园。

文庙西为凤鸣书院，始建于乾隆三十一年（1766），由时任榆次县令史湛修建，书院的山长（院长兼主讲）均为进士出身的儒学名流。凤鸣书院是一座园林式学堂，院内草木葱茏，曲径通幽，环廊透迤，湖水荡漾，巍峨的讲堂与高耸的藏书楼隔湖相望。遥想当年，此处曾书声琅琅，莘莘学子寒窗苦读，或为"一举成名天下闻"，或为"修身齐家治国平天下"，但如今都已成为过去，想来不禁令人凄然。

市楼南北的街衢为榆次的商贸中心。这条街上店铺林立且古朴典雅。这里的建

榆次区·榆次老城砚

五百年商贸,驼队铃声犹在耳;
新时代风光,凤城景色最舒心。
——朱怀印撰联

筑大多为明清风格,也有民国时期中西合璧以及纯欧式风格的建筑。建筑多为两层,全部为砖木结构。朱阁重檐,华贵高洁。每个店铺几乎都有名人题写的匾额,并且有耐人寻味的楹联,文化气氛甚为浓厚。

走在榆次老城南北大街上,我们仿佛看到了昔日这条街市车水马龙、人声鼎沸的繁华景象。榆次作为山西中部著名的商埠,曾经有着500年大商贸的辉煌。街道两旁这些风格迥异的老字号不断向我们诉说着那些不同凡响的历史。走在这些斑驳龟裂的石条铺就的街衢陌巷,我们仿佛可以听到昔日晋商驼队行走于大漠那空灵旷远的驼铃声,也仿佛可以听到昔日晋商在异国他乡开疆拓土的蹒跚足音。正是有了这种虽九死而不悔的精神,才有了后来一代精英商旅汇通天下的辉煌。

南大街的最南端是榆次著名的清虚阁。清虚阁原名玉皇阁,俗称南阁,明成化五年(1469)建,明万历三十二年(1604),时任榆次知县的史记事将"玉皇阁"更名为"清虚阁"。清虚阁系纯木质结构建筑,二层楼三重檐,十字歇山顶,高25米,占地160平米。清虚阁构思精巧,宏伟壮观。底部由四十根大柱支撑,坐落在高5.8米的两层明台之上,顶层顶部斗拱环向重檐,成"八卦穿顶"。二层阁内供四尊佛像。阁顶铺琉璃瓦,上下两层十六个飞檐挑角,似临风欲飞。清虚阁自建成之日起就成为周围四境的著名建筑,到现在500多年,深受榆次百姓和仕宦文人的喜爱,他们在上面留下了众多的匾额和楹联。

总之,走进榆次老城,会让你浮想联翩,会让你凝思。那庙宇楼阁、那斗拱飞檐、那深宅大院、那衙署大堂、那回廊曲径、那商铺字号……都会向你讲述一段精彩的历史,都会向你展示一幅浓郁的古城风情。

劲草　原名范拴练,山西省作家协会会员。主要作品有长篇小说《趟过潇河》,中篇小说《落差》《被欺辱的人》《舍儒先生》《诈降》《私生子》等,短篇小说《困惑的浪漫》系列、《百家宴》《很想说出我爱你》等。

孟母故事润泽乡里

杨丕梁

在晋中市太谷区乌马河北岸,有一处规模宏伟的孟母文化园。该园以弘扬母亲文化为主题,集教育专业培训、休闲娱乐和寻根问祖等功能为一体。宽阔的文化广场上,孟母塑像在阳光下熠熠闪烁,温暖的光泽覆盖着大地,似在讲述着千年前的故事。

孟母姓仉(zhǎng),据传为太谷仉村人。太谷范村镇现有两个村子,一个叫西仉村,一个叫东仉村。据台湾孟氏宗亲会编著的《孟子世家族谱·世谱》记载:"亚圣祖系出自鲁桓公允,允生庄公同,同有弟三:长庆父为孟孙氏,庆父四传庄子速,速七传激,字公宜,激娶仉氏,魏公子(仉)启女,于周烈王四年(前372)四月二日己酉生轲,字子车,又字子舆。"从以上记载可知:孟母姓"仉",称"仉氏",她的父亲是"魏公子(仉)启"。当时的范村一带,包括东、西仉村并不属于太谷,而是属于榆次。榆次别称魏榆,是属于魏国的,而太谷当时叫阳邑,属于赵国,范村一带就成为魏赵交锋的前沿;而东、西仉村有可能是魏公子(仉)启的封地,孟母极有可能就出生在这里,自然东、西仉村也就被称为孟母故里。

另据清乾隆六十年《太谷县志》卷二"沿革·坛庙"记载,太谷县有"孟母庙四:一在县东北五十里东贾村,后废;一在县东北四十五里阎村;一在县东北四十七里格子头村;一在县东北四十五里下谷村(即象谷村)。俱明万历间修"。

孟母庙是一个最直接和有力的证据,因为古代立庙是有严格规定的,不是想在什么地方立庙就能立庙。《轩辕本纪》记载:"(黄)帝升天,臣察追慕,取几杖立庙。于是巡游处皆祠,云此庙之始也。"由此可知,建庙之地必是"巡游处",

也就是他的出生地或生前所到之地。有资料表明，全国单独为孟母立庙的只有山东的邹城和山西的太谷。山东邹城是孟子的故里，孟母自然在那里生活过，因而能立庙，而太谷有孟母庙，只能说明太谷曾是孟母的出生地以及她早年的生活之地。

孟母的故事记载在汉代刘向的《烈女传》和韩婴的《韩诗外传》里。《烈女传》记载有"孟母三迁""断机教子""教子明礼""励子忧齐远行"四则故事：

邹孟轲之母也。号孟母。其舍近墓。孟子之少也，嬉游为墓间之事，踊跃筑埋。孟母曰："此非吾所以居处子也。"乃去舍市旁。其嬉戏为贾人衒卖之事。孟母又曰："此非吾所以处吾子也。"复徙居学宫之旁。其嬉游乃设俎豆揖让进退。孟母曰："真可以处居子矣。"遂居之。及孟子长，学六艺，卒成大儒之名。君子谓孟母善以渐化。

孟子之少也，既学而归，孟母方绩，问曰："学何所至矣？"孟子曰："自若也。"孟母以刀断其织。孟子惧而问其故，孟母曰："子之废学，若吾断斯织也。夫君子学以立名，问则广知，是以居则安宁，动则远害。今而废之，是不免于厮役，而无以离于祸患也。何以异于织绩而食，中道废而不为，宁能衣其夫子，而长不乏粮食哉！女则废其所食，男则堕于修德，不为窃盗，则为虏役矣。"孟子惧，旦夕勤学不息，师事子思，遂成天下之名儒，君子谓孟母知为人母之道矣。

孟子既娶，将入私室，其妇袒而在内，孟子不悦，遂去不入。妇辞孟母而求去，曰："妾闻夫妇之道，私室不与焉。今者妾窃堕在室，而夫子见妾，勃然不悦，是客妾也。妇人之义，盖不客宿。请归父母。于是孟母召孟子而谓之曰："夫礼，将入门，问孰存，所以致敬也。将上堂，声必扬，所以戒人也。将入户，视必下，恐见人过也。今子不察于礼，而责礼于人，不亦远乎！"孟子谢，遂留其妇。君子谓孟母知礼，而明于姑母之道。

孟子处齐，而有忧色。孟母见之曰："子若有忧色，何也？"孟子曰："不敏。"异日闲居，拥楹而叹。孟母见之曰："乡见子有忧色，曰不也，今拥楹而叹，何也？"孟子对曰："轲闻之'君子称身而就位，不为苟得而受赏，不贪荣禄。诸侯不听，则不达其上。听而不用，则不践其朝。'今道不用于齐，愿行而母老，是以忧也。"孟母曰："夫妇人之礼，精五饭，幂酒浆，养舅姑，缝衣裳而已矣。故有闺内之修，而无境外之志。易曰：'在

太谷区·孟母砚

断杼择邻,三迁故事辉阳邑;
启蒙劝学,一片苦心育圣贤。

——卫世敏撰联

中馈,无攸遂。'诗曰:'无非无仪,惟酒食是议。'以言妇人无擅制之义,而有三从之道也。故年少则从乎父母,出嫁则从乎夫,夫死则从乎子,礼也。今子成人也,而吾老矣。子行乎子义,吾行乎吾礼。"君子谓孟母知妇道。

《韩诗外传》记载的是"断机教子"和"买肉示信"的故事:

孟子少时诵，其母方织，孟辍然中止，乃复进，其母知其喧也，呼而问之曰："何为中止？"对曰："有所失复得。"其母引刀裂其织，曰："此织断，能复续乎？"以此诫之，自是之后，孟子不复喧矣。孟子少时，见邻家杀豕，孟子问其母曰："东家杀豕，何为？"母曰："欲啖汝。"既而母悔言，自言曰："吾怀妊是子，席不正，不坐；割不正，不食；之豕，胎教之也。今子适有知而欺之，是教子不信也。"乃买邻家之豕肉而烹之，明不欺也。诗曰："宜尔子孙绳绳兮。"言贤母使子贤也。

五个故事，涵盖了成才需具备的一些必要条件，既有内在的立志、坚毅、诚实、反省品德要求，也有外在环境、机遇的要求。

除孟母文化园的孟母塑像外，在西仉村也有一座小型的塑像，任凭风吹雨打，它们默默地守护和庇荫着孟母曾经生活的这片家园，传承着文化的滋养，传递着美和善的力量！

杨丕梁　山西太谷人，出版诗集《飞翔的叶子》《红马》《杨丕梁诗歌精选》、散文集《心弦上的眺望》、报告文学集《时代潮》。曾获人民日报征文一等奖、《黄河》年度文学奖、晋中文学奖等。

祁县晋商砚

周旺斌

祁县古称"昭馀祁泽薮",是国家历史文化名城,历史久远、文化厚重、名人辈出,涌现出祁奚、王允、王维、罗贯中等225位政治家、文学家。

祁县是晋商故里、万里茶道茶商之都。明清时期,店铺林立、商业繁荣,商号、票号、典当、钱庄遍布国内各通都大邑,特别是乔家、渠家、何家等一批晋商巨贾闯出了万里茶路,缔造了"纵横欧亚九千里、称雄商界五百年""货通天下、富可敌国"的商业传奇;留下了一座座气势恢宏、精雕细刻的晋商大院;塑造了"诚实守信、开拓进取、务实经营、和衷共济、经世济民"的晋商精神。

"先有复盛公,后有包头城"

乾隆年间乔家创业始祖乔贵发孤身一人闯包头,以卖豆芽、豆腐起家。当时的包头是一个只有几十户人家、300多口人的塞外小村落。后来,乔贵发扩大经营范围,创设了"复盛公"和"复"字号商业,推动了包头的商业发展和城市建设。到嘉庆年间,包头村人口增加,商业发达,改为"包头镇"。同治年间,大同总兵修筑了城池。所以流传有"先有复盛公,后有包头城"的民谚。

乔家鼎盛时期,在全国开设的票号、钱庄、茶庄等商铺达200多家,资产数千万两白银,富可敌国、财雄天下。清光绪二十六年(1900),慈禧西逃时,曾向乔家借过银两,受过乔家的隆重接待。现在乔家大门上的"福种琅嬛"就是慈禧太后所赐。大门上的铜板对联"子孙贤,族将大;兄弟睦,家之肥"是直隶总督兼北洋大臣李鸿章赠送的。"百寿图"照壁两侧的对联"损人欲以复天理，蓄道德而能文章"是晚清军机大臣左宗棠题写的。

富可敌国"渠半城"

祁县渠氏家族是祁县商人中资产最丰厚的商家大户，除了经营有三晋源、长盛川、百川通、汇源涌、存义公等著名票号外，还开设众多茶庄、盐店、钱铺、典当、绸缎、药材等商号。渠家修建有十几个大院，千余间房屋，几乎占据了半座县城，所以被人们誉为"渠半城"。

渠家大院外观为城堡式，墙高十余米，高大的拱式大门洞上有玲珑精致的眺阁。院内建筑布局合理，主侧院主次分明，院落青石奠基，水磨青砖砌墙。院与院间隔有牌楼、过厅、明楼、统楼遥相呼应，石雕、砖雕工艺精湛。该院堪称民宅建筑艺术的佳作，为中华文明的一颗民居瑰宝。

渠家富可敌国，这从渠家"旺财主"渠源浈丧事可见一斑。当年旺财主去世后，渠家先拨出10万两银子供丧事总管阎维藩使用，并且声明：如果不够，可以随时到三晋源票号支取。因为墓地还没有修好，所以工人们精心修建墓园，"旺财主"在家停丧一年有余，按时供奉，一切如仪。出殡时，县城大街挤得水泄不通，送丧的人群从渠家大门一直延续到坟地，前后长达数里，人们都说旺财主的丧事闻所未闻，见所未见。

万里茶路"茶商之都"

祁县是茶商之都，万里茶道在祁县境内近百里，是万里茶道的中心地段。

祁县茶帮是最早去南方武夷山贩茶、恰克图设庄的经营团队。峪口乡鲁村是翻越太行、太岳两大山脉，进入晋中盆地的第一站，茶货要在这里重新分装发运。北上，销往库伦和恰克图。少量茶叶西进，销往西北地区。

据清光绪《杂记》记载，咸丰年间，祁县城里关外，上、中字号230余家，茶庄就有23家，以清代第一旅蒙商大盛魁的大玉川茶庄，晋商巨族何家永聚祥茶庄、渠家长裕川茶庄、乔家大德诚茶庄等为代表，这些茶庄云集县城，涌现出了一批又一批大小掌柜和骨干店伙。目前仍有23家遗址保存完好，长裕川茶庄是经典杰作，还保留了大量的文献资料和实物。

祁县·晋商砚

晋商惠亚欧，茶道纵横千里锦；
贤哲耀今古，名城文化万年馨。
——卫世敏撰联

当年由祁县茶商创立，在福建武夷山、湖南安化和临湘、湖北蒲圻研发生产的千两茶、帽盒茶、川字牌砖茶等名牌产品，至今盛销不衰。

"旅蒙第一商"大盛魁

康熙年间，大盛魁由祁县人张杰、史大学和太谷人王相卿合伙创办，总号设在外蒙古科布多，后来迁回归化城，在内蒙古西部和外蒙古大草原，经营牲畜、皮毛、日用百货等业务，后来发展为北方最大的专门从事对蒙古地区和俄国进行贸易的商行，称为"旅蒙第一商"。鼎盛时，有六七千名员工，两万多头骆驼，周转资本仅在外蒙古即达1000万两白银。据说，它当年的全部资产可以用50两重的银元宝从库伦一直铺到北京。

大盛魁的股本很特别，除了设有银股和身股外，还设有财神股和狗股，每只狗都按股参与分红。据传说，当年在商号最困难时，曾得到一陌生人留下却没有取走的大量金银财宝渡过难关，从此设立了财神股。因为商号曾让一只狗千里奔跑，从乌里雅苏台向归化城传递了重要的商业信息，而设立了狗股。大盛魁规定，养狗总数超过1000只时，请名角儿在当地连唱三天大戏；过年时，要给每只狗吃羊肉饺子。

周旺斌　中国诗歌学会会员，山西省作家协会会员，祁县作家协会副主席。《情怀》一书获晋中市委宣传部"文艺精品奖"，散文《故乡花事》获晋中文学奖。

漫谈平遥古建筑中的文化

张国柱

到过平遥的人说："走进平遥，就如同走进一座大型的历史博物馆。"平遥古城是一座具有2800余年历史的文化名城。在这里，一街一巷都保留了中国文化的历史传承，一砖一瓦都雕刻着传统文化的历史印记。形似乌龟、绵延十余里的巍巍古城墙，错落有致、布局严谨的市井街巷，庄严肃穆、规制峻严的衙署庙宇，"汇通天下"、纵横四海的晋商票号……无不为这座古城增添了无数光彩。

文庙和民居中的儒学文化

自董仲舒提出"罢黜百家，独尊儒术"以来，儒学浸透了中国人的衣食住行，方方面面，影响深远。在平遥古城的很多古建筑中，保留了几千年来儒学文化的兴起与发展遗迹，甚至连以兵事为要务的城墙都打上儒学的烙印：城墙环周的三千个垛头与七十二座敌楼，寓意为孔子"三千弟子，七十二贤人"。

文庙是平遥古城最能代表古代儒学文化的建筑，是我国现存最完整的"文"系建筑群，从建设选址、建筑风格、殿堂配置都集中反映了汉民族历史中尊儒重教的礼制文化思想。它以市楼为中心，以南大街为轴线，严格按照左文右武的布局规划城市建筑。更为独特的是，在中轴线上由北往南竟然与城墙连成一个整体，可谓绝妙。

置身于这样的儒家文化大气候中，平遥古城内的民居也处处营造出儒家文化的小气候。大量传统的四合院民居基本保存完好并继续使用。为强调尊者居中、等级严格的儒家之礼，其四合院平面常作中轴对称均齐布置。正房以中堂客厅为"主"。正房只有中堂为房门，其余两侧以内门相通，即"一口主家"的意思，处处体现儒教"国有君，家有主"的三纲五常礼制。

明清街上的市井文化

在古代，通常把指商业集中的地方称作"市井"。《管子·小匡》曰："处商必就市井。"市民文化反映着普通老百姓真实的日常生活和心态，表现出浅近而真实的喜怒哀乐。在平遥这个晋商发源之地，市井文化有着相当古老的历史与夯实的基础。

平遥古城的街巷格局是由四大街、八小街、七十二条蚰蜒巷构成的，呈现着龟甲上的八卦图案，经纬交织、井井有条、动静显明、主次分明。在这些街市中，南大街自古以来就是最繁华的商业中心。750多米长的古街上，会集大小古店铺多达百个，店铺包罗万象，有票号、钱庄、当铺、药铺、肉铺、烟店、杂货铺、绸缎庄等等，几乎包容了当时商业的所有行当。几乎所有的店铺都是明清时期风格的建筑，虽然经过百年浸润，处处已显苍老，但那曾经号令天下的风骨犹在，所以人们又称这条街为明清街。

明清街这条小小的商业古街，曾造就了一大批商业英才。当年，晋商风流人物在"朝晨午夕街三市"的繁华中，弄潮商海、纵横驰骋，书写了中国金融的黄金时代。如今，我们十分庆幸还能够游走于古风犹存的明清街上，在熙熙攘攘的商业文明中，感受几百年前繁华的市井文化，体味那逝去已久的人间烟火。

寺观庙堂里的宗教文化

中国的宗教文化，有"儒、道、释"三教之说。一般的中国人，在祖先崇拜的基础上，都受到儒、道、释三教思想的浸淫，称之为中国民间信仰。在平遥四处散落的各种寺观庙堂，深受各类宗教文化的影响。

按照道东佛西的传统布局安排，平遥古城东大街东段路北是古城内最大的道观——清虚观。观内有独特的"悬梁吊柱"建筑，有各种珍贵的历史雕塑碑石。古老的建筑、尘封的历史，留给人们更多的赞叹和回味。城隍庙在城隍庙街中段，按照"天人合一"的礼制，以城内南大街为轴，同平遥县衙东西相对称，城隍庙居上首。城隍大多由有功于地方民众的名臣英雄充当，是汉族民间和道教信奉守护城池之神。

除本土宗教之外，从国外传入中国，影响最大的莫过于佛教。双林寺是汉族地

平遥县·平遥古城砚

平步老街，儒家风韵承千载；
遥观古邑，华夏文明耀五洲。

——卫世敏撰联

区全国重点佛教寺院之一。双林寺原名中都寺，其地本为中都故城所在，因之得名。至宋代，因佛祖释迦牟尼在双树之下涅槃，改名为双林寺。双林寺中存有大量彩塑艺术作品，形态各异，造型优美，达到雕塑艺术中形神兼备、神人交融的境界，被联合国教科文组织称为"真正的、独一无二的珍宝"！

县衙、察院与吏治文化

有人说，治国就是治吏。吏治和国运有着密切的联系。正因为"一守贤则千里受其福，一令贤则百里受其福"，中国古代统治者十分重视吏治，乃至"治吏"重于"治民"。

平遥县衙整个建筑群主从有序，错落有致，结构合理，大到亭台楼阁，小到碑石牌匾，处处体现出我国封建社会吏治文化的独有特点。察院内穿堂、御史大堂、东西皂吏房、后堂、厢房、御史院各个建筑主体功能分明，展现了两千多年来中国古代监察制度的方方面面。据说清代在晋商昌达兴盛的百余年间，平遥竟然未出现过一任贪官，除了官员本身的素质过硬、洁身自好之外，应该与察院的监察制度不无关系。

平遥县衙、察院作为古代吏治文化的活标本，集中地体现了中国古代专制主义中央集权政治沿革，值得我们去观摩与研究。

"平遥古城是中国汉民族城市在明清时期的杰出范例"，游览古城的街巷杂院、庙宇城墙，以及每一座古代建筑，都会感受到厚重的历史文化的熏陶。平遥古建筑的文化魅力，吸引着世界各地的人来品味，我们希望这座古城永远焕发出生机和活力。

张国柱　山西平遥人。晋中市作家协会理事，平遥县作家协会执行主席，《平遥文学》副主编，《平遥作家》主编。

因石置县 传奇"灵石"

王建川

作为一名土生土长且长期居住在县城的灵石人，我对"灵石"并不陌生。关于"灵石"的来源和传说在灵石县几乎老幼皆知，人人耳熟能详。

"灵石亭"位于灵石县城西北角，亭下立有"灵石"。此"石"高1.5米，底宽1.55米，顶宽1.3米，最厚部位1.64米，最薄部位0.3米，表面呈褐色略有光泽，石面多孔，重约6.8吨。

据《灵石县志》明万历本载，此石出土于隋开皇十年（590）。隋文帝杨坚北巡，傍河开道获一巨石，"似铁非铁，似石非石，其色苍苍，其声铮铮"，隐约可见上有"大道永吉"四字。文帝以为祥瑞，遂割平昌（今介休市）西南地置县，并赐名为"灵石县"。

1400余年来，传说"灵石"可镇水灾，捍城垣，过往骚客、地方官吏、士农工商、善男信女，或吟咏词赋，或顶礼膜拜，尊崇之至。

记得儿时常和小伙伴们去北门外吕祖庙内玩耍，"灵石"就置于吕祖庙内。石前放置有香炉，前筑门庭，面阔三间，后修泮池，上跨小桥，左右碑碣，镌刻文赋。1984年，省地质矿产局高级工程师刘凯对"灵石"进行考查和化验。经分析，其含铁量达96.17%，其余尚有镍、钛、锰、锌等，含量均不达1%，测定为来自太空的铁陨石，为全国第二大铁陨石。

1985年，县政府将"灵石"沿西北方向平移5米，并建八角古亭以蔽日遮雨。1998年，时任政府县长的耿彦波先生为灵石亭撰联云："县以石名石因县灵隋皇圣明置斯邑，山为人美人缘山秀苍天钟情惠吾民。" 2011年，再次改观"灵石"周围环境，筑以石平台，植以观赏树，上围水池，下砌石阶，新建灵石亭，较之往日，更为壮观。

在灵石县,还有关于"灵石"来源的一段动人传说,那就是女娲补天遗"灵石"。

相传在上古时代,水神共工与火神祝融都想称帝,打了一场旷日持久惊天动地的大战,结果却难分高下。共工情急之下一头撞向不周山,顶天大柱应声而倒,顿时天崩地裂,洪水滔滔,百姓生活陷入水深火热之中。

炎帝的小女儿女娲目睹人间苦难,决心炼石补天,为民祛灾。她不畏共工的威胁,历经艰难险阻,采来红宝石、黄金石、蓝玉石、白岩石和黑炭石,炼出五色炼石,补天用去四块,从此,华夏大地恢复祥和景象。

女娲补天后,剩下了一块黑色炼石。为避免被共工盗走,女娲顺手把它扔进了碧波万顷的晋阳湖,从此这块黑色炼石在晋阳湖底的泥沙里一埋就是数千年。虽然大禹治水时,在灵石一带打开三湾口,空出晋阳湖,但这块黑炼石仍然没有见到天日。直到隋文帝北巡,傍汾河开道,才发现了这块黑炼石,也就是我们今天见到的"灵石"。

因有女娲补天的传说,故灵石境内建有"娲皇庙"。据《直隶霍州志》(清道光版)卷十四《祠庙·灵石县》中记载:"娲皇庙,在南关镇。"民国版《灵石县志》卷五《祠庙》中亦有同样的记载。历代文人骚客在娲皇庙留下不少诗文。如金代自称"长宁野人"的牛木述《女娲庙铭》云:

古晋义丰,长宁旧址。境接霍山,地临汾水。

一县之名系于一石,一石之灵显于一邑。灵石县向来以"地灵人杰"著称。楚图南先生曾题词云:"天破石可补,人杰地自灵。"

灵石县境内气候温和,四季分明,矿产资源丰富。探明储量的有煤、石膏、硫铁矿等32种矿物,以煤为最。全县含煤面积860平方千米,占县域总面积的71.3%,储量达91亿吨。灵石县依托资源优势,已形成以煤焦、煤化工、冶金、建材、电力等为主的骨干支柱产业体系。在山西省县域经济中,灵石县处于第一梯队。

天降祥瑞的"灵石"加上"华夏民居第一宅"王家大院、千年古刹资寿寺、翠峰山顶公园、石膏山、红崖峡谷、介林,以及正在开发的夏门古堡、董家岭,这些人文景观、自然风光,吸引了数以百万计的各地游客前来观光旅游。

灵石历史上曾有无数杰出人物为人类的进步作出过特殊贡献,也有无数先烈为民族的解放献出了宝贵生命。宋代至清末进士有47名……春秋时期有以"忠孝千秋"

灵石县·灵石古亭砚

莫道女娲多智慧，天破石能补；
其实百姓更英明，人杰地自灵。

——卫世敏撰联

名垂史册的介之推；宋代有为民请命的师范，誓死抗金的李武功、李实；清代有聚众抗清的侯九读，有率兵平叛的贵州提标游击何道深，有秉公执法的京畿道监察御史梁中靖，有名动京师的近代学者杨尚文、杨昉父子，有藏书8万卷的著名藏书家、目录学家耿文光；近代有黄埔军校第四期学员、灵石最早的中共党员牛万全，有山西最早的同盟会员何澄，有科学兴晋的耿步蟾，有中共七大和八大代表、曾任山东

和甘肃省委书记的裴孟飞,有英勇抗日的张文昂,有参加"一二·九"运动、英勇献身的爱国学生郭清,有抗日英雄裴金旺、吴来全和王虎安;现代有法学泰斗、双子星座的张友渔、张彝鼎兄弟俩,有被誉为"中国居里夫人"的核物理学家何泽慧,著名固体物理研究专家何怡贞,著名植物研究学者何泽瑛姐妹仨,有"人民艺术家"力群,有著名版画家牛文,有"人民作家"胡正,有著名种子专家陈玉香……据不完全统计,灵石县有革命烈士928人。

灵石,这个充满了传奇色彩的山西中部小县,正如同一树繁花盛开在晋中大地上,无限风光,无限生机。

王建川　山西省作家协会会员,晋中市作家协会理事,灵石县作家协会主席。著有长篇小说《出路》《董家岭》。

砚台故事

白 天

但凡文化人，大都喜欢拥有一方砚台。

在我的书房，就有这样一方砚台。墨绿的石质，平滑的砚面，长椭圆，巴掌大小。上面雕刻有老寿星的图案，边款刻有"福山寿水"、友人敬赠字样，字体潇洒，阴刻翠绿，看一眼就满眼生机。

古人讲："砚者，研也，可研墨使和濡也。"作为中国传统文人的文房必备书写器物之一，一方砚台，承载着主人一生的书写故事。那些沉浸在书案前的时光流水，只有沉默的砚方能真实倾听。

一方砚，勾起的是对于书写的回忆。记得爷爷晚年的时候，整天就是侍弄一杆毛笔、一方砚台，见我守候在旁，便让我研墨。小孩子家哪有那个耐心，研上一会儿，不见墨汁变浓。一遍遍问爷爷，行也不行？爷爷总是说，再研一会儿。那个活儿，用力不行，快了也不行，必须沉下心来，款款而行。"功到自然成"就是这个道理。

砚台的生命在文房四宝中，算得上是最长最久的。因为笔会写秃，墨会研尽，纸会用完，而唯独砚台，可以超越时间，超越历史，静观世事，坐看其变，历久弥贵。文人爱砚，爱的是砚矢志不渝的相伴，爱的是书桌前对自己内心的静心聆听，因此它成为文人形影不离的珍藏之选。一方好砚，一池香墨，那便是与你最久远的相知，最长情的陪伴。

爷爷的书写，是一件庄重的事儿，铺纸洗笔、砚台研墨。正因为有这样的庄重，书写变得虔诚了起来。在一沓子厚厚的褶子纸上，蓝色布面，中间一长条红纸，爷爷庄重地写下"祭祖褶"三字。然后展开褶子，开始写那些读不懂的祖宗祭文，一一号上那些不曾认识的列祖列宗。爷爷的小楷写得工工整整，稳重飘逸。家里的桌椅板凳、椽杆木石、盆罐瓮缸、耧犁耙杖，都要写上"白宅""整业堂记"字样。

到了父亲手上，家里拮据，爷爷那方古砚仍旧在使用。父亲的小楷同样是一笔一画，极为认真。但是父亲性格柔和，字里行间少了爷爷的那份劲健。那时候纸张紧缺，墨汁并不优质，低价钱买来的墨锭，用水一泡一研，奇臭无比。父亲写过字的窑洞、桌椅纸张，臭味久久，挥之不去。我想当时的公家赐予父亲的"臭老九"污名，也许就是来自这里。后来不知从哪弄来好多拷贝纸旧账本，父亲就在那上面书写。记得那上面写的都是些自我检查、古人名言，或者是读领袖语录摘录的短文短句。也就在那本《祭祖褶》里，父亲默默接着爷爷的墨迹，把"故先考"爷爷的名讳，也续在了这份自制的蓝布家谱上。

那时候我已经上了小学，每天也有"写仿课"，墨汁自然是买不起，就用的是墨锭。到了课堂上，一边研磨一边写。写好大字，每行中间要冠小字。老师就会在写得好看的大字上画个红圈，写得不好的在右面挨上一竖杠。

参加工作后，有次外出，就给父亲买了一方上面刻有"龙飞凤舞"图案的砚台。那砚台半尺见方，边框精致，宽厚寸余，看起来颇为豪华。可是父亲不知是嫌它笨重想图方便，还是看它贵重舍不得用，似乎并不看好这方砚台，只是放在书柜顶上，任其静养沉默。

如今，人们书写几乎不再研墨，直接买"一得阁"墨汁，用的时候倒进砚池，方便得很。只是少了那份从容，那份默契；而看似可有可无的砚台，仿佛成了文人们欣赏把玩的艺术品。遗憾的是，我家的那方墨绿砚台，经过几次搬家早已失踪。尽管如今，没有砚也可以书写，但这样的书写总是少了那么几分味道。其实对于书家而言，砚台终归是少不了的。它总会让人联想到精研细磨，想到持之以恒，想到那份默默的陪伴。

后来我知道了"四宝砚为首，砚以端为上"的道理，也听说了山西绛州的澄泥砚名声在外，成为国家非遗。可见，砚作为中华民族的文化瑰宝，以其浑厚的文化底蕴和独有特质成为华夏民族的骄傲。在历史长河中，上至帝王将相、文人雅士，下至黎民百姓，无不把好的名砚视为珍宝。千金易得，一砚难求。

有幸的是，几年前一位八十老翁王老先生，一生挚爱书法，又从事刻章为生。承蒙不弃，老先生专为我刻制一方澄泥砚，上刻"福山寿水"，寓意我的故乡寿阳是福山寿水吉祥之地，很是令我喜出望外。我的家乡是清代大学士、号称博大精深"三

寿阳县·寿阳福山寿水砚（康养寿阳砚）

湖山入砚，明镜永悬康养地。
福寿如川，清风常伴艳阳天。
　　——卫世敏撰联

代帝师"祁寯藻的故里。民间流传,曾有一位官员深知祁寯藻拒不收礼,便想出一个主意:你祁大人不是喜欢写字吗?我就送你一方金砚台,金砚台面上涂一层墨汁,看似普通一砚,你总不会拒绝吧!结果祁寯藻用墨数日即露出金砚台真实"面目",祁寯藻甚为震怒:"竟然有人敢以此金砚台坏我名声,将此砚台沉入井底。"多少年以后,在他的故里有二亩地大的一片湖水,一碧如洗,波澜不惊,人们为了纪念他的清正廉洁,称这片湖水为"砚池"。想当年就是在这里,祁大人完成了一部《马首农言》的写作,成为记述寿阳农业的"百科全书"。

其实,文人的命运,也许就在这小小砚池里研磨沉浮,积淀人生。一个拥有一方"福山寿水"砚台的老人,一生书法相伴,延宕耄耋之寿。祁寯藻一方金砚台,见出其人格品行,值得我们认真思考,叩问灵魂。

白天　山西省作家协会会员,中国傩文化研究会会员。创作小品、曲艺等文艺作品210多件,小品《菜棚姻缘》《推倒和》《迁》《中国傩》等获文化部群星奖银奖和山西省大奖。著作有诗集、散文集多部,以及美学论著《元好问文艺美学体系论》等。

我所知道的长岭

孔瑞平

昔阳县北部,有村曰长岭。若论它的历史,那么与太行山间许多村落一样,确实是非常非常悠久了,据说商周时期这里就有人类活动的踪迹。

长岭村隐在万山丛中,若非刻意走近,你是很难发现它的,这正符合民间所谓"进村才见村,谓之好村"的说法。另外,它这个大气的村名,得之于天赐的地理形势:整个村子坐落在一条东西走向、两公里长的峨眉土岭上,依村人的说法,这条土岭就是"龙脉"。千年百代,这条土龙驮着他幸福的子民们无怨无悔甚至乐此不疲。在龙身上繁衍生存的村民们,就如同这条土龙吐纳呼吸的鳞片。

太行山历史悠久、地势雄奇,被人类占据的每一隅都会有些不凡之处。这不,2014年,长岭从太行山间多如星辰的小山村里脱颖而出,走进大雅之堂,向整个共和国昭示了自己非凡的存在:它被列入第三批中国传统村落名录了!

不容易。我见过那份名单,全国上榜的古村落才有三个!

听到这个消息,我就赶忙同几个闺蜜跑到长岭村去参观、拍照、游玩。2014的秋天,长岭的天空深邃高远,呈现瓦蓝色,新收的玉米穗灿黄似金,街巷里飘荡着田野间自由的风,一线十几座灰蓝色的大院在朗朗秋阳中静默着,正合村人介绍的那种"串珠式"的摆列。整个村庄宛如一幅暖色调的油画。不同的是,这幅油画是活的,它正在安详地深呼吸。两个穿着民族风的闺蜜行走其间,玫红和雪白的长衫,布鞋、衣襟上的手工绘绣以及腕间叮咚作响的银饰,与整个大背景浑然一体,那种巨大的审美冲击在我心里激起的一波三折,至今记忆犹新。

长岭得以入选"中国传统村落",所依凭的主要元素是保存比较完好的民居。

从外表看，它们是静默的，相对独立的，有着那种抱元守一、不卑不亢、不为外界所动、十足符合"中庸之道"的内敛气度；而内里，它们则是灵动的，生机勃勃的，无限贴近世俗生活的。这些大院外表看着是完全独立的，内里却可以互相串通，各式小巧的券门、垂花门，还有几百年来被人们的鞋底磨得油光发亮的青石台阶，引领着人们在深宅大院间左闪右弯如走迷宫；窄窄的过道、小小的门楣，恍然令人觉得旧时光影里那些腰身苗条的陈姓小媳妇，端着各色生活用具或者家常饭食仍然行走于此。这种不用进出大门就可以互相造访的格局，也许是源于农耕文明特有的血脉交融，即那种亲密无间的暗示，那种互帮互助、互惠互利的认同。也有便利生活的巧思：如果遇上下雨天，从街门进去，从东房向南环绕一周走到北楼，一个雨点也闪不到身上。当年的设计者如此这般匠心巧运，手段高超，就足以令后人敬佩了。

长岭是昔阳第一个被命名的中国传统村落，自然也就引来了四面八方探究的目光。这个实用主义的时代，入选成功在几乎所有人脑海里引发的第一个念头就是：开发乡村休闲观光旅游？但是，村民们用怀疑的眼光审视这个他们祖祖辈辈在此生活的小山村，口虽不言，心里却大摇其头：不行不行不行，外面人来了，吃没吃处，住没住处，偌大一个村子，居然没有一家客栈、一家饭店，没有一个城市人必需的冲水厕所！就算有人慕名来了，人家咋呆吗！而"长岭古村保护和发展委员会"一班人，心理上也都曾有过不能承受之重。

村里自发的力量是源泉，也有来自外部社会的推波助澜。县政府自长岭村开始申报传统村落起，就开始了对长岭村的持续关注，并给了村里方向性的引领和物质上的支持，县建设局、文化局、文管所以及中国古村落专委会、太原理工大学、邯郸学院等外地单位也给了大力的协助。

天时、地利、人和都有了，仿佛冥冥中的天意，长岭又得到了一个重要的推手——2016年冬，长岭村进入了第七届"中国景观村落"名录，由被保护的性质，直接转向了对公众开放的模式！

所有眼睛里都没有了疑惑，长岭村率先迎来了盼望已久的春天。随着扶持款项拨付到位，长岭村进入了一个全面振兴复古的新时代。

长岭村自古流传多神崇拜。一个小小山村，竟有双井寺、庙眼大庙、关武庙、文昌阁、虫王庙、五道庙、山神庙、牛王庙、仙道庙等寺庙多处。这远超出信奉儒、释、道的范围了，实际是一种自然崇拜。举凡人类说了不算的事情，都会引起村民的敬畏。上至云间仙佛，下至冥间大神，中至与人们朝夕相处的牛啦，虫啦，也都得把它们

昔阳县·长岭叠翠砚

三千年古县,松溪浪涌千秋墨;
十万亩梯田,沾岭峰叠万卷诗。
——朱青龙撰联

的"王"恭恭敬敬地供起来。人们对自然的神力,猜不透,也反抗不了,就试着以各种方法与它和平相处。这是祖先的智慧,也反映了村民的善良心态以及应时顺势的生活态度。

我曾去过多个南同蒲那边的晋商大院,长岭的格局跟他们不一样,一"商"一"农",差距迥然。没有那么大的排场,没有金碧辉煌的堆砌,房子却也足够轩敞与舒服,令人想起古时候隐居乡野的高士,一定是朴素的布衣,淡然的神态,不慌不忙的做派。人生在此处,有一种静水流深的从容,一朵花开,一枚叶落,都会被人们仔细地捕捉并会心到它的优雅美好。

如果说在这个世界上,人们只能指认和珍藏一个故乡,那么,长岭就是许许多多在外打拼的长岭人唯一的故乡。从其保存的农耕文明完好范本的意义上说,它也是更多中国人心理上、精神上共同的故乡。

孔瑞平　中国作家协会会员,中国散文学会会员,山西省作家协会会员,山西女作家协会副秘书长,昔阳县作家协会主席,《虎头山》主编。2004年开始发表作品,迄今公开发表作品近二百万字,作品多为散文、随笔,间有歌词、剧本创作。先后出版《岁月书签》《霜落兼葭》《蓝色的老宅》《阵风吹过时光的琴弦》(《阵风吹过时光的琴弦》入选百部《中国当代作家美文自选集》)四部散文集。

七夕断想

赵建华

牛郎织女的故事是中国古代著名的民间爱情故事，是中国四大民间爱情传说之一。和顺县是牛郎织女爱情故事的发源地，2006年被中国民间文艺家协会授予"中国牛郎织女文化之乡"。2008年，"牛郎织女传说"又被国务院公布为"国家级非物质文化遗产"。作为土生土长的和顺人，我为之庆幸。更觉得自豪的是，我曾有幸陪同中国民间文艺家协会和省市民俗方面的专家，对和顺县南天池村方圆3千米之内分布着的天河梁、南天门、牛郎沟、牛郎峪、相思背、喜鹊山、老牛口、织女庙洞等20多处与故事情节相关的地名和景观，进行了多次的实地考察论证，参与见证了这块"国字号"招牌的诞生。和顺县为擦亮名片、传承好优秀传统文化，已经连续举办了十一届"中国·和顺牛郎织女爱情文化节"，每一届活动为期一个月，到七夕节达到高潮。因此，每年的七夕就成为和顺县最盛大、热闹的传统节日。

小时候，常听妈妈讲牛郎织女的故事：天上的织女因为偶然机会爱上了凡间的牛郎，便私订终身，下嫁凡间，触犯天条，惹怒王母娘娘，将其抓回天庭，被狠心地以银河相阻隔，只允许织女和牛郎每年农历七月初七见一次。每年一到七月七，所有的"爱情义工"——喜鹊都去为牛郎、织女搭见面的鹊桥。两人见面就抱头痛哭，那汩汩流淌的相思泪水从天上落到凡间就变成了绵绵细雨，甚至是倾盆大雨。所以，每年牛郎织女会面的七月初七几乎都要下雨，而且在村子里你绝对看不到一只喜鹊。读初中的时候，看了电影《牛郎织女》后，对这一对儿恩爱的恋人被硬生生地分离的遭遇有了较深的感触，但对整个爱情故事体现出来的"忠贞"却没有半点同步的感受和参悟。直到自己长大了、恋爱了，再品味和思索牛郎织女的故事，才有了较

和顺县·牛郎织女砚

一河互隔苦离别,牛郎思偶忠贞守;
七夕相逢乐返家,灵鹊架桥和顺来。

——卫世敏撰联

为深刻的解读和感悟。尤其是牛郎织女故事透射出的"忠贞和坚守"这个主题,在现实社会的婚姻生活中,确实应该认认真真地进行深度的反思和探究。

随着时代的进步,人们的爱情观、婚姻观也较之以往发生了明显的变化。越来越多的时尚青年正在挑战着传统的道德观念,同时,整个社会也越来越大度和包容。但不论时代如何变迁,伦理观念如何变革,"忠贞不渝"的爱情观、"不离不弃"

的婚姻观，应该是我们这个时代尊崇和褒扬的社会主流价值观。我想，民间把七夕定义为中国情人节的意义，不仅仅是在那一天，为自己所爱的人送上一朵或几朵玫瑰，表达自己忠贞无悔的爱意，更重要也更难能可贵的是要把这种正确的爱情观、婚姻价值观牢牢地根植于每一位国人的心中，让它生根发芽、散枝开叶、发扬光大。

为爱而爱，情定一生。生活或爱情的道路上，无论遭遇到怎样的艰难困苦和不测变故，双方都要携手同心、不离不弃，以坚强的意志，乐观的态度，直面人生的风风雨雨。像牛郎和织女那样，哪怕一年只见一次，也要忠贞如一地守候364天。因为爱情，我们无怨无悔……

赵建华 中国诗歌学会会员，山西省作家协会会员，山西省散文学会会员，和顺县作家协会副主席。在《中国诗歌》《黄河》《山西日报》等报纸杂志上发表各类体裁作品500余篇（首），并多次获奖。著有诗集《诗海拾贝梦如初》。

左权赋

汤云霞

  一脉清漳吐雪浪,百里山川伏太行。雄峰俊秀,峨峦崔嵬,千秋山河壮。祝融开疆置辽州筑城一座;先祖勤耕拓膏泽滋育万民。将军血洒十字岭易县左权,英雄热土,从此志迹,绵延于兹,名扬万古传。十六万民众,崇诗书,尚礼仪,能歌善舞,奏响盛世凯歌;三百方地域,厚载物,天酬勤,物华天宝,共谱时代新篇。

  忆往昔,泽凹池井,荒葛藤蔓做燃;刀耕火种,烧枯烬灭为肥。绿苔生阶痕,纤尘凝巷陌。敞篷蔽牛车,遗矢满街衢。污水横流,垃圾四弃,驰烟古道,滚尘郊野……街狭道窄路拥挤,坑坑洼洼垫不平。风起尘飞纸片舞,塑膜落叶漫天飘。晴天土,雨天泥,粗衣敝裳厚底鞋。长途跋涉求学问,荷担挑水星月归。大病小灾更艰难,寻医买药泪淋淋。跑断腿脚求不得,贻误症候阎君逼!点点苦,处处难,往事不复,皆为烟尘灭……

  看今朝,政通人和,物阜民丰。欣欣向荣,气象万千。阡陌交通,四运五达,玉带逶迤,气贯长虹,一展千里,外环青柏路;街道繁华,店铺林立,商贾云集,车辆簇簇,电梯梭递,现代购物城。高楼大厦,鳞次栉比,居室清雅,门庭秀美,窗花红艳,嫁娶谁家?人道是移民新村;山青花燃,园柳鸣禽,房舍整洁,粉饰一新,老头老太,笑语盈盈,却还说敬老院落。

  梧桐引凤凰,招商选资,核桃、杏仁、冰醋酸,出口创汇;工业牵龙头,开足马力,冶金、电力、乌煤矿,税金净增;农业创特色,庄园经济,肉羊、奶牛、小杂粮,绿色环保。集中供热,驱逐严寒,温暖一方百姓;沼气做燃,点火成羹,方便千家万户。水源工程,点亮方案,农村不再黑暗;寄宿学校,两免一补,学子从此无忧。

左权县·左权砚（巍巍太行砚）

百战立奇功，太行浩气传千古；
九州怀虎将，英烈精神励万民。
　　——卫世敏撰联

手机、电话、互联网，地球成村；公交、长客、出租车，比户相通。体育馆、游泳馆，提供健身去处，磨砺意志；文化馆、图书馆，滋补精神食粮，齿颊留香。垃圾不落地，无尘无埃，室雅街清，山城增亮彩；污水巧治理，一点一滴，树绿花香，古州生光辉。四时花卉，沿街摆放，引来蜂蝶翩跹舞，市容市貌焕然新。四海宾客纷至，城乡变化天翻。重陲复镇，全盛鼎沸，财力雄富，一跃晋中！

若逢元夜社火时节，天际烟花触目，曼舞绽放乍明。龙腾狮舞，丝竹社鼓，弦箫洞天，火盏花灯如昼。婉转音响，嘹亮歌喉，彩扇翻飞，群起霓裳。和谐美景，盛世欢歌，声乐喧嚣，醉倒乡情……

抬望眼，祝融祠堂金碧辉煌，气势雄浑，宛若琼阁仙宇落山巅。高台跌水，莲座喷泉，如缕如带，玎琮而来，轻盈曼妙，玉带谁裁？八卦台、揽月楼、长廊透迤，湖心亭内赏轻舟；健身园、揽景楼、疏林流水，浮雕壁下思古今。白昼登园，山水空灵，花木扶疏；松柏成行，绿草如茵；闲庭信步，倚栏而息；山川入目，尽收眼底。入夜凌顶，红灯高挂，霓虹闪烁；灯具辉辉，光韵柔和；万家灯火，近在咫尺；群星璀璨，相映成趣。邀来明月共饮杯，醉倒高楼赏景人。

滨河公园，姿容俏丽。亭台水榭，廊庑曲折，小桥斗拱，长虹卧波；垂链悬栏，芳径通幽；怪石嶙峋，草甸铺绿；水光潋滟，倒映覆叠，碧波湖心荡……眺嘉园，望绿洲，楼宇纷呈。频添琼厦灯光亮，垂展轩窗万里晴。树影挑破天边月，华灯溢彩玉玲珑。

芸山小区，旧称梅岭荒郊。而今层楼迭起，雍容华贵，大气磅礴，蔚为壮观。历有王者风范，好似霸气十足。高耸入穹庐，倚月接云天。绿荫掩阔道，香草饰坛堂。别墅小巧，晴阁暖榭；车辆络绎，花草纷呈。久居其中，如诗如画；消遣其里，意蕴横生。

流连处，龙泉公园，绿意催发。苍山青黛，树木葱茏，天光云影，交映生辉，似人间仙境，海市蜃楼。鸣禽婉尔，空谷回音，枯藤老树，莽莽苍苍。山野间，左权小调飞满坡。遥望梵天佛地，红墙壁立，钟鼓齐鸣，暗香浮动。但见龙口喷潮，飞流决窦，素绢悬空，半洒云天，飞珠溅玉，如烟如雾……

红墙绕周，碧瓦覆顶，斗拱飞檐，儒雅厚重。跨棂星门，过泮池桥，入大成门，拜大成殿。元代文庙，花饰流动，绿瓦琉璃，舒展如翼。孔眼壁画，光韵错落，动意十足，呼然跃出。

山路弯弯，宝塔巍巍，魁星瞬息自天落。遗我江郎笔，赠予太白剑，写尽千载风流。独上鳌巅，望尽辽州：群峰如豆，苍山如缕，细浪环绕，泥丘绵亘。凌峰凭古，代有英才。倡文化，匡民风，淑气融融笼清漳；临胜地，沐魁光，文笔滔滔益黎庶。

最喜红色旅游，麻田山水秀。君不见，百里画廊千峰峻，移步异景万类奇。鸡鸣虎头藏娇娥，龟兔狮群隐卧龙。桃红杏白麦柳青，山明水媚江南春。总部大院，八路声名天下闻。砖阶斑驳，旧迹横陈，睹物追往，余温犹存。想当年，金戈铁马跃太行，群英荟萃炳汗青。烽火硝烟激荡，刀光剑影厮杀。几多好男儿血染沙场埋忠骨，妇女纺线耕织做军鞋，同仇敌忾共支前。可听得，拂晓晨号响，捷报频传，将军舒眉展。现如今，角鼓久远，干戈偃息，太行洗颜，漳河欢浪。革命传统，代代相颂，辈辈传承，化作浩气激后人。

美哉，左权！远村近郭，如行画中。巨幅山水，自然卷轴，尽铺眼底，舒展开来。壮哉，左权！高瞻远瞩，高歌猛进。弹铜琶，操铁板，唱大江东去；持公道，扬正气，咏快哉千秋！感我左权，慨当以慷。抽毫抽笔，以抒言之！

汤云霞　中国楹联协会会员，晋中市作家协会会员，晋中楹联学会左权办事处主任。作品散见《山西农民报》《山西妇女报》等报纸。

榆社文化图腾的象征
——文峰塔

张年玲

榆社文峰塔屹立于榆社县城东南一公里处的巽山之上,东连山岭,西俯漳河之畔平川,南对笔架山,北临仪川河。

据现有碑文记载,文峰塔始建于清康熙六十一年(1722),为振兴榆社文风而建,雍正三年(1725)建成。历经近300年的风雨沧桑、战火洗礼,损毁严重。2005年,榆社县委、县政府集社会之力、政府之助,投资千万元,对文峰塔进行了修复。巽山山势起伏,宛如两臂环围献果拱壁,塔建基上,如笔锋直插霄汉,指画星斗。早上日出,塔影倒落仪川河水,如笔泡墨,如虹饮池。若从北向南望去,塔尖与笔架山三个山峰构成笔管置于笔架上的景象。纵览全景,上有叠峰崇峦,下有清流淙淙,塔身挺拔参天,星辰为列,隐耀缥缈,风雨迷离,变化莫测,足为山河添彩增色。文峰塔不仅取景巧妙、构思奇特、工艺精细,而且寓意深远,令人叹为观止。

整个塔身为八角锥形、砖木结构空心体,共13层,高约38米,占地69.2平方米,底层直径约3米。第一层和第二层有砖砌月梯及回廊,可拾级而上;三层以上用木板、铁钉而成木梯以供攀高。每层都有仿木结构砖雕出檐、斗拱;正东、正西、正南、正北四面开砌拱券洞门,以供凭览;洞门之上有字匾阑额,图案花纹十分精致;塔顶置宝瓶,玲珑剔透;角隅悬挂风铃,微风吹动,叮当之声不绝于耳。每层正西均有题字,自下而上分别为:苍龙腾飞、霞光普映、文曜高悬、盘蟾天柱、葆钟陆顾、岚唧银汉、太乙居歆、风云万里、鹤鸣九皋、媲美飞来、俯视流觞、鸾翔凤集、笔区云谲。整个塔体,造型宏伟、庄严、美观。

关于文峰塔的建造,在榆社民间流传着一段非常神奇的传说。很久以前,巽山

榆社县·榆社文峰塔砚

文峰耸翠,笔点青云描画卷;
塔影横空,墨泼碧宇写诗篇。
——卫世敏撰联

上风景秀丽,景色迷人,周围村庄的村民经常来山上砍柴、打猎。一年夏天,一只怪兽不知从什么地方跑到山上,连连伤害上山砍柴的村民,只要被怪兽碰到,不死即残。可是村民们只看到两只巨大的钳子,也不知道是什么怪兽,吓得村民们再也不敢来巽山了。数月之后,也许是山上没有了充饥的食物,这个怪兽夜晚就会下山来偷吃村民的家禽牲畜。借着月光,胆大的村民发现这个怪兽竟然是一只巨大的蝎子。

不仅山脚下杜余沟的村民不得安宁，就连周围的坂坡村、连家庄、郜家沟村都受到了极大的威胁，村民们生活在极度的恐惧之中。一日清早，杜余沟村的一村民打开自家的鸡窝，好长时间都不见一只鸡出窝。心想："以往一打开鸡窝，它们就争先恐后往出挤，今天怎么了，莫不是也被那蝎子精都吃掉了？"他趴在地上，往鸡窝里一看，发现鸡窝里的鸡一个个紧闭双眼蹲在鸡架上一动不动，一副筋疲力竭的样子。村民赶紧跑去邻居家要告诉这一怪现象，结果邻人也正在自家的鸡窝旁纳闷。不一会儿就传来消息，邻村坂坡村、连家庄、郜家沟村的鸡都是这个样子。人们觉得非常奇怪，不知道发生了什么事情。突然，有人发现巽山山顶上一座高大雄伟的塔巍然屹立，大家很是惊讶："一夜之间怎么就会冒出一座高大的塔呢？"村民们都想上山看个究竟，但是又都惧怕山上的蝎子精，不敢贸然上山。几个胆大的村民按捺不住好奇心，手拿家伙，结伴而行，小心翼翼地爬上了山顶。一到山顶，他们就发现那座高大的砖塔底下压着一只巨大的红褐色的蝎子。蝎子的头被压在塔下，两只巨大的螯角分别搭在塔前方的左、右两边，一个巨大的带有毒刺的尾巴搭在巽山的后面。他们恍然大悟：鸡是蝎子的天敌，一定是神仙施了法术，让周围村里的鸡来帮忙搬运石块和木料，一夜之间建起了这座塔，镇压住了这只祸害百姓的蝎子精。他们兴高采烈地狂奔下山，把这一好消息告诉了村民。村民们奔走相告，纷纷涌向山顶，争相目睹这一奇境……

直到今日，我们登高远眺，依旧会清晰地看到，文峰塔下压着的，分明就是一只巨大的蝎子。

榆社旧有端阳踏柳之俗，建塔之初，恰逢端阳，民众云集。塔成之后，此俗逐渐被游塔所代替。每年端阳佳节，游人云集于此，俗名叫游塔。传说，端阳登塔可消除病患、昌盛文运，使后代文人辈出。

张年玲　山西省作家协会会员，晋中市作家协会会员，榆社县作家协会常务副主席兼秘书长。《中国火炬》《关心下一代》杂志特约通讯员，榆社县《文峰》内刊编辑。著有《情满山河》一书。

介介如斯绵山砚

陈 全

我的电脑屏幕上显示着两方砚台：一方绛州澄泥砚，是由运城市新绛县蔺涛先生制作；一方大理石材质，是介休赵小平先生所制。很有意思的是，两方砚台都被制作者起名"绵山砚"。端详二砚风格，除去材质不同，其中内涵确有异曲同工之妙。

一

我的老家介休市张兰古镇，是中国农村最大的民间古玩集散地，我小时候就见过明清时期遗存的澄泥砚。著名文物鉴赏专家邱晓军曾经对我说："澄泥砚是古代四大名砚中唯一以人工材料制作的，但遗憾的是其制作工艺从清代就失传了。不过听说运城新绛县蔺永茂、蔺涛父子从1986年开始探索恢复了澄泥砚工艺，还在全国获得了大奖！"我查阅相关资料，得知绛州澄泥砚制作技艺传承人、中国工艺美术大师蔺涛先生还为晋中各县制作文化砚台，于是请运城作家协会李云峰主席发来图片观赏一二。

这方澄泥砚在制作构图上分为砚池、图案和文字三个部分，在砚右下角用仿宋字体写着"山西介休"和"清明寒食之源"，制作意图明了，简洁大方。下面中间是两幅图，分别为"割股奉君"和"隐居被焚"。这是讲述春秋时期，介子推跟随晋公子重耳逃亡十余年，曾在重耳饥饿时割下自己大腿上的肉给他吃。重耳当上晋国国君后，介子推携母亲到绵山隐居。晋文公派人寻找，为逼迫介子推出山，采取放火烧山的办法，却把介子推和他母亲烧死了。重耳悲悔交加，命将绵山改为介山，把绵山所在的县改为介休县，并于清明节前一天，即介子推被焚的日子，不许烧火，家家户户只能吃冷饭，谓之"寒食节"。这方砚台的创意是"介子推不言禄"的代表性图案，与砚台右面刻出的"绵山"图相呼应。最令人惊奇的是此砚砚池中的纹路，竟然与绵山外部形制图惊人地相似，实在叹为观止。

二

介休赵小平师傅制作的"绵山砚"，是用大理岩制作，手感宛若足月孩子的小脸，温润而又细腻。砚台上图案更吸引了我：左下方的石纹像一幅水墨画，一位诗者手抚长须，仰望苍穹，造型之逼真让人赞叹。

制作者是一位驾校教练，他对石头的迷恋始于20世纪80年代初。他所在的介休纺织厂工会举办职工收藏品展览，从小就在大山中长大的他，突然想起不久前在老家捡到的一块石头，样子很奇特，于是就抱着试试看的心态参加了这次展览。没想到这块石头不仅得到了大家的好评，还获得了参赛奖项。从那以后，他就爱上了石头。

唐代著名诗人白居易曾写出"苍然两片石，厥状怪且丑"的诗句，评说又怪又丑的石头。赵师傅说，他也喜欢这样的丑石，虽不符合大众审美规范，但本真自然很符合自己的审美。于是赵师傅就利用节假日走遍了介休的山川沟壑，寻找属于自己的奇石。

矗立在介休城东南的山峰叫天峻山，海拔2009米，是绵山六大山峰之一。逶迤在天峻山下的龙凤沟，是6500万年之前的造山运动形成的，这里的破碎带估计也有几百万年的历史。随着河水冲刷和时间推移，这里蕴藏着很多奇石，赵师傅的寻石之旅就是从这里开始的。他不分酷暑寒冬，跋山涉水，将一方方沉睡千亿年冰冷的孤石，从荒无人烟的河滩和大山深处捡回家，清洗、配座、命名，让石头焕发出新的艺术生命时，赵师傅心中别提有多高兴了。

经过20多年的厚积薄发，赵师傅收藏的奇石在业内名声越来越大。2009年4月18日，他受邀参加了在太原举办的"首届中国山西赏石文化博览会"，中国观赏石协会常务理事、山西省石文化艺术研究会会长侯桂林对其参赛展品赞赏有加，并题字赠书。随后介休电视台为赵师傅制作了专题节目，并在品牌栏目《零距离》对他进行了专访。

成绩的获得并没有让赵师傅沾沾自喜，反而使他越发陷入沉思：介休因史出春秋时介子推、东汉时郭林宗和宋代名相文彦博而称"三贤故里"，历代文人辈出，如何才能将自己的奇石融于介休的文化之中呢？赵师傅绞尽脑汁，不得其解。

介休市·介休绵山砚

君厚江山，晋地恒留重耳志；
臣轻利禄，介天长念子推情。

——梁珍宝撰联

一次聚会中，赵师傅结识了介休市文化促进会秘书长原家敏。交流中，赵师傅将自己心中的疑问提出，原秘书长认真分析后，对赵师傅说："文房四宝中，纸以时计寿，笔以日记，墨以月计，唯砚永寿，甚至终身相许，陪老入殓。古往今来，多少文人雅士视砚为知己。"原秘书长建议做一些石质砚台，将家乡文化与奇石砚台融为一体。

在现代工具的加持下，做一方砚台并不是难事，最为关键的是寻找合适的石头。

这石头要密度大、发墨好，最为关键的还要有独特的石纹。赵师傅知道质密滋润、细中有锋、硬度适中、厚度较大的沉积岩和变质岩才能用作砚石。他用一个多月的时间在藏石中寻找到几块代表性石头，开始进行加工。对于这位曾经的机修工来说，加工砚台的过程还是很顺利的。为了彰显家乡文化的魅力，赵师傅将自己制作的这方砚台命名为"绵山砚"。赵师傅说，制作这方砚台最为关键的是构思，端着石头看好多天，将石头上的纹路吃透看好，打好腹稿，才动手做。制作过程中一刀刀下去，不能有一丝停顿。要将精气神全部灌注到手上，不需要看图索骥，而是跟着自己的思路做，这样的砚台才会生动有活力。赵师傅采用了特殊的机械与手工操作方法，精细打磨砚窟，将绵山之伟延，峪水之清澈，石材之古朴，岩质之坚细，性状之异趣，磨砺之圆润，汇于砚台之中，细而不滑、温润沉静、色泽美雅，实在是砚台中的精品。

三

介休的地望因介子推而来，他忠孝一生的故事在这里流传两千多年。晋代杜预将晋文公寻介子推之地认定为介休绵山，这里的百姓也效仿先贤，忠诚厚道，实在做人。因此绵山又是介休人心中的"神山"，精神上的"靠山"。听说，运城市夏县裴介镇，就是介子推的故里，那里纪念介子推的文化园活动也是方兴未艾。这方"绵山"澄泥砚的制作者蔺涛先生"干一行、专一行、择一事、终一生"，在三十余年的制砚生涯中刻苦钻研、认真探索，大胆创新、精益求精，形成自己独特的创作风格，为"绵山"澄泥砚注入了强大的生命力。介休赵小平先生不畏艰险、长于思索、精于技艺，将自己的喜爱和心中的向往融于一方小小的"绵山"砚之中，以另一种独特的方式展示了介子推精神。

《易经·豫》写有"介于石，不终日，贞吉"，意思就是操守坚贞，如石一样。绛州澄泥砚以汾河下游的澄泥为原料，经过特殊的焙烧工艺，经采泥、过滤、沉淀、制坯、烘干、雕刻、烧成、细腻、刨光九道工序制作而成，实在是精品中的精品。蔺涛先生几十年如一日，锲而不舍、志如磐石、百折不挠；赵小平先生乐山爱石，对家乡的热爱凝于心、汇于砚。二人皆将介子推之精神寓意于砚，将砚用于教化众人之文化中，善莫大焉！

践行者是最伟大的，为蔺涛和赵小平两位先生鼓掌！

陈全　介休市作家协会副主席，华东师范大学中国文字应用中心特约研究员。

临汾市
Linfen

帝尧访贤

杨遆峰

传说帝尧是上古帝喾和第三个名叫庆都的妻子所生，庆都是伊耆侯的闺女，她成婚后，仍住在自己家中。

这年正月，伊耆侯老两口带庆都坐小船去游览观光。此时正值正午时分，忽然天空中刮来一阵儿大风，迎面飞来一朵红云，飞到小船的上方时，形成一股龙卷风，似乎里面有一条赤龙在舞动。老两口感到非常害怕，但庆都不但不感到恐惧，还冲着赤龙发笑。到晚上时，龙卷风消失不见了。

回到家后，老两口都睡了，可庆都怎么也睡不着。她闭着双眼，不时发出笑声。朦胧中，她只感到有阴风刮来，紧接着有赤龙扑来。她醒来后，只见身旁有一张沾满涎水沫的画。上面画着一个红色人像，脸形上锐下丰满，长头发。她感到很好奇，便将这画藏了起来。从此，庆都怀孕了。

14个月后，她生下一个儿子，就是后来的帝尧。史载帝尧有功臣9人，或说有11人，可以说是人才济济；但帝尧唯恐埋没人才，野有遗贤，经常到穷乡僻壤或者山野之间去寻访贤人，咨询自己的政治得失，并且选用贤才。

战国时的庄周说，帝尧治理天下万民，使海内政治清明，曾到汾水北岸的姑射山，去参拜四位有道的名士，这四位有道名士分别是方回、善卷、披衣、许由。

善卷重义气轻利益，不贪图富贵，是有名的贤人。帝尧自觉德行不如善卷，就想将天下让给善卷。帝尧知道，请这样的贤人出来，不能傲慢无礼，必须谦恭有礼，他便以平民对待长者、学生对待老师的礼节去拜访善卷。他让善卷坐主位，帝尧自己则站在下边，面朝北施礼求教，并想以天下让善卷。

尧都区·尧帝砚

禅位访贤,问历史三千年,哪朝皇帝不崇拜;
避亲任舜,护江山九万里,后世黎民共感恩。

——吕武杰撰联

但善卷拒绝了,他说:"我生于宇宙中,冬穿皮衣,夏穿葛布,春种秋收,有劳有逸,日出而作,日入而息,在天地之间逍遥,我已经心满意足了,要天下干什么呢?真是太可悲了!你不了解我。"说完,善卷离开北方,到南方的一个溶洞中隐居了。

过了一段时间,帝尧去拜访许由,朝拜许由于沛泽之中。帝尧对许由说:"太阳出来了,火把还不熄灭,在光照宇宙的太阳光下要它发光,不是多余的吗?大雨过后,还去浇园，不是徒劳吗？作为天子，我很惭愧，占着帝位很不适宜，请允许我将天下托付给先生，天下必然太平。"

许由对帝尧说："你治理天下，已经升平日久，既然天下已经治理好了，还要让我代替你去做一个现成的天子，我为了名吗？名，是实的从属物，我对那个虚名不感兴趣。鹪鹩即使在深林里筑巢，也不过占上一枝就够了；鼹鼠就是跑到黄河里去喝水，也不过喝满肚子就足够了。你就回去吧！天子于我没有什么用。厨子就是不做供品，祭祀也不会去代替烹调的。"许由于是到箕山之下，颍水之阳，耕田而食，非常快活，终身不贪求帝位。传说，尧以天下让许由，许由以为耻辱不堪入耳，到河里去洗耳，后有洗耳河之名。有人牵牛去河里饮水，碰见许由洗耳，问明原因之后，便说："你洗了耳朵，把这里的水弄脏了，我不想让我的牛喝这污水。"就牵着牛到河的上游饮水。

帝尧还曾去拜访一个名叫子州支父的人，请教过后觉得此人可以托天下，要以天下让子州支父。子州支父答道："将天下让给我倒可以，只是不巧，我现在正患有幽忧之病，正准备好好治一治，不能够接受。"帝尧也不好勉强，但十分敬重其为人。

帝尧在位时，协和万邦，平章百姓，教导百姓种植桑麻，重视农时。当时手工业及冶铜、铸造业发达，尧都平阳成为全国性的商业贸易大都会，形成部落奴隶制国家的雏形。

后来，经过众大臣的提议，帝尧终于找到虞舜。他认为舜德行淳厚，堪当重任。经过多年的考察后，帝尧把帝位让给虞舜，史称"禅让"。

杨逆峰　山西省作家协会会员，中国煤矿作家协会会员，山西省作家协会第七届签约作家，临汾市作家协会副主席，尧都区作家协会主席。有小说在《山西文学》《黄河》《雨花》《都市》《海燕》等刊物发表，有童话故事在《科学大众》《科普童话》《时代教育》等刊物发表，著有图书《写给孩子的〈资治通鉴〉》《世界神话》《漫画成语》《和大人一起读》和《水浒传》（儿童版）等。

诗情画意里的曲沃

赵化鲁

歌咏千年古邑，风吟三晋之源。泱泱华夏文明肇始于斯，悠悠三晋源头发端于此。宋代史学家司马光当年曾到晋都故地曲沃一带游览，其《故绛城》诗曰："文公恢霸略，征讨辅周衰。奕世为盟主，诸侯听会期。山河表里在，朝市古今移。欲访虒祁处，乡人亦不知。"伟大的史学家触景生情的感叹，表明了人事的沧桑。古往今来，文人墨客笔下的曲沃，风采动人，摇曳多姿。

曲沃与《诗经·唐风》有很深的渊源。《诗经》被称作中国现实主义文学的源头。孔子曰："诗三百，一言以蔽之，曰思无邪。不学诗，无以言。"诗三百，指的就是中国古代第一部诗歌总集《诗经》。《诗经》最初称《诗》，汉武帝始称《诗经》，收集了自西周初年到春秋中期各地的诗歌。《诗经》分为风、雅、颂三部分，包括了爱情、战争、风俗、祭祀、动植物等内容，共三百零五篇。其中唐风部分十二篇，写景状物多取自曲沃，尤以《扬之水》为代表：

扬之水，白石凿凿。素衣朱襮，从子于沃。既见君子，云何不乐？
扬之水，白石皓皓。素衣朱绣，从子于鹄。既见君子，云何其忧？
扬之水，白石粼粼。我闻有命，不敢以告人。

诗中的"白石""沃""鹄"等具有鲜明地方特色的词语，在今天的曲沃均能找到相对应的地名。绛山北麓龙王池泉，水出绛山，激扬曲折，曲沃北董乡有白水村，城南有小村名叫安鹄，沃城则与曲沃关联。扬之水篇肇始于此，堪称诗经国风故里；

曲沃县·晋文公砚

唐风遗韵,成语传奇,人文三晋源头地;
汾浍相邻,绛乔对峙,毓秀一方叶上珠。
——吕武杰撰联

君无戏言桐叶封唐,名归成语典故之乡。"诗经山水"的宣传语,可谓名不虚传。

在不大的县境里,南绛北桥,东浍西汾,人道是,山川形胜,天府雄风,三晋重地。民间流传有曲沃古十景之说:神陂落雁、晋殿悬冰、沃国春光、桥岳晴岚、景明瀑布、绛山晚照、汾隰流云、星海温泉、浍溪印月、新田秋色等。美景秀色,被历代文人墨客吟咏,留下了许多脍炙人口的名篇佳作。让我们循着墨香丹痕,走进多姿多彩的曲沃山水……

"百仞巉岩俯八荒,轩辕旧阙接云乡。骑龙漫说登天去,晴日山头问夕阳。"(明·刘继志《咏桥山》)

司马迁《史记》载:黄帝崩,葬桥山。桥山以中华民族的人文始祖黄帝而闻名。"庙宇参差杳霭间,轩辕曾此葬衣冠……岚气满山晴树湿,翠光凌汉午风寒"(元·靳荣),元代曲沃籍诗人笔下的桥岳晴岚,风景如画,物华天宝,人杰地灵,桥山之谓也。

桥岳北耸,绛山南峙。"落照千山山欲昏,余光倒射绛山红。断霞明灭横汾水,绕树苍茫接晋宫"(元·靳荣),写的就是"绛山晚照"的美景。绛山巍巍,泉自岩下,成飞瀑壮观:"玉龙睡起白云堆,喷出珠玑万颗齐……若遇春来桃夹岸,渔郎认作武陵溪。"(元·靳荣)与"景明瀑布"相映成趣的"晋殿悬冰",也激发了当代诗者郭惠勇的诗情:"沃国城南有奇观,峡谷深长一线天……窑院平添水乡韵,晋殿悬冰古今传。"

曲水潆洄,育得银杏两千余岁;沃野莽苍,成就文公一世辉煌。汾水之滨,饱赏荷塘月色;滏流交汇,尽览岭沟朝阳。现代农业,欢迎磨盘岭上观光。"波心捧出千茎翠,天上飞来万朵霞"(元·靳荣),昔日"星海温泉"所在的海头村,已跻身全国美丽乡村,当年荒芜的磨盘岭,因现代农业开发而焕发了生机。

唐代边塞诗人岑参(约715—770年),南阳人,后徙居江陵。岑参工诗,长于七言歌行,代表作是《白雪歌送武判官归京》。他当年行经曲沃,发思古之幽情,落笔成诗《骊姬墓下作》:

>骊姬北原上,闭骨已千秋。浍水日东注,恶名终不流。
>献公恣耽惑,视子如仇雠。此事成蔓草,我来逢古丘。
>蛾眉山月苦,蝉鬓野云愁。欲吊二公子,横汾无轻舟。

现今的曲沃县城,隋朝开皇十年,自城南的乐昌堡迁移而来。到唐代,曲沃城池尚不具一定规模,现在的四牌楼所在的贡院街在当时均为耕地,且都在城外,处于浍水北原。诗中写到的"骊姬北原上"中的骊姬墓,很有可能就是指此处。曲沃下西关内原有恭世子庙,庙毁于20世纪70年代,庙内祠墙碑记载,明嘉靖三年(1524)八月,礼部侍郎状元吕柟来曲沃,与县令李德进一起祭祀恭世子,吟得绝句四首,其中一首为:"曲沃城中十字街,俗传怒践骊姬骸。须知世子恭心孝,禽草谮伤亦感怀。"这首诗写成时间比四牌楼建成要早91年,看来曲沃街头埋骊姬之传说,时间上确实要早,修四牌楼来镇压骊姬的说法是没有根据的。唯有可能的是,四牌楼所建的街口位置就是传说中"怒践骊姬骸"的"曲沃城中十字街"了。

申生栖息太子滩,温泉沐心,申园怀旧。太子湖位于县城北5公里处,古有神泉喷涌,汇流成湖,故称"神陂"。"乍惊天上初来雁,忽见沙边已落群"(元·靳荣),秋去冬来,雁栖湖畔,水光雁影,美不胜收。"神陂落雁"之地,如今风光旖旎,风采不减,为纪念申生而建的"申园"即坐落于湖心岛上。

明清之际大儒顾炎武的传奇人生,与曲沃结下不解之缘。顾炎武是南方人,曾在北方游历20余年,对山西似乎情有独钟。二十多年间,曾经十数次出入三晋大地,先后居留六七年之久,会晤过傅山、阎若璩等不少当地耆宿大儒,观览过众多名胜古迹,并计划兴办水利,垦荒雁门关外。他写下了五十多首诗篇,讴歌了山西悠久的历史文化和大好山川。

顾炎武游历山西时的一个重要去处就是曲沃,并终老于此。据《曲沃县志》"流寓志"载:顾炎武"慕卫蒿为人,往来邑中,尝读书韩宣之宜园,相传《日知录》即宜园所编纂也"。卫蒿,字匪莪,曲沃人,著名理学家,人称绛山先生。韩宣,康熙己未科(1679)进士,其"宜园"位于曲沃城南之东韩村。就是说顾炎武敬慕卫蒿之为人,所以多次往来于曲沃,相传其《日知录》最后编纂完成于"宜园"。

顾炎武五言古诗《赠卫处士蒿》,真实反映了他在曲沃寓居时的生活:

抱疾来河东,息此浍水旁。寒禽绕疏枝,百卉沾微霜。
幸逢同方友,典坟共相将。逢萌既解冠,范丹亦绝粮。
弦歌足自遣,感慨论百王。王䩄遂顿首,孝献封山阳。
一身殉社稷,自古无先皇。与君同岁生,中年历兴亡。
衰迟数传辈,落落晨星行。旅怀正郁邑,矧乃多病妨。
著书陈治本,庶以回穹苍。遥遥千载心,眷眷桑榆光。

顾炎武与曲沃的山水人文情缘深厚,这块土地上的人民也没有忘记他,专门建设了一座园林以资纪念。园子敞开怀抱,欢迎来自四面八方的朝圣者。络绎不绝的访客,虔诚表达对这位先贤的永远追怀。

曲沃是个好地方,梧桐引得凤凰来。被顾炎武称赏"萧然物外,自得天机"的傅青主，也就是傅山先生，在曲沃留下了《借楼避暑》的优美诗作："一命真如梗，三年不结庐。今来白水曲，借得小楼居。长偃方床席，诗摊短佛书。高云与疏雨，镇日共樵渔。"钟灵毓秀处，人文荟萃。望母楼和西寺塔，一东一西矗立，乃县城的两大标志性文物。望母楼又称四牌楼或孝母楼，建于明末；西寺塔，原名感应寺塔，俗称"裂破塔"，迄今逾854载。当代辞赋家雷涛在其《曲沃赋》里吟咏："感应塔，双剑擎天，阅尽人间沧桑变迁；孝母楼，风铃攒动，诉说孝子思母情缘……"

晋国风云幻化为一个山水园林——晋园，园门两副楹联寓意深远，出自本邑当代著名楹联专家孙新荣之手："桐叶封唐，开一国六百年基业；文公称霸，铸三晋两千载雄魂。""天子无戏言，桐叶飘焉唐土地；君臣有渊志，魂魄壮哉晋英雄。"古色古香的晋园，被称作"曲沃的会客厅"。荣膺"中国成语典故之乡"称号的曲沃，为弘扬成语典故文化，在晋园设有"中国成语典故传承基地"和"晋都文学艺术会客厅"。

曲沃沧桑凝成了一个传奇故事——重耳壮志走四方。晋都儿女，在共筑中国梦的征程上，整装再出发。这里是《诗经》故里，这里是诗歌家乡。这里有绛山，这里有唐风，江山如此多娇，风景这边独好。诗中有画的曲沃，画中有诗的晋都，等候你的品鉴。

请你走入我的风景，也让我走进你的梦……

赵化鲁　山西省作家协会会员，曲沃作家协会执行主席，著有散文集《泰山顶上去看云》等。

叔虞封唐在翼城

李克聪

时间是历史的尘土,将过往物事统统给埋葬了。好在有史书,就如同一支药焌,燃烧着,将历史事件的端倪从尘封中显露出来。

谈叔虞封唐,只能从史书中寻找答案,且从"唐"这个方国说开去。

唐,古国名,历史上颇有名气,对后世影响也非常大。大唐王朝之"唐",现今世界各地"唐人街"之"唐",均缘于此。那么古唐国在何处?《史记·晋世家》云:"唐在河、汾之东,方百里。"如此申述,显然有些模糊,于是在历史上引发了长达1000多年的争议,而主"太原说"者一直占据上风。直到1979年,(翼城)天马—(曲沃)曲村晋侯墓地的发现,才彻底推翻了太原说,而归流于"翼城说"。刘泽民主编的《山西通志》拨开重重历史迷雾,堪称最为精当确切的论断:

> 唐国的范围大约在今翼城、曲沃和绛县之间,其中心区域在浍河上游的翼城。古唐国有十分悠久的历史,其祖先就是陶唐氏,即唐尧部落。唐国在夏商统治时期也曾多次迁徙,直到商代后期才在浍河上游建立唐国……与此同时,在晋中盆地的太原也有一个称为"北唐戎"的唐国,但与上述的唐国仅为同名,其文化内涵实在是风马牛不相及也。

也就是说,古唐国是以现今翼城为核心的一片地望。

古唐国历史悠久。《史记·晋世家》载:"尧十有五封唐。"翼城当地传说有,尧在此带领陶唐氏部众创制了砂器。后来,尧将部落联盟酋长禅让给舜,舜又将尧子丹朱封为唐侯，建都唐城，即今翼城西20里之唐城村。

夏代时，丹朱后裔承袭唐侯。然"君子之泽，五世而斩"，至夏朝孔甲时，陶唐氏部落已然衰落，而彭姓之豕韦氏取而代之做了唐侯，都于今翼城西北之苇沟村。彭姓豕韦氏乃祝融之后八姓之一。"豕"为猪，象征财富，"韦"乃皮革，豕韦氏大概是养猪或做皮革工艺的。孔甲时期，唐国出了一个重量级人物，其名刘累，乃刘姓始祖，相传今翼城刘王沟村为其故里。刘累年轻时曾拜豢龙氏董父为师学习豢龙术，学成后为孔甲养龙，被赐为"御龙氏"，其后裔曾和豕韦氏轮番做唐侯，一直延续至殷商末期。

周武王灭商后，做了五六年天子便驾崩了。其子姬诵继位，是为周成王。此时周成王还未成年，由其叔父周公旦摄理政事。武王的三个兄弟管叔、蔡叔、霍叔本为监视殷商遗民特别是监视纣王之子武庚的"三监"，而他们却怀疑周公有篡逆之心，于是便勾结武庚等殷商遗民发动了叛乱。不幸的是唐侯贵族也参与了此次叛乱，最终遭到周公旦率师镇压。历时三年，周公杀掉了管叔和武庚，流放了蔡叔，贬霍叔为庶民，同时将唐国贵族一并迁往杜地（今陕西长安区一带），称杜伯，又称唐杜氏。至此，延续了1300年的古唐国已是苟延残喘了。

唐国此地，对西周王室来说，具有重要的战略地位。它南控河东一带，其北部和东部"戎狄之民实环之"。西周初年，犬戎及"严允"狄族部落多次侵扰，成为周王室的严重边患。如果唐国能扎稳营盘，将成为西周北部边鄙的重要屏藩。因此，必须派一位得力官员去守护这一要地。

那么派谁去呢？周成王想到了他的弟弟叔虞。

叔虞出世颇有些传奇：武王与叔虞母亲齐太公之女邑姜聚合时，梦见天神对武王说，汝生一子，名为虞，吾将唐地赐予他。待邑姜诞下一子，手掌果然有一"虞"字，于是取名"虞"。此传说当是顺应君权神授之流韵，姑且听之，然则叔虞作为帝王家族成员，亦绝非等闲之辈。在历史灰尘显露不多的片段中，我们约略可知，他是一位文武兼备之人，曾"射兕于徒林"，兕，猛兽也，可见其勇猛异常；又在克商、征伐百蛮以及讨伐叛逆中而"广治四方"，且有治国之才，自是一位不同凡响的人物。《史记·晋世家》载：

> 武王崩，成王立，唐有乱，周公诛灭唐。成王与叔虞戏，削桐叶为珪以与叔虞，曰："以此封若。"史佚因请择日立叔虞。成王曰："吾与之戏耳。"

翼城县·桐叶封弟砚

天子戏言，桐叶削珪唐赐弟；
叔虞主政，嘉禾兆瑞晋称雄。
　　　　——吕武杰撰联

　　史佚曰："天子无戏言。言出史书之，礼成之，乐歌之。"于是遂封叔虞于唐。

　　此述虽有跌宕之妙，然则又有儿戏之嫌。司马迁既是史学家又是文学家，文学所特有的追求凹凸离奇之禀赋，往往给历史增色不少，却也掩盖了历史的本真。我们完全有理由相信，之所以派叔虞去唐国，自有其政治上的重大考量。

公元前 1039 年某日，天气晴好，也一定是在堪舆学上经过卜史择选过的好日子。周成王在镐京为他弟弟叔虞举行了盛大的授土授民仪式。《左传·定公四年》载：

……分唐叔以大路（辂）、密须之鼓，阙巩（之甲）、姑洗（之钟），怀姓九宗，职官五正。命以《唐诰》，而封于夏虚（墟）。启以夏政，疆以戎索……

大辂乃诸侯所乘之车，而密须之鼓、阙巩之甲、姑洗之钟，皆为文王、武王开国征战所缴获的战利品，堪称传世珍物。此时将这些器物赠予叔虞，可见成王对这个弟弟的恩宠与器重。

不仅如此，成王还为其弟配送了"怀姓九宗"的原唐国贵族，选配了掌管金、木、水、火、土的五位"部长"，这是建立新政权必要的人事配备。

《唐诰》则是任命叔虞为唐侯的诏令。"夏虚（墟）"是指晋南一带，这里原是周人的起源地。晋南是夏人早期的统治中心，在夏商两朝近千年的历史长河中，成为保留夏人传统最多的地区。周人素有尊夏抑商之传统，灭商之后追溯其早期历史；而把古唐国称为"夏"或"大夏""夏虚（墟）"，自在情理之中。

"启以夏政，疆以戎索。"这是周王室授予叔虞治理唐国的基本国策。大意是，用夏朝的传统之政启迪诱导夏民，用戎人的规矩约束、驾驭戎人。这个治国方针的重大意义在于它切中了唐国周边戎狄环绕的实际，让唐侯不要墨守成规去执行"周礼"，可不实行周朝井田制，而用戎狄之法来治理戎狄之民，以此筑牢西周北部的"屏藩"。中国"一国两制"的滥觞由此开启，它显示了西周统治者宽厚盛德治理天下的胸怀和气量，也突显出周王室在政治上的远见性与策略上的灵活性。

叔虞带着殷实的器物、配备齐整的干部队伍以及治理唐国的大略方针，乘着大辂出发了。从镐京一路向北，渡过黄河，辗转来到山西翼城，在其西约五公里的龙唐村建都牧民，从此开始了为期十多年卓有成效的治国生涯。《尚书》记载了这一盛况，《归禾》篇载：

唐叔得禾，异亩同颖，献诸天子。王命唐叔归周公于东，作《归禾》。

意即叔虞在唐国主政期间，出现了不同地块均长出了丰硕谷穗的丰收景象，唐叔将其"嘉禾"敬献给天子，而天子面对这一瑞祥吉兆，喜不自胜地作了一首《归禾》诗，又将这一"嘉禾"转赠给正在东部征战的周公。接着，《尚书·嘉禾》写道：

> 周公既得命禾，旅（履）天子之命，作《嘉禾》。

周公又作了一首诗，以示庆贺。由此可见，叔虞在唐国的政绩是相当突出的，他给了周王室一种莫大的心理慰藉，也得到了周王室的充分肯定和高度嘉评。

叔虞去世后，其子燮父继位。这也是一位颇有作为的诸侯，在他手上完成了"改唐为晋"的历史使命，从此，唐国消弭于历史的烟云中，而晋国走上了历史舞台。晋景公十五年，晋国都城由翼绛迁往新田，称新绛，而将原绛都称之为故绛。晋国在演绎了660余年的国祚之后，韩、赵、魏三家分晋，历史的车轮进入了战国纷争时代。

叔虞封唐，是中国历史上的大事件。作为晋国的始祖，他所秉持的"启以夏政，疆以戎索"的治国方针，对后世产生了极其深远的影响。首先，相对于以"周礼"为核心的周朝宗法制度和以井田制为基础的经济制度，它培育了晋国一种反正统的叛逆精神。晋献公时期的诛杀公子、重用异姓，以及后来韩、赵、魏三家分晋都深受其影响。其次，它以一种求同存异、兼收并蓄的宽宏胸怀，与周边戎狄之族和睦相处、相融，并逐渐发展成一个囊括山西全境，地跨河北、河南、陕西、山东等地的一个超级大国，并开启了晋国称霸春秋150年的辉煌。第三，形成了尚法、尚贤、尚功的浓厚观念。在春秋时期，率先制定法典以制衡礼治，崇尚变革，法家人物和法治思想最早由此萌发。第四，促进了奴隶制的瓦解和封建因素的增长。晋国是最早废除活人殉葬制度的方国，也是较早将作战有功的奴隶解除隶籍的国家……总而言之，"启以夏政，疆以戎索"的基本国策，从根本上奠定了晋国政治、经济、文化的发展格局，犹如一道河床加持，对晋国社会的走向产生了积极而巨大的导引作用。

叔虞封唐，无疑是晋国历史文化形成的原点。由此可见，三晋文化的源头在翼城。

李克聪　中国民间文艺家协会会员，山西省作家协会会员，翼城县作家协会主席。

龙盘,你的名字叫寂寞

杜 萍

太阳从崇山缓缓升起,透过观象台的第二个缝隙,金光斑驳,撒落地面。袅袅香烟,在微风中轻轻飘荡,弥漫在都城上空,城内隐隐传来鼓乐阵阵。人们奔走相告,今天是冬至,尧王要祭天了。

此时,距离尧王观天授时已过去了好多个春夏秋冬,正是一次次的观测,一次次的感受和感悟,才建起了13根夯土柱,以半圆形矗立在城郭之外,遥遥对应高耸的崇山。尧王的智慧与先民的智慧相融、与天地相合,与太阳默契相欢,而后感知。如此时,太阳在这个时刻从陶寺升起,沿着夯土柱,一寸一寸攀爬至柱顶。光影被刻画,时间开始被记录,节气开始被沿用,"数九寒天"的九九歌从这一天开始被传唱。

祭祀的日子选在了阳光明媚的吉日,仪式像以前一样隆重。所有的臣民都在等待,等待见证神的存在,龙的护佑。像之前祭天一样,这个神族的图腾龙盘依旧悬挂在宫殿外墙的正中央。盘外壁有绳纹,内壁施磨光的黑色陶衣,唇沿及内壁上缘涂成了朱红色,内壁施黑陶衣,陶盘的内部描绘有一个盘曲的朱红色龙纹。这条浑身布满黑红鳞片的盘龙,浮现在一个彩绘陶盘之上。龙的样子比较特殊,它拥有蛇身、鳄鱼头,口中吐出一条状似禾苗的舌头。透过凛冽的风,摇啊摇啊,摇龙头摆龙尾,从民众敬畏、敬仰的目光中探出头来,呈现在阳光之下。

万物有灵的观念形成了对诸神的无限崇拜。风雨雷电、日月星辰、山河树木等都可为神。尧王与先民们认为,天是世界万物的创造者,主宰着万物的生死祸福,以及人间的生死存亡、衣食住行。人们望而生畏,自然产生了崇拜和祭祀。对于这个种族来说,天是众神之父,龙是守护之神,时刻都行使着佑护作用。

襄汾县·陶寺龙盘砚

半铲掀开图腾面目,寂寞四千年,瑞象已成华夏脊;
一盘托出龙脉根源,绵延九万里,巨形早刻国民心。

——吕武杰撰联

吉时到，场面奢华，祭品壮观。供神的祭品放在兰草铺就的垫子上，被卫士们一一抬出。鼓声激越高昂，震散浮云。高大丰朗的尧王双手端起果子美酒高高举过头顶，敬奉天地、敬奉山神、敬奉赖以生存的河流和树木、禾苗，所有的族人按照身份的高低逐一祭拜。只有心虔诚了，神灵才会"欣欣兮乐康"，佑护这一方。

仪式结束后，族人们围着尧王跳起舞蹈。队伍弯弯曲曲，状似蜿蜒飞跃的神龙。白天，甚至夜晚，族人忘记疲劳、忘记饥饿，跳着、舞着——整个祭祀行为在烟雾缭绕中达到高潮，族人们在极度的精神亢奋中产生幻觉，完成和神灵的沟通；那些超越思维想象的龙的图案在这样的幻觉下再次被美化，成为更加神秘的无所不能的信仰。

祭祀如此完整、文化差距如此之大、社会等级分化如此明显、城市架构如此完整，文明达到了国家的高度，尧借助龙的威仪和统领部族的资格成为当时邦国联盟中的领导者；而龙盘，则带着族人的信仰甚至是政权没落的线索，陪伴着中国最早的王者度过了漫长的四千多年。

这一日，是神的节日，也是这个种族的劫难日。鼍鼓被掀翻，龙盘被扣进泥土，掩埋。也许冥冥中注定有此一劫。劫难是什么，我们不得而知。但在后来的考古发掘中，禅让，褪去了传统美德的传说、加持的锦缎袍子，裸露在朝代更迭的杀伐之中。远处的山脉和河流见证了这个政变，但它不语，时光不语，一切都成了谜。

历史的长河荡涤了林林总总的事件和事物，但在陶寺这方温润又被文明汁液灌溉数千年的土地上，依然留存了先祖丰厚的馈赠。龙盘被发掘出来的那一刻，考古专家们的眼睛就不再挪移。纵然他们见识和发掘了众多的地下宝藏，但龙盘的出现还是震惊了世界，也让自诩为龙的传人的中华民族产生了油然而生的敬畏感和自豪感，再次强烈地感受到华夏文明史上龙文化的图腾传奇和艺术魅力。

龙的形象在历史长河中演化流变，从简朴到繁华，从精神信仰的化身转向艺术化，少了几分神秘，多了几分真实，意蕴丰富，随意随性逐渐发展，形象上更加完美，气势上更加精神，汇集多种形象的趋同神格化形象。经历数千年的创造、演进、融合与涵育，龙最终升华为中华民族的精神象征、文化标志、信仰载体和情感纽带。

"雨过不知龙去处，空留青山徒寂寞。"踏过万水千山后，我们依然会记得那个天高云淡、汾水悠悠的家乡。家乡的山凝重、雄伟，透着家乡固有的实诚，心里藏着一团火，却不得不忍受寂寞，保持寂寞，于空虚的脉络里进入与自然同化的境界。

杜萍　山西省作家协会会员，临汾市作家协会主席团委员，襄汾县作家协会常务副主席。

天下第一树
——山西洪洞大槐树

贾小建

要说世界上哪棵树最有名,当数山西洪洞大槐树了。这棵树,是亿万槐乡后裔的精神家园,是亿万槐乡儿女的根。

> 问我祖先在何处?
> 山西洪洞大槐树。
> 祖先故居叫什么?
> 大槐树下老鹳窝。

这首大槐树民谣传唱了600多年,至今不衰。

话说元朝统治时期,黄河泛滥,中下游大片土地沦为沼泽。人们被大水撵得东奔西逃,无处安生,不少地方人烟绝迹。黄水过后尸陈遍野,村舍变为废墟,良田淤成沙滩,所剩无几的居民往往又在瘟疫中命丧黄泉。据《元史·王行志》载:元末至正元年到至正二十六年,几乎每年都有特大洪水泛滥成灾。至正四年(1344)黄河在曹州、汴梁等地三处决口,人民游移45.8万户。燕、赵、齐、鲁及苏北、皖北,一片荒凉。同年五月,济宁、兖州、汴梁、鄢陵、通许、陈百、临颍等县大水害稼、人相食。至正八年正月河决济宁路。至正二十三年七月河决东市、寿张,没城墙、漂屋庐、溺众生。至正二十六年二月黄河北徙,上至东明、曹州、濮阳,下及济宁皆受其害。济宁路肥城西黄河泛滥,漂没民居,百有余里,德州、齐河70余里亦如之。由于当时黄河、淮河多次决口,使中原之地,淹没州城、村寨甚多,漂没民居无算,死亡百姓无数，村庄城邑多成荒墟。

迨至元朝末年，更是政治黑暗，政府横征暴敛，百姓苦不堪言。持续十七年的元末农民战争主战场在黄河下游、黄淮平原一带，使山东地区"白骨露于野，千里无鸡鸣"。乐陵一县，仅剩400余户；潍县之族姓，惟存李、金二姓……连明朝皇帝朱元璋也不得不承认："中原诸州，元季战争受祸最惨，积骸成丘，居民鲜少。"

同时靖难之役后，永乐帝打胜进入南京，由于河北一带连年战争，人民被杀伤掳掠，夫役差徭，折腾得百姓死的死，亡的亡，逃的逃，在河北这块大平原上赤地千里，荒无人烟。永乐帝登基后开始办两件大事：第一件是建设北京城，备日后迁都；第二件是往北京附近这片无人耕种的土地上大量移民。派十万人马督押移民的事情，下令把山西的众多百姓移到河北及其他人少的地区。

明朝大移民的方法和步骤大体有遣返、军屯、商屯、民屯等几种，更多的还是采用招诱、征派的强迫办法。再说中原地方好，几年不纳粮，谁也不愿迁去，只好制定徙民条例，按"四口之家留一、六口之家留二、八口之家留三"的比例迁徙。并规定凡移民者都必须到洪洞县的广济寺办理迁移手续，领取"凭照川资"然后从这里出发，按官方指派的方向，在官兵的监护下，分别迁往全国各地。甚至如民间传说的那样采用诱骗形式。官方预先张贴告示：除广济寺大槐树底下的人不迁，所有地方的人都迁。也有的传说，限定某日凡愿迁者都到大槐树下报到，不愿迁者也必须到那里向官府央情。结果，当成千上万的民众齐聚在大槐树下的时候，官府出其不意，调集大批官兵，一举将大槐树团团包围，所到之人不论男女老幼，一个不留全部迁移。凡不从者便绳捆索绑，一串一串连接起来，在官兵的呵斥下不得不依从……

根据《明史》《明实录》《日知录之余》等正史及笔记史料的记载，洪洞大槐树移民分布在30个省市2217个县市。其中河南123个县市，北京、天津、河北142个县市，山东109个县市，山西104个县市，江苏、安徽、湖北、湖南316个县市，陕西、甘肃、宁夏182个县市，黑龙江、吉林、辽宁171个县市，浙江、福建、江西227个县市，广东、广西、贵州248个县市，四川、内蒙古、青海274个县市，云南、西藏、新疆210个县市，海南、台湾111个县市。

明朝大移民前后经历三代皇帝，长达50年，覆盖中原、华东数省，波及大半个中国。几百年来，外来移民与当地土著人等杂陈而居，既有交流和融合，也必然有矛盾和竞争。正是在这些不断发生和消解的矛盾和竞争中，克服了民族惰性，激发了聪明

洪洞县·洪洞大槐树砚

六百年开枝散叶,依然荫庇群生,根连后裔;
万千里问祖寻踪,原是槐乡儿女,晋地家山。
——吕武杰撰联

才智、生机和活力。也正是在一代一代婚配、交流和融合中,优化和提高了人类的生存能力,激活了人的各种潜在素质,在中国中原地带的人类进化史上发挥了积极作用。

　　这一历史事件,在文人墨客笔下多有体现,诗歌、散文、小说、戏剧,各种体裁的作品都有。甚至,还有武侠小说形式出现呢(见汪学文、马希斌著《大槐树移民传奇》)。笔者著有长篇小说《移民壮歌》(与董爱民合著),洪洞县大槐树蒲剧团编排过《大槐树移民》(作者靳贵)。

不过,最轰动一时的,还是2007年由王文杰导演,陆毅、陈好、刘潇潇主演并在央视播出的42集大型电视连续剧《大槐树》。

该剧剧情是这样的:

大明建国之初,由于连年战乱,加上疫病流行,黄河、淮河、运河连连泛滥,中原、江南人口锐减,而山西却未经大战,人口稠密。河南、河北、山东三省人口相加,还不及山西人口的一半。洪武八年,洪水暴发,淹了山东、江苏、河南、河北、安徽数省。洪水冲垮海堤,海水倒灌,把明王朝的主要税收盐场也一并冲毁。中原大地赤野千里,人迹罕见。为此,朱元璋下决心从山西大规模移民整修河堤、恢复盐场、发展生产。增加中原和江南人口。侍读学士林屹是山西人,他亲眼所见,山西移民如同囚犯,被官兵捆绑肆意凌辱,死者丢弃荒野。移民钦差、戚国公、大将军马荣,为完成皇帝钦定的移民人数,采用欺骗的手段,抓捕百姓,强行移民。林屹官品虽低,却不顾生死,愤而上书,以死劝谏皇帝,要求停止残害百姓的移民。朱元璋因林屹的胆大妄为十分震怒。此时,林屹的大哥监察御史林峰,调查侦知,移民钦差、户部侍郎苏佩文舞弊贪赃,富户只要给他行贿,就可以不移民。移民官员和一些地方豪绅相互勾结,趁机强取豪夺百姓的田地、家产,大发横财。林峰预将此事奏报朝廷,被苏佩文和平阳知府曾克得知,派人把林峰暗杀并谎报朝廷,称林峰是被不愿移民的暴民所杀。林屹奏请皇帝,要求到山西平阳府查办此案。林屹的恩师、极力主张移民的大学士张四维了解林屹的才能,推荐为人正直、刚正不阿的林屹前往山西,查办此案。林屹在极其险恶的情况下,顶着巨大的压力,查明了案情,并深切感悟到山西地贫人稠;而山东、河南等地沃野千里,却人烟稀少,要使国富民强,必须大规模移民。林屹回京后,奏请皇帝,请求担任移民钦差,并提出了给移民迁移银、给移民土地、免税三年等一系列移民政策,得到了皇帝的认可,并委任林屹为移民钦差,主持移民。但丞相胡岩、山西巡抚陈修人、庆王等人为自身利益,必欲制止移民、置林屹于死地。

本剧是以林屹的命运为主线,展现其办理、安置移民的艰难曲折,和其在家族矛盾与爱情中复杂情感的历程同时,也展现了移民王成祖、大喜一家、富全一家,及林峙、林峻等人的移民历程和生活变迁,全景式地展现了上至朝廷高官,下至黎民百姓,在洪武年间的这次大移民。全剧有极强的悬念性和故事性,冲突激烈,集集有悬念，集集有数次高潮，人物性格鲜明，且场面宏大，是一部有着丰富内涵且好看的历史巨片。

本剧主要剧情为平阳血案。监察御史林峰在平阳被暗杀，平阳知府曾克秦报，林峰是被对移民心怀不满的洪洞县百姓王成祖、王继祖兄弟二人所杀，移民钦差苏佩文及山西按察使也认定王成祖兄弟是杀人真凶；但王氏兄弟负案在逃，官府正在缉捕二王。侍读学士林屹从林峰的属官处得知，林峰被害另有隐情。据了解，林峰死前，正在调查苏佩文与另一位钦差、戚国公、大将军马荣在移民中的贪赃舞弊……林屹奏请皇上，赴山西查此凶案。马荣的女儿、郡主马媛为父亲担忧，密奏皇上、皇后，请求协查此案，暗中监视林屹的一举一动。林屹只身到山西，苏佩文和平阳知府曾克早有准备，林屹步步凶险，处处危机，凭着过人的胆识和才智，终于查清了疑案，使真凶苏佩文、曾克伏法，也赢得了马媛的芳心……

著名歌唱家谭晶演唱的主题曲《大槐树》，作词屈塬，作曲张千一。歌词是这样的：

> 千年风雨中一棵不老的树／你身边走过来我的先祖／不散的魂呀擎天的树／你的根须是我们共同的家谱／纷纷泪雨化露珠／片片落叶是史书／大槐树呀血脉里的书／你的浓荫覆盖九万里热土／千年风雨中一棵不倒的树／你的名字／让我们泪眼模糊／乡愁的歌呀寻梦的路／谁在岁月里呼喊把根留住／纷纷泪雨化露珠／片片落叶是史书／大槐树呀血脉里的书／你的浓荫覆盖九万里热土／九万里热土

此歌曲家喻户晓，传唱至今。

贾小建　笔名晓剑，中国诗歌学会会员，山西省作家协会会员，临汾市作家协会主席团委员，临汾市诗歌学会副会长，洪洞县作家协会主席，《槐花》杂志主编。作品散见于各级报刊，入选各类丛书。已出版诗集《梧桐雨》、长篇小说《魔子努娃》。

砚墨记：
名相国花古今情

刘晓明

县名为古，这个"古"字，有遥远朴拙的敲击之声，敲击的是铜钟吗？是谁在扬起自信聚力的手臂？除了敲击者，还有谁是听众，还有谁写下了这个地方几不可考的历史，并留存至今？

有据可查的部分幸而有存。这个县的历史，渐渐从有记载的文字上由模糊而明晰，变成此刻窗外的明朗。

历史浩荡，文房四宝在旁，看金戈铁马、阅万千征战，写千古历史、观变幻风云。

古县地处临汾市东北部，上古时期，县境属冀州，春秋属晋，战国属赵，汉属谷远，魏晋属杨县。公元528年，境内在古岳村（今古阳）境内始建安泽县。隋大业二年因居霍山之阳改称岳阳，沿用千年之久，《禹贡》载"既修太原，至于岳阳"就是说的这里。1971年8月恢复独立建县。

古县，有一条长流不息的蔺河，悠悠蔺河见证了战国名相蔺相如的卓越智慧和英雄气概，蔺相如是山西省古县人，这已是不争的事实。《山西名人》《古县志》均有翔实的记载。近些年，古县更是提出了"中华名相故里，大唐牡丹圣地"的文旅宣传推介标语。

蔺河岸边，有村名叫李子坪，该村有一位七旬老者，他家中至今存有一方充满历史遗迹的砚台，砚为泥砚，"纸寿千年，砚传百世"。据老者言，当初祖父曾在山西绛州为匠人，做的是跻身于中国"四大名砚"的澄泥砚。其形状为钟形，形如拳头，砚体为朱砂红，绚丽生彩，似含华章。砚身上有蔺相如画像，头发髻，长缨飘然，古朴有威。砚上所绘蔺相如的冢墓，周围牡丹花萦绕，老者解释：将国花与

古县·天下第一牡丹砚

古史悠悠，凭添经典砚花事；
汾河浩浩，赓续人文将相和。

——梁珍宝撰联

名相绘于一砚，穷尽了古县的人文景观，是匠心独具之笔也。

李子坪村西南，就是中华名相蔺相如的墓冢。进入蔺相如墓地，没有亭台楼阁，不见石马牌坊，但见一截横陈的残碑和一株茂盛的古树；没有秀丽优美的风景，却有连绵不绝的游人。对于赵国的追寻，今天的我们仅能凭着《史记》中的几个零散有限的故事来勾勒，来想象，来探寻。

三家分晋，胡服骑射……百年历史，百年风云，赵国留给后人的仅仅是赵武灵王、廉颇、蔺相如，还有那位风流千古的秦始皇的母亲……若干个故事，若干位名人。

然而，历史的烟云又湮没了多少可歌可泣的人物啊，赵武灵王、赵姬、廉颇……一个个都在滚滚的历史车轮中灰飞烟灭，片甲不存；但蔺相如，依然熠熠生辉，光彩照人，千百年来让千百万人学习和敬仰推崇。

清代岳阳知县赵时可，羡慕相如起于青萍之末而一举成名平步青云的际遇："怒发卤庭客，逊颇何太音？纯臣正白璧，满腹葱丹心。赵瑟无妨鼓，秦盆亦叶音。当年贤宦者，谋国何太深？"

刚中进士的赵董，他追求蔺相如名满天下万古流芳的名声："智勇兼全仰大名，宝丰村外列坟茔。松虬老去余生气，风雨秋来带怒声。"

文学大儒冯梦龙最敬佩蔺相如"完璧归赵"的壮举和"引车趋避"的大度，他说："和氏之璧何足为重？相如之意，只恐秦王欺赵得璧，便小觑了赵国，将来难以立国，倘索地索贡，不可复拒，故于此显个力量，使秦王知赵有人也。"他赋诗一首："引车趋避量诚洪，肉袒将军志亦雄。今日纷纷竞门户，谁将国计置心中？"

一代史学宗师司马迁，用历史学家的眼光客观地评价蔺相如："知死必勇，非死者难，处死者难。方蔺相如引璧睨柱，及比秦王左右，势不过诛，然士或怯懦不敢发。相如一奋其气，威信敌国；退而让颇，名重太山。其处智勇，可谓兼之矣！"

《史记·廉颇蔺相如列传》是廉、蔺以及赵奢、赵括、李牧五人的合传。司马迁在赞语中对其余四人的功勋只字未提，而独独赞扬了蔺相如一人。在史学家看来，任何人的赫赫战功都会随着时光的流失化为落花流水，而只有蔺相如为维护国家尊严处死地"知死必勇"的无畏气概和"先国家之急而后私仇"的磊落胸襟方可"名重太山"，才能流芳千古，才值得大书特书。这既是蔺相如留给后人的宝贵精神遗产，也是千百年来人们凭吊他、缅怀他、敬仰他、学习他的原因所在！而蔺相如为人传颂、千古流传的将相和故事，更是开启了和合文化的先河。

蔺河不远处，石壁河默默流过，这是一条哺育了神牡丹的河流，中国单株最大的野生白牡丹便成长于斯。据传说，当年毕成从楚国盗得和氏璧，将这一绝世珍宝藏匿于此，故名石壁。

据明人所著《事物纪原》第十卷《牡丹》中记载，这株牡丹花与洛阳牡丹还有很深的渊源。传说，武则天当皇帝的时候，有一年冬天，令百花齐放，却只有牡丹不愿违反时令，次日未开。武则天下令把牡丹贬到洛阳去。路经古县石壁乡时，有一株白牡丹看到此地山清水秀，风景极好，就停留欣赏，流连忘返。当时村里一名车夫，在路上遇到化身为白衣姑娘的牡丹仙子和四位红衣侍从，便让她们搭上自己的车。途中听车夫讲这里是蔺相如的故乡，牡丹仙子素慕蔺相如的名节，便有心在此定居。来到三合村口，五个人下车进入村口庙中，此后，再也不见踪影。庙中的和尚也从来没有见过什么女子来过，大家都感到非常奇怪。到了第二年春天，庙中忽然长出一株白牡丹，高约六尺，冠幅丈余，四株红芍药侍奉左右。白牡丹只在盛世才开，而乱世无花。四株芍药也非常神奇，她们的位置每年都会按顺时针方向移动，平均每年移动距离18厘米。有人做过试验，头一年在每株芍药上留下记号，来年检视，果然都移动了方位。

念桥边红药，年年知为谁生？原来，此地芍药，只为牡丹而生。这世上有无数解不开的谜。生长在古县的这片土地上，牡丹得以千年不老，四株芍药和她同生共处，虽在一园，却从不争艳。每年直到牡丹花期过后，芍药才会低调盛开。芍药存在的意义，如同砚台对于笔墨纸的意义，不争色，只润色，这就是为什么砚台又称为润色先生。砚台，是一位沉静、优雅、不苟言笑但绝不古板绝不老朽的绅士，是路旁细心为迷路的你指点迷津的老者，是春日湖畔散步时柳枝下相逢会心一笑的路人，是陪伴，是欣赏，是不打扰，是一出大戏里的所有配角中最安稳的那个，是跟定你后绝不轻言离开的那个存在。

白牡丹所在的古县三合村，距县城十余公里，四面群山环绕，层峦叠嶂，奇峰异景，风光秀丽。村内庙宇众多，民俗丰富，楼宇、古树、古宅保留相对完整。荡涤历史风尘，古村建筑遗风经年传承，风土人情蕴含其中。在三合，每逢五月花开时节，村民都要去烧香祭拜，防病祛灾，此习俗延续多年不变。在他们看来，神牡丹能够"天旱降雨、逢凶化吉、药到病去、无嗣能续、商贸厚利、大考及第"，可以说求官得官、求财得财、求安则吉、求兴能旺。只要心诚，有求必应。凡事至极便成神，牡丹花的传说，寄托着村民们对其优秀品格的赞美和认可。在传说之外，这株牡丹花的确非同凡响，据国家花卉专家研究考证，这株白牡丹是中国现存最大的野生白牡丹，株高2.8米，丛围20米，冠幅面积35平方米，均为全国之最。现已被《中国牡丹全书》收录，被全国牡丹协会誉为"天下第一牡丹"。历经千百年的浸染，古县的牡丹也形成了庞大、厚重的牡丹年俗文化。每年，古县广大人民群众都自发在牡丹广场举办牡丹诗词大会，对楹联、赛诗词。六月，油牡丹结籽的时候，白色花瓣如雪绽放，采茶女素手轻翘，指间花开，采来牡丹制作花茶，这时节的古县，连风里都是花香的味道。

  国尊繁荣昌盛，家重富贵和睦，人喜幸福吉祥，天地人以及大我小我完美融合，和谐统一，既蕴含着蔺相如留下的大局为计以和为贵的文化，也在牡丹花所在的三合村，彰显出和与合的内核所在。"和"指的是和谐、和平、中和等，"合"指的是汇合、融合、联合。自然与社会的和谐，个体与群体之间的和谐，是我们民族的理想。我们民族的凝聚力、创造力也正基于此。古县这片土地，因蔺相如和牡丹而更具和谐魅力，因人与自然的和合融汇而更显厚重。历史滚滚逝去，而笔墨纸砚共同合作完成的历史仍然在奋斗者手里接续书写。新时代的春风浩荡而来，今日的古县，向世界展示着文化的源远流长，也在聚合着无尽的发展力量。

  刘晓明 山西省作家协会会员。著有散文集《人与森林》《晓珠明定》、诗集《诗海拾贝》《无法喝彩》等。

生态安泽　绿色小城

万宝泉

安泽是座神奇的小城，这里文化底蕴深厚，孕育名人众多。其中，这里是战国末期著名思想家、教育家、文学家、政论家、儒家代表人物荀况的出生地（一说在运城市新绛县），战国名将冀芮、冀缺一门"五夫三卿"的栖息地，还是许多老一辈革命家生活战斗过的地方。是国家级生态示范区、省级森林公园、全国连翘生产第一县和煤炭资源大县。山西唯一无污染河流——沁河，从这里穿境而过，是一个名副其实的绿色生态旅游县。

安泽县位于山西省临汾市东部，地处太岳山东南麓，与临汾、晋城、长治三市交界，东与屯留区毗邻，西与古县、浮山县交界，南与沁水县接壤，北与沁源县相连。

安泽历史悠久，源远流长。这里的荀子文化广场，有代表荀子32篇鸿篇巨制的竹简形石柱；拾级而上，山巅还耸立一尊荀子雕像，高大的荀子雕像长风吹衣，美髯飘逸，手捧长卷，其目光深邃，永远注视着脚下这座美丽而祥和的小城。

荀子的一生，风云奔波，用体悟凝结成的《荀子》著作，包罗宏富，见识卓越；他的一生，人品高尚，用心血提炼出的"育人"思想，启迪后人，堪称杰作。这位儒家泰斗，早年四处游学，曾三为稷下学宫祭酒，倍受尊崇。在两千多年的历史长河中，其思想学说，哺育和影响了众多思想家和学者，他的重量级弟子，李斯辅佐秦始皇统一中国，成为大秦之丞相；韩非写下数十万言的著作，成为法家之代表；还有为后世传授《诗经》的巨人毛亨，能够讲授《尚书》的学者伏生等。可见这位具有法家思想之先导、民本思想之远见、唯物史观之先觉、散文词赋之先河的荀子，其思想言行，无不昭示后人，启迪来者。

安泽县·生态安泽砚

安泽山川秀，峰峦叠翠邀仙住；
古城底蕴深，花海连翘引客来。
——朱青龙撰联

近年来，安泽县委、县政府积极响应国家发展全域旅游的号召，依托现有旅游资源打造了安泰生、郎寨塔、青松岭绿色氧吧一系列精品线路。

县委县政府围绕农耕文化、田园文化，聚焦乡村振兴和生态旅游，充分利用现有农业资源，科学规划，因地制宜，打造了飞岭村的蒹葭苍苍和田家庄的在水一方等高端民宿，使其发展成为新时代集观光、休闲、生态、绿色循环农业为一体的乡村生态游模式。

安泽县还不遗余力修复了太岳行署、太岳区党委、太岳军区司令部、太岳军区政治部等旧址，打造了红色旅游示范基地。

愿这个古老而美丽的小城越来越好，愿这里的绿色生态旅游产业更加辉煌，愿这里的民风更淳朴、人民更幸福！

万宝泉　山西省作家协会会员，安泽县作家协会副主席。有小说、散文、诗歌等作品散见于省市级报刊及新媒体平台。曾多次积极参加各地征文大赛并屡次获得奖项。

遥祭庆唐观

张奇志

夫庆唐观者,天圣宫之前身,自古郡东第一胜景,道教发祥之圣地也。

隋末,天下纷争,群雄并起,百王林立,所谓"大泽龙方蛰,中原鹿正肥"。是时,唐国公李渊龙城兴兵,攻城拔寨,直取关中,"高祖凤翔,云举晋阳,太宗龙战,风趋秦甸"。恰其时也,老子显圣浮山羊角山下,白马在前,耀荧煌之朱鬣;总角侍侧,对绰约之童颜。凡五显化,言词铿锵:"吾为远祖,告吾子孙,长有天下。"高祖应趋,"龙兴之兆"联祖归宗,称三十四代孙,符命归唐。"故版庙于行过之所,划坛于受命之场。"改浮山县为神山县,羊角山为龙角山。于是,"一开赤伏而万姓宅心,一麾白旄而六合大定"。

此故事桥段岂非骑青牛,过函谷,老子姓李;乘白马,走龙角,伯阳兴唐?

遂肇建老子祠,为李唐家庙。又感"上玄降祐,清庙威灵",太宗誉老子祠为"兴唐观"。开元十四年,又诏改"庆唐观",玄宗范为"天下式"皇家宗庙,皇族道观,并御隶"大唐龙角山庆唐观"观额赐之。开元十七年,又御制御书《大唐龙角山庆唐观纪圣之铭》之碑。

自唐伊始,庆唐观香火炽盛,享誉华夏,被尊为道教三大仙都之一也。其一者为太清仙都(河南鹿邑太清宫),乃道祖降诞之圣地也;其二为楼观仙都(陕西周至楼台观),乃道祖述道之圣地也;其三者则为龙角仙都(即山西浮山龙角山),乃道祖传道之圣地也。

观龙角山之形胜,有堪舆名家道其奥秘也。驻足龙角山,环视群山小。见万水来潮,犹如群龙参驾;千山环拱,恰似诸侯稽首。

浮山县·老子出关砚/神山佑民砚

瑞气笼神山,龙角仙都传道祖;
鸿名誉海内,庆唐圣境祭云天。
——景兴隆撰联

察此观布局,乃依长安大明宫版构而建。老君殿迎山而立,中轴线依次为三清殿、三皇殿,皆为主体构筑,雄踞错落,各为三大祖庭也。乃中华根祖祖庭三皇殿,道教始祖祖庭三清殿,李唐圣祖祖庭玄元皇帝宫也。

此观西对姑射,北邻天柱,千林叶茂,万壑烟浮,峰峦托举,广庭森沉;宝殿煊赫,宏高壮阔;兽甍飞檐,金碧辉煌。锦云幻摇琼楼影,紫霞辉映鳞瓦明。观前观后,殿庙观宫，差次嵯峨；观内观外，亭堂楼榭，各抱态势。"珍珠古柏，龙洞奇珍，二峰夕照，日出崆峒，日落崇山，仙都晴岚"，俱为自然之景观，天地之造化也。可谓：山水悠然道写意，云天浩渺画无边。

宋仁宗天圣四年，诏改庆唐观为天圣观，五年，又改天圣宫。此后，战祸兵燹，地震火患，连年不断；观宇坍塌，洞然四面，天怒人怨；新中国成立前夕，毁于一旦；人心痛惜，千古遗憾！

翻检史页，扼腕长叹，遥遥拜祭，遂作此篇。诗曰：

伯阳五显龙角山，郡东瑞气绕长安。
高祖肇建老子祠，玄宗诏改庆唐观。
道教赫赫发祥地，皇族裔裔太极苑。
千古璀璨载御碑，凭虚遥祭望云天。

张奇志　浮山县作家协会主席，浮山县三晋文化研究会会长，编著有《浮山文化统览》《人文神山》《砥砺奋进看浮山》，出版散文集《余闲拾笔》等书，有多篇散文诗赋在国家、省市刊物发表。

大河神韵

郑福琴

　　沿黄公路上，我们追随黄河的足迹，与滚滚黄河水一起向前，向壶口瀑布方向而去。

　　宽阔空旷的河槽里，黄河水像铺开的巨幅黄色锦缎，在秋日午后的阳光下闪着粼粼的光，泛着细小的波浪。偶遇突出的岩石，便激起不太高的浪头或旋出一个个旋涡，浪起浪落，旋转回环，最终汇进滚滚河水奔涌向前。

　　此处的黄河，更多一份柔和与平静。

　　逝者如斯夫，不舍昼夜。我们追随她的足迹，亦在她永不停歇的脚步里思索。

　　当视线里升腾起白色水雾，我们知道，壶口瀑布到了。脚步变得急不可耐，一如久别故里的归乡，是如雷轰鸣的呼唤，是滔天巨浪的感召吧。

　　熙熙攘攘的人群进入空阔悠长的河道，如放开的镜头焦距瞬间变小，如扁舟入海片叶落地，微不足道渺小如尘。

　　一步步趋近，一步步回归，身体乃至心灵。

　　漫天水雾陡然升腾，悠然散落，如烟似雾，如梦似幻。置于水雾之中，接受母亲河的洗礼，任朵朵水花湿了头发湿了衣衫，恍惚间仿佛也成为腾空而起的一缕轻雾，随风氤氲飘散……

　　滔天巨浪翻滚奔腾，似千万条黄鳞巨龙，昂首甩尾狂啸而来，若千万匹桀骜不驯的战马，嘶鸣奔腾，携雷裹电前仆后继，以万钧之力倾泻而下。浪击岩石雷转山惊，咆哮之声滚动在脚下，轰鸣在空中，不竭的力量自脚下的万丈深渊里翻腾涌动，源源不断地传至地面，激荡起汹涌澎湃的情怀，辐射至广袤的土地，蓬勃起华夏大

吉县·壶口瀑布砚

壶泻大河天水；
口鸣盛世雷声。

——曾福贵撰联

地涌动的血脉、不屈的斗志。

凝神注视，用心聆听，心驰神往中似乎已经忘记自己。此刻此地，方明白母亲河亘古不变的情怀和深刻内涵，她已不仅仅是一条河一道瀑，更是一种精神，一种风骨。

语言已显苍白，震撼却真实而深刻。

终于舍得移目上游，在远望的视线里寻觅，午后斜阳映照下的黄色水面，是厚实黄土特有的色泽，与巍巍群山、蓝天白云交相辉映，雄浑壮观。

似一位婉约的女子，于些许静谧中述说一路风尘；似蓄势待发的沉默巨龙，酝酿积蓄，以在壶口冲刺的一刻爆发雷霆之力，成就无可比拟的浩荡之势。

这是一部流动的史诗。

从远古浩浩荡荡而来，朝代更迭历史变迁阻止不了前进的脚步，时代发展日新月异撼不动勇往直前的英雄气概。蜿蜒身躯承载千年日月，揽尽万里浮云，滋养灿烂丰厚的中华文化，亘古不变的容颜见证日升月落沧海桑田，永不枯竭的波涛流淌着生生不息的民族血脉，精神的感召、魂魄的浸润与天地同在，与日月同辉。

这是一幅气势磅礴的画卷。

横亘天地间，绵延上万里，以几十万平方千米的厚实大地为画布，挥毫泼墨，一路依山傍岩，斗转蛇行，跨过高山谷壑，淌过原野峡谷，画进高山的伟岸险峻，融进平原的开阔明朗，在暗夜里闪烁，在和风里鸣唱。盛满阳光，盛满憧憬，在如烟尘埃里奔涌前行，演绎"黄河远上白云间，一片孤城万仞山"的雄奇壮丽，诠释"黄河之水天上来，奔流到海不复回"的豪迈壮阔，一路奔腾，一路风情无限。

这是一首千古绝唱。

滔天巨浪在大地的琴键上恣意演奏天地和声，雄浑豪迈，撼天动地，从古吟唱至今。伴着清风明月，和着山岳草木的清香，在四季不停的吟唱中奏响中华儿女奋进的主旋律，是集结的号令，是冲锋的号角，是奋进的鼓声雷动。

在这里，人们无由陶醉，为奔腾的水也为澎湃的情……

在这里，记忆不复存在，以华夏儿女的身份虔诚地接受母亲河的洗礼，荡涤心灵，净化思想……

在这里，我们怀着深深的敬畏之心，对母亲河致以最深的敬意和最虔诚的叩拜。

在这里，人们回归本真，汲取能量，又从这里出发，走向世界，走向未来……

郑福琴　用阅读丰盈人生，用文字记录生活。先后在《临汾日报》《临汾政协》《壶口》等报刊发表散文、诗歌多篇。

云丘中和砚寄语

裴彩芳

2023年3月5日,和几位同仁好友前往戎子书院,参加"乡宁县中和文化旅游节"开幕式,观赏"童子开笔礼仪"表演。途经胡柴、龙鼻、桥垣、石涧、潦子、桃窑坡等葡萄酒生产基地,刚从过冬的黄土里刨出、还未长出叶子的葡萄藤,远远望去,似无数只灵动的小猴子扒在一截一截的水泥桩上,和国道两旁木纹围栏中繁密的苹果树互相映衬,再加上路边点缀的月季、薰衣草、主题造型,形成城北垣一道道靓丽的风景。

戎子书院大门口外,摆放着30张书桌,每张书桌长一米,侧面椭圆形镂空设计,流苏线条的木雕体现出浓郁的书香气息。书桌后放着一块圆形芦草编织的坐垫,一行个码刚达一米余高的孩童,排着整齐的队伍,从大门内走出,在老师的指挥下,抚正白色领口,捋平长袖褶皱,寓意童蒙之学,始于衣冠,后明事理;盘膝而坐,老师依次在每位孩童额头正中点一圆形朱砂痣,又称"开天眼",寓意着孩子们从此心明眼明,好读书,读好书;每张书案的右上方放置一块方形澄泥和砚,让童子们研磨墨条,寓意和砚修研,让孩子及早接受传统文化,修身养性;砚台边的弯月形笔格上,放着一支尚未启用的兼毫毛笔,童子们在老师的演示中拿起毛笔,揉搓笔肚、捋顺笔毛,进行开封,用笔洗洗净笔肚上的桃胶,蘸上浓墨,书写撇、横、竖、捺……一个大大的"和"字跃然纸上,"和"为中和,意为了解中和文化,体悟中和生活智慧,启动开笔破蒙的主题仪式;紧接着放下手中毛笔,回复端坐姿势,一起吟诵《弟子规》,向老师、父母、同学还有周边观赏的游客行礼;最后击鼓明志,让孩子们从小树立远大理想,长大创业建功。整个仪式有正衣冠、朱砂启智、和砚修研、

乡宁县·云丘山砚

敞胸襟以抱云丘，揽胜傲苍穹、登高观美景；
凭遗产而开气象，中和诠奥妙、民俗纪沧桑。
——梁文清撰联

挥毫书写、击鼓明志五项议程，至此"乡宁县中和文化旅游节"拉开序幕。

说起乡宁中和文化旅游节，无法绕过云丘山中和节；谈起乡宁民宿文化攻略，也绕不过云丘山古村落塔尔坡。因为乡宁中和文化旅游节是继云丘山中和文化旅游节之后，引申发扬打造的又一盛大活动，借鉴云丘山中和节举办多年的成功经验，把云丘书院的开笔仪式搬至戎子书院，把书写"人"改为"和"，体现了传颂中和文化、全县一盘棋、推动旅游业发展的大局意识。戎子酒庄是近年来精心打造的四星级景区，山庄内青砖绿瓦、亭台楼阁、小桥流水，汇集江南山水人家、西湖美景于一体；而云丘山则山势巍峨高耸，群峰绵延不断，彰显出北方的粗犷与宏大，它们遥遥相望，互相衬托，形成了这个山区小县不同于别处的两大景观。

云丘山是山西境内乃至全国有名的五星级景区，位于乡宁东南吕梁山与汾渭地堑交汇处，总面积210平方公里，主景区35平方公里，最高峰玉皇顶海拔1629米，遥接北斗，独傲苍穹。古曰"昆仑"，俗称"北顶"，曾有"北云丘，南武当"之美誉。史书记曰："貌姑射最秀之峰巅"，是中华民族人类文明和文化的发源地，是中和文化的诞生地。中和文化的内涵是人与人中和、人与大自然中和、天人合一。远古时代，人们出于对大自然的敬畏和对神灵的崇拜，自发地朝山拜顶，踏青欢乐，祈福还旗，延续至今成为"中和节"。云丘山中和文化"中和节"于2009年被山西省确定为"非物质文化遗产及非物质文化遗产示范地"，2011年5月23日被列入国家非物质文化遗产名录。

云丘山峰奇险、水清秀，一年四季春花、夏冰、秋红、冬云，佳境交替，美不胜收，是华夏乡土文化的地理标志。相传伏羲、女娲在此繁育华夏子孙，创造了人类；伏羲在此观测日向，创造了二十四节气，进行天时测算，创造了八卦；中华道教全真教龙门派祖庭发源于此，后稷在此传承农耕技艺，中原农耕文明由斯肇始。汇聚儒释道三教文化，五龙宫、八宝宫等道观殿宇和云丘书院、多宝灵岩禅寺等儒释文化相融相生。山中保存的11座千年古村落，是罕见的晋南窑洞古村落群。其中，老子李耳在周游四海时曾下榻到塔尔坡，而后，道家闻名而至，和当地山民结邻而居，逐渐形成村落。塔尔坡古村更被称为"千年民居建筑的活化石"。

云丘山的中和文化可以追溯到发生在运城解州盐池的黄帝、蚩尤大战。据说人员伤亡惨重，血流成河，男丁大量伤亡，使千百万个家庭失去了依靠。为了传宗接代，婆婆带着儿媳妇在春暖花开时节，到云丘山寻找男人，有相遇的男女，不问姓名，同居几日，婆婆和儿媳妇回到家中，多半能生儿育女，当时称谓"野合"。后来演变成独有的鞭杆挑花篮民俗，每年仲春，未婚男女青年来到云丘山，男持鞭杆女提花篮，女青年挂花篮等男青年来挑，如挑下花篮，两人一见钟情、情投意合即可成婚。如有一方看不上对方，则重挂花篮，等情意相投的人再挑。挑花篮成为男女相亲寻找终身伴侣的形式。

公元789年，唐德宗李适下诏，将每年的农历二月初一到三月初一定为中和节。

在二月二这一天，皇帝和文武百官下田耕地，第一犁由皇帝开犁，举办大规模的春祭活动。从此，云丘山中和文化节从没有中断过。中和节期间，各地老百姓从四面八方汇集于此，肩扛鞭杆，手持高香，虔诚朝拜，求风调雨顺，五谷丰登；求家兴国安，长寿健康；求美好姻缘，如意婚配；求子孙绵延，人丁兴旺；求福禄寿喜，吉星高照。云丘山中和节活动中除了祭典仪式，还有花鼓表演、威风锣鼓、戏剧助兴、祈福法会、社火等各种非物质文化遗产的表演活动；塔尔坡古村落的花鼓、皮影、武术、铁艺、印染、脸谱、棉麻、木艺、神泉，更给游人留下了深刻印象。特别是山中景点的每一处传说，更是情景交融，寓意深刻，人们在欣赏美景中感受到传统文化的博大精深，比如仙桃山与金蟾山的来历、神石传说、田财主的故事、玉鹿回头、老君炼丹炉、神使羊差、圣母崖、圣母谷的葫芦潭等，夹杂着传统婚俗表演，更让人耳目一新。

如今乡宁县中和文化旅游节把戎子书院的开笔仪式和云丘广场开幕盛典有机结合，使中国传统文化浸润人心，打造出"云丘一座山、紫砂一把壶、戎子一瓶酒"的乡宁地方特色品牌。

我想，"和砚修研"的中和澄泥砚可否成为乡宁县中和文化节又一新型产品？期待！

（部分文字内容参考云丘山刘奇康先生的《云丘故事集萃》和《云丘民宿》介绍。）

裴彩芳　笔名静河，中国作家协会会员，山西省作家协会会员，临汾市作家协会副主席。文学作品散见于《诗刊》《诗潮》《黄河》《山西文学》等刊物。曾获《黄河》年度诗歌奖，临汾市"五个一工程"奖。出版有诗集《钓月的人》《益母草》《散十四行》《午夜的探戈》《石斛兰》。作品《紫露秋黄》获2013—2015年度赵树理文学奖诗歌奖。

"泥土"的生命

野　夫

"泥土"富有生命，这是人类赖以生存和发展的法宝。展现泥土生命的方式，多种多样，泥土上墙是墙泥，墙泥吸纳人间烟火，也就有了烟火气；泥土在艺术家手中"把玩"，升华成一件件精美的艺术雕像；经窑炉煅烧，成为陶器、瓷器、砚台，泥土艺术工艺自然也就有了鲜活的生命了。

绛州位于山西省西南部，临汾市西南边缘，北靠吕梁，南依峨眉，汾、浍两河贯穿全境。汾河越境，淤泥沉淀，河泥被匠人"把玩"成澄泥砚，并被誉为中国"四大名砚"之一，成为皇室的"贡品"，绛州"泥土"也就有了鲜活的故事。

绛州的澄泥砚，取之汾河积淀的胶泥，因澄泥砚外观犹如婴儿肌肤一般细腻，且贮水不涸，历寒不冰，发墨而不损毫，滋润胜水可与石质佳砚相媲美的特点，被历代帝王文人墨客追捧、收藏。澄泥砚如此受世人宠爱，在于砚台富有独特生命的蕴意。如果说母体十月怀胎是艰辛漫长的过程，那么澄泥砚经胶泥澄洗、沉淀、泥巴摔打、模坯制作、雕刻、烧制等繁杂程序，把匠人的精血工艺拿捏、渗透其中，这才有了砚台细腻的手感，融泽光滑的外观，每一件澄泥砚精品的问世，都会惊艳世人的眼球。澄泥砚稀缺，留存在世的更为稀有，难怪澄泥砚如此难求。

在米芾编撰的《砚史》中探寻，在于敏中、梁国治等奉命编写的《西清砚谱》中搜寻踪迹，对砚台有了更为清新的认知。《西清砚谱》全书以图系说，详记砚之尺度、材质、形制、出处及收藏赏者姓名，核其纪年、署款、公私印记、历朝史传所记载亦细加考证。所载入的200余方砚台，澄泥砚占据51方，其中铭文中涉及绛州字意的御铭就有11方。如唐八棱澄泥砚铭："汾水澄泥绛县制，贾氏谈录详记事，

大宁县·黄河仙子砚

抟土造人,黄河东岸呼仙子;
烧泥铭砚,生命源头称大宁。

——张凯旋撰联

建武庚子分明识,海马飞鱼出波际。佐我文房之五艺,挥毫祇欲书亥宇。"乾隆赞誉澄泥砚:"土质细润,坚为玉石,其为汾绛旧物无疑。"可见乾隆皇帝对绛州澄泥砚的宠爱。

说起砚痴者,自然绕不过米芾。何蘧编写的《春渚纪闻》中记载了米芾得砚的一则趣事。一日,宋徽宗为其书法召见米芾,米芾见皇帝书桌上有一方名砚,便起贪念之心,一写完字,米芾就端着砚台跪在殿上请曰:"此砚经臣濡染,不可复以进御，取进上。"意思是讲：这方砚台已经被我用了，再让皇帝用就不够格了，因此，请皇帝把砚台赐给我。皇帝当然看出他的心思，便应允了。米芾获得至宝，又恐皇帝反悔，急忙抱着砚台，连衣服都染墨了。宋徽宗叹息说："颠名不虚得也。"对砚痴迷者也少不了清代政治家、文学家纪晓岚，他曾用"九十九砚"作书房斋号。纪晓岚藏砚丰富，每方砚上都爱题刻砚铭，他在一方形似荷叶的随形砚上题铭："荷盘承露，滴滴皆圆。可誓文心，妙造自然。"其铭文或赞砚，或记事，或抒怀，以器载道，以砚为友。

绛州澄泥砚可谓盛极一时，不知何故，到清代工艺竟然失传了。直至20世纪80年代末，版画艺术家蔺永茂携其子蔺涛，奋楫笃行，数年磨炼，一经问世，惊艳世人，并被命名为国家级非遗保护项目。这是盛世带来的喜讯，也是文人墨客期盼已久的福音。

绛州澄泥砚与"泥土"有关。大宁黄河仙子抟土造人的传奇故事也与"泥土"有关。

大宁县春秋时为晋国领地，战国属魏。北周保定元年（561）置县，之后建制大体未变，新中国成立后，1958年与隰县合并，同年又并入吕梁县，1961年恢复建制至今。历史悠久，物产富饶。昕水河穿境而过，在芝麻滩汇入黄河，也就有了黄河仙子芝麻滩抟土造人的故事。相传，上古时期人类遭受一次巨大的洪水劫难，田舍被毁，人烟灭绝。芝麻滩是黄河水涨倒灌之后积淀而成。河滩四面环山，南有升天峰，北有女娲泉，群峰翠绿，灵气十足。为繁衍人类，女娲在芝麻滩取黄河澄泥抟土造人。黄河仙子乃玉帝身旁的一位侍女，她为繁衍人类下界助女娲造人。她还助禹凿开龙门，疏通黄河之水，解除黄河水患，还人间清平祥和。仙子体人间苦难，趟黄河坐化马斗关石龛，回归神坛。贪官横行，百姓诉求，仙子发威，水淹城池，逼官逃离，惩治贪官，还百姓一片朗朗乾坤，黄河仙子传奇故事在民间广为流传。

绛州、大宁有故事，不管故事以何种方式呈现，都值得游人前来，亲身感悟，感知古人的智慧，感知优秀传统文化的魅力，感知"泥土"带来鲜活生命的意义。

野夫　原名张志强，中国散文学会会员，中国散文家协会会员，山西省作家协会会员，大宁县作家协会主席。《昕水文艺》主编。散文、小说多次获国家级奖项。

小西天砚

王 军

在美丽的隰县禅宗寺院小西天珍藏着一方砚台，它是小西天的镇寺之宝。关于这方砚还有一段动人的故事，流传于隰州的山山水水。

那是明朝末年，东明和尚在五台山火场寺出家修行，晨钟暮鼓，焚心虔祷，慧心渐具。为了参破大千世界，参透真正意义上的佛，使自己早日修成正果，他决定云游四方。临行前，苍老的师父颤颤巍巍拿出一方砚台，赠送给他，郑重地说："带上这方砚台，你可以写经、写佛、写菩提。"

器宇轩昂、眉宇间带着英气的东明，仔细端详这方砚台。这是一方绛州澄泥砚，椭圆形，绛紫色，有一弯月亮般的墨池，墨池里清晰可见几条弯曲的灰色纹路。砚上方刻着一座建在山顶的寺庙，入山之处刻着三个大字"小西天"。一条石阶沿山而上，一座亭台楼阁的寺庙坐落山巅。东明一下子就被这幅图画震撼到了，一幅西天极乐世界的图景出现在他的眼前，在他的心里久久拂之不去。

"师父，这小西天在哪里？"

"在你的心里。"师父仿佛说的是一句偈语。东明从师父幽深的眼睛里未读出任何东西，却又读出更深的东西。

东明没有说什么，他在想，师父为什么送我刻有小西天的砚台？他的心里升腾起万千波澜，他要去找小西天，他要去造小西天，他要用苦行修正自己心中的菩提。

官道上，出现了一个健步而行意志坚定的游方僧。

在人来人往的悦来客栈，饥饿的东明因为急着赶路，狼吞虎咽地吃了一些素食，忘了拿装着砚台的包裹。好在店家为他收拾起来，未被其他客人拿走。这以后他把包裹看得很紧，生怕丢失，这是师父的嘱托和他的宏愿啊！

翻山越岭，行大道，走小径，他热水白汗，漫无目的，执着地向前走着。

而东明包裹里沉重的砚台，让占据杀人沟的贼人误以为是金银财宝。两山皆树，山高林密，在狭窄的杀人沟口，几人把他围住，让他留下买路钱。"杀人沟"一听就是强盗剪径杀人的地方，阴森恐怖。东明笑出了声。他从小生长在燕赵沧州，长于拳法，后在五台山专学无影拳，身手了得，几个毛贼被他神出鬼没的拳法打得落荒而逃。

逢寺参拜，见佛行礼，一走就是大半年。

这一天，他来到了隰州城郊，远远地就望见高大的城门，连绵巍峨的城墙。他心中叹道：此处不愧为传说中的"三晋雄邦、河东重镇"。口渴难忍的东明，看到了州城河西一个小山沟淙淙流出的泉水，他用手掬着透亮的泉水喝了个够。出于好奇，他溯源而上。他被这里的山水吸引了，你看，一峰耸立其中，两山夹峙左右，呈扇形环抱主峰，主峰两腋流泉淙淙。

这是一处极佳的山水。

东明灵光一闪，似曾相识。他从包裹中取出那方绛州澄泥砚，与眼前的山水相比较：一条石阶沿山而上，一座寺庙坐落山巅。未来的此处，不正是砚台上的图景？师父是要我建一座心中的庙，以此普度众生。我要将我心中的极乐世界建于此山，我要将我心中的圣佛塑于此地！东明停止了自己的脚步，在此住了下来。

东明开始化缘募捐，一文钱不嫌少，冷脸不嫌难看。拿出他的砚台，用毛笔在砚台上舔一舔，在麻纸册子上记下每一个人的善心。在收效甚微的情况下，他做一笼子，立于州城市中，日坐其内，他把自己的坚定信念展览给天地，展览给风雨，风来把风拂过，雨来把雨接纳，以坚定禅心，求世人布施。

可以想见，在那些日子里，他的精神在淬火，他的肉体在锻炼，他自己就是一尊塑像，就是一尊金刚不坏之身。

他走在化缘募捐的路上，这一走就走了十五年。没有坚贞不屈的意志，没有排山倒海的雄心，哪能走完这个艰辛而漫长的历程。从另一个角度看，这也是一种苦行苦修，是对佛家弟子极端严酷的考验。

十五，对僧人东明具有特殊的意义。在又一个十五年里，他终于完成了小西天寺院的建设工作。他是大器晚成者，在他已届知天命之年，开始了一项浩大的工程，在他耄耋之年，工程终于完毕。

东明和建筑师们把天下独一无二的小西天"三绝"留给这个世界，虽然小西天僻居

隰县·小西天砚

砚藏禅意西天小；
山隐佛心万象新。
——张凯旋撰联

一隅，满堂华彩独处山陬，但小西天的横空出世，让所有名刹古寺都相形见绌了。

一绝，绝在他的建筑格局。坐西朝东，因形就势，合理布局，将有限的空间利用得淋漓尽致。小，没有局促之感，小中见大；小，没有堆叠之嫌，错落有致。像一幅小书法作品，笔走龙蛇，密不透风，疏可走马，笔笔中规矩，字字有安顿，映带见精神，整篇显奇气。

二绝，绝在他的悬塑。大雄宝殿上空人物驾云飞翔，腾挪跳跃；吹拉弹唱，兴歌作乐；悠闲淡定，微笑俯瞰。它呈现的是佛教极乐世界中33层天上的欢乐祥和场面。当你被这一个个逼真而鲜活的人物形象所吸引时，被他们载歌载舞的欢乐场面所感染时，被梵乐声声清音泠泠所陶醉时，几欲忘记这是一群木骨泥质塑像，甚至忘记这种悬空技法叫悬塑。因为你看到了活生生的生命，听到了高山流水般的乐音，感觉到了欢乐祥和的美好。

三绝，绝在他的彩塑。各种色彩因人而异，因衣饰而异，在每个人物身上、每一个物件上透露出生动的光芒。几百年前的一尊佛还是那样金碧辉煌，几百年前的一朵花还是如此鲜艳，几百年前的一件衣服纹饰还是那样的色彩斑斓，几百年前的一件乐器还是那样锃光发亮，几百年前的殿堂还是那样光彩夺目。

这时候，东明禅师已是一位垂垂老矣的八十老翁。

东明像当年的师父一样，颤颤巍巍取出了那方颇有年代感的绛州澄泥砚，让小沙弥磨墨。小沙弥在砚池中仔细研磨，墨磨好后，把那把抓斗大笔递给了东明。东明抖起了精神，用尽全身的力气，在宣纸上写下了"小西天"三个大字。

在寺院建成之前，东明一直住在茅草庵里，人们就都叫这座庙为"千佛庵"。而现在，千佛庵正式有了寺名——实际上在东明的心中早已有了寺名，那就是绛州澄泥砚上的三个大字，那是师父的暗示，那是佛的明示。

当"小西天"的牌匾挂在山门口时，东明结跏趺坐，圆寂归西。作为一个僧人，东明对自己有了交代；作为一个虔诚的佛教徒，他对佛也有了交代。是的，他已经修成正果修炼成佛，他应该去到极乐世界里享受大自在无色无欲的清净生活。

小西天目送他的创始者升入西天，越走越远——

东明把小西天留给世人，把一座空前绝后、美轮美奂的佛教建筑精品留给世界。

王军　山西省作家协会会员。出版散文集两部，编剧电影《血战午城》，在省市文学刊物发表作品多篇。

军民鱼水情

白晓琴

  正值日本帝国主义对我国虎视眈眈、中华民族内忧外患之际，中央红军结束长征抵达陕北。中共中央于1935年12月在瓦窑堡召开会议，制定了抗日民族统一战线的方针和政策，提出了"抗日反蒋渡河东征"的口号。1936年2月17日，毛泽东签发东征宣言。2月20日，正式下达渡河命令。红一方面军以中国工农红军抗日先锋队的名义，突破阎锡山部队的防线，渡过黄河。3月31日，红二十八军也渡河参战。东征期间毛泽东主席率领红军，在永和县赵家沟、桑壁镇、退干村居住了13个日日夜夜。毛泽东率红军总部离开康城，经隰县二次进入永和，计划1936年4月下旬在山西省永和县桑壁镇召开会议，共同研究具有重大历史意义的战略方针。

  永和县桑壁镇龙石腰土窑洞内，身穿灰色有襟棉衣、黑色棉裤，花白的头发盘在脑后，身材高大的兰花娘站在灶火旁。"娘，快跑吧，您看咱村里的人都跑了，只剩咱娘俩了。"扎着一根长辫，身着蓝底碎白花棉衣、黑色棉裤，二十来岁的兰花焦急地站在门口说。"兰花，你和乡亲们到后山躲一躲吧！娘不走，俺从河南逃荒出来，走南闯北十几年，啥人没见过，啥事没遇过，再说俺一个孤老婆子他们能把俺怎样？""您行，您是大保镖，您身高两米，骑着毛驴脚还在地上走，可您再怎样也只是一个人，一个六十多岁的女人，他们却是一个大部队啊！娘，快和我一起走吧！"兰花噘着嘴，瞪着她那双大眼睛说。"俺说不走就不走，兰花，你快走吧，再不走就来不及了。"说着把兰花推出门去。兰花在门外跺着脚喊着："娘！"望着远处小路上浮动着浓浓的尘烟，知道军队很快就要进村了，兰花连忙向村外跑去。

  毛泽东和彭德怀率红军总部人员到达桑壁镇龙石腰村时，已是傍晚。看到整个龙石腰村几十户人家,只有一家窑洞内亮着灯光,他心里清楚,多年来受阎锡山反共宣传的影响,乡亲们对红军队伍并不了解,他下令队伍一律在村外扎营。

清晨,兰花娘站在大门外,望着家家紧闭的门户,鸡儿闲散地在刨食,狗儿卧在门前照看家门,牲口圈里的骡马打着响嚏悠闲地吃草料,哪里像往常来了军队,追鸡杀羊、人仰马翻的阵势。她正纳闷时,看到两位身披灰色大衣、头戴军帽的军官带着几个人向这边走来,老远就打招呼:"老人家,身子很硬朗啊!""硬朗、硬朗,俺身子骨强壮着呢!"兰花娘连忙笑着应道。"老人家,你们这村庄好啊,前可御敌,后可退兵,因此,我们红军要在你们村住几天,打扰了。"彭德怀笑着说。"你们这样的好兵,俺还是头一次见,快到窑里喝口水,俺给你们做早饭。""那好啊!不过,吃了你家的早餐,我们可是要付钱的呃。""俺哪里能要你们的钱?"兰花娘笑着说。"老人家您贵姓啊!""哪有什么贵姓啊!俺从河南来,是个孤儿,吃百家饭长大,由于俺生的人高马大,被一个镖局看中,教俺学了些武艺,跟着镖局四处闯荡,后来就认识了兰花他爹,才在龙石腰安家落户。村里的人看到俺的脚比男人的脚都大,就叫俺放脚老婆。永和人的土话说'放'是'霍',因此俺就姓霍了。""霍大娘,您还会武功,真是有胆有识啊!"毛泽东笑着说。"霍大娘,这是我们的早饭钱。"通讯员掏出碎银子放在炕前的小桌上说。兰花娘拿起银子想塞进通讯员手中,彭德怀笑着说:"大娘,我们红军是有纪律的,不拿群众一针一线,更不能随便吃老百姓的东西,否则我们就会违反纪律,要受批评的。""怎么样,霍大娘,您可不能连累我们违反纪律,坐冷板凳呦!"毛泽东笑着说。"那俺还是拿上。""拿上就对了。"彭德怀点着头说。

吃过早饭,兰花娘就急匆匆向后山跑去,她要把看到的,听到的都告诉乡亲们。到了后山深沟里的山头上,看到冻得瑟瑟发抖的乡亲们缩在山下一块大岩石下。乡亲们远远看到安然无恙的兰花娘,都从山沟里向山头跑来。兰花娘吆喝着:"乡—亲—们,快跟俺回去吧!俺们遇上天底下最仁义的兵了。他们昨晚压根没有进村,在野地里住的。他们吃了俺做的早饭还给俺钱了,不信你们看。"说着从衣兜里掏出碎银子,举起来。跑在最前面的黑娃,接过银子高兴地说:"真的是银子!我们不用躲藏了,都跟着兰花娘回村吧!"

乡亲们随兰花娘回到村里,看到家门紧锁,没有一点儿动过的痕迹,他们确信兰花她娘说的没错,真遇上天底下最好的兵了。他们都来到村外,招呼红军进村。红军战士们来到村里,有的拿起扫帚扫院子,有的挑水,有的劈柴,有的帮助乡亲

永和县·红军东渡砚

红军东渡，血沃民族大义；
桑壁长流，梦圆盛世永和。
——张凯旋撰联

们喂牲口。部队的医生们挨门挨户地给村民检查身体，帮病人治病送药，长年遭受病痛折磨的村民，被感动得泪流满面，握着军医的手连说："谢谢，谢谢！真是咱穷苦人的好军队啊！"

4月22日，一次具有重大历史意义的决策会议在桑壁镇龙石腰村召开。中央军委主席毛泽东、副主席周恩来、彭德怀、叶剑英等参加了这次会议。会议有以下三项内容：

一、听取了周恩来副主席关于延安会谈的汇报；二、批准延安会谈中和张学良、杨虎城双方达成的各项协议；三、就"逼蒋抗日"或"联蒋抗日"以及红军下一步的战略行动，进行了认真研究。

会议进行中，龙石腰全村老少自发在村外各路口为红军总部军事会议站岗放哨，帮助红军后勤工作人员做好一切后勤工作。

会议结束后，兰花娘带着兰花来见首长，她说："首长，俺就这么一个亲闺女，俺把她交给红军。你们是给老百姓打天下的好军队，让她跟着你们打日本鬼子。只有把日本鬼子赶出中国，咱老百姓才能过上好日子。"毛泽东和彭老总笑着说："谢谢您，深明大义的老人家。"紧接着指挥部的小院里拥进来十几个报名参军的年轻人，他们身后还跟着长辈们，大家都要参加抗日，保家卫国。乡亲们还带来小米红枣，有的还牵着牲口驮着粮食支援红军抗日。霍大娘架起纺车，带领妇女们纺花织布做军装，搓麻绳纳鞋底做军鞋。在龙石腰村民积极支援红军抗日的带动下，整个桑壁镇、整个永和县掀起了参加红军筹粮筹款支援红军北上抗日的高潮。

东征战役历时75天，红军歼灭国民党7个团，俘4000余人，缴获各种枪4000余支，并迫使"进剿"陕北的晋绥军撤回山西，使陕甘苏区得以恢复和巩固。在此期间，扩大红军8000余人，筹款30万元，并在山西省20余县开展了群众工作。

红军东征行动遭到阎锡山部队顽强抵抗，蒋介石任命陈诚为山西"剿共"军总司令，调集十个师兵力，分两路增援阎锡山，同时命令黄河以西的国民党与之配合，企图彻底消灭红军，摧毁陕甘根据地。为避免内战，保存抗日力量，促进抗日民族统一战线的开展，5月5日毛泽东发出《停战议和一致抗日通电》，于永和县于家咀、铁罗关渡口顺利回师西渡，结束东征。

东征战役有力地宣传了中国共产党的抗日主张，扩大了红军的政治影响力，推动了抗日民族统一战线和抗日救亡运动的发展，为后来开辟抗日根据地打下了坚实的基础。

白晓琴 山西省女作家协会会员，曾任《文学月刊季度版》主编。2013年获《文学月刊》优秀编辑奖，散文《兰台之上兰幽香》获中国档案征文三等奖。代表作有中篇小说《豪华别墅里的女人们》《孤坟》。

砚里千秋写蒲风

荀 莉

"你从远方走来，带着五千年的回响，尧帝访贤，治国安邦，足迹留在蒲子山下……"

一曲《蒲子颂》，恣意纵情，热烈奔放，随一川青翠、一河昕水，流淌耳畔，更是悦了乡人心境、幻了离人心扉。开窗，抚砚，起笔，蘸墨，古今蒲风，氤氲在字里行间。

写蒲子，就不能只写蒲子，你得写巍巍吕梁、峨峨五鹿，写淙淙昕水、圹圹黄塬，写尧王访贤、蒲伊讲道。相传那时亘古，有一道人隐居蒲山，他过贤达之所闻，通古今之所变，身居山林之荒，名闻四方之野。此时，尧帝暮年欲让于贤，听闻，便登蒲山。入石门，遇樵夫，相见恨晚，随坐磐石而论安邦，相谈诚欢。后谦恭让，荐虞舜，千古美名传。

写蒲子，就不能只写蒲子，你得写其岁悠悠、其久古兮，写刀耕火种、击壤鼓腹，写旧石器时先民栖居、曩时古驿馆飞递800里加急。写文公避难翠屏山，昕水佑驾有功；刘渊称皇蒲子国，帝都光耀后人；山海关千总乔养秀，文武双全，威镇四方；翰林编修王居正，书文兼工，名扬京师。放眼近代，更是薪火相传。洋教院、罗峪里、上柳村，星星圣火焚于克城镇；成怀珠、郭崇仁、席盛林，革命英烈葬于古县塬。经济学家段云，渡日本，工书法，以墨为魂，为国理财，恩泽桑梓佳话传；乡土作家西戎，入牺盟，赴延安，以笔为剑，惩恶扬善，吕梁英雄美名扬。知青郑秀珍，罹难于后沟抢险；支书王明茹，造林于荒塬之上。

写蒲子，就不能只写蒲子，你得写蒲山毓秀、昕水钟灵，写苍松翠柏、山峦叠

蒲县·尧师蒲伊子砚

蒲伊佐圣，谋略深筹兴伟业；
尧帝得贤，江山稳固颂英名。
——朱青龙撰联

翠、万木峥嵘，梅洞松茸、峡村幽谷、峭石层林、山环水绕。写底家河的千岁杨、北唐侯的酸枣王；写西塬之岽墚、蒲山之壑溪。金钱豹、褐马鸡，游荡于东川之山涧；白皮松，黑木耳，滋长于五鹿之茂林。乌金藏东川，稼穑优西塬，一东一西，天然互补，一山一塬，造化阴阳，堪称天时地利，物阜民丰。

写蒲子，就不能只写蒲子，你得先写往昔，再写今朝。垒石坑造林，秃山染绿，荣登世界吉尼斯；穿山洞筑路，遇河架桥，畅通铁路蒲县站。文化宫像鸟巢羽翼凌云，书艺馆似宝岛翰墨飘香。文旅康养小镇，衔柏山，吞南川，鳞次栉比，滋兰树蕙；图书馆政务厅，聚文脉，卧城中，嘉言懿行，怀瑾握瑜。谨庠序之教，以德树人；重医者之风，患者至上。仓廪实，绿水青山，铸造临汾双城后花园；知荣辱，厚德蒲县，堪称西山之明珠。

"你从大潮走来，带着时代的风采，五鹿赞美，溪水欢唱，蒲子插上腾飞的翅膀——"

曲未完，颂无尽；一方砚，万古情！

荀莉　笔名千里雪。山西省作家协会会员，临汾市作家协会签约作家，临汾市"五个一"工程奖获得者，西戎文学奖获得者。有多篇小说、散文、诗歌、纪实作品发表。出版诗集《一株自由行走的兰》。

山水迷茫中
远去的大清师家驮队

孟黎明

　　大漠苍凉，黄沙漫道，穿过历史的隧道，仿佛又看到当年师族驮队往来于商贸征途的鼓角争鸣，述说着晋商百年艰难创业的辛酸史。

　　师氏家族拥有50头骡子的驮队，每年立秋后，驮队就进入一年繁忙的惯常收账之时，要把分布在大清帝国各地字号的润银收回存入银库。

　　驮队承载了远途的艰辛，也承载了贸易过程中的辛酸、欺骗与屈辱。

　　当浩浩荡荡的师家驮队，满载着从各地字号商铺收回的银子，行程中时常会遇到响马的骚扰与劫持。响马隐藏在树林或深沟，发现驮队过来，从远处用石头"啪"的一声，就将装银子的锁箱打开。正待行劫，师家武艺高强的保镖又一块石头掷去，锁箱覆盖，响马惧威，驮队一次次有惊无险。

　　大清同治年间，师氏家族从隰州府沿陕西武功县开设8座分号字店，武功为这条线路总号。

　　有一年，师一支老东家患症，让汾西县城逯姓外甥带50头骡子的驮队前往武功收账，总店号掌柜武功人，结清润利后，打装49驮银两，其中5驮黄金，44驮白银，言全年利润皆在此，可打道回府交差。

　　逯姓外甥疑心，东家派50头骡子的驮队，咋只装49驮？遂问掌柜说："你装的银子不够吧？"掌柜心下思忖，我结得很准确，莫不是这小子胡问，继而一想莫不是东家出了甚事不便告我。掌柜就绕弯子套话，果然得知东家命在旦夕。掌柜就滋生恶意，当晚即偷偷派人放出口风，让客户来总号取兑现金。

　　翌日，客户盈门，哄哄闹闹要求兑银两，掌柜趁机对逯姓外甥说，今年甭收润利了，

汾西县·汾西师家沟砚

庭院深深,砖雕石刻凝古韵;
师家赫赫,德厚仁风启后人。

——景兴隆撰联

这些银两还不足兑换客户,恐明日来人更多,兑换不及会滋生事端,你速回汾西驮10驮银两来应急。逯姓外甥年小不谙商道,不知江湖之艰险,只得带驮队空返汾西师家沟。

不久,老东家病故,8座店铺字号全部落入武功歹人掌柜手中。

其实,8座店铺字号仅仅是师氏家族大清帝国各地108座字号的一个零头,这8

座字号一年润利就达5驮黄金、44驮白银，按时价论，每驮150斤，每斤计16两，总计12000两黄金，105600两白银。倘加上帝国各地100家字号的盈利，足见当年师氏家族富可敌国的显赫。

师氏家族百年基业的没落，正如《远情》中唱的那样给人以思索：

> 尘缘苦短叹人间路长，不能够容我细思量，
> 繁华瞬间如梦幻一场，世上人有几番繁忙，
> 春去秋来叹世事沧桑，算人生成败相当，
> 登临远望看山水迷茫，情通天下一路奔放，
> 几番起落雨暴风狂，转眼间鬓已成霜，
> 留住所爱，留住所想，留住一梦相伴日月长……

这难道不是大清帝国天下所有晋商人艰难创业辛酸的人生感悟吗？！

孟黎明　中国作家协会会员，临汾市作家协会副主席。《燕赵文学》副主编。主要作品有中、长篇小说和纪实文学《骚动的山庄》《张德英在汾西的日子里》《古刹枪声》《黎明文集》《孟黎明文集》等二十余部。

一首歌里唱响的城

潘文军

一个偶然的机会,我与一座城市"热恋"并产生强烈的心灵碰撞。

2019年春节前夕,市电视台筹备当年的春晚,盛情邀请我为家乡写一首歌。在此之前,我从未进行过歌词创作,也对音乐一窍不通。然而,凭着对家乡小城的那份熟悉和热爱,我没有拒绝,带着惶恐与不安很快进入了角色。

夜阑人静,坐在书房里轻轻地闭上眼睛,和着优美的旋律,我的思绪突然之间豁然开朗,小城也如约站到了我的眼前:

看山看水么看侯马,侯马到处是风景画;
紫金奇啊浍河美,盟书千年传佳话。

这就是我喜欢的小城,美得如一幅画,雅得似一首诗,静静地生长在历史文化底蕴深厚的黄土高原之上。

侯马市境内有汾河、浍河两条河流蜿蜒流过,四面群山环绕,土地肥沃,民风淳朴,风光旖旎。据考古发现,早在7000年前就有人类在此繁衍生息。公元前585年,晋景公以新田"土厚水深,居之不疾,有汾、浍以流其恶,且民从教,十世之利",将晋国都城自今翼城县境迁至新田(今侯马市),称为新绛。1965年侯马晋国遗址出土的"侯马盟书",是山西博物院馆藏的十大国宝之一,为半个世纪以来中国十项重大考古成果之一。

地上一座城,地下一座城。

自古以来，小城这片热土上人杰地灵，英才辈出，无数的名人志士穿越厚重的历史，一次又一次地走进我的心里：

香邑那个湖里沐春风，台骀那个庙前论桑麻；
彭真故居映红霞，晋国故事满天下。

小城的人们经常会去拜谒位于市郊的台骀庙，寻访"中华治水第一人"。据史书记载，台骀是上古时期比大禹还早的五帝时期的一位部落首领，他带领沈、姒、蓐、黄四部，开山凿石，疏通了汾、洮二河，兴修水利，造福于民，因其治水有功、领导有方，当时的帝君把汾河流域赏赐给他，作为台骀的封地。小城的人们也喜欢瞻仰古朴简陋的彭真故居，铭记老一辈无产阶级革命家的丰功伟绩。而更多的时候，小城在不断演绎着晋国故事，晋国的风从3000多年前吹来，许多耳熟能详的成语典故，成为小城文明的火种，精神的寄托。

然而，很少有人知道，小城里到底有多少能工巧匠，有多少非物质文化遗产，但是小城却一直以独特的方式，令人们眼前一亮：

看山看水么看侯马，侯马到处是风景画；
皮影舞啊蝴蝶飞，手艺小镇开百花。

小城多瑰宝，民间有高人。侯马民间艺术家廉振华及其弟子赵翠莲，几十年如一日，坚持致力于皮影事业的研究和发展，形成了自己独特的"雕刻细腻，线条流畅，色彩艳丽"皮影艺术风格，获文化部颁发的"民间艺术珍品展金奖"。民间艺术家袁玉珍女士挖掘历史遗存，采用古老的技术和工艺高仿的古铜器，产品远销海内外。而明代之后因战乱工艺失传的蝴蝶杯，却于1978年在侯马出土，其奇妙身姿令人叹为观止。2006年，民间艺术家周尚明潜心研究，蝴蝶杯技艺重现于世，荣获国家专利并被誉为"千金之宝"。斟酒满杯，便见一彩蝶从杯底泛起，起落于花丛之间，栩栩如生，出神入化，杯酒饮尽，彩蝶顿逝，是为"杯满蝶现，酒尽蝶隐"之酒具佳品，誉冠神州。

除此之外，小城的刺绣和剪纸、烫画、布艺、根雕、线塑等，同样很有特色。

小城的悠远，酿就了今天绚烂如花的文化遗产，展现了今天多姿多彩的文化精品。

侯马市·晋都砚

千秋霸业，青铜铭史，台骀庙前汾水碧；
万里雄图，玉璧垂光，晋都城外晚霞红。

——孙永年撰联

我曾无意间打开一幅山西地图，然后看到三个明显的地标——大同、太原、侯马。侯马就是我所居住的小城，而侯马之所以有这样的礼遇，是因为其得天独厚的区位优势，每一个到过山西的人，都有可能从侯马穿"城"而过：

物流那个中心亨通达，宜居那个城市人人夸；
燕赵秦蜀么走天涯，古往今来么大文化。

"南来北往商埠地,千车百货旱码头"。侯马,因明代设官驿而得名,如今在国家确立的晋陕豫"黄河金三角"区域协同发展战略布局中,侯马也处于太原、西安、郑州"大三角"的中心,承东启西、贯通南北,区位优越、物流发达,是中西部开发的重要门户,是亚欧大陆桥的"桥头堡"。而在小城的记忆里,已经连续7次夺得"全国卫生城市"桂冠、连续5次获得"全国双拥模范城"称号,先后被评为全省首座"山西省园林城市"、首座县级"山西省文明城市"。这么多的殊荣背后,是越来越蓝的天,越来越甜的水,越来越美的人,越来越好的日子,是一个迈向未来的宜居之城,文明之城,幸福之城:

看山看水么看侯马,好山好水么好年华;
爱山爱水么爱侯马,侯马就是咱们的家。

因此,我想对党说,世界再大,大不过一颗中国心;走得再远,远不过一场中国梦。我住在小城里,小城住在我的心里,今生今世,无论我走到哪里,历经沧桑巨变的故乡永远都是我的家。

潘文军　中国自然资源作家协会会员,山西省作家协会会员,侯马市作家协会主席。作品数十次被《中外期刊文萃》《青年文摘》《东南西北》等文摘类期刊转载。出版《潘文军文集》(六卷本)。

州署随想

周川钰

以史为镜,可以知兴替。

漫步在霍州署这样一座制式恢宏的古建筑群间,就像在时空交错的建筑美学的艺术殿堂里穿行,体悟着不同年代人的审美。霍州署是我国目前保存较为完整的唯一一座州级衙署。它始建于隋唐,隋朝的时候只担负着军事职能,到了唐朝开始担负起行政兼军事两项职能。现存建筑为元、明、清三个不同历史时期的古文化遗存,1996年被国务院公布为全国重点文物保护单位。霍州署总占地面积5.85万平方米,分中轴线、东辅线、西辅线三大建筑群体。但由于历史原因,东西辅线大部分建筑已不复存在。现存古建筑主要为中轴线部分,占地面积为21000余平方米。

步入仪门,在大院的北面坐落着一座雄伟壮观的建筑,这便是州署的主体建筑——元代大堂。这里也就是知州办公审案的地方。据记载,元大德七年(1303),洪洞、赵城曾发生过一次特大地震,霍州也未能幸免。碑文载道:"官舍民居,荡然无存。"现存的元代大堂,是震后第二年修建的。由于大堂采用了典型的元代"偷梁减柱"的营造法式,显得大堂宽敞明亮,大堂的梁架檩柱,选材用料,均不刨不旋,粗就粗,细就细,顺其自然,用这种方法建造大堂实属历史罕见,它充分体现了元代蒙古人那种粗犷豪放、庄重威严的建筑风格。

看过元代的大堂,再看与大堂浑然一体却风格迥异的明代抱厦。抱厦的梁架选材都经过加工修饰,圆润、标准,柱下有鼓形雕花柱础石,椽檩彩绘装饰,与大堂的朴实无华形成了鲜明的对比,但又各具情趣,相映生辉。

霍州署更加为人称道的是其方寸之间蕴藏着的廉政文化,为后世的为官者提供

霍州市·霍州署衙砚

署立千秋，法悬日月公心鉴；
衙清四境，廉守山河正气扬。

——孙永年撰联

了很好的精神养料。大堂上的两副对联为民国知县汪志翔所撰写。第一副的上联是："莫谓民可欺，一二事偶不经心，其怨其咨，议腾众口。"意思是说你不要以为老百姓可以轻视，当官的一两件事做不好，怨声、责怪声都能从老百姓口中得知。下联是："漫说官易做，千万户于兹托命，以教以养，责在藐躬。"意思是：做官并不是那么容易，千家万户的衣食住行都托付在官员一个人藐小的身躯上，责任重大啊！

第二副楹联，上联是"我虽爱民毕竟见官非好事"，下联是"尔如责己须知恕彼即便宜"。这副对联写得比较直白，上联是说，我再爱戴老百姓，但老百姓见我都是为了打官司，并没有什么好事，最好是老百姓没有冤情，不来告状；下联是说，如果遇到矛盾和纠纷，最好能够从自己身上找问题，要懂得宽恕别人，其实自己也是能够得到好处的道理。

这两副对联第一联劝官，要求为官者必须守职尽责、谦恭为民；第二联劝民，要求为民者必须宽厚克己、忍爱处争。这样，为官才能领命无愧，为民才能神静气清。

霍州署作为霍州的地标性建筑，千百年来沉淀出的人文故事、历史典故也如精神的烛火，点亮州人的心灯。徜徉州署，指尖抚触青砖石阶，耳边聆听檐燕啁啾，着一袭轻纱，撞一次古钟，看秦琼尉迟恭两位门神英姿威武，体验一回唐传奇在古霍大地留下的足迹。

周川钰　霍州市作家协会负责人，爱好文学写作，数十年如一日致力于《霍山》杂志的编辑工作，作品散见于霍州文联刊物《霍山》。

一副名联与一方古砚

张行健

在文联工作了几十年,写作的范畴也渐次拓展。除了小说、散文创作,在接触了临汾当地几十位书画家之后,断断续续写作刊发了有关书画家的散文和随笔之类文字。在欣赏和评析字画之余,也自觉不自觉地留意到了他们文房四宝中的砚台。

自古平阳大地便是山西的文化重镇,文明悠远,积淀厚重,在源远流长的文化长河里,平阳的书画艺术在每一个时间段里都曾翻涌过波涛,激溅过浪花,这种优美的传承不仅仅体现在具有代表性书画作品的内容里、题材上,还浸润在结构里、笔墨上。可是,当见识了他们画案上、书桌上的一枚枚造型各异、薄厚有别、品质不同、新旧不一的砚台之后,一颗苍老的心,一次次不知是被激越得鲜活起来,还是被沉淀得稳重起来,恬适起来。我想,这一方方或精致或粗犷或古朴或新颖的砚台,都讲述着自己的故事,都有自己的经历在蕴含,都有岁月的风尘在囊括,也似乎都有自己的符号在确立……它们在沉静中与岁月、与书画、与书画的创作者无声交流着,默默对话着,且把这种方式深入与人们内心的对话,与纷繁复杂的社会对话,与广袤的自然交流。

许多的时候,触景生情引发一些遥远的回想,便想到了自家祖传的那方古砚和那副古联。

很小的时候,我家西屋的厅堂里,靠着墙根置有一张旧式方桌,据说是红木方桌,方桌两边是两把黑色的木椅,是核桃木的。方桌上方的墙壁上悬有一副古楹联,上联为:文章西汉两司马;下联是:经济南阳一卧龙。撰联与书写者是同一个人,字体枯瘦苍劲,古怪中透出逼人风骨。听教书的父亲说,这是他的爷爷,当然是我的老爷爷了，是前清举人，他手里得到这一副古联，宣纸显然已泛黄，个别地方也有少许污渍，后来才知道这是清大臣李鸿章的幕僚所书。古联下方的桌子上面端正地摆放着一架木座，座上是一枚长方形古砚。在孩童时我的感觉里，它硕大端庄且沉重，平时爷爷是不让我们小辈儿动它一下的，只有在外地教书的父亲放假回来，或腊月里给左邻右舍写春联时，才将这方砚台搬到宽敞的地方使用。

年幼的我无从知道它是山东的红丝砚还是广东肇庆的端砚，是安徽黄山的歙砚还是甘肃卓尼的洮河砚，抑或就是我们当地的一枚普通的石砚。它是典型的长方形砚，沉实厚重，在黎黑的底色里都又呈现了幽幽的暗红色。

父亲书写之前，总是端坐在砚前悉心而耐心地磨墨。父亲轻轻地对周边围观者说，砚台是用来磨墨的，把墨块和清水融合在一起，在砚台上慢慢磨研。其实，磨墨的过程也是沉静心绪、剔除浮躁、酝酿创作情绪的过程，磨墨磨人。有人曾说，读书真事业，磨墨静功夫。人言磨墨墨磨人，磨穿铁砚始堪珍。那时候，我只知道两件事情，一是砚台上部较深的槽子叫砚池，一般用来盛水，下部浅的部分叫砚堂，是磨墨和润笔的。二是在这方砚台的底部，印刻有一个大大的"张"字，可以想象是我那位举人的老爷爷手里购置下，并因了深爱而令匠人雕刻下这一个标明归属的大字。

每次用完砚台写完对联之后，父亲在一边洗着手，而爷爷则认真清洗着砚台，他还会在砚台上涂抹一些植物油之类的东西加以护理，之后又恭敬地摆放在方桌上面的木座上。

后来，父亲把那副古联带到他教学的那个县城中学了，悬挂在办公兼卧室的屋子里，而那方古砚台因沉重不便携带而留在了老家。那副古联与这方古砚有没有内在关联呢？我没问过父亲，估计他也说不清楚。

在之后的日子里，大约1975年，那副古联被一位颇有权势的县领导看上了，让手下的大小头头们再三说情，做工作，陈述利害，父亲终于把那副家传古联忍痛送予那位领导了……而老家的那方古砚，则在1971年冬天，公社大队组织的民兵们对乡村家户大清查时，被大队的民兵们搜去了。

岁月的溪水流到了2003年的时候，临汾的一位文友要出版他的小说集子，让我写序言，请我喝酒时又诚恳地送我一副他收藏的楹联墨宝。回到家里展开，大为惊讶，原来竟是多年前我家祖传的那副古联！一时百感交集，感叹良多，不知说什么好了。而早在十多年前的1996年春季的一天，回到老家看望中学时老同学，说话喝茶之余，我忽然看到他家厅堂里垫一条桌子腿的地上，塞着一方类似砚台的物件，好奇心使我掏取出砚台来，酷似多年前我家被搜的那方。擦去灰尘，揩去污垢，再翻转过来，那个大大的阴刻"张"字便显现出来。我平静自己的心绪，讲明了事情的来龙去脉，又想到了发小同学的父亲当年曾当过大队"革委会"主任，心下便明白了原委。同学很爽快，呵呵笑着，便像送块砖头一样归还了这方砚台，而我则当即买了两瓶汾酒，交换了这方失而复得的古砚。

一副旧联，一方古砚，它们也有千里归宁的情愫么？抑或是上苍之眼命运之手在无形中成全着这一切？！我一时无语。

近日运城市作家协会主席李云峰贤弟联系，委托我组织临汾市各县市区作家协会主席和知名作家，参与绛州澄泥砚第二代传人蔺涛大师策划的全省一县一砚大型图书《晋在砚中》临汾部分的散文作品创作，这又让我想起了家里那方失而复得的老砚台，遂特意拿出来请书法界的好朋友帮着掌眼辨识一下材质。结果大出意料，它不但是一方澄泥砚，还不晚于清代，而且通过观摩其品相、摩挲其品质和润笔发墨不损毫的使用效果，朋友研判八九不离十，很可能就是古绛州的产品。

我再次愕然了，冥冥之中，果然是有上苍之眼和命运之手在为我们家这方老砚台做着安排，让我这个文字匠在这样一个特殊节点，需要以这样的一篇文章，来成全我与传家宝的古绛州澄泥砚的一段缘情故事，也让这方老砚台与当下新生的绛州澄泥砚融洽相聚，更从精神上重新回归到它的出产地古绛州了。

张行健　中国作家协会会员，一级作家，山西省作家协会副主席，临汾市作家协会主席，山西省委联系的高级专家，鲁迅文学院首届高研班学员，山西作家协会首届签约作家。1983年开始发表作品，先后在《山西文学》《黄河》《人民文学》《青年文学》《中国作家》《西部》《清明》《长江文艺》《山东文学》《延河》《山花》《现代小说》《当代小说》《边疆文学》《广州文艺》《绿洲》《火花》《中华散文》等多种纯文学刊物发表短篇小说50余篇，中篇小说40余部，散文百余篇。作品曾被《中篇小说选刊》《中华文学选刊》《作品与争鸣》《散文选刊》《读者》《名作欣赏》《中国文学》（法文版）（英文版）《中学生阅读》等刊物选载，翻译。作品并被高考试卷选用。曾出版长篇小说三部，中短篇小说集五部，散文集五部。作品曾获人民文学奖、山西文学奖、黄河文学奖、山西省"五个一工程"奖、赵树理文学奖、山西文艺评论奖等。发表出版作品计500余万字。

运城市
Yuncheng

澄泥砚背后的陶范与德符

吕廷杰

像长江黄河的源头一样,人类文明也有自己的源头。数千年来,人类总是在不断地回溯,将一个旷远的史前时代,演绎得扑朔迷离。也许文字的起源时代,人们使用文字的能力还十分有限,所以历史的故事一直被传说着、演义着、神化着。尽管传说不一定是事实本身,但最重要的一点儿没有变,神的角色都是人的角色的转换。无论时光如何蒙尘,都不能掩饰一个人曾经拥有的辉煌和光焰。这个人就是虞舜。

虞舜是传说中的华夏先祖、五帝中的最后一位帝王。他一生倡孝悌、布五常、传稼穑、教渔陶,以德治国,孝闻天下,开创了政治清明、千邦和合的太平盛世。据《史记·五帝本纪》记载,"天下明德自虞舜始"!这位貌远难稽的古人,几千年来,人们却对他无比的推崇,被后人尊崇为"百孝之首、道德之祖、文明之元"。

舜以孝行天下,是大孝之人。他自幼丧母,继母对其百般虐待。据说是"父瞽、母嚚、弟傲",但不管家庭对他何等毁辱欺凌,他都能孝敬父母,善待兄弟,以德报怨,被后世推崇为24孝之首。虞舜念及苍生,情牵百姓疾苦,弹五弦琴吟《南风歌》:"南风之熏兮,可以解吾民之愠兮;南风之时兮,可以阜吾民之财兮。"因德孚众望,被尧王访贤定为接班人,并把女英、娥皇两个女儿许配与他,被后世传为佳话。

舜继帝位后推行五常之教,定五刑,统度量,明音律,确礼制,使部落联盟过渡到国家雏形。全面铺开了步入文明社会之路,奠定了中华民族的文明基石。他提出的德孝思想,对后来中华民族优良品格的形成和人类社会的演进产生着深远的影响。

舜生于河东的诸冯,受封有虞氏,制陶河滨,躬耕历山,建都蒲坂,其出生、成长、逝世均在运城市境内,晚年时禅让帝位于禹。禹专门选鸣条风水宝地,为他修建了行宫,死后便葬于行宫之内。孟子说:"舜生于诸冯,迁于负夏,卒于鸣条。"据本地县志和庙内碑刻记载,舜帝陵始建于禹时,庙宇建于唐开元二十六年,1985年被省人民政府确定为省级重点文物保护单位,2006年5月被国务院公布为全国重点文物保护单位。

数千年来,舜的功绩不断被人传颂,足以说明舜是人类政治历史舞台上一个难得的圣君,在人们心中有着特殊的位置。他和尧共同创造的被后世称为"尧天舜日"的理想社会,就是人们对上古文明的一种最大的肯定。他的"德孝"思想,惠及了一代又一代的传人,其文化所承载的内涵,树大根深,庇荫了子孙万世。

数千年来,其光焰熠熠不灭,庙宇内香火鼎盛。何也?其根源就在于舜的民本思想和其承载的文化底蕴的深厚!由于舜文化内涵的丰富、影响的广泛,历朝历代都把虞舜视为"德宗孝祖"和神明来朝拜。

据说,澄泥砚的品质硬核,也和虞舜有关。如果我们有心窥探中国澄泥砚的底蕴,通关密钥或许就是"河滨遗范"。

"河滨遗范"是舜陶河滨的故事。据《史记·五帝本纪》记载:"舜耕历山,历山之人皆让畔;渔雷泽,雷泽上人皆让居;陶河滨,河滨器皆不苦窳。"这里最感动人的是舜制器不苦窳。不苦窳是无瑕疵、裂痕的意思,亦即损伤有瑕的陶瓷不能贩售市肆。他之所以制器不苦窳,体现了他的德行操守和精益求精的工匠精神。

说到舜帝陶河滨的故事,就不得不提到舜同父异母的妹妹敤首。据说在砚台上绘画造型始于敤首。敤首名嫘,是史前有名的奇女子。据文字考证,她是中国历史上记载最早的以画入史的画家,被称为中国画祖。《画史会要》中说:画嫘,舜妹也。画始于嫘。《汉书古今人物表》里亦有记载。《列女传》盛赞她善画,造化在心,别具神技。在盐湖区舜帝陵庙正殿的右侧,有一个敤首祠,供奉的就是舜的妹妹。

舜帝是大善之人,对同父异母的妹妹非常关爱,敤首也特别喜欢这个哥哥,在哥哥遭受父母虐待加害时,她总是帮着哥哥。哥哥陶河滨的时候她就跟着哥哥学制陶,并成为哥哥的左右手。由于她喜欢作画,舜帝在制陶时就专门为妹妹做了许多个放置绘画染料的陶器,也就是早期的砚台,并让妹妹在坯子上面雕刻作画,从此以河泥烧制的陶砚,就有了艺术的价值,受到文人喜爱。虽然那个时代还是枝笔叶笺的时代,但早于文字的绘画已经盛行,在陶器上作画也是常事。雕刻和绘画着各种花鸟虫鱼的器物深受人们喜爱。雅俗共赏的陶制砚台,也就必然随着社会的文明进步

盐湖区·舜吟南风砚

德化九州，沐南风而解愠；
歌传千古，奏韶乐以阜财。

——孙永年撰联

走进人们的生活。以至于在有了墨笔简书的时代，砚台便正式登上大雅之堂，成为文房的必备之器。

当然，后来的澄泥砚能成为砚台中的极品，享誉全国，并非偶然。为什么这样说呢？首先是舜帝的不苦窳大德的融入。澄泥砚出名有很多说道，但不可否认的是，文人墨客追求的那种德行境界和做人为文的良知，在澄泥砚上有更多的寄托。其二是它材料的特质——河滨泥巴。因为当时的舜帝就住在河东汾河涑水一带，到处留下了他制陶的足迹，他的品德精神自然就赋予了烧造的魂魄。其三是澄泥砚的艺术雕刻的独绝技艺。因为它有画祖黻首的原始创意。它的不同凡响还在于它的艺术造诣独特,作品栩栩如生,千姿百态,精雕细琢,雅俗共赏。加上数千年的接续传承,发扬光大。而最难得的是它美不胜收、不确定的窑变色彩。

而绛州澄泥砚,一直以来备受帝王士大夫所推崇。其原因还是藏在澄泥砚背后的人文故事与品质,还有它承载着的品德精神符合人们的价值取向,是个德艺双馨的"极品佳人"。历朝历代,很多帝王都以至德和盛德皇帝而自居,将陶范充为德符,认为懿德可以让他们拥持天地,合受万邦。因此,自唐宋以来,有许多帝王,都把拥有一方澄泥佳砚作为高尚品德的象征和吉象瑞兆。据说到了清代,喜欢把玩陶瓷器的乾隆皇帝,对于澄泥砚推崇尤甚,大力宣扬陶河滨的典故,不遗余力编纂陶冶书籍,而且还写有多首题陶诗,更是让澄泥砚走俏。

虽然到了近代,由于书写形式的变迁,"文房四宝"越来越被边缘化、小众化,制砚的工匠也越来越少,那些能够代表澄泥砚的传世精品之作自然就成了凤毛麟角。但随着时间的推移,华夏文明又进入了一个崭新时代,文化自信让绛州澄泥砚又重新大放异彩,成为国家级非遗保护项目。绛州澄泥砚文化遗产背后的德孝故事、人文精神,一定会被人们赋予新的时代内涵而代代相传。

关于舜的生平功绩记述文字虽然很少,但在百姓中却口碑林立。舜后裔的枝繁叶茂,已让舜的灵魂附着于五岳九域。作为舜的后裔和故里人,我们有责任弘扬舜的德孝思想,挖掘和传播虞舜文化,把传统的道德文化理念和现代的道德文明乃至和谐社会相糅合、相嫁接,让其成为新时期以德治国的有益补充。从另一种意义上讲,舜文化的开发是探索人类史前文明、追溯人类起源,延续断代历史的需要,更是带动旅游产业、发展区域经济的必然选择。虞舜文化是历史的延续,是未来的拓展,是一项承前启后的伟大工程。因此我们要弘扬虞舜文化,发掘它的文化内涵,使之成为人类文化的宝藏。深入挖掘、研究、弘扬虞舜文化,对于我们今天高擎"以德治国"旗帜、传承中华道德文明、促进社会主义精神文明建设、构建和谐社会、实现中华民族的伟大复兴,具有重要的现实意义。

吕廷杰　中华诗词学会会员,山西省作家协会会员,运城市盐湖区作家协会主席,《盐湖文学》主编。出版有诗集《一片落叶的声响》。

夜读春秋明诚信

何敬民

提起关公,在中国甚至全球华人世界,可谓大名鼎鼎,如雷贯耳。在其故里今山西运城,不仅关老爷之尊号妇孺皆知、家喻户晓,就是讲说他一生的彪炳战绩及神勇传奇,恐怕任谁都如数家珍,耳熟能详。关公,业已成为家乡人引以为傲的标志性人物和精神名片。

关公,姓关名羽,字云长,今运城盐湖人。蜀汉名将,以"忠义仁勇"名冠天下,封"汉寿亭侯",颇受时人称道及后世尊崇。自唐以降,荣享官方祭祀。至宋徽宗始封"忠惠公",继封"崇宁真君""义勇武安王",明神宗封"关圣帝君",清廷各位帝王对关羽也推崇备至,封"关圣大帝",光绪时封号繁复多达26字,更是无以复加。至此,历代先后有15位皇帝20多次颁旨褒封,关羽由侯而公、而王、而帝、而君,被崇为"武圣",尊为"夫子",与"文圣""孔夫子"齐名。甚至由"人"而"神",登峰造极,堪称空前绝后!

关羽生前一介武将,身后却备受推崇,三代追封,立祠造像,春秋致祭,最终成为华夏民族共同尊奉的偶像,千百年至今哀荣不绝,尊崇可谓隆矣。祭祀关羽的庙宇,一般称为关庙或武庙,遍布神州城乡。武庙普及程度,比之文庙更甚,连孔圣人也望尘莫及。正所谓县有文庙,村村有武庙,其影响之广泛仅此可见一斑。

在关公的故里盐湖区,祭祀关公的庙宇村村皆有。因乡人习惯尊关公为"关老爷",所以大都称之关庙或老爷庙。然当时于幼年的我来说,关庙却如一个超然于现实生活的"精神"所在,散发着神秘的气息。及至稍长,透过村民绘声绘色的古今讲说、戏台上生末旦丑的念唱作打,才渐渐将庙堂中的彩塑与四壁上的故事绘画联系起来。

再到后来，我才终于明白，那里展现的不仅是这些表象，还有更深层次的精神和文化，值得我们去深究思考。

关羽一生征战南北，其足迹故事遍及东西，之所以生前名冠三国、威震华夏，身后万代瞻仰、跻身神圣、堪称"万世人极"，定然与其品格操守密不可分。关羽一生敬事效主不避死，对国以忠；重义轻财不负心，待友以义；扶弱济困抑豪强，处事以仁；驰骋沙场建奇功，作战以勇。英武盖世，绝伦逸群。其性格品质，符合民族的文化道德匡范，满足了百姓的心灵期盼，故而深受各阶层崇拜，成为后世人们的道德楷模。

关羽身处东汉末年那个风云际会、群雄逐鹿的时代，从初时怒杀仗势欺人的豪霸而亡命江湖，即表现出扶弱锄强、敢作敢为之侠义；"桃园三结义"后，终生追随刘备，为"复兴汉室"大业，南征北战、生死与共。"土山三约"、一诺千金，富贵不淫、威武不屈，既行国家大义，又全兄弟小义；而华容道私放曹操、战长沙义释黄忠，又表现了他知恩图报、不乘人之危的"国士风范"。无论"言必信，行必果"，抑或"士为知己者用，士为知己者死"，都完美和谐地统一于一人之身。在当时即是崇忠尚义的英雄，为后世树起了一个天下义士的崇高标杆。真如毛宗岗所评说："顺逆不分，不可以为忠；恩怨不明，不可以为义。如关公者，忠可干霄，义亦贯日，真千古一人。"

关公居蜀汉五虎上将之首，然诸葛军师却赞之曰"美髯公"。他一生历战无数，过五关斩六将、擒于禁斩庞德、水淹七军，战功彪炳；他千里走单骑、单刀赴会、刮骨疗毒，传奇故事天下传诵，其"神勇"非一般勇武之士可匹，被誉为"万人敌"，令后世钦敬不已。所以作为尽人皆知的"武圣"关公，其横刀立马的戎装像最为常见。然而在解州关帝庙中，有一座关帝的寝宫，因其中供奉着一尊关公夜读《春秋》的便装塑像，故称作"春秋楼"。这尊关公像，凭案而坐，扶带拈须，青灯观青史，赤面映赤心，气宇轩昂间展现出一种文雅之气，威风凛凛中蕴含着些许宽厚仁慈。也许他善待卒伍、义释曹操黄忠、秉烛达旦夜读、立身处世不违良知的道德品格，由此可以得到完美诠释。其所表现出"仁"的一面，也历来为世人称道。如果说"文圣"孔子从思想方面构筑起中华传统伦理道德体系，那么"武圣"关公则是在实践层面践行该伦理道德的光辉典范。故而世人叹曰：孔夫子，关夫子，万世两夫子；修春秋，读春秋，千古一春秋。

史书《三国志·关羽传》裴松之注本载称："（关羽）好《左氏传》，讽诵略

盐湖区·关帝夜读春秋砚

泥淬绛霞，砚底龙韬藏夜月；
公怀赤胆，灯前麟史鉴忠心。

——孙永年撰联

皆上口。"意思是关公熟读《左传》，并达到了炉火纯青、倒背如流的程度。清代辑佚大家黄奭记说：有墓志言关公及祖父石磐公、父亲道远公，三世皆习《春秋》。此说见于碑刻，当有所据。可见因其家世传《春秋》之学，关公年少即习之，年长犹能背诵，足见其对《春秋》研读精熟程度。古典小说《三国演义》二十五回"屯土山关公约三事 救白马曹操解重围"中有这样的情节：曹操攻下徐州，刘备投奔袁绍，关羽被围屯土山，张辽劝降，他开出三个条件，缺一则断不肯降。曹操答应后，关羽无奈入曹营暂居许都。曹操有意让他和甘、糜两位夫人同居一室，关羽待二位嫂嫂十分恭敬，则秉烛于门外，专心致志读《春秋》，通宵侍立，毫无倦色。

晚唐学者陈岳说："圣人之道，以《春秋》而显；圣人之义，以《春秋》为高；圣人之文，以《春秋》而微；圣人之旨，以《春秋》而奥。"《春秋》道明了中华民族独具特质的礼法制度、纲常伦理、道德精神、文化传统、人格修养、社会规范所具有的意义和功能。这便是孔子寄寓善恶褒贬之义而作《春秋》的宗旨与初衷，也是关羽践行《春秋》要旨，扬善止恶、大义参天的根本遵循。

与孔子修订《春秋》而成为文圣人不同，关公他惯使一柄"青龙偃月刀"，熟读一部《春秋左氏传》，而为武圣人，可谓文武双全。湖北阳新关帝庙有副对联："作圣有何奇，认真'忠义'两个字；慕公无别法，熟读《春秋》一部书。"《春秋》思想，正是关公文化的思想核心。

关羽熟读《春秋》，自然也深明《春秋》义理，得《春秋》要旨，并将其精义熔铸到了灵魂中。《三国演义》中的夜读春秋不仅是关羽对皇兄的忠义的承诺，更反映出关公诚实守信的品质本性。即便在其后赤壁之战曹操败走华容道遭遇关羽拦路之危急时刻，曹操也正是深知其乃义重之人，故用程昱之策以《春秋》动之，侥幸困境得脱。关羽的这一天性经《春秋》道义的熏染，不仅成就了他忠义诚信的魅力人格，而且升华成华夏民族最宝贵的道德典范，千古流传。所以，在中华传统文化中，后世人将关公视为熟读《春秋》、践行"春秋"思想的标杆，加以推崇和膜拜。

诚信自古便是中华民族的传统美德，诚信即待人处事真诚老实、讲求信誉，一言九鼎，一诺千金。更有人将它提升到为人之要、立身之本、齐家之道、交友之基、为政之法、经商之魂的高度。关羽一生熟读春秋，乃文乃武，至信至刚，鞠躬尽瘁，死而后已。他一生赤胆丹心、襟怀坦白、待人以诚，守誓践诺、轻利克己、为人以信，奠定了他做人的道德底线。"桃园结义""挂印封金"，解"白马之围"便是其践诺诚信之明证。

历史上真实的关羽，一身正气，神勇无敌，做事坚持原则，刚正不阿，虽出身平易，却能深得民众敬重爱戴，被尊为"关公"，显然是因其融汇了不同的文化因素和精神追求。在普罗大众眼里，关公是受人崇拜的英雄，处世立身的榜样，更是一尊须虔诚敬奉的神明。更为有趣和令人深思的是，不仅关公始终恪守忠义诚信的人生信条，而且诚信为先、以义取利也被源起于盐务的晋商奉为商道精髓，并拜关羽为祖师，也正是基于"信义"二字。后来晋商渐渐称雄，整个商界都把关公奉为"武财神"，不仅成为招财之神，更是成了他们的守财之神。

英雄有几称夫子，忠义唯公号帝君。在如此忠君奉主、守节尽义的关羽身上，帝王天子看到了忠耿之心，士大夫看到的是忠肝义胆，平民看到的是侠义心肠，江湖人则看到了然诺义气……因此，关羽去世后，不仅被民间尊为"关公"，而且逐渐被官方神化。人气颇旺的关公因恰到好处地融儒、释、道精神于一身，以至先入佛，继而入道，再入儒教，并被相继封为各教尊神。"儒称圣，释称佛，道称天尊。"达到了三教圆融、万民共尊的极致境界，形成"三教同奉"的宗教奇观，古今中外绝无仅有！他为社会各阶层所悦纳，也赢得了历代朝廷的极力推崇。信众从帝王将相、达官贵人到平民百姓，从都市巨贾、乡野村夫到巷陌妇孺，涵盖了社会方方面面。一时间，朝野间关庙林立，四时节香火旺盛，忠义观念深植人心，仁勇德行激励后昆。关公渐成忠义仁勇之化身，后世人人敬仰，万代顶礼膜拜，成为世代尊崇的杰出典范。

时光已历千年，虽然这位被封建王朝封圣封帝、被黎民百姓奉为天神老爷者已化为历史的烟云，但关公忠义仁勇的精神，已深深地融入故乡的肌体，千百年来不断濡养和激励着生活在这片土地上的一代代子孙，并得以世代传承，不断发扬光大。也早已植根民族的土壤，融入了中华的血脉，成为华夏优秀文化的重要组成部分。

正如这一方历经千淘万漉、千锤百炼、精工巧做、烈火煅烧方得嬗变成器的忠义仁勇澄泥名砚，传承悠悠古韵，续写时代芳华！

何敬民　运城市作家协会会员，现任盐湖区作家协会副主席。作品散见于《经济日报》《山西日报》《学习报》《运城日报》《黄河晨报》《盐湖文学》《今日盐湖》等报刊及《行参菩提》《文学微刊》《现代散文网》《西部散文》《古运新城》《夏都文脉》等微信公众平台。

话说绛州澄泥砚品中的关公系列

李云峰

在采访撰写名列"山西三宝"的绛州澄泥砚的报告文学期间,笔者有机会集中了解蔺永茂、蔺涛父子恢复、创新绛州澄泥砚这一古老而又新生的泥砚之宝的艰辛历程,和凝聚其中的矢志不移地弘扬民族文化瑰宝的宝贵精神。

及至目前,有机融合历史、文化、科技、艺术于一身的绛州澄泥砚,已成为集工艺品、旅游纪念品、文化礼品、收藏品、馈赠品于一体的高品位综合艺术珍品,并以其独具特色的品牌效应,越来越为国内外不同阶层受众所喜爱。伴随而至的,是应接不暇的荣誉奖章与奖杯——四度入选"中华民族艺术品",六度蝉联中国文房四宝行业最高荣誉"国之宝"称号;七次被联合国教科文组织授予"世界杰出手工艺品徽章",这是世界手工艺品的至高荣誉。

在采访的过程中,笔者留意到,制砚大师蔺涛对关公文化题材情有独钟,而且已经陆陆续续创意制作出多款关公文化系列精品砚,并且收到了良好的社会效益,其中的故事,值得记述成文。

耳濡目染的关公文化情结

说起蔺涛先生与关公文化的渊源,不得不提起老家光村那座关帝庙。

光村作为中国历史文化名村,有人类活动的痕迹,可以上溯到四千年前新石器时代的仰韶文化遗存;而有碑文记载可循的建村历史,也可以追踪到一千多年以前的福胜寺碑刻;现在村中尚存的几十座深宅大院中立体史书样的文明页面,可以让我们洞穿时空，遐想久远；而今天仍然完整保存的福胜寺，还有或以遗存形态留存在村落间，或以图文形式标记在《光村古建八景及庙宇方位图》中的东岳庙、玉皇庙、火神庙、娘娘庙、土地庙等诸多寺庙，更让我们推想着这个村落曾经的晨钟暮鼓、香烟袅袅、祥和安宁，这其中就有蔺涛先生提及的关帝庙，俗称关老爷庙。

这座关帝庙位于光村的东南角城墙内，依城墙而建。虽说从幼年时候起，他见到的就只有后殿看庙人住守处残垣断壁的样子，但仍然觉得有一种神秘的氛围笼罩着，从来不敢轻易靠近。因为听村里上年岁的老者讲说，别看破烂，那可是有关老爷的神灵护佑着哩。谁如果不信，他们会由这座庙曾经的辉煌讲起。

蔺涛说，由他父亲蔺永茂主编的《从远古走来——中国历史文化名村光村》一书当中，收录的郑华龙撰写的《光村人灵魂的守护神》一文，就有对这座曾经宏伟壮观的关帝庙庙貌的形象描述：

  此庙坐北面南，正门设在庙园西南角。门楼高大，承砖木结构，两扇红门有两三寸厚，几排蘑菇圆钉纵横有序缀在其间。门上高悬一匾，四个金光大字"义存汉室"熠熠生辉。上款：时庚戌冬月节同冰霜俱凛争光日月；下款：赵楷书。进门后，首先映入眼帘的是正殿、献殿，及大小戏台各一座，环视见正殿东北角尚有一较小的马王殿，靠西墙设有多间厢房。庙内几棵虬枝盘绕的柏树，遮挡着大片的阳光，郁郁葱葱，凸显出庙宇森严，大殿背后是后殿小院。

  步登三阶进入券棚式样的献殿，殿顶垂悬一八卦形顶匾，书一狂草字样，非常奇特，文人大都不能识别，给后人留下难以破解之谜。献殿竖数通石碑，内容无非是此庙创建、修葺、演变的历史及塑像妆彩、庙宇添色捐资之类史料。

  正殿面宽五间，进深四椽，硬山剪边琉璃瓦饰，檐下有五步作斗拱，前壁为板门、直棂窗。殿内高台之上塑有关帝读春秋圣像，两侧有两位陪侍书童；台下右塑关平捧印，左塑周仓持青龙偃月刀。背墙及两翼山墙，均彩绘有精美壁画，描绘关羽一生过五关斩六将、古城壕边斩蔡阳的丰功伟绩，体现其"仁义忠勇"、光照乾坤的故事内容与精神境界……

又据该书相关章节记录，每年正月十五、十六是村里的关公庙会吉日，村民们都会为关老爷献演一台自己组织编演的家戏，欢乐娱神，以慰忠魂。关帝庙中一座戏台毁于日寇侵华期间，正殿及献殿则毁于1958年"大跃进"时期。

但是就这样，谁也别想打它的主意。据老者所言，有人家砌墙展路，暗自侵占了关帝庙的地界，还有把猪圈茅厕盘在里面的，不久家里就都出事了。后来还有一个村民占用关帝庙场地开厂子，锅炉竟莫名其妙地爆炸了。都说是惊扰了关老爷，所以那位村民也赶紧把设备迁走了。

这些神异的传闻，让小小年纪的蔺涛从中悟出了做人做事的一个道理：一定要本分守信，不做不义之事，也不要心生贪念。

尤其是每年正月里，村民们仍然遵从旧俗，从福胜寺请出一尊原来就供奉在关帝庙中的关老爷夹纻胎漆器神像，安置在轿子中抬起来列队游村的盛况，让少年的蔺涛更觉得关老爷就是一位能保佑全村父老乡亲平安、福寿、发财的神灵，很了不起的。那尊塑像，曾经请专家考证过，属于珍贵的文物级别，只是尚无法断定塑造的具体年代。

及至后来在上学、工作的过程中，随着不断接触与关公有关的历史文化及民俗知识，他得以进一步了解熟悉了这位被光村人敬奉为村民灵魂守护神的关老爷，如何以自己忠义仁勇的高贵品格，由叱咤三国、威震华夏的一代名将，于身后一步步封王成神，被赋予了司命禄、佑科举、治病除灾、驱邪避恶、巡查冥司、庇护商贾、招财进宝等职责，成为一尊法力无边的全能神祇，更成为一位代表着民族传统文化道德精神的形象代表。当然，也成为自己做人做事的楷模。

以独特的形式弘扬关公文化精神

1986年，蔺涛追随父亲，成立"绛州澄泥砚研制所"，花费六年多时间的艰苦探索，终于恢复了绛州澄泥砚——失传三百多年的四大名砚之一的澄泥砚的代表品牌，并通过专家鉴定，获得社会广泛认可，取得国内外大奖无数，以"绛州澄泥砚"品牌赢得中国砚台产业中唯一的"中国驰名商标"。特别是从父亲手里接过绛州澄泥砚的发展重任后，如何在扎扎实实承传好这一传统瑰宝所具有的精湛工艺、所包含的丰富历史文化底蕴的同时，再进一步为这一知名品牌注入新的活力。适逢经济大环境发生变化，市场出现疲软不景气局面，绛州澄泥砚的发展真的是遇到了严峻的挑战。

蔺涛认为，砚台作为一种文化现象，收藏、把玩虽说尚有一定的需求，但市场份额很低，全国有那么多砚台行业，总会有饱和的时候，所以绛州澄泥砚的出路前景，

盐湖区·关公千里走单骑砚

赤兔追风,孤影横刀辞汉月;
青龙饮血,单骑破阵护桃盟。
——孙永年撰联

取决于绛州澄泥砚以怎样的姿态去融入社会。

通过深入的社会调研和认真的分析思考,他提出了"作品当歌颂时代"的突破方向。也就是要让绛州澄泥砚参与反映国内、国际重大活动,更好地服务于党、服务于国家、服务于社会,并由此确立了绛州澄泥砚的呈现形式,应该走一条把传统融入时代发展的创新之路。具体而言,就是要用这一代表传统手工艺美术审美的艺术载体，表现新时代的生活风貌，记录新时代发展成就，让绛州澄泥砚成为实现中华民族伟大复兴中国梦不可或缺的有机组成部分。

就在他重新调整观念认知，听从山西省二轻工业总公司和山西工艺美术学会有关领导，特别是工艺美术工业总公司副经理杨伯珠先生的指导建议，决定利用绛州澄泥砚工艺品牌，首先通过发掘古老河东丰富的历史文化题材，开发方兴未艾的朝阳产业——旅游纪念品，通过丰富各处旅游景点富有地域特色的文化产品，借以提升不同县域历史文化知名度的新尝试之际，家乡的关帝庙，那尊神采奕奕的关帝塑像又浮现眼前，再联想到全世界关帝庙的祖庙解州关帝庙、常平家庙，这不就是代表着我们运城市地域历史与民俗文化，尤其是当代运城人文精神靓丽名片的重要题材之一吗？而关公本人丰富多彩、义薄云天、感天动地、家喻户晓的生平故事，不正好适合用绛州澄泥砚的形式进行表现吗？于是，一个设计创作关公系列精品砚的创意念头油然而生，令蔺涛感到兴奋不已。

蔺涛还清楚地记得，第一组关公题材的砚品，设计的是一对瓦式砚，是以古代的砚瓦造型来表现关公表明心志的风雨竹题材。具体布局，上方正中分别浮雕风竹、雨竹，左侧阴刻"汉寿亭侯印"，右侧分别阳刻"不谢东君意，丹青独立名""莫嫌孤叶淡，终久不凋零"；中间砚池两侧，分别竖排阳刻着"炎汉古甓惟天所赐，子子孙孙永宝珍袭"；并在下面配刻上传说是关公书撰的"四好碑"内容："读好书，说好话，行好事，做好人。"创意初衷，缘于澄泥砚的前身就是陶砚，而陶砚的前身，则是始于秦代的澄泥做的陶件。秦砖就是用淘洗过滤过的澄泥制作的，汉代未央宫和铜雀台的檐瓦，也是用这样的澄泥制作的，是所谓"秦砖汉瓦"，制作技艺精良。当这些曾经万人景仰的皇家宫殿凋落之后，人们便将未央宫、铜雀台的瓦当，去其身改做研墨膏笔的砚台，发现其质地坚硬，发墨润笔的效果，远胜过一般澄滤较粗的陶砚，俗称瓦头砚。进而，又用带弧弯的瓦身制作成砚台，称为砚瓦。而关公正好是东汉末年三国时期的英雄人物，所以用砚瓦的造型，正好包含了这样一层双向的厚重历史文化寓意，成为一种完美的结合体现。

紧接着，蔺涛又趁热打铁，创意完成了"千里走单骑砚"。"千里走单骑"取材自罗贯中的名著《三国演义》，讲述的是关公当年在曹营中得知兄长刘备下落后，依照土山之约，毅然决然地辞别曹操，保护着甘夫人和糜夫人，千里迢迢投奔刘备的故事。这恰好是关公对表明心志的《风雨竹》诗情画意的身体力行。而这方砚台上的关公形象，虽身披战袍、手持青龙偃月刀，身下跨着雄赳赳气昂昂的赤兔马，面部表情却是那样的儒雅亲和，由内向外散发着一股凡夫俗子所未有的浩然正气。特别是那动感十足的画面效果，关公似乎正伴着赤兔马"哒哒哒哒"的铿锵之声，就要从鳝鱼黄色的砚台上走下来一般栩栩如生。这方砚台作品之所以能获得这样的表现张力，源于蔺涛在创作当中，先把国人熟悉的关公的庙堂神像、家户供奉的画像、坊间传播的连环绣像、古往今来戏曲舞台上的红生脸谱造型、现当代美术作品形象一一细加揣摩，深入领会，然后把自己心目当中融会出来的忠诚勇敢的关公形象呈现于砚台之上。难怪这方砚台得到中国文房四宝协会郭海棠主席的赏识，夸赞它是具有很高收藏价值的艺术珍品。

随后，《关帝夜读春秋砚》《单刀赴会砚》《忠义仁勇砚》《华容道义释曹操砚》《义薄云天砚》等，都以各自的因缘际会，在蔺涛的刻刀下依次完成，它们都以极具代表性的独特造型与构图，恰到好处地艺术再现出关公伟丈夫的传神之处。这一系列精品砚作，接连获得砚界专家与藏家的赏识，其中的《关帝夜读春秋砚》，联系求购收藏者更是络绎不绝。

有故事的《关帝夜读春秋砚》

蔺涛先生在介绍《关帝夜读春秋砚》时，特别强调是专门为2013年关帝祖庙圣像赴台湾巡游活动定制的纪念礼品。

开始设计制作的时间是2011年，题材取意历史上的武圣关公喜读文圣孔子编修的《春秋》史传，寓意关公追随刘备讨伐挟天子以令诸侯的乱臣贼子曹操，为匡复汉室、一统天下竭尽全力，行的是春秋大义之王道。砚台构图与人物造型，以解州关帝庙春秋楼上关圣帝君夜读春秋神像和光村木版年画《关公读春秋》等美术作品为参照，结合砚台方寸之地浮雕表现的艺术特点，为人们呈现出一位一身凛然正气、器宇轩昂的武圣形象。

当他们把设计图案初稿拿出来后，适逢台湾组队前来关帝庙参加金秋大祭活动，领队看过后，为了慎重起见，又把设计图稿发往台湾巡游活动的对接部门负责人，征求意见。意见很快反馈回来，主要提出一点要求：关老爷既然是帝王，图案中就必须加一条龙啊。蔺涛又重新构图，让象征帝王威严的神龙，从左侧腾云驾雾，龙首昂扬于砚台的正上方，与端坐右侧展卷《春秋》的关圣帝君的目光一致，共同朝向左前方。台湾方面对这一稿的效果，非常满意。

蔺涛说，当时我们这边和台湾方面商定，限量制作108方，由当时的山西省对台办主任、山西省书协副主席黄进铭题写"关帝圣像赴台巡游专制"。

等花费一年多时间烧制成功，挑选确定好总方数后，他们又依序全部编号，并特意到关帝祖庙举行了隆重的开光仪式，其中的第一号和第二号作品，特意捐赠给了关帝祖庙和关帝家庙。

当巡游活动启程的时候，他们按照编号，专门给台湾那边带过去60多方，由山西省对台办领导赠送给星云大师、郭台铭等文化名流、台商以及其他贵宾友好。

得到这一宝贵馈赠者，大家无不表示非常难得，一定要好好珍藏。其中有几位嘉宾和砚品藏家，还特意找到山西省对台办的领导，反复提出同一个问题：你们这方砚台到底做了多少个？到底做了多少个？领导很纳闷，询问蔺涛，蔺涛也觉得是丈二和尚摸不着头脑。这样，他们只好"解铃还须系铃人"，再遇到提问者，先请教他们为什么总关心制作的总数。

对方解释道："你们这个编号是多少个，就应该确定只能做多少个，绝对不能多做，因为只有限量版的，才能保证它的升值空间。也就是说，这方精品砚，他们不但认为有很珍贵的收藏价值，更看好它的巨大升值空间。"

讲到这里，蔺涛非常自信地说："截至目前，就全国澄泥砚产品而言，关公文化题材系列砚台的开发，绛州澄泥砚推出得最多，而且做得也最好，尤其是这方《关帝夜读春秋砚》。大概正是因为它所具有的独到艺术创意与潜在升值空间，到目前为止，也是关公系列精品砚当中被其他澄泥砚制作厂家仿制侵权最多的一方。只是这些无良商家或因水平问题，或者只为急功近利骗取钱财，他们只是照搬了我们作品的大致构图和造型，把关帝形象刻塑得粗糙不堪都不说了，简直是丑死了，说句不恭敬的话，要是让关公看见了，都能被气死！"

说到这里，蔺涛不禁哑然失笑地告诉笔者："前不久，我的一个徒弟去山东济南开会，遇见河南一个叫李喜阳的澄泥砚制作者，他就摆出这样一方同样造型的《关帝夜读春秋砚》，上面龙的姿态和我们制作的作品一模一样。更可笑的是他居然还提出要跟我们合作。我让徒弟告诉他：'你正在侵犯我们绛州澄泥砚的专利，我跟你还有什么可合作的？'他还不承认，也答不上来为什么要在关公上面设计一条龙，被问得支支吾吾，哑口无言。"

笔者闻言，感叹不已："自古晋商敬奉关公，取其忠诚、信义精神，遵行以义取利的仁义商德。而作为今天的企业商家，尤其是选择创意关公题材的砚台制作者，还要以侵权的不正当手段剽窃、仿制、盗版绛州澄泥砚的《关帝夜读春秋砚》同题作品，这不是对他们非法行为的莫大嘲讽吗？"

蔺涛表示："反正这个侵权问题，也是中国文化艺术界面临的一个最严重的问题，我们已经打了多少场官司，感到力不从心，疲于应付，又实在是没办法。只能寄希望于中华人民共和国知识产权法早日得到广泛普及，守法经营能够成为每一个商家的自觉行为。再说了，我们还要花心思在砚品的设计制作和创新发展上面，办正经事，哪能成天把精力耗在那上面？比如这一年的关公文化节，运城市政协组织主办了一个'海峡两岸关公文化与中华文明书画展'，我们绛州澄泥砚给他们定制了专门的奖品《忠义仁勇砚》。砚台设计以简朴典雅的一字池砚为基本造型，背面上部浮雕关公巾袍半身胸像，左上角镌刻关公生前所封'汉寿亭侯'印章，下方是关公的《四好碑》语录。砚台正面右侧的边款'忠义仁勇'，由中国书协原副秘书长权希军题；左侧边款为'海峡两岸关公文化与中华文明书画展留念'。"

最后，他又以惯常的朴实口吻表达一个实实在在的心愿："我们要用不断出新的关公文化系列砚这一精品佳作，来证明我们绛州澄泥砚是最能代表澄泥砚工艺质量与艺术品质的'绛州第一'，将这方具有深厚历史文化底蕴的金字招牌，进一步发扬光大。"

这让笔者想到，现如今的中国，已经进入特色社会主义新时代，在文旅融合发展的大背景下，由运城学人提出的"关公文化"理念，经过孟海生、杨明珠、柴继光、王西兰等一大批关公文化专家学者几十年接力，并以《人·神·圣关公》《武圣关羽》《不朽关公》《世纪之问与时代回答——我们现在为什么还要敬奉关公》等丰富著述，把具有上千年丰厚积淀的关公文化研究推升到一个前所未有的新层次、新高度。而且从关公文化发展的脉络来看，从关公出生到现在，关公文化所经历的是一个超越时空、超越民族、超越国度、超越地域的一个宏大概念。必然是我们中华优秀传统文化的代表。那么以古往今来的澄泥砚当中最具代表性的绛州澄泥砚，来艺术呈现最为优秀、最具代表性的关公文化，堪称珠联璧合，也一定能成为人们祈福美好寄托的心怡首选，也理应成为山西乃至全国文旅产业当中最为亮眼的工艺佳品！

布衣商圣猗顿

杨进元

我国史上最成功的富商巨贾大都有这样一个规律，要么是先商后官如吕不韦，要么是先官后商如范蠡，要么是亦官亦商如子贡，鲜有自始至终皆为平民的布衣巨富，而春秋战国时的猗顿则是个例外。汉桓宽《盐铁论》云："宇栋之内，燕雀不知天地之高；坎井之蛙，不知江海之大；穷夫否妇，不知国家之虑；负荷之商，不知猗顿之富。"一介布衣，一个商人，一人之富，可与天地，可与江海，可与国家相提并论，实不多见。不只如此，2022年，由中国先秦史学会、山西省社会科学院等举办的"中国·猗顿文化研讨会"达成共识，确立了猗顿"中华布衣商圣、实业商祖、晋商鼻祖"的历史定位。

《孔丛子》记载："猗顿，鲁之寒士也。耕则常饥，桑则常寒。闻朱公富，往而问术焉。朱公告之曰：'子欲速富，当畜五牸。'于是乃适西河，大畜牛羊于猗氏之南，十年之间其息不可计，赀拟王公，驰名天下。以兴富于猗氏，故曰猗顿。"

猗顿，生于春秋战国时期的鲁国，他求教于功成名就、急流勇退、辞官经商的陶朱公范蠡，问得"子欲速富，当畜五牸"致富之术，前往"西河"，于"猗氏"即现在临猗县以南的王寮村一带大畜牛羊，成就了从"寒士"而"富商"、从"布衣"而"商圣"的角色转化。2000多年前的临猗县，土地肥沃，草原广阔，水泽丰润，北至峨嵋岭，南到中条山，连成一片，广袤无垠，很适合畜牧养殖。所谓"五牸"，就是牛、马、猪、羊、驴五种母畜。俗话说："母羊生母羊，三年挤倒羊圈墙""母牛生母牛，三年五头牛"。猗顿在养殖上占据着天时、地利、人和等有利条件，总结出"牛者顿足，马者夜饱，其壮也""羊行自饱，寒阳暑阴址"和"牸食之盐，壮也""雄

临猗县·猗顿砚

猗顿遗风凝紫玉，千秋淬火澄泥砚；
汾河活水润青毫，一脉传薪晋地魂。
——孙永年撰联

畜去睾"等牲畜家禽的喂养方法和生殖繁育技术。猗顿以"畜五牸"之术形成规模型畜牧产业后,又以"兴三园"之道致力林果产业,在村东、西、南三面分别建起桃、杏、桑"三园",至今王寮村仍流传着"东桃西杏南桑园"的古老说法。两千多年后的今天,临猗已经是远近闻名的林果大县,70%的土地种植果树、70%的农民从事果业、农民收入的70%来自果业,年产各类水果可达50余亿斤。

《史记·货殖列传》曰:"猗顿用盬盐起。"两千多年前的古河东盐池,比现在的面积大得多,汪洋一片,如练似带。《山海经》说:"景山南望盐贩之泽也。"晋人郭璞注:"即盐池也,今河东猗氏县。"唐人柳宗元在《晋问》中也说:"猗氏之盐,晋之大宝也。"可以想见,当时的猗顿就生活在盐池边上。随着食盐业的逐步壮大,仅靠当地市场和小打小闹的外销显然不够。为此,猗顿开辟了"盐坂道""盐车路""盐运河"三条运盐专线。"盐坂道",又叫盐坂古道、虞坂古道。猗顿所生产的潞盐就是从这里通过他的骡马运输队,源源不断地运往各地。"盐车路"是条百余里长的古道,自现在的禹都,经吴王古渡,过河达秦,一路蜿蜒向西,远销西域。"盐运河"是猗顿开凿的山西地区第一条人工运河。据乾隆《临晋县志》卷六记载,这条盐运河从河东盐池起通向伍姓湖,又从伍姓湖至蒲坂孟明桥入黄河,遥遥百里左右。

《尸子·治天下篇》说:"智之道,莫如因贤。譬之相马而借伯乐也,相玉而借猗顿也,亦必不过矣。"随着多条运输线的开通,猗顿的池盐销售越来越远。运输队出去时运池盐,回来时则捎带贩运些珍珠玛瑙玉石等贵重物品。《淮南子·汜论训》说:"玉工眩玉之似碧卢者,唯猗顿不失其情。"由此可以肯定,猗顿在经营池盐的同时,兼以经营珠宝,并且是珠宝业的大鉴定家。《抱朴子·擢才》感叹:"结绿、玄黎,非陶猗不能市也。"意思是说,这些价值连城的珠宝,如果没有陶朱公范蠡和猗顿鉴定,不能在市场上出售,也没有人敢要。猗顿把从各地源源不断带回的珠宝,经过严格鉴定,分开种类,标明档次,划定价格,投入市场交易。有资本贩运珠宝,有眼力鉴定珠宝,猗顿的珠宝产业风生水起。

猗顿在畜牧、林果、食盐、运输、珠宝等几大产业并举的同时,将诸多的产业升华为最终的慈善业。太史公说:"长袖善舞,多财善贾,其猗顿之谓乎。"又称他"其财能聚,又复能散"。猗顿的慈善主要体现在"济民、开荒、疏河、挖井、急公"十个字上。如在济民上,遇到天灾年景,他将自己积攒的粮食分发给灾民,放粮舍饭,今天的王寮村西南处还保留着"饭家巷"的名称,据说就是当年猗顿所办"济分店"和"舍饭庄"的遗址;又如在急公上,当时诸侯争霸,战乱频仍，灾荒不断，民人贫困，国力不支，他慨然将自己的钱财奉献给国家，并多次把骡马送给军队使用……

古往今来，多少个名噪一时的富商大贾，如流星一闪而逝，如昙花一现而枯，而白手起家的猗顿，其人、其商、其富却能开古启今，永载史册！

杨进元　山西省作家协会会员，运城市作家协会主席团成员，临猗县作家协会主席。先后在《诗刊》《星星诗刊》《山西文学》《工人日报》等报刊发表诗歌、散文等数百（首）篇，出版有《雪色的爱》《张氏三相》《张嘉贞》等多部作品，多次获全国性文学大奖。

河下的土地

陈永安

那天，我站在黄河边凝望这滔滔河水的时候正是5月的一个午后。

立夏不久的太阳很热烈而友好地向广袤的大地施舍着温暖，风从面前宽敞的河床吹来，夹带着浓浓的黄沙泥土味道和少许的鱼腥味儿。我脚下不远的河段，便是汾河汇入黄河的汾黄交汇处。由于汾水的汇入，黄河从这里开始河床变宽，河水也更加澎湃和壮观。远远望去，河水如同一条宽敞而曲折的黄缎绵延地伸向远方的天际。

我久久凝望着汾黄交汇处那片河水和富有浓郁的传奇色彩、早已因河水冲刷大多已陷于河下的那一片土地。

那是一片史书上曾经叫做汾阴脽上、汾阴脽、脽上的土地。

在天地洪荒的远古时代，由于汾黄交汇两河的长期冲击，形成了一块南北长四五华里、东西宽两三华里的狭长河洲，其地隆起，如高丘一般，从高空往下俯视，水边狭长的土地一片连着一片，崛起而高大，陡峭且曲折。由于它处于交流汇合的汾黄两河之间，形状如臀，更像一个女性的生殖部位，这里气候温和，土厚水深，花草茂盛，树木葱茏。

传说当时大地上只有一位地皇女娲氏，她独来独往，甚为孤单。后来天皇伏羲氏从天而降，与其为伴。一日，伏羲、女娲神游，发现了土地肥沃、温暖宜人、适宜万物生长的脽上宝地，他们兴奋地在脽上完成了十分庄严的生育使命之后，并开始在脽上长期生存和繁衍。毕竟繁衍生息是一个痛苦而漫长的过程，如何能让大地拥有更多的人类，女娲氏陷入了深深的思索之中。一日，伏羲氏驾云神游，女娲闲居脽上，无聊之余和了黄土捏着泥人玩，捏好了一个泥人，女娲放在地上，那泥人

万荣县·女娲补天砚

抟土造人播万物；
补天炼石炳千秋。
——范江虎撰联

竟然神奇地活蹦乱跳起来。女娲高兴极了，并把他们分为男女，一个一个地捏着，不大一会儿，脽上的土地多出了一个个快乐的小人儿，他们蹦着跳着，呼喊着"妈妈妈妈"，女娲不由沉浸在幸福和欢乐之中。

女娲每天辛苦而快乐地忙碌着，忙碌着用黄泥捏着许多能说会走的小人儿，白天，看着太阳升起，夜晚，看见星星和月亮照耀着大地。夜深了，她顾不上休息，只是把头枕在脽上的土崖上，略睡一会儿。第二天，天刚微明，她又赶紧和着黄泥，捏着自己可爱的小人儿。但是，大地毕竟太广阔了，她觉得靠自己一个人捏着小人儿，速度太慢了，她多么希望能尽快地用这些可爱的精灵去活跃着这一片生机的大地。一日，女娲忙碌得有些疲倦时，她在脽上走着，无意地从土崖上折下一枝青藤，拿在手里朝脽上浑黄的泥浆中抽打着，随着青藤的起落，那些被青藤带出溅落的泥点，竟神奇地变成了许许多多鲜活的小人儿，他们和先前用黄泥捏成的小泥人没有两样，一个个"妈妈妈妈"地叫着，亲切的叫声回响在脽上，从此脽上和更广阔的大地上拥有了更多的男男女女，他们在人间开始了旺盛的繁衍和生息。女娲抟土造人的故事在《〈太平御览〉卷七十八引·风俗通》中有记载："俗说天地开辟，未有人民，女娲抟黄土做人，剧务，力不暇供，乃引絙于泥中，举以为人。"

若干年后，黄帝为了纪念女娲抟土造人的伟大功绩，在脽上扫地为坛设以祭祀，并留下"扫地坛"的祭祀遗址。到了汉代，汉武帝在脽上修建了后土祠，延续和开启了帝王在脽上如期祭祀地皇女娲氏的礼仪。脽上后土祠后经唐明皇再次修建，宋真宗扩建，形成了一个宏伟壮丽的建筑群。内有奉祇宫、坤柔宫、寝殿、真武殿、六甲殿、朝觐台、钟楼、鼓楼、唐明皇碑亭、宋真宗碑亭、山门、承天门、延禧门、东道院、西道院、秋风楼等二十几处建筑物，史称"规模壮丽，同于王室"。宋朝傅嘉年曾作《北宋汾阴后土祠鸟瞰图》，由此看来，当年脽上后土祠为"海内祠庙之冠"并非虚言。据史料所载，在宋代以前，已录入《荣河县志》者，先后有西汉武帝、汉宣帝、汉元帝、汉成帝、东汉光武帝、唐明皇、宋真宗等十多位帝王在位时多次君临脽上。正如《左传》所说："国之大事，在祀与戎。"可惜清顺治十二年，天降大雨，脽上后土祠因黄河决水而沦荡，仅余秋风楼和门殿。康熙元年，黄河再决，秋风楼和门殿一同淹没，脽上遗迹尽皆消失于滔滔河水之中。脽上土地也随若干年后无数次的黄河灾患多次冲刷沉入河下。如今现存的后土祠，是清同治九年知县戴儒珍重新选址所建。现祠虽不及北宋时脽上后土祠之规模，但南北长240.81米，东西宽105.21米，总占地25268平方米，面积仍算宽阔，并有正殿、献殿、五虎殿、秋风楼、品字舞台和山门等建筑。每年的农历三月十八和七月初五庙会期间，秦晋鲁豫等省游人以及海外侨胞和客商，焚香祈福、拔花求子、致礼献拜达数万之众。

太阳缓缓地飘落在黄河的西边，夕阳让大地和天空变得一片通红。风徐徐地吹着，眼前宽阔的黄河和远方的河水在浑黄中透显着美好而激情四射的红色。我再一次深情地凝望着那片已沉入河水之下的脽上土地，汾黄交汇的河水在这片土地上亲切地拥抱着,又旋着圈儿似乎向这片神圣的土地注目行礼,之后带着一种不屈的精神和磅礴的力量浩荡而去。

陈永安　中国民间艺术家协会会员,山西省作家协会会员,在《山西文学》《黄河》《百花园》《散文选刊》《小小说选刊》等刊物发表小说、散文多篇,著有短篇小说集《两个人的村庄》等。

桐乡凤舞兮，喜从天降

杨 澍

桐乡凤舞，喜从天降。两方澄泥砚，无尽家国情。

桐是凤家乡，桐乡本凤乡。

闻喜之前生，史称自秦一统天下，便在此地设县，芳名桐乡。然而，先民心中，在更远更久之前，这里就是桐的世界，苍苍峨嵋岭，茫茫涑水川，巍巍紫金山，莽莽南北塬，梧桐漫山遍野，无穷无尽。春来花团锦簇，夏至叶映碧空，秋里高歌干云，冬日枝摇雪狂。

桐林如此多娇，引天下之凤竞折腰。

桐世界化凤世界，万千凤凰舞蹁跹。

凤是龙伙伴，金凤舞处有龙潭。三峻山下，一泽如鉴，忽见群龙自天降，从此湖泽是龙潭。舜帝得报，欣然遣使贤明高人董父泽畔豢龙，《左传·昭公二十九年》备记其情其景：

秋，龙见于绛郊。魏献子问于蔡墨曰："吾闻之，虫莫知于龙，以其不生得也。谓之知，信乎？"对曰："人实不知，非龙实知。古者畜龙，故国有豢龙氏，有御龙氏。"献子曰："是二氏者，吾亦闻之，而知其故，是何谓也？"对曰："昔有飂叔安，有裔子曰董父，实甚好龙，能求其耆欲以饮食之，龙多归之。乃扰畜龙，以服事帝舜。帝赐之姓曰董，氏曰豢龙。封诸鬷川，鬷夷氏其后也。"

　　鬷川，乃今紫金山南麓闻喜县东镇官庄村一带是也。董父豢龙之地，则为官庄村外董泽湖。此地累世建有董父祠，经年祭祀不绝。

　　从来龙凤呈祥，天降瑞兆。

　　岁月荏苒。千年之后，周武王荡平天下，西周华夏崛起，一个来自宫中的叫做"桐叶封弟"的故事，又为桐乡增添千古佳话。

　　说是周武王建立周朝三年之后驾崩，其子姬诵幼年继位，是为周成王。其后诸侯国唐国叛乱，周公旦率师出征，翦灭唐国。捷报传来，周成王偕胞弟叔虞正在宫中嬉戏。御花园里，花娇柳嫩，蜂飞蝶舞，梧桐绿叶如伞，其上凤鸣莺啼。忽然，风从桐树顶梢掠过，一片碧叶飘然而下。周成王俯身拾起桐叶，信手撕去。恰于此刻，捷报飞来，周成王连声称好，百官闻讯前来朝贺。周成王低头再看手中桐叶，已然在不经意间撕作一枚分封诸侯的信物"玉珪"。在一片恭贺平叛得胜声中，周成王随手将"玉珪"递于叔虞："封此于汝！"陪侍在侧的史官，将周成王所言记录在案。几天后，史官手执记录，启奏周成王："请择日册封叔虞为唐侯。"周成王闻听，颇感意外，推辞曰："戏言而已，不必当真！"史官答曰："君无戏言。"周成王从谏如流，欣然封叔虞于唐地。桐乡先民有言：周成王册封叔虞于唐，盖因唐有桐乡，凤舞桐乡，桐叶封弟，舍唐其谁！

　　唐易其主，地生"嘉禾"，晋献天子，唐侯燮父改唐为晋。晋地桐乡，九曲涑水冲积万顷沃土，物产丰腴，富甲全晋，晋人呼作"曲沃"，都城翼城不能出其右，晋侯亦曾移都于此。累数世之后，昭侯封叔父成师于曲沃。成师子孙三代，据此膏壤之地，取翼城而代之。献公据古桐乡奠基霸业，文公出古桐乡成霸天下。

　　桐乡，晋国强盛之圣地。桐乡凤舞，为我三晋父老祈福祉。

　　日月轮转，人世沧桑。秦灭六国，大汉雄起，古曲沃风消云散，大桐乡风采依然。秦设郡县，桐乡赫然在册。汉承秦制，桐乡雄踞河东。

　　煌煌大汉，威加四海，等待着桐乡见证她更加灿烂辉煌的那一刻。

　　那一刻到来的时候，定格在汉武帝元鼎六年的那个令华夏儿女、东南沿海炎黄胄裔不能忘怀、永世铭记的日子。

　　这一时刻降临的地方就在远古桐乡凤舞地，大汉河东桐乡县。

　　或许因为年代太久远太久远，也因为华夏太广袤太广袤，没有人会记得，如今

闻喜县·桐乡凤舞砚

联坛佳誉[1]正兴隆，峨嵋携手兴隆，凤舞兴隆隆国粹；
左邑桐乡更闻喜，天下共情闻喜，砚弘闻喜喜人文。

——程勤学撰联

[1] 佳誉，指闻喜、新绛同为全国最佳楹联文化县。

两广之境，曾是百越之地。秦汉之际，百越悉数归顺中原王朝。汉武时期，南越，亦称之曰南粤，拥兵自重，公然分庭抗礼，视中央政府如无物。汉武雷霆万钧，挟天朝雄风，拨一支重兵，风驰电掣，日夜兼程，飞驰南疆。大帝气定神闲，携满朝文武，乘一艘龙舟，吟风弄月，吹箫抚琴，静候佳讯。行吟间，一曲《秋风辞》响遏行云。兴浓时，南方报捷声雷震九霄。有道是，南粤叛军灰飞烟灭，大汉版图金瓯无缺。

喜从天降，天佑中华。

试问经行处，且答"左邑桐乡。"

有喜天上来，喜从桐乡闻！

堂堂汉武，千古一帝，喜充胸臆，乐满肺腑，由衷降旨一道：桐乡故地，闻喜之日。桐乡，闻喜之县！

正所谓：桐乡凤舞处，喜讯天降时。

当此时，人道是，汉武元鼎六年，公元前111年。去此两千余年矣！

闻喜二字好生厚重，华夏复兴何其光荣。

道不尽的个中况味，写不完的砚里春秋。

祈愿中华国运昌盛，喜满人间！

杨澍　山西省作家协会会员，《山西文学》优秀作家。著有长篇历史散文《晋都故绛》，在《山西文学》《黄河》《北京文学》等刊物发表数十篇纪实作品，创作出版《柴泽民在河东》《金长庚传》《席荆山传》等十余部人物传记。

神来"耕读"砚

杨继红

一方黄灿灿的后稷稼穑澄泥砚,呈板枣形,周边雕成农耕始祖后稷教民稼穑图,有后稷、农人、耕牛、收割、碾场、枣树等场景。在有限的澄泥砚边沿,雕刻出栩栩如生的古老农耕图实属不易,这是参照中国最大最完整的稷王庙内的三绝之一"木雕农耕图"创作的最具名片效应的历史文化主题故事。

这方生花的绛州澄泥砚可代表"读",这组教民稼穑图可视为"耕",方寸间,读与耕,经风霜砥砺,蕴古今沧桑,聚河汾灵气,汲古绛精华,塑造出古中国农耕发祥地这座千年历史文化名城的"耕读"精神,绽放出非遗绚丽之花,成为清代稷山县令李景椿笔下"父母斯民一体联,教耕教读绘诗篇"的一部分。

凝视着这方独特的后稷稼穑澄泥砚,我的思绪萦绕稷王山巅,梦回稷邑,穿越千年:澄澈的汾河水映着两岸乡野农家,绘就了晋南独特的丹青水墨。"处处田园播耕忙,家家灯火读书声。"琅琅书声伴着耕牛步履,既有田园之秀,兼具书香之气。

明清版《稷山县志》,写稷山人的特征习性有"勤耕织、知向学"。稷山是农耕始祖后稷教民稼穑之地,百姓自然在农业上"勤耕织",在创业开拓或仕途上"知向学"。这也是这方绛州澄泥砚艺术表现独树一帜的神来之笔。"稷山有四宝,麻花饼子鸡蛋枣",近年来,稷山县全力打造"稷山四宝"四大品牌,而这方澄泥砚作为推广"稷山四宝"对外交流的一张文化名片,则是出类拔萃。

每一方澄泥砚都是一件独立的艺术作品,都有思想理念。习近平总书记讲道:"乡村文明是中华民族文明史的主体,村庄是这种文明的载体,耕读文明是我们的软实力。"耕读文明中蕴含着天人合一、知行合一、自立自强、修身立德等思想理念,

稷山县·后稷稼穑砚

斗转星移，千秋守望农耕史；
粮丰仓满，九域长铭后稷功。
　　——梁文清撰联

是宝贵的精神财富。这方后稷稼穑澄泥砚就具有鲜明的新时代耕读文化特征，是践行"勤耕重读"理念难得的艺术品。

虽然今天的耕读文明所依赖的经济社会基础已经大为不同，但"耕读"思想理念仍有重要的时代价值。裕后勤和俭，兴家读与耕。后稷创造了深厚的农耕文明，也涵养了后稷故里悠久的耕读传家理念。从前耕与读是非常重要的两件事，体现了人们对劳动生产和文化修养的重视。陶渊明的"既耕亦已种，时还读我书"，王冕的"犁锄负在肩,牛角书一束",钱澄之的"日入开我卷,日出把我锄"等诗句,至今为人们所传诵。

绛州澄泥砚是母亲河汾河的馈赠,一把沉淀千百年的"古"泥,揉搓、制坯、精雕、细刻,澄泥砚艺术构思得以尽情展现。经烈火涅槃,窑变奇幻,观若碧玉,抚若童肌,呵气研墨。澄泥砚是有灵性的,为何它贮水不涸、历寒不冰、发墨甚速、不损笔毫?我想,这方小小的澄泥砚历经千百年的耕读淬炼,经历了凤凰涅槃淬火,这一古老的传统手艺,经历了一代代匠人矢志传承和创新,才有了传承的神韵,成为不朽的经典。

据了解,这方后稷稼穑澄泥砚的创作者是55岁的绛州澄泥砚制作技艺国家级代表性传承人蔺涛,他跟随父亲蔺永茂一起研发澄泥砚近40年。2008年,绛州澄泥砚制作技艺被列入国家级非物质文化遗产名录。艺无止境,仅砚台雕刻这一步,想要独立操作则需苦练三至五年,兢兢业业做到十年以上,才能成为合格的雕工。别以为做了雕工技师就可独当一面,其实才摸到澄泥砚的门道。非遗坚守人蔺涛从设计图纸、配方配料、雕塑雕刻到窑炉设计、烧制等,每一道工序都是他亲自动手实践。

古人云:砚田有谷,耕之有福。细思这方大手笔澄泥砚,涵濡世间立身之道,在磨洗春秋之时悟得世事艰难,唯有潜心刻苦,方能擦亮澄泥砚非遗文化品牌。

绛州澄泥砚虽说名扬四海,大多人却只识砚台,不知其背后深远的文化内涵。特别是澄泥砚如何更好地融入古中国深厚博大的文化魅力,值得思考与挖掘。比如,稷山近年来一直打造"稷山四宝",作为四宝的一项文创,创作一套与"稷山四宝"相媲美的绛州澄泥砚,作为推广开发的"布道者"何乐而不为?这样,绛州澄泥砚融合致富产业,增加四宝文化底蕴,也让自己的非遗文化活起来、火下去,两者互为支撑、互相反哺,必定双赢。

千年澄泥砚,一门三代传;时代在更迭,齐力谱新篇。蔺氏一家这次创作的117县(市、区)各具神采、奇思妙想的澄泥砚,提升了澄泥砚深厚的传统文化底蕴,开创了一县一砚的文创先河,为日后的传承传播与提升发展注入活力,奠定下磐石之基。文化越来越受重视,非遗越来越受关注,绛州澄泥砚文创开发前景必将越来越广阔。

绛州澄泥砚带着古中国故事与古中国文化,浸润着汾河水土的缕缕墨香,正渐渐走出绛州古城,走进日常生活,走进千家万户,走上更大的时代舞台。

杨继红 山西省作家协会会员，稷山县作家协会主席，稷山县三晋文化研究会副秘书长。《稷山文艺》主编、《人文稷山》主编。曾在《广西文学》《名人传记》《当代英才》等省市级报刊发表文学作品60多万字。2007年出版的《稷山民间传说》，获得中共运城市委颁发的"五个一工程"优秀文学作品奖，出版专著《百家评述名医杨文水》。

绛州澄泥砚上的绛州文化名城风韵

李福云

新绛,古称绛州,位处晋西南部,历史悠久,文化底蕴厚重。是晋国古都、天下雄郡、华夏乐城、三晋名州、荀子故里,是晋南唯一的中国国家历史文化名城。

新绛,钟灵毓秀,人杰地灵。荀子、王之涣、《弟子规》的作者李毓秀皆出生在这里;晋文公、唐太宗、李自成曾在此运筹国事,谋划天下;宋太祖赵匡胤亦曾寓居龙兴寺;师旷、王通、王勃、岑参、樊宗师、富弼、范仲淹、梅尧臣、欧阳修、苏辙等文人墨客都在此挥毫泼墨,留下传世诗篇。

新绛,物华天宝,文化灿烂;文物资源丰富,历史文化底蕴深厚,已发现各类文物669处,国保文物16处,省保8处。是一座"活"的古城,是中华古城文化的基因库、中华文明之摇篮。

这里的云雕、木版年画等民间工艺珍品,琳琅满目、工艺精湛、名满三晋、享誉全国。绛州鼓乐被联合国教科文组织列入"世界人类口头和非物质文化遗产的代表作"及"世界无形文化遗产"名录,3次走进央视春晚,11次跨出国门,擂响世界,声赫全球。

特别是作为"山西三宝"、被誉为"中华第一砚"的"四大名砚"之一的"绛州澄泥砚",孕于汉,兴于唐,盛于宋,明代达到炉火纯青;它质坚如石,温润如玉;抚若童肌,呵气生津;叩音清脆,美若金石;纹理纷呈,色泽素雅;贮水不涸,历寒不冰;发墨神速,色泽泛光;晶莹细腻,不损笔毫。其"鳝鱼黄""绿豆砂""玫瑰紫""朱砂红"等皆为砚中珍品。历代帝王将相、名流大雅收藏者甚众。中唐以来,历代皆为贡品。然而,其制作工艺明末清初失传,中断达300余年,期间清乾隆帝

新绛县·绛州名城砚

汾浍撷珍，天成绛砚墨香远；
塔楼寻古，人醉名城文韵长。

——李福云撰联

对其尤为珍爱，曾御笔赋诗题铭，并编入《四库全书·西清砚谱》。孰知，30多年前，在蔺永茂、蔺涛父子的精心研制下，绛州澄泥砚犹如"凤凰涅槃，浴火重生"，迸发出了无限的生命力，成为中华工艺美术界一朵靓丽的"奇葩"。

绛州澄泥砚如今以独家入选国家级非物质文化遗产保护名录的含金量，彰显出蔺氏父子继承、创新、发展的非凡精神。精品频出的绛州澄泥砚，国际、国家、省级大奖纷至沓来，应接不暇，硕果累累，令人惊叹。已七度蝉联联合国科教文组织"世界杰出手工艺品徽章"、五次荣获中国文房四宝最高荣誉国之宝称号、四度蝉联中华民族艺术珍品的殊誉，让绛州澄泥砚成为名副其实的中华传统文化艺术之瑰宝。

这里就选择其中几款以绛州历史文化名城人文景观为题材的主题砚予以介绍。

绛州名城砚

"绛州名城砚"，"蟹壳青"色，色泽庄重、高贵、典雅、大气，实乃砚中之珍品，弥足珍贵。此砚是蔺涛大师根据国家历史文化名城一千四百多年的古城建筑特色、丰厚历史文化积淀、深刻历史文化内涵，用他几十年潜心研究、传承的千年技艺流程，集大师心智、灵感、创新与一体，专为名城新绛精心设计、制作、雕刻、烧制，代表新绛璀璨的历史文化、古城特色之精品力作，是古州新绛名城文化之缩影，是名城最靓丽的优秀传统"文化名片"和"文化符号"。

"绛州名城砚"初入眼帘，它美丽、壮观、古老，亭台楼阁、名苑园林错落有致，似海市蜃楼般幻若仙境。美丽的汾河水宛若一条洁白的玉带，碧波逐浪，悠然绕过古城潇洒地向西而去……

抬眼望去，西北高垣上钟楼、鼓楼、乐楼三楼并峙，蔚为壮观；城隍庙、绛州大堂、贡院、贡院巷古街突显眼前；颇具江南苏杭园林风味的居园池里古柏参天、垂柳袅袅、百鸟和鸣，洄莲亭前池水漾漾、荷叶田田、荷花娉婷、圣洁无比；高高的龙兴宝塔，巍峨壮观，正承接着遥远东方射入古城的第一缕阳光，在微微晨风里向晨练的人们讲述着千百年来古城春秋及宝塔冒烟等传奇故事，好不醉人！

古城大街，车水马龙；城隍庙上，人山人海；小吃飘香，繁华醉人。千百年来，走绛州的人们，惬意地分享着千年古城的繁华和繁荣，享受着历史文化名城的文明与高雅……

"绛州名城砚"，就是一方精巧别致、雅韵十足、玲珑奇巧的压缩版的绛州古城，又是一本文化厚重、内涵丰富的名城千年历史大书，更是一座走向新时代、高质量发展的千年古城。

龙兴塔砚

"龙兴塔砚"，鳝鱼黄，色泽雅致。凝神注目，眼前的砚台会幻化成真：龙兴寺中的龙兴宝塔矗立在新绛县城北顶端的高崖上，是古城的地标性建筑。

文献有载，龙兴寺始建于唐。因供有碧落天尊像，故名碧落观。唐高宗咸亨元年（670），改称龙兴宫。当时，寺院建筑十分雄伟，规模也相当宏大。至唐会昌五年（845），由于武宗李炎大兴灭佛运动，寺内的建筑毁之殆尽，唯有塔院寺幸得以存。《直隶绛州志》记载，因宋太祖赵匡胤曾寓居于此，遂改名为龙兴寺。其中的龙兴寺塔原高八级，乾隆四十九年（1784）坍塌重修，外皮包衣以青砖，增高到13级，高42.4米，平面呈八角形，每边长4.3米，为阁楼式砖塔。宝塔的椽柱和斗拱等檐下部件均作仿木结构，每级皆嵌石刻题款，即"一柱擎天""两茎仙堂""三汲龙门""四大跻空""五云献瑞""六鳌首载""七星召应""八风协律""九陌看花""十园蓉境""十方一览""十二碧城""十州三岛"。塔底四面辟门，内设悬梯可供登临。塔刹为铁葫芦形，塔底有绛州知州武进所题对联"雷雨平临咫尺看龙门之变，慈云遥接飞腾争雁塔之高"。登临俯瞰，"绛州古八景"尽收眼底，黄河龙门咫尺眼前。

龙兴宝塔有"三奇"，即奇铃、奇烟、奇葫芦。其一，龙兴塔是八角形，每个角都挂有一个铁铃铛，每当微风吹来，每个铃铛会发出不同的声响，清脆悦耳，被称为"八方协律"。其二，龙兴塔多次出现"冒烟"现象，据《重修新绛龙兴寺碑记》记载："光绪乙亥，塔顶冒烟，益为青云直上，为发达科名之征兆。"1937年、1971年、1976年，宝塔也曾冒过"烟"，最近一次是1993年，观者万余，连冒七天，虽有多批各级专家前来考察，是属于烟雾还是蚊虫，未有确切答案，至今仍为谜团。其三，塔顶冠以一人多高、数百斤重的铁葫芦，如何置于塔顶？纵观天下之塔，首屈一指，十分神奇。

这些奇观使得龙兴塔成为新绛县的一大旅游景点，吸引了大量游客前来参观。

弟子规砚

精美的鳝鱼黄"弟子规砚"，会将一幅雅致的画图呈现于你的面前：朗朗的蓝天下，悠悠的汾水岸畔，一座典雅的书院，楼阁亭台，垂柳袅袅、书声琅琅。垂柳下、汾水边、亭台下，一群天真无邪的孩子在大声吟诵着："弟子规、圣人训、首孝悌、次谨言……"一位儒雅的老者，面容清癯，手拿戒尺，仰望蓝天，在幽幽地沉思着……这位儒者就是新绛县的历史名人李毓秀，孩子们吟诵的，就是他的传世启蒙之作《弟子规》。

新绛县·龙兴塔砚

名城古寺砚中秀；
宝塔青烟天下奇。
——李福云撰联

李毓秀，字子潜，号采山，今新绛县龙兴镇周庄人。生于清代康熙年间，卒于乾隆年间，享年83岁，是清初著名学者、教育家。李毓秀从师清初绛州著名教育家党冰壑游历近二十年，精研《大学》《中庸》，创办敦复斋讲学。太平县御史王涣曾多次向他请教，十分佩服他的才学，被人尊称为李夫子。他的著作《弟子规》《四书正伪》《四书字类释义》《学庸发明》《读大学偶记》《宋儒夫文约》《水仙百咏》

等，分别藏于北京大学图书馆和山西省图书馆。

《弟子规》原名《训蒙文》，根据《论语》等经典编写而成，集孔孟等圣贤的道德教育之大成，是传统道德教育著作之纲领，是接受伦理道德教育、培养德才兼备之人的最佳启蒙读物，是童蒙养正之宝典。强调了从儿童起，就应注重人品、人格、道德和行为方面之规范教育，是"开蒙养正之上乘者"，被誉为"人生第一步，天下第一规"。

《弟子规》虽然只有1080个字，但其文字浅显通俗、三言韵律优美，朗朗上口，便于阅读、记忆；文风朴实，说理透彻，既阐述了学习的重要性，又阐明了做人的道理及待人接物的礼貌常识等，在我国清代教育史上曾风靡一时，影响深远。

《弟子规》的孝道思想、孝道文化在新时代文明和谐社会建设中，对于培养有理想、有道德、有文化、守纪律的一代新人仍具有一定的借鉴意义。《弟子规》文化、李毓秀文化已成为新时代古州新绛又一张人文历史文化名片。

拥有这方雕刻精美、细腻润滑的宝砚，就像一座学堂在眼前，一位圣人永驻心间。此时你或奋笔疾书，或素描山河，或索性赏之，一定会身心愉悦，胸怀天下，诗向远方，这岂不是人生一大乐事，快事乎！幸哉，美哉！愿天下文人皆拥有之！

李福云　笔名超然。中国散文学会会员，中华诗词学会会员，山西省作家协会会员，新绛县作家协会主席，《绛州文学》主编。作品多在《参考消息》《山西日报》《楹联博览》《俪人·西部散文选刊》《作家文学》《河东文学》等报刊发表。曾获《参考消息》2021年创刊90周年征文活动优秀奖、全国第三届郦道元山水文学大赛二等奖。

帝尧与澄泥砚的契缘

王伟栋

走进绛县尧寓村的帝尧博物馆,在琳琅满目的展馆陈列柜里,我试图寻找一方砚台,确切地说是想知道帝尧可否使用过近在身边的绛州澄泥砚。然而我大错特错了,因为帝尧当政的年代,文字尚处于初创阶段,当时使用的还是粗粝的石质研磨器;再者,澄泥砚始于汉、唐时期,这距帝尧所处的时代最少迟了两三千年。

在哪里才能找到帝尧与绛州澄泥砚的契缘呢?查阅资料,我有了新的发现。帝尧的出生地尧寓村,村南有三个大的土丘,俗称三阿岭。结合这一地形,尧的母亲庆都给儿子取名为"垚",后经三次演变,"垚"就成了今天我们使用的繁体字"堯"。垚由三个土字组成。"土"无疑是天工造物,这同澄泥砚的"泥"归属同门,无疑是一对孪生兄弟。尧以土命名,澄泥砚用泥做砚,土溶则泥,泥烧成砚,这便是我想找到的两者的契缘。

澄泥砚是我国四大名砚之一,始于汉,盛于唐,它用沉淀千年的汾河渍泥为原料,经特殊炉火烧炼而成,具有质坚耐磨、观若碧玉、抚若童肌、储墨不滴、积墨不腐、历寒不冰、呵气可研、发墨而不损耗的特性,备受历代帝王、文人雅士的推崇。清乾隆皇帝曾赞誉:"抚如石,呵生津,其功效可与石砚媲美。"在造型艺术上,澄泥砚更是别具一格,它十分注意图案的设计,其雕刻形式多样,色泽典雅秀丽,造型古朴大方。

帝尧,古唐国人,随母姓伊祁,名放勋,史称"唐尧",谥号"陶唐氏",中国上古时期酋邦联盟首领,"五帝"之一,是黄帝的五世孙,是帝喾和庆都之子。据考证,尧生于公元前2377年,出生成长在山西绛县尧寓村,13岁封于唐,15岁

绛县·尧王故里砚

绛垣诞圣君,定历法,教农耕,首开华夏文明史;
尧域出贤帝,倡和谐,兴水利,始创太平盛世春。

——景兴隆撰联

辅佐挚。20岁尧代挚为天子,定都平阳。尧在位70年,让位于舜。尧退位28年后去世,卒于公元前2259年,享寿118岁。史载尧帝是一个完美的帝王典范,功德无量,史学家称"仁智达道、圣德配天"。汉武帝称:"千古帝范,万代民师,初肇文明,世人敬赖。"百家诸子书籍:"帝尧文治和武功俱臻美备,为古昔圣王。"

他的主要功绩:其一,缔造华夏。尧执政时期,周边氏族部落林立,战争连年不断,天下动荡不安,民不聊生。尧王平息战乱,统一天下,建立了最早的"国家",

名为"华夏"。按各种政务任命官员,在我国历史上第一次建立较为系统的政治制度。其二,倡导文明。在管理上推崇"慎重施刑,以德治国"的理念。制定法律《五刑》,设立执法官员,并在历史上留下了"削木为吏""画地为牢"等美誉;制订了"五种家庭伦理",即父义、母慈、兄友、弟恭、子孝,确保了作为国家最小单位——家庭融洽、部族和睦、社会祥和的大好局面。其三,钦定历法。据《尧典》记载,尧王令羲氏与和氏观天象,根据日月星辰的运行情况,遵循天数推算日月星辰运行规律,制定历法,分为春、夏、秋、冬四季,把一年定为12个月,并精确推算出二十四节气,颁布天下,一直使用至今。其四,推广农耕。尧按照历法和四季的划分,有次序地安排春耕、夏作、秋收和冬藏等各种活动,使每年的农时不出差误,把无序的农耕变为有序的农耕生产。尧王令弃教民稼穑试种五谷大获成功,稻、菽、稷、梁、黍五谷连年丰登。其五,通衢治水。尧王坚持"以民为本"的执政理念,他说:"有一民饥,此我饥之;有一人寒,此我寒之;有一民罪,此我陷之。"天旱时,他带领大家寻找泉水,挖掘水井;天涝时他就带领大家疏通河道,治理洪水。其六,谤木谏鼓。尧王是位广纳群言的圣君,在朝堂外设立"谤木谏鼓",左侧为"诽谤木",右侧为"敢谏鼓"。百姓有了冤屈事,可以写在木片状的"谤木"上,也可以直接敲打"谏鼓"鸣冤诉苦。这在世界历史上都是对民主和人权的最早实践!如今的"华表"就是从"诽谤木"演变而来的。其七,访贤禅让。尧在政治体制上,任用不分地位高低贵贱,唯一的标准就是德才兼备。尧王前往舜耕的历山访贤,将王位禅让给舜,将他的两个女儿娥皇和女英许配给舜。第一次将国家最高权力"禅让"给有才能的外人。尧帝不把国家元首的位置传给自己的儿子丹朱,而是传给了贤德的"舜帝",成为千古佳话。其八,陶唐遗风。尧王宽仁厚德,温良恭让,与众大臣一道,使家庭和顺,邻里和睦,人们日出而作,日落而息,凿井而饮,耕田而食。世风日趋和谐,国家日渐强盛。

尧是华夏文明的始祖。尧文化是标志着华夏文明孕育形成时期的文化。《史记·五帝本纪》《集解》云:"帝王所都为中,故曰中国。""尧都平阳,舜都蒲坂,禹都安邑",尧、舜、禹在晋南地区的活动留下了诸多遗迹。尧文化的内涵,是同时具备了文字、铸铜器、宫城建筑、礼仪制度等华夏文明形成的标志。尧文化并非单一的陶唐氏部落或帝尧一个人在位时的文化,它应该是包括虞舜夏禹在内的诸多地域文化的综合,时间、地域和内涵三位一体,缺一不可地称之为尧文化。

帝尧是华夏文明的始祖,尧文化是中华民族传统文化的主源,上承原始社会文化之大成，下启华夏文明之形成。数千年来，晋南一带是中华文化的总根系，是中国正式踏进文明社会的界碑石。它表明晋南才是华夏族、华夏文明的直接源头，"尧天舜日"最早就出现在现在的晋南一带。

现在，随着"尧王故里砚"的研制推出，既彰显了绛州澄泥砚亘古的文化底蕴，更是对千古帝尧的尊崇和拜谒。

王伟栋　笔名路扬，山西省作家协会会员，绛县作家协会主席。先后在《河东文学》《晋阳文艺》《山西日报》《山西文学》《红岩》《黄河》等报刊发表小说散文多篇，个别作品曾获期刊奖。

世纪曙猿
——召唤太阳的"一缕曙光"

王士敏

一

当山西的"一缕曙光""一堆圣火""一座古城""三个一"叫响全国时,那排在第一位的"一缕曙光",让所在地的垣曲人倍加自豪。那时,我便产生了探究世纪曙猿发现处的想法。

那年的六月,小浪底库区水位降落后的土桥沟,静静地躺在垣曲县寨里村北端的黄河岸边。在当地一位老者的引领下,我脚踩泥泞,走到那座经过库水浸泡尚未坍塌的土桥上。顺着村民手指方向的不远处,我看到了一洼水渍的河湾,看到了沟崖下的那片砾石层。老人说:"就是那里,出土了'世纪曙猿'化石。"那一刻,我怎么都想象不出,就这么一处黄土层下,怎么会出现曙猿化石,怎么会否定人类起源于非洲的论断?

其实,早在百年之前的1916年,北洋政府的实业顾问安特生博士,就跋山涉水来到垣曲,走进荒草萋萋的土桥沟,居然在这没有地图标示的地方抡下了镐头,竟然采集到中国第一块始新世哺乳动物化石,并将这里命名为"第一地点"。这不能不说是一个奇迹。它引起了不少中外科学家的兴趣。先是瑞典籍的奥地利古生物学家师丹斯基将发现的化石进行研究,并发表论文,使垣曲盆地及其所含的化石闻名于世。之后,经过中外诸多单位和几代科学家的不懈努力,垣曲盆地成为我国"始新世地层和哺乳动物"的研究基地。

垣曲县·一缕曙光砚

休论你长,万年龙脉起华夏;
莫言他早,一缕曙光升古城。
——梁珍宝撰联

二

时间到了1983年,新中国以来的第一位美国科学家来了,他是美国卡耐基自然历史博物馆的道森博士。道森博士对垣曲盆地进行了全方位的考察。就在这一次考察中,他又在土桥沟的那"第一地点"处,发现了一块偶蹄类头骨化石,随后被命名为道森先炭兽。

1994年,国家决定要在黄河中游建设小浪底水库,这无疑是有益于国计民生的大好事。但蓄水后的水库,将要淹没垣曲的许多乡镇,包括土桥沟所在的那个3000年古镇——垣曲古城镇。看着驰名中外的化石地点将要付之于水,以化石为主要研究对象的中国古生物工作者心急如焚,夜不能寐。这样,一场令人瞩目的国家行动开始了。当年5月,一支以中国科学院古脊椎动物与古人类研究所科研人员和美国地质古生物工作者为主的野外考察队,走进了垣曲盆地,展开了艰苦细致的科考工作。他们走遍了垣曲盆地每一个有希望的角落,发现了许多有价值的哺乳动物化石,其中包括曙猿的一些零星材料。翌年5月,考察队终于又在"第一地点"的寨里村土桥沟,挖掘出一块相当完整的"曙猿下颌骨"化石。

经科学家们前后近百年的挖掘,终于使中外科学家露出了欣喜的笑容。曙猿终于扯下了红盖头,将神秘的身段展现于世人面前。当时,适逢美国卡内基博物馆建馆100周年,为纪念自然科学领域的双重盛事,中美科学家把在垣曲发现的这种曙猿取名为"世纪曙猿"。

美国《科学》杂志当时报道说:"这是20世纪古生物学上最为重大的科学发现,中国很可能是包括人类在内的高等灵长类动物的发祥地。"英国《自然》杂志发表论文称:"通过对山西垣曲发现的'世纪曙猿'下颌骨、跗骨化石的研究,证实了人类的远祖起源于中国。"垣曲世纪曙猿化石的发现,比非洲发现的3500万年高等灵长类化石要早1000万年。

三

垣曲地处中条山腹地,地理位置特殊,以秦岭为界,中条山是北方的最南端,也是南方的最北端。因此,无论南方、北方,还有西南的气候都影响着这里。如今,垣曲历山的动物科属和植物区系,不仅兼有东南亚、秦岭、华中、华东、喜马拉雅植物区系的特征,而又保留有亚热带动植物的种类,可谓得天独厚。专家由此推断,4500万年以前,垣曲盆地气候温润,湖泊相连,树木丛生,动植物种类繁多,非常适宜曙猿的生存繁衍。

1997年,中国科学院研究员童永生、黄学诗,美国北伊利诺斯大学的解剖学教授、古生物学家丹尼诺·基博再次来到土桥沟,又找到了世纪曙猿的一些跗骨化石。通过对曙猿跗骨的最新研究发现,化石已经反映出猴类、类人猿以及人类的共同祖先演化的早期特征。这种结构复杂的跗骨化石具有"镶嵌进化"的形态，既有若干高级灵长类特征，又具有部分原始的低级灵长类的特征。这种特征对于研究人类的进化过程有着不可替代的作用与价值。

2000年4月，《人民日报》《新华每日电讯》等报刊相继刊登文章，报道中美科学家在英国权威科学期刊《自然》杂志上发表的论文，通过对在垣曲寨里村土桥沟发现的世纪曙猿脚跗骨、下颌骨化石的研究，证实了人类最早的远祖起源于中国山西省垣曲县，推翻了"人类起源于非洲"的论断。

垣曲成为人类发源地的论断，是垣曲人万万意想不到的。20世纪末的那些年，垣曲人自豪，外地人向往，一批又一批的专家学者和文人墨客到垣曲探究。但随着小浪底水库的竣工蓄水，土桥沟隐入水下，挡住了后来者探究的目光。

四

但精明的垣曲人却完美地回应了人们探秘土桥沟的需求，他们在原寨里村土桥沟靠后的鸡笼山上，建了一处"世纪曙猿遗址"亭园，有碑楼、碑铭等建筑。这里，距水下真正的"世纪曙猿"发现地，仅有数百米之遥，夏季这里的库区水位降落时，可清晰地看见土桥沟。就在这片浩淼的"曙猿湾"里，终于了却了人们到土桥沟"不白来一回"的心愿。而后，莅临的山西省委书记王儒林将世纪曙猿喻为"一缕曙光"。

现在看，这处纪念遗址与发现曙猿化石的划时代意义相比，的确显得简陋单薄了些，但山下广阔的曙猿湾碧波荡漾，倒映两岸青山，却是一处绝佳的风景胜地。它已经列入垣曲县的旅游开发项目，不含糊地说，它会成为未来热门的游客打卡地。

为了铭记曙猿化石的考古历史，垣曲人在发现曙猿的古城镇，在土桥沟相对的库区北岸、山西古城国家湿地公园的中部，竖起了一尊巨石，上面刻着七个红色大字："人类从这里走来"。它告诉世人：人类起源于中国，起源于山西，起源于运城，起源于垣曲。

王士敏　中国散文学会会员，山西省作家协会会员，垣曲县作家协会主席，垣曲县地方文化研究协会会长，上《东方散文》《散文福地》编委，《舜乡》《舜文化研究》杂志执行主编。

创新的魅力

李恩虎

自古以来,凡事业有成的人一般都有独特的创新思维。正是因为敢于创新,打破传统思维,才能超越自我,不仅成就了个人梦想,还能惠及众生,泽被后世——这正是创新的巨大魅力!

三皇五帝时期,洪水泛滥,浩浩汤汤,吞没了庄稼,淹没了房屋,百姓流离失所。面对洪水带来的灾难,尧决心彻底消灭水患,他将治水大任委派给鲧。鲧治水九年,用"水来土挡"的办法,劳而无功,大水没有消退。尧革去鲧的职务,将他流放到羽山。大臣们推荐鲧的儿子禹继续治水,大禹没有因为父亲遭到处罚而怀恨在心,欣然受命。他吸取父亲以堵治水的教训,发明了一种疏导治水的新方法,疏通水道,使得大水能够顺利东流入海。

大禹治水讲究的是智慧,如治理黄河上游的龙门山就是如此。龙门山挡住了水路,大禹选择了一个最省力省时的地方,只开了一个八十步宽的口子,就将水引了过去,而且留下了"鲤鱼跳龙门"的美好传说。

大禹治水耗时13载,三过家门而不入,锲而不舍,久久为功,终于驯服了咆哮的河水。大禹治水成功的经验告诉我们:解放大脑、善于创新该有多么重要。大禹治水体现了中华民族不畏艰险、艰苦奋斗的精神,尤其是打破常规,敢作敢为的创新精神。

同为上古时期的嫘祖是黄帝的正妃,也是颛顼弟的祖母。有一次,她带着一群女人在桑林里发现了一种白色小果,回来后,她们品尝这些果子,发现怎么也咬不断,拉扯出许多细细的丝。嫘祖是一个聪明的女人,她感觉这并不是果子,便去桑林里

夏县·大禹治水砚

开山劈岭，鬼斧神工，八方洪水归东海；
废寝忘食，披星戴月，三过家门励后昆。
——周长胜撰联

观察了好几天，最后发现白色的果子是由一种虫子吐丝缠绕而成的。嫘祖要求黄帝将桑林保护起来，开始饲养这种虫子，并给其取名为"蚕"。嫘祖发明了养蚕缫丝技术，华夏一族从此过上了有衣遮体的文明生活。作为伟大的发明家，嫘祖身上典型地彰显了善于发现、善于思考、善于创造的创新精神。

司马光砸缸的故事在我国可谓家喻户晓、妇孺皆知。讲的是有一天，司马光与

夏县·嫘祖养蚕砚

蚕业缫丝，衣荫天下，嫘祖鸿勋垂万世；
圣心启智，恩惠苍生，发明壮举耀三江。

——周长胜撰联

小伙伴们在后院玩耍，有个小孩不慎失足掉进一个大水缸里，其他小孩，惊慌失措，司马光却急中生智，从地上捡起一块大石头，使劲儿向水缸砸去，"咣当"，水缸破了，水流了出来，小孩也得救了。这个故事流传至今，现代人无不叹服司马光的早慧。司马光砸缸不仅是中华传统文化经典的历史故事，而且这个故事留给后人的数学智慧———逆向思维，也是珍贵的文化遗产，这种逆向思维就是可贵的创新思维。

夏县·司马光砸缸砚

小子砸缸,急智救童成美谈;
书生磨砚,勤心著史载华章。
——朱青龙撰联

　　卫夫人,晋代著名女书法家,汝阴太守李矩之妻,世称"卫夫人",是王羲之的启蒙老师。卫夫人告诫王羲之学习书法要博采众长,突破创新。王羲之谨记教诲,苦练书艺,时常鞭策自己:要糅合百家之长,得千变万化之神,才能有所创新。卫夫人不但在书法艺术实践上有突出成就,而且在书法艺术理论方面也有重大建树,撰有《笔阵图》一卷。在书中,卫夫人特别指出:在学习和创作时,要注意选用笔、

夏县·卫夫人砚

法古师今,传承国粹澄泥砚;
弥缺补憾,追忆夫人笔阵图。

——梁珍宝撰联

墨、纸、砚的品种和产地,强调工欲善其事,必先利其器。当年卫夫人到底使用什么砚台,至今在她的故里夏县苏庄村还流传着一个"大玉石砚"的故事。新中国成立初期,苏庄村的学生都知道老师的讲桌上放着一方奇特的大玉石砚,砚有半尺宽,一尺多长,椭圆形,四边雕有栩栩如生的飞龙。传说这玉石砚是大书法家卫夫人使用过的,土改时从地主家搜出来送给学校,从那时起,玉石砚就成为学校的传家宝,老师要求学生不仅要爱护玉石砚,还要学习卫夫人苦练书法的精神,可惜后来玉石砚不翼而飞了,给苏庄人留下了深深的遗憾。

卫夫人用过的玉石砚也许就是当年的绛州澄泥砚,现在苏庄村人可以弥补这个缺憾了,因为咱们河东有了著名的绛州澄泥砚,可以摆放在教室的讲桌上来追怀卫夫人了。

绛州澄泥砚源于秦汉、兴盛于唐宋,是我国四大名砚之一。20世纪80年代,新绛县版画艺术家蔺永茂、蔺涛父子开发挖掘绛州澄泥砚的制作工艺,数十年如一日,殚精竭虑,潜心研制,终于使这个失传数百年的民族瑰宝重现人间,绛州澄泥砚重新成为古绛州一大地方特产。2019年,时任中共山西省委书记楼阳生盛赞它为"山西三宝"之一(新绛澄泥砚、平遥推光漆、高平珐华器)。我想,绛州澄泥砚之所以能够重放异彩,正是因为蔺氏父子法古师今,勇于创新,使绛州澄泥砚不仅保留了传统技艺的优秀品质,而且注入了新的文化内涵,使其在使用价值的基础上,又有了极大的升值空间和深厚的文化底蕴,更具有收藏价值。

"大禹治水""嫘祖养蚕""卫夫人习字""司马光砸缸"———注视着绛州澄泥砚上这些灵动传神的画面,我在心底念叨着两个字:创新!绛州澄泥砚蕴含的推陈出新与夏县历史人物的勇于创新是一脉相承的。创新是一个民族发展不竭的动力,自古以来,中华民族就是一个善于创造和创新的民族,当今中国崛起更离不开大胆创新和勇于探索的精神。

李恩虎　运城市作家协会理事,夏县作家协会主席。曾在《山西日报》《山西法制报》《山西农民报》《运城日报》《运城晚报》发表散文70余篇。

虞坂上的视角穿透

李敬泽

公元前650年,就在"假虞伐虢"战事发生五六年后,相马大师孙阳站在晋献公曾用良马买通的虞坂古道上,看中条巍峨,雄关漫道。

此时正值深秋,中条山上的野生林已经变红,显得热烈而温暖。薄薄的雾霭遮掩着洁白的盐池,一派白色世界。这样的背景中,孙阳端详着眼前的山川。

虞坂地处中条山最险峻的一段山崖上,石槽弯曲下切,一路坎坷不平。这里的每块石头都异常坚硬,性格独秉。人类践踏了几百年,还是一路的锋齿铺地,一路的搓板形状。人畜到了这里,无不小心翼翼,如履薄冰。

孙阳从石头的裂纹中,看到了人类搏斗的痕迹。这里全是用烧石冷却法修出来的。古人先在石头上堆起柴火,放进盐硝等助燃物,然后点火焚烧,待石头灼热后浇上冷水,让它自然开裂。冬天则把水灌进石缝,等结冰膨胀后爆开缝隙。虞坂就是在这样的工艺下,一点一点向前延伸的。正因为是自然开裂,才显得如此凹凸不平。

孙阳是从北方草原转过来的,此行的一个目的,就是为楚王物色一匹真正的千里马。接任后,他一路北去,进屈地,走草原,转燕赵,一去大半年,身边的春风已换成了朗朗金风,他还没有找到心仪的良马。于是打算翻越中条山,经桃林一路向西。传说300多年前,桃林一带有人曾献给周穆王八匹骏马:一名绝地,足不践土;二名翻羽,行越飞禽;三名奔宵,野行万里;四名越影,逐日而行;五名逾辉,毛色炳耀;六名超光,一形十影;七名腾雾,乘云而奔;八名挟翼,身有肉翅。孙阳也想到那里碰碰运气。

近年来,我多次在虞坂寻觅孙阳踪迹,一直思考孙阳当年站立的地方。从山下的磨石村上来,"十八盘""大石斜""小鬼额头""青石槽""小鬼牙碴骨"这段路根如斩,路外临渊,孙阳的大脚无处可站。南段也是如此。只有锁阳关或靠南的地方,有几块可以立足的石头。因此推测孙阳一定是站在关上或关内观良马的。

锁阳关位于虞坂中部,外面是万丈悬崖,乃一夫当关、万夫莫开之地。虞国人巧借地形,在此垒起了一个洞形的关隘,北刻"北望幽燕"四个大字,南嵌"锁阳关"关名。洞里立着两扇厚重大门,由士兵把关死守,朝开夕闭。

由于孙阳站在关上,所以眼前的道路一览无余,一个又一个盘旋而上的车马,放大式地走到他的面前。在此,他既能听见不绝的马嘶人喘声,也能看见一匹匹牲畜将蹄子放进磨凹的石窝,用猛力将沉重的盐车牵引而上。这是一场力量换重量、热能换速度的运动,在持续的加力中,牲口身上的青筋高高膨出,密集的汗水从身上滴下。

突然,孙阳看到车队中有一匹枣红马煞是诱人。它骨骼匀称,比例合窍,四肢颀长,头部微扬,背部是一个优美的凹形,尾巴微微翘向身后。似乎疲惫不堪,它的脚步显得有些缓慢,神情焦躁不安。跟车人见车走得迟缓,拿起鞭猛地一甩,那马见软软的鞭头甩到,猛地往前一窜,把跟车人拉了一个趔趄,气得他破口大骂:"日你娘来,稀松的一包烟,连个坡也爬不上去,还要耍老子哩。"

过了大陡坡就是青石槽,枣红马的身影越来越大。孙阳突然想近距离观察一下枣红马的面容。但要观好必须站在与马平行的地方,于是迅速跑下锁阳关,站在关边的一块大石头上。

悠长的关洞里光线微弱,与外面的强光形成明显的反差。孙阳看到了枣红马由红变黑、由黑变红的过程。在枣红马走出洞口的一刹那,他把那双慧眼猛地聚焦起来望去,他看到马的瞳孔中,闪亮着一颗黑亮的豆子,豆子里溢出紫色的光波。随波而出的还有一种真诚和询问。这会意般的光波只有孙阳能读懂,他从中看到了一片崭新的世界。

猛地,孙阳把他的目光从马眼里抽出,他现在需要仔细看看马的面部。呵!颈长如凤,头部方圆,鼻如金盏,耳似柳叶,口叉深奥,舌如垂剑,一缕白线从顶部贯下,直插口鼻之间,宽大的鼻孔边缘,写着神秘的文字,各器官凑成了一种高贵和帅气。四蹄更不一般:蹄缘过渡明显,蹄冠饱满圆润,蹄壁密实坚硬,蹄底自然分叉。可谓"蹄如累麴",一匹千真万确的千里马啊!

像赴一场早已期待的约会似的,枣红马在孙阳面前站住了,神情变得温顺善良、

平陆县·伯乐相马砚

伯乐识才寻骏骥；
砚台寄意觅良贤。

——吴海霞撰联

万般依赖，似乎遇到了生命中的所寄。片刻的沉默后，突然仰头对天就是一声嘶鸣。啸声高昂悠长，内含金石。孙阳从声音中，听出了一种精气神，听出了一种高贵，顷刻间他下定决心：无论如何都要把它买下来，让它名归其所。就在思考怎么开口时，跟车人突然发了大火："妈的，蛮牛多屎尿，长了个破公鸭嗓，还要在这里显摆！"他似乎与枣红马结下了仇，怎么看都不顺眼。见它还不拉辕，于是再次举起了鞭。

"且住！"孙阳猛地叫道，说罢跳下石头，一只手拉住了马，另一只手抚着马的脖子。

"官人，我打我的马，你心疼个啥？这牲口生下就是个贱货，你不打它就不出力。"

"是是是，它不是这块料。要不这样，你嫌它没劲，不如将它卖给我，我多给你些钱，你买几头山地黄牛，牛拉车可是一绝。"

孙阳知道，马是速度型的，牛是力量型的，它们不是一个序列，不能用爬坡比较。既然跟车人要的是力量型牲口，不如让他买一只牛最合适。

"我寻思也是。这马我是不想要了，你如果实心要，那我就卖给你。你看能出多少钱？"

"三两银子怎么样？"

"三两？"赶车人不好意思地笑了笑，"君子一言，白布染蓝。我这人虽不是官人，但从来不开这种玩笑。"

"我现在就把银子给你！"

交易在转瞬间即完成了，价格双方都满意。孙阳买的是千里马，跟车人卖的是不中用的牲口。

据附近卸牛坪人介绍，那千里马真的奇怪，在双方交易完成后，它仰天又是一吼。这次嘶鸣音调更高，金石味更浓，并带着浓浓的兴奋和感谢。前面正好是土质细腻的胶泥洞，千里马仰头就是一阵箭射。它在用速度证明，我是一匹真正的千里马！

中条山顶上，孙阳牵着淘来的千里马想得很多。他想到了伯乐，想到了伯乐的一双慧眼及后面的渊博知识和高拔意境。历史中的相似画面一幕幕叠现出来：尧帝发现了舜帝，舜帝启用了大禹，商王武丁发现了傅说……

站在这里，孙阳还想了很多很多。他的发散思维，被唐代的韩愈记了下来，变成了"世有伯乐，然后有千里马。千里马常有，而伯乐不常有"的名言。他的"捡漏"行为，被人们当作了一件春秋战国时的大事，融成了"伯乐相马"的故事。

21世纪初，当地人把孙阳相马的地方当作一个景点大力开发，在此矗立了高大的相马雕塑，将这个有意义的历史故事永远传颂，昭示天下人才的无比珍贵和重要。

李敬泽　山西省作家协会会员，平陆县作家协会主席。先后出版长篇报告文学《跨越时空的真情》《红色移民第三十三户》《烽火中条》《崛起的黄土高原》等。

八仙过"河"

郭昊英　姚文菊

在我国神话传说中,有非常多的神仙。神仙有强弱之分,也有修行境界高低之分。一般道家修炼,都会选择僻静的山洞。道家神仙所居住的山洞,分为上八洞、中八洞、下八洞。上八洞为天仙,中八洞为神仙,下八洞为地仙。于是,民间便有了上八仙、中八仙、下八仙之说。上八仙是福、禄、寿三星,张仙、东方朔、陈抟、彭祖、黎山老母;中八仙是铁拐李、汉钟离、张果老、蓝采和、何仙姑、吕洞宾、韩湘子、曹国舅;下八仙是王乔、陈戚子、徐神翁、刘伶、陈抟、毕卓、任风子、刘海蟾。

道教的上中下八仙,古代说法很多,各有取舍。我们熟悉的"八仙",出现于唐,流传于元、明、清。

八仙过海,是中国民间流传最广泛的神话传说之一,最早见于杂剧《争玉板八仙过海》中。相传白云仙长于蓬莱仙岛牡丹盛开时,邀请八仙及五圣共襄盛举,回程时铁拐李建议(也有说是吕洞宾建议),大家不搭船而各自想办法,于是便有了后来"八仙过海,各显神通"或"八仙过海,各凭本事"的故事。八仙过海的故事,经过不断引申,进而成了依靠自己特别能力而创造奇迹的典故。

然而,神仙毕竟是神仙,他们不同于人的,就在于潇洒和自由。说穿了,人们眼中的神仙,其实就是现实生活中的高人。高人的智慧和境界,注定了高人内在的修养,以及超凡脱俗的无我的生活态度。无我,便是思想的广大无界,便是神通广大,便是常人对借神力实现自由生活的一种向往。你看这八位神仙,个个都有自己的法器,这种法器其实也就是独立特行的思想。

张果老神驴桥上过，神驴桥上跑颠颠；铁拐李葫芦神仙宝，里边一个劲冒青烟；汉钟离手拿芭蕉扇，犀牛扇子法无边；吕洞宾身佩宝剑，剑锋入地鬼寻难；何仙姑笊篱神通广，瑞气千条照九天；蓝采和花篮神仙宝，里边能装四大名山；韩湘子神子更奇妙，五音六律在里边；曹国舅手持阴阳板，一块正来两块偏。

对神仙的崇拜，说到底是对神仙本事的崇拜。当常人凭有限的本事不能解决生活中难题时，便会幻化出诸多超人的臆想。以这种超人的臆想，来实现自己的梦想。老百姓心中的神仙，正是老百姓心中的另一个自己。

关于八仙过海故事的版本也很多，不同地域演绎出的不同故事更是各有千秋。在芮城，永乐宫纯阳殿内的八仙过海图，是我国目前保存最早、最完整的八仙过海图。绘于纯阳殿后门（北门）的门楣上，高1.2米，宽4.56米，面积5.59平方米。八仙自东向西依次分别是汉钟离、吕洞宾、铁拐李、曹国舅、张果老、蓝采和、徐神翁、韩湘子。画面中的八位人物形态各异，栩栩如生。

相传王母娘娘三月三过生日，在瑶池设宴款待众仙。宴会上八仙开怀畅饮，喝得酩酊大醉，谢过王母后来到东海上，趁着兴致，各显神通，飘然过海。

我们看到画面中的第一位，汉钟离头扎双髻，双目炯炯，袒胸露腹，两脚稳踏柳枝，右手下垂，左手叉腰。画家通过他头部的转动，胡须的飞舞，飘动的衣纹，把一瞬间回头的神态刻画得生动逼真，惟妙惟肖。吕洞宾面如满月，头戴巾帽，脚踏宝剑。嘿，看来铁拐李是喝了王母娘娘不少的好酒啊，您瞧他口吐仙气，双臂张开，踏着拐杖，悠悠飘来。下一位神仙的服饰颇为别致，头戴曲脚幞头，身穿长袍，足蹬云头靴，这种服饰，非道服，而属官服。他便是曹国舅。据《列仙全传》记载："曹国舅，宋曹太后之弟也。"后得吕洞宾传授密旨，引入仙班，是画中唯一穿官服的神仙。您看他，弓着腰，一手敲渔鼓，一手打云板，踏在大龟身上徐徐前行。再一位脸上一副饱经风霜布满皱纹的老者，他就是张果老。你别看他那骨瘦如柴、松弛的肌肤下凸起额骨的样子，却是十分悠闲自得。他把毛驴折叠起来，踏在一条大鲤鱼身上，飘然而行。修行到这个份上，也让人敬佩。徐神翁手持法器，慈眉善目，忠厚老实，俨然是一位可亲可敬的长者形象，踏着大鼓紧追其后。韩湘子踩着笛子，背着宝葫芦。蓝采和面型丰满，眉清目秀，脚踏两朵花，左手提花篮，右手拿着刚从王母那得到的一朵奇花，已经迫不及待地想闻闻花的香气。画面中大海的波浪线，群仙的衣纹线、

芮城县·八仙过海砚

八仙竞技，志士集结歌永乐；
三省比肩，黄河奔涌颂长兴。
——赵俊霞撰联

飘带线等各种曲线重叠穿插，呈现出大海洪波汹涌、巨浪滔天的磅礴气势。群仙各踩法宝逐浪而行，上下漂浮，令人目眩。

总之，八位神仙人物无论从表情、体态、动作，还是服饰特征、质感、动感等细节的描绘，都恰到好处。从他们的脸型相貌上，让人一眼可看出神仙的形象来自生活中真人，分别代表了不同阶层的人物形象，使人物更加真实、亲切、感人，从而达到高度传神的境地。

芮城永乐宫壁画上的"八仙过海"图，讲述着具有芮城地方特征的黄河故事。它的特征就在于，既把中八仙中的七位神仙一一表述，又将下八仙中的徐神翁特别提升进来，替换了女身形象的何仙姑。我想，这也许是古时候芮城当地人重男轻女思想的一种体现，认为男神仙的本事比女神仙大，但却疏忽了"男女混杂，干活不乏"。另一方面，芮城的神仙终归是要回到芮城的。八位神仙返程中，既要跨越大海，又要渡过黄河。吕洞宾一定对大家说："瑶池宴上没喝好，我家里有高度汾酒，哥们到我家再好好喝一阵。"何仙姑说："你们几个酒仙去喝吧，恕不奉陪了。"吕洞宾说："八仙才是一桌，你不去我们七缺一，我就给徐神翁打电话。"张果老一个坏笑，附在吕洞宾耳旁嘀咕了一阵。后人猜测，也许何仙姑渡过大海后，在半路上遇到了自己的心上人，偷偷离开团队幽会去了。这时候，作为牵线人的徐神翁，不愿意当电灯泡，正在尴尬时，接到吕洞宾电话，立即赶了上来，与其它七位神仙一起渡黄河，去吕洞宾招贤里水竹虚共饮。

和所有内地人一样，古时候，没见过大海的芮城当地人，都把湖叫做海。于是，永乐宫壁画上的八仙过海图，讲述的便是黄河岸边八仙过河的故事，这个湖应该就是如今水域面积达一万亩的圣天湖。你看张果老脚下的鲤鱼，你看曹国舅脚下的黄河龟，你看徐先翁脚下的黄河大鼓，无不展现着芮城一带黄河特有的风味与风情。

芮城人有芮城人的故事，芮城人更相信八仙过河，因为只有八仙过河，八仙过湖，才更接地气，更能与自己的生活拉近距离。

"八仙过海，各显神通"故事的精神内涵，在当今社会同样也富有积极意义。每个人既能创新思维，勇于进取，发挥各自所长，又能发挥团队合作精神，才可以创造出更大的能量，这股能量是坚不可摧的。相信芮城人在建设"黄河明珠，秀美芮城"的美好愿景中，人人都"热爱芮城，共谋发展"，充分调动起大家的力量，八仙过海，各显神通，为芮城社会文明与进步作出自己应有的贡献。

郭昊英　中国作家协会会员，运城市作家协会副主席，芮城县作家协会主席，《古魏文学》主编。

姚文菊　1990—2021年在永乐宫工作，现已退休。

蘸墨登楼

谢旭国

一千多年前,一个青袍峨冠的中年人来到鹳雀楼下。

旷野微风静谧,河岸芦苇漂泊。鹳雀楼在中条山下的雾霭中和缓地浮动。

这座北周建造的戍楼,高耸黄河的东岸,在高远的时光维度中凝视远方,勘破多少人生的荣辱与世间秘密?

黄河西岸的长安被夕阳镀上了明耀的金边,隐约传来《霓裳羽衣曲》齐奏的尾音。渡口新建的蒲津桥上,行人提篮载物,络绎不绝,奔赴长安。

鹳雀楼上独自坚守的兵卒已垂垂老矣。见有人路过,野草丛中隐伏的鹳雀扑翅而出,发出金属般激越的清鸣。羌笛何须怨杨柳?春风不度玉门关。中年人叹了一口气,拾级而上,鹳雀楼朝着他的方向推来,巍峨如山。

中年人来自河东道的绛州(今运城市新绛县),名叫王之涣。彼时他在唐开元十四年任冀州衡水主簿不久,便被人诬陷,乃拂衣去官,由此回到绛州老家,整日寄情于山水,游历于坊间,或挥笔著诗,或击剑悲歌。河东多美景,自古名人辈出。黄河、中条、蒲津渡;关羽、王维、柳宗元,更不用说尧舜禹在此建都,华夏九州由此发祥,可谓表里山河形胜,人文荟萃风流,自是一个磨炼精神、隐逸传文的好地方。据说王之涣慷慨有大略,倜傥有异才。早年精于文章,善于写诗,以描写边塞风光为胜,所作诗词多引为歌,常与王昌龄、高适等诗人相互唱和,名动一时,在坊间留下"旗亭画壁"的传说。时至现代,章太炎仍然首推其作《凉州词》为绝句之最。

诗歌作为美学一种"有意味的形式",肇始于周,兴盛于唐,至今已经渊源三千余年。诗者，志之所之也。在心为志，发言为诗。它是情感的载体，政治的体现，也是当行之道的艺术表达。所谓正得失、厚人伦、美教化、移风俗，甚而动天地、感鬼神，莫近于诗。

少喜唐音，老趋宋调。诗词唐宋，恰好暗合了一个人年岁更迭的感受。如宋人晏殊写的"昨夜西风凋碧树，独上高楼，望尽天涯路"，就特别适合我在知天命后的心情。然而王之涣登鹳雀楼，却非如此。他用短短的二十个字，写出了自我的胸襟，盛唐的魂灵。

公元726年，王之涣罢职，此后家居15年。开元年间的某日，艳阳高照。王之涣出绛州，到蒲州，兴之所发，登鹳雀楼。我不知道他当时何故游历蒲州，在那个年代，三百里的路程难免舟车劳顿、风餐露宿。即便如今开车，我也会在半路停车打尖，吃个便饭，顺便舒展舒展筋骨。可是，一千多年前谁也挡不住命运之神的预约：蒲州（今运城市永济市）的鹳雀楼在遥远的黄河岸边凝视着绛州，这是一件大事，关乎着鹳雀楼的存亡命运，关乎着蒲州的辉煌历史，关乎着华夏民族的精神和品格。

王之涣来了。灵魂相约本无原因，就像有些莫名其妙的爱，来得身不由己。拾阶登高，鹳雀楼层层而上的廻廊打开了世界原本的模样——开阔、辽远，宇域苍茫。诗与远方，是相携相生的孪生兄弟，同频共振；是精神和灵魂的高山流水，击节唱和。王之涣略略思索，取出砚台，提袖研墨，蘸墨挥毫，气势充沛地写下了《登鹳雀楼》："白日依山尽，黄河入海流。欲穷千里目，更上一层楼！"书完掷笔，曾经的"五陵少年"哈哈大笑，引得鹳雀群舞，盘旋楼上。

那一刻，时光定格；那一刻，就是永远。

那一刻是什么时刻？在这首震古烁今的诗歌面前，具体的时间已然被历史忽略不计，只记得当时的戍楼、夕阳、黄河岸边。

还是当年旧时光，只因诗人的登临，让我们永远记住一个徘徊楼上的身影。他是在高楼之上卜问迷茫的前程，还是在黄河的汹涌中倾听灵魂的心声？

时过千年，不得而知，无法究竟。"贤主所作，固非浅闻者所能知"。就像鹳雀楼以降，千百年来登临者何止千万，黄河落日沧桑变幻，也只等到王之涣定格的《登鹳雀楼》。人与人、人与物，在这个世间，冥冥之中是有缘分的。只有等到了自己的真命天子，籍籍无名者自会焕发灵魂的光芒。譬如鹳雀楼与王之涣，诗以楼显，楼以诗名。短短二十个字，四语相对，一意贯连，构成一幅流光溢彩、金碧辉煌的壮图；其间既有诗人的高远胸襟，又有深远的哲学意味，如此千古绝唱，难免脍炙

永济市·鹳雀楼砚

谁教穷目上层楼，绛州俊彦；
君抒高歌吟绝句，蒲坂风流。

——程勤学撰联

人口。就是李白至此登楼，想来也会发出"眼前有景道不得，季陵题诗在上头"的感慨！

千古名篇千古楼。1997年鹳雀楼的重建，大抵是因为这首诗吧？王之涣的永生，想必也因这首诗吧？华夏儿女勇攀高峰的精神，也可用此诗去写照吧。

如今，鹳雀楼上矗立着王之涣的铜像。他执笔挥毫，意气风发，我无由地顶礼膜拜。起身，我摩挲他的笔头，窃愿能够得到些许才思，让顽冥有所顿悟。

忽然，我双目遍觅铜像的周围，然而，却终无所获。

先生是绛州人，在此挥毫泼墨，指点江山，怎能不带一方绛州的澄泥砚？想必，铸造铜像的时候以为无关宏旨，忽略了。

不能忽略的是，先生故乡是产砚的。作为对乡梓的念想，必有一方澄泥砚紧裹于行李之中，与他走千山万水研墨挥毫，与他《登鹳雀楼》，与他共赴《凉州词》，与他《送别》，与他同在。

谢旭国　山西省作家协会会员，永济市作家协会主席。在《人民日报》《散文选刊》《黄河》《山西日报》等二十余种报刊发表散文、小说、诗歌百余篇，并获奖若干。

砚里龙门逐浪高

吴晓征

龙门于世人来说，绝非"浪"得虚名。

乾隆进士乔光烈在《游龙门记》中感慨："夫世言佳山水，夸观游之奇，浙江潮、匡庐瀑、峨嵋雪、洞庭月，供赏悦而快登览者至矣。余于龙门，更有进也。思禹功而怀明德，睹表里以胜山河，分控秦晋之雄险，扼形势之要，彼匡庐、洞庭僻在西南者曷以有是耶？况乎登东山之峭然，俯万景之前陈，何雪与月而云勿宜？而特夫游者之未数数至也。"

龙门位于河津市西北12公里的黄河峡谷口，是晋陕峡谷的最南端。这里是秦晋两省的咽喉与枢纽，青山相对，大河飞涌，烟凝古桥，春鳞汲浪。据《名山记》载："黄河到此，直下千仞，水浪起伏，如山如沸。两岸均悬崖断壁，唯'神龙'可越，故名'龙门'"。

龙门相传为大禹治水时所凿。《三才图会》说："夏禹定名龙门，故亦曰禹门渡。此处两山壁立，状近斧凿，河出其中，宽约百步。"龙门是"鱼跃龙门"神话的发生地。每年三月冰化雪消之时，有黄鲤自百川大海游集龙门之下，竞相跳跃。一年之中，能跃上龙门者只有72尾。一登龙门，云雨随之，天火烧其尾。登不上者，点额曝腮。

龙门自古为兵家必争之地。公元前645年秦晋韩城大战，秦从禹门东渡击晋，虏晋惠公。唐高祖李渊曾于隋大业年间（616）从禹门渡黄河取关中。宋靖康元年（1126），金将娄宿曾越龙门冰桥取陕西。明末李自成亦曾由此东渡直捣幽燕，推翻了大明王朝。抗日战争和解放战争时期，多少中华儿女经由龙门，血洒疆场。1949年9月，在中国人民解放军第一野战军后勤部的支持下，黄河禹门渡口架起铁索桥，全长100多米。

河津市·鲤鱼跳龙门砚

鲤跃龙门,逐浪腾波酬壮志;
砚呈妙景,雕云刻水寄豪情。
——吴海霞撰联

1972年5月,国家在禹门口建起铁路和公路桥,跨度144米,从此天堑变通途。2018年,又在禹门口南新建黄河公路大桥。昔日龙门古渡,六桥并架四海通,长虹卧波归帆急。

"黄河西来决昆仑,咆哮万里触龙门。"从龙门溯水上行5千米处,石束河急,形似门阙,故曰石门,古书称其为龙门上口。石门上下,壁立如削,水流湍急,山色波光,让人陶醉。东边悬壁上有北魏时期开凿的大梯子崖,攀岩而上,直通天际。

魏孝文帝曾西巡至此，祭祀大禹。这也成为继云冈石窟、洛阳龙门石窟后，北魏第三大旷世工程。如今，大梯子崖景区位列国家4A级景区，成为感受龙门山水的绝佳去处，"大禹治水""鱼跃龙门"的传说成为省级非遗保护项目。

龙门更是河津的代名词。"河津"一词首见于汉代地理名著《三秦记》"河津，一名龙门"，意谓黄河津渡。汉代在此置皮氏县。北魏太平真君七年（446），改为龙门县，从此"龙门"专指今河津。

龙门山水形胜，人杰地灵。清代贡生张汾宿的诗联道出了河津的千秋芳华："莫谓人弗杰，周卜子，汉司马，隋传仲淹，明表敬轩，那几家硕士高贤洵足接千秋道统；谩言地不灵，东虎岗，西龙门，南来飞凤，北迎卧麟，这一带山清水秀亦堪壮三晋观瞻。"

河津两河相拥，层峦叠嶂，资源丰富，区位优越，产业雄厚。多年发展，基本形成以煤电铝材、煤焦钢化两大产业链条为主导，精密铸造、精细化工、新能源、新材料等新兴产业为方向的工业发展新格局，是国家新型工业化铝产业示范基地和全省重要能源化工基地、六个千万吨级焦化产业基地之一。经济总量跃居运城市第一，主要经济指标总量、增速均位列运城市第一方阵。

汲天地精华，抒万丈豪气，龙门山水独树一帜。感自然造化，品人间烟火，寓龙门山水于澄泥一砚，更是旷世之创举。

绛州澄泥砚是中国四大名砚之一，孕于秦汉，兴于唐宋，千年岁月，炉火纯青。采汾河沉泥，澄清滤渣，经风雨浸润，陈腐熟化。千般锤炼，始成砚坯，精工细雕，百日阴干。绛州澄泥砚在一代代匠人矢志传承和创新中淬火新生。贮水不涸、历寒不冰、发墨甚速、不损笔毫，数十系列，上千品种，传于华夏，终成经典。2008年，绛州澄泥砚制作技艺被列入国家级非物质文化遗产名录，而今"一登龙门，身价十倍"。

寓自然于文化，寄品质于精神。砚里龙门，浪遏飞舟，烧尾化龙，一跃冲天。

吴晓征　资深媒体人，河津市作家协会主席。作品散见于《山西文学》《乡镇论坛》《中国微型小说选刊》《中学生文学》《河东文学》各类报刊及网络。结集出版作品集《葫芦套风情》，创办自媒体《河汾人家》。

后 记
《晋在砚中》成书始末与诚挚答谢

李云峰

还是在采访写作长篇报告文学《绛州澄泥砚》期间，得知蔺涛先生正在进行的一项大工程——为了贯彻习近平总书记弘扬优秀传统文化有关讲话精神，配合中共山西省委省政府下发的相关文件要求，用绛州澄泥砚讲好中国故事，讲好山西故事，绛州澄泥砚研制所确定以"山西三宝"之一绛州澄泥砚这一独特的传统文化表现载体，为山西省117个县（市、区）各自创意制作出至少一方反映当地人文历史、特色风貌的最具名片效应的主题砚台作品。

他又告诉我说，经过近十年时间的持续努力，已经陆续完成了大部分县（市、区）砚台作品的烧制。等砚台烧制完成后，他就想着怎么诚邀各县（市、区）作家协会主席及知名作家积极参与，结合为该县（市、区）创意制作的主题砚台作品，有机融合本地域最具代表性的历史文化故事，创作出能够更好地诠释和延展这些砚台作品表现的生动内容与丰富文化精神内涵的优秀美文，从而以图文并茂的形式珠联璧合地呈现给文人墨客、砚台爱好者和广大文旅游客，达到介绍、宣传、弘扬本县市优秀历史文化精神，助推当地文旅融合发展的积极效果。

"现在见到你，我就明白了，老天爷已经给我们安排好了，作为山西省作家协会主席团委员、运城市作家协会主席，就是帮助我们来完成文学作品策划约稿的最合适的人选呀！"他十分欢喜地说道。

于是就有了这部书稿的运作与完成。

2023年阳春三月，我根据蔺涛先生的创作意图，拟出以"绛州澄泥砚"为主题的《晋在砚中》大型文旅图书征集活动邀请函，并发给全省其他十个地市作家协会主席，立即得到了新朋老友们的积极响应，大家都非常认可这一新颖独到的文学与工艺美术作品图文并茂的融合形式。

各位作家历经数月的辛苦，终于换来了一篇篇美文雪片一样纷至沓来。各位老师结合砚台作品，饱蘸着热爱家乡的人文情怀，尽情书写。每一篇作品关照角度不同，表现形式各异，文笔更是灿如星汉，为我们呈现出一派多姿多彩、底蕴深厚、景色无限的别样山西风光！

面对这充满温度的文学佳作，我和蔺涛先生真的是发自内心地敬佩与感谢。感谢每一位作家老师奉献的佳作，感谢全力支持、促成并完成组稿任务的太原市作家协会刘照华主席，大同市作家协会任勇主席、副秘书长和平城区作家协会李文亮主席，阳泉市作家协会贾彩青主席、荆升文常务副主席，朔州市作家协会王文海主席，忻州市梁生智主席，吕梁市韩思中主席、李心丽副主席，晋中市杨丕梁主席，晋城市作家协会任慧文主席，临汾市张行健主席、杨遒峰副主席！

在成书的过程当中，我们还得到中国文房四宝协会原会长郭海棠女士和山西省、市、县各级领导的关心支持，他们提出了许多非常宝贵的意见和建议，我们都一一汲取并体现在了书稿封面和内文的编排设计当中。书稿最后交由山西人民出版社孙茜女士，设计封面和内文版式的编排，力求出新，意在全力打造一部宣传推介"山西三宝"、助推文旅融合的精品图书。

寒来暑往，经年辛苦，就让我们一起期待这部文旅融合的心血之作早日面世。

图书在版编目（CIP）数据

晋在砚中 / 李云峰，蔺涛主编. -- 太原：山西人民出版社，2025.8. -- ISBN 978-7-203-14115-0

Ⅰ．TS951.28

中国国家版本馆 CIP 数据核字第 20254TW442 号

晋在砚中

主　　编	李云峰　　蔺　涛
责任编辑	孙　茜
复　　审	傅晓红
终　　审	梁晋华
装帧设计	阎宏睿

出　　版	山西出版传媒集团·山西人民出版社
地　　址	太原市建设南路 21 号
邮　　编	030012
电　　话	0351 - 4922159
发行营销	0351 - 4922220 / 4955996 / 4956039 / 4922127（传真）
天　　猫	http://sxrmcbs.tmall.com
网　　址	www.sxskcb.com
电子邮箱	sxskcb@163.com（发行部）　　sxskcb@126.com（总编室）
经　　销	山西出版传媒集团·山西人民出版社
印　　刷	山西金艺印刷有限公司

开　　本	720 mm×1020mm　　1/16
印　　张	34
字　　数	550 千字
版　　次	2025 年 8 月　第一版
印　　次	2025 年 8 月　第一次印刷
书　　号	ISBN 978-7-203-14115-0
定　　价	188.00 元

如有印刷质量问题请与本社联系调换